U0169680

高等学校智能科学与技术专业系列教材

智能机器人学

张智军　张　谦　邱广萍　著

西安电子科技大学出版社

内 容 简 介

本书系统地介绍了智能机器人学的基本理论和基础知识。本书共9章，包括位姿描述，正、逆向运动学，动力学方程，轨迹规划计算，位置控制，机器人感知技术，人机交互以及仿生机器人等内容。

本书语言通俗易懂，理论与例题相结合，各章均配有习题，适合高等院校自动化专业、机器人工程及相关专业的本科生和研究生使用，也可供广大从事机器人研究及相关工程行业的科技人员参考。

图书在版编目(CIP)数据

智能机器人学 / 张智军，张谦，邱广萍著. —西安：西安电子科技大学出版社，2022. 9
ISBN 978 - 7 - 5606 - 6526 - 9

Ⅰ. ①智… Ⅱ. ①张… ②张… ③邱… Ⅲ. ①智能机器人—研究 Ⅳ. ①TP242.6

中国版本图书馆 CIP 数据核字(2022)第 102200 号

策　　划　明政珠
责任编辑　孟秋黎
出版发行　西安电子科技大学出版社(西安市太白南路 2 号)
电　　话　(029)88202421　88201467　　邮　　编　710071
网　　址　www.xduph.com　　电子邮箱　xdupfxb001@163.com
经　　销　新华书店
印刷单位　咸阳华盛印务有限责任公司
版　　次　2022 年 9 月第 1 版　2022 年 9 月第 1 次印刷
开　　本　787 毫米×1092 毫米　1/16　印张　14.5
字　　数　336 千字
印　　数　1～2000 册
定　　价　39.00 元
ISBN 978 - 7 - 5606 - 6526 - 9 / TP

XDUP 6828001 - 1

前言 PREFACE

机器人学在 20 世纪得到了跨越性发展，从早期机器人、近代机器人到智能机器人，经历了三个发展阶段。随着人工智能时代的到来，以及智能识别算法、高精度复合传感器、新型储能材料等的飞速发展，机器人技术将朝着更加拟人化、智能化、自动化的方向发展。

当前，我国面临的国家安全和国际竞争形势复杂，我们必须放眼全球，把人工智能发展放在国家战略层面系统布局，主动谋划，牢牢把握人工智能发展新阶段国际竞争的战略主动，打造竞争新优势，开拓发展新空间，有效保障国家安全。智能机器人作为人工智能技术的发展核心之一，将迎来蓬勃发展。智能机器人是一个在感知、思维及效应方面全面模拟人的机器系统，它是人工智能技术的综合体，全面体现了人工智能各个领域的技术水平。智能机器人还可以在有害环境中代替人从事危险工作，可以上天下海，可以在战场作业等方面大显身手。

经过不断发展演化，已经形成了具有不同功能及结构的多种机器人。按照目前比较常见的分类标准，可以对机器人按功能、控制方式分类，也可以按机器人的应用环境以及移动性分类。本书以控制方式作为分类标准，把机器人分为操作型、程控型、示教再现型、数控型、感觉控制型、适应学习型和智能机器人。

机器人学中公认的四个核心领域是硬件构建及控制、信息感知、自我学习以及人机交互。本书从位姿描述，正、逆向运动学，动力学方程，轨迹规划计算，位置控制，机器人感知技术，人机交互以及仿生机器人等方面系统地介绍了智能机器人学的基本理论和基础知识。全书分为 9 章。首先从机器人的历史出发，介绍了其发展趋势、分类、系统组成等知识；然后详细地阐述了机器人学的数学基础，对位姿描述与变换、机械臂运动学、机器人动力学、机器人轨迹规划和机械臂控制系统做了详细具体的介绍；之后介绍了机器人的感知与信息处理、学习与交互技术；最后针对仿生机器人的内部结构和原理作了详细介绍，还给出了仿生机器人的实物展示。

要完成一款智能仿生机器人的设计，需要多方面的技术支持，如机械结构设计、硬件电路设计、软件系统设计、智能算法等。近年科学家在这些方面都取得了不少技术突破，并能设计出越来越多接近于人类的机器人，但也有不少关键技术一直困扰着机器人工程师。相信随着这些难题一个个被攻克，未来将会有千千万万机器人进入我们的生活。

本书的编写内容和编写思路由作者集体讨论确定，是集体智慧的结晶。全书由张智军、张谦、邱广萍共同编写。张智军负责全书的统稿工作。陈思远、陈博钊、陈广强、邓羡知、杨松、许松青、孙健声、郭锦嘉和林俊杰为本书做出了重要贡献，李超凡负责全书的插图工作，在此表示衷心的感谢！

本书的编写得到了国家自然科学基金(61976096)、国家万人计划青年拔尖人才基金、广东省基础与应用基础研究基金(2020B1515120047)、广东省杰出青年基金(2017A030306009)、广东特支计划科技创新青年拔尖人才(2017TQ04X475)基金、华南理工大学"双一流"建设项目(本科精品教材专项，项目编号为D6213450)基金的资助。

由于作者的水平有限，书中不足之处在所难免，欢迎各位专家和读者提出宝贵意见，我们将不胜感激。

作　者

2022 年 4 月

华南理工大学

目录 CONTENTS

第1章 绪论

机器人学的诞生与机器人的出现密切相关。机器人的出现有着深厚的背景，是人类追求生产效率及技术发展的必然结果。随着机械学、材料学、电子学等学科的飞速发展，机器人在 20 世纪得到了跨越性的完善，从而迈入了人们的视野。机器人虽然不像科幻作品中所描述的那样具有超越人类的智慧以及无坚不摧的躯体，但在各个领域中发挥着各自的作用，提高了生产效率。

1.1 机器人学的发展历史

从当下对机器人的定义来看，机器人是一种由计算机编程的、能够自动执行一系列复杂动作的机器。从广义上讲，机器人的思想或概念由来已久，存在着许许多多的传说和故事。从春秋时期的《墨经》中便能窥得其踪迹——由竹子、木材制成了鲁班木鸟(见图 1-1)。经过 2000 多年的发展，机器人技术成为了 21 世纪自动控制领域令人瞩目且具有深远意义的成就，逐渐走入生活生产中的各个领域，帮助人们提高生产效率，降低人力成本，同时为人们的生活提供便利，辅助人们完成各种高危、高难度的工作。近年来，机器人的数量飞速增加，截止到 2020 年，全球的工业机器人总量已经达到 305.3 万台，其他类型的机器人就更加数不胜数了。机器人技术作为现阶段科学技术水平及各学科交叉技术水平的综合体现，其先进程度反映了一个国家的综合水平，这也是当下许多国家将其列入 21 世纪重要发展计划的原因。

图 1-1 鲁班造木鸟

1.1.1 古代机器人传说

人们自古以来都有创造的欲望，其中最为特别的则是“机器人”，这是一种像人的物体，能够像人一样自主活动，自主思考，自主完成给定的工作，能够代替人们完成日常劳动。尽管“机器人”一词是一个新创造出来的词语，但它存在于多种不同的语言之中，这也从侧面反映出了国内外人们的共同渴望。

在《列子·汤问》中就有这样的记载，西周时期的周穆王接受了名为偃师的巧匠进贡的歌舞木头人偶(可以看作一种机器人)，这个人偶能歌善舞，犹如活人(见图1-2)。

图1-2 偃师献人偶

《后汉书·张衡传》一书中记载了一种用精铜制造的候风地动仪，这是 ·种测验地震的特别机器人，能够预测地震的发生及方位。此外，大发明家张衡还设计了一种测量路程的机器人——“计里鼓车”，车由人推着走，每走一定的里程数，车上的木头人就会自动敲击鼓钟，以提示已经移动的距离。

在三国蜀汉时期，诸葛亮为了提高粮食运输的效率，克服路况不好的问题，设计了一种名为“木牛流马”的运输机器人(载于《三国志·蜀志·诸葛亮传》中)。

此外，正如美国作家Adrienne Mayor在*Gods and Robots*一书中所描述的，在国外的历史及神话传说中也有着许许多多机器人形象和故事，如古希腊时期的塔罗斯、代达洛斯的活雕像、皮格马利翁的雕像等。

尽管这些神话故事或由于技术失传，或由于仅为民间传说，其真伪早已难辨，但也反映了机器人或者可以自动完成某种操作的机械这种概念在人类心中早已生根发芽。

1.1.2 早期机器人的发展

近代第一次工业革命中，蒸汽机的发明把人们带进了蒸汽机时代，这为人们在机器人的创造及功能完善方面提供了巨大推动力，人们的生产方式也由此发生了改变，人们渴望利用机器生产代替或辅助人工生产，以解放双手，提高生产效率。由于蒸汽机的出现，机器人的动力可以脱离人力，从而实现了自动化程度的进一步提升，这也催生了各类机器人的出现。

在瑞士纳沙泰尔市艺术和历史博物馆展示着三台国宝级机器人，这些机器人与真人拥有同等的大小，分别能够实现写字、绘图以及弹风琴。这三台国宝级机器人均为钟表匠德洛斯父子三人在18世纪六七十年代借助凸轮控制及弹簧特性共同打造，如图1-3所示。几乎在同一时期，德国梅林做出了“巨龙格雷梅”这一巨型人偶，各种新型的自动机图形也经由日本的物理学家细川半藏的手诞生。法国发明家约瑟夫·玛丽·雅卡尔制作的纺织机以其可编程性而闻名，这是世界上第一台图案可设计的织布机(见图1-4)，对后来的计算机的发展有着启发性的作用。

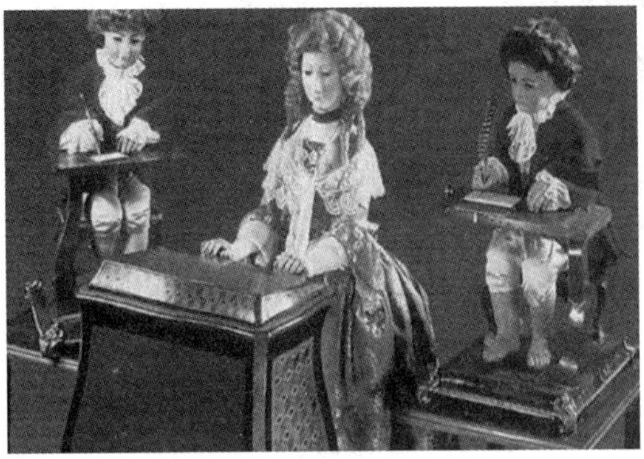

图1-3　绘图机器人、风琴演奏机器人和写字机器人

图1-4　约瑟夫·玛丽·雅卡尔和织布机

机器人技术的快速发展引起了人们的关注，也促进了机器人学这一新学科的形成。

1.1.3　近代机器人的发展

在工业革命的推动下，各种机器人相关基础技术迅猛发展，机器人的功能及定位逐渐成形，也是在此时，捷克斯洛伐克的知名科幻作家卡雷尔·恰佩克(1920)在其小说《罗萨姆的机器人万能公司》中首次使用了“Robot”(机器人)这个单词，该词随后被人们接受并沿用至今。

在20世纪初，西屋电气公司(Westinghouse Electric Corporation)以代替人们完成家务为目的制造了第一台家用机器人Elektro，如图1-5所示。该机器人通过电缆供电，能够说出一些简单的单词，也能够行走，甚至还具有抽烟的功能，但在完成家务上却未达到人们的预期。

图灵奖获得者、人工智能之父马文·明斯基(Marvin Lee Minsky)在1954年的达特茅斯会议上第一次提出“人工智能”(Artificial Intelligence)这一概念，为往后机器人的发展指明了方向，使机器人朝着智能化、自动化的方向前进。同一时期，美国发明家乔治·德沃尔(George C. Devol)申请了第一项机器人专利——可编程的用于移动物体的设备(Programmed Article Transfer)，并与工业机器人之父约瑟夫·恩格尔伯格(Joseph Engelberger)一同成立了Unimation公司。这是世界上第一个机器人公司，该公司设计开发了世界上首台工业机器人，如图1-6所示。这是一个庞大而笨重的机械臂，能够自动完成简单的搬运任务。随后这台机器人被应用到汽车生产线上，用于将铸件中的零件取出。这台由计算机控制的工业机器人的诞生打开了工业生产新世界的大门。

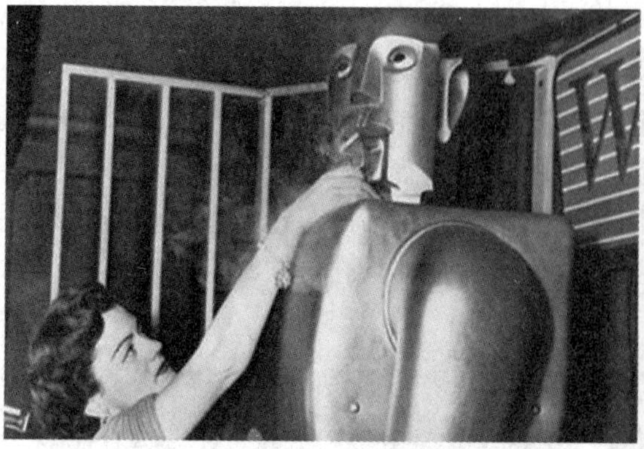

图 1-5　Elektro 机器人

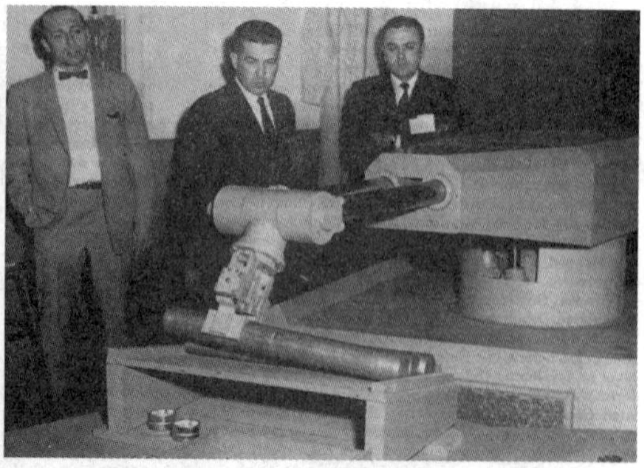

图 1-6　第一台工业机器人

20 世纪 60 年代，传感器的出现为机器人智能化提供了新的设计思路。机器人在设计过程中被安装上各种各样的传感器，以模仿、代替人类眼、耳、鼻、口、手的看、听、闻、言、触等功能。其中，恩斯特在机器人上添加了触觉传感器；随后，托莫维奇和博尼利用压力传感器的压力信号到电信号的转化特点，研发了世界上第一只“灵巧手”机器人；在 1963 年，麦卡锡将视觉传感器应用到了机器人的设计上。在此基础上，麻省理工学院(Massachusetts Institute of Technology，MIT)在 1964 年推出了世界上首台能够利用视觉传感器进行积木识别与定位的机器人。

在 1968 年，美国斯坦福国际研究院(SRI)结合当时的传感器技术及机器人控制技术，成功开发出世界第一台智能机器人，名为 Shakey(见图 1-7)。Shakey 具有识别简单物体(如积木块)的能力，并且能够根据要求对目标积木进行抓取操作，这代表着人类对于机器人的研究跨入了第三时代——智能机器人时代。

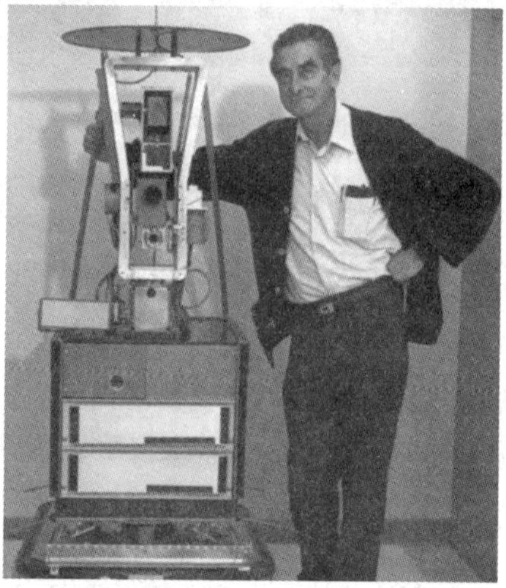

图 1-7　机器人 Shakey

随着动力系统的改进以及不同新材料的研究与发现，各国各地的机器人公司及各种大小和功能不一、被应用于不同领域的机器人如雨后春笋般出现。

辛辛那提·米拉克龙(Cincinnati Milacron)公司研制出了第一个微处理器控制的机器人 T3。Unimation 公司随后推出了通用工业机器人(Programmable Universal Machine for Assembly，PUMA)，如图 1-8 所示。PUMA 是为通用汽车装配线而设计的。PUMA 在汽车装配线上的应用意味着在工业领域中机器人技术已经完全成熟。至今，PUMA 仍然出现在工厂的第一线，一些大学甚至还将其作为课程教具使用。1984 年的移动机器人 MoRo(见图 1-9)能够沿着埋在地板中的线缆移动，是第一个结合有线移动平台的机器臂原型，其通常被应用于高自动化洁净车间自动装载和卸载货物或设备。日本的加藤一郎致力于研发人形机器人(见图 1-10)。他的研究推动着世界上人形机器人的发展。因此他被称为“人形机器人之父”。

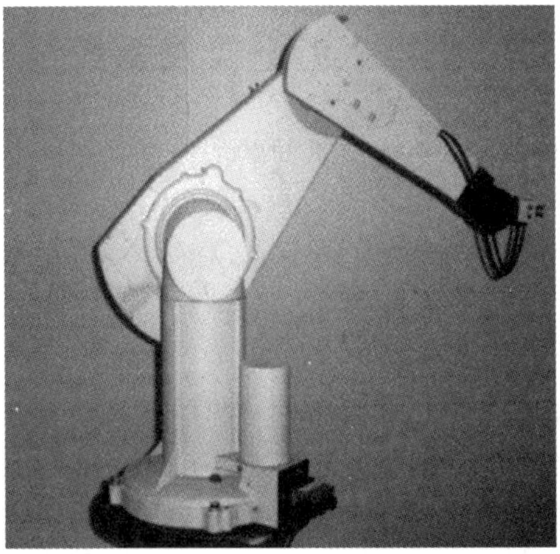

图 1-8　PUMA 机械臂

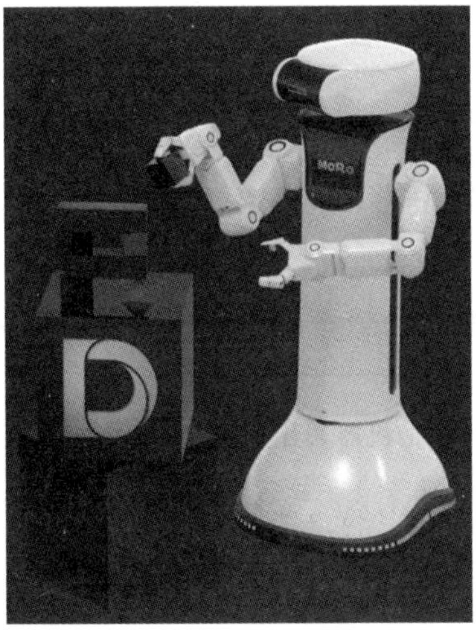

图 1-9　MoRo 系列机器人

图 1-10　ASIMO 机器人

目前的机器人为了应对不同的工作场合和任务内容形成了各种类型以及千变万化的外形，它们在人们生活生产的各个领域为人类减轻负担，提高劳动效率，但是已有的机器人的智能化水平仍需提高，需要实现从给定指令的控制方式到自主判断的控制方式的跨越。

1.1.4　未来机器人的展望

机器人学当下已经发展到了相当的高度，其被应用于生活生产中的各个领域，如工业的流水线作业机器人、餐厅的自动上菜机器人、航天航空的维修机器人，以及协助人类公共场所工作的咨询机器人、宣传机器人、体温检测机器人等，它们在产业升级、创新意识培训、国家安全、引领未来经济和社会发展等方面起着非常重要的作用。作为一项最重要的尖端技术领域的技术，机器人技术仍然具有很强的前瞻性以及开拓性。随着人工智能时代的到来，以及智能识别算法、高精度复合传感器、新型储能材料等的飞速发展，机器人技术将朝着更加拟人化、智能化、自动化的方向发展。

1.2 机器人的分类及系统组成

机器人经过不断的发展演化，形成了不同功能及结构的个体，同时它们具有共同的系统组成架构。了解机器人的不同分类以及它们的系统组成对学习机器人学具有重要意义。本节将分别介绍机器人的常见分类方式以及机器人的一般系统组成框架。

1.2.1 机器人的分类

随着机器人控制技术的进步、机器人相关材料的发展以及机器人应用场景的拓展，机器人的种类日益繁多，形态各异。机器人可以按照不同的分类标准实现不一样的分类结果。目前比较常见的分类标准包括按机器人功能、控制方式、应用环境以及移动性分类，如图1-11所示。

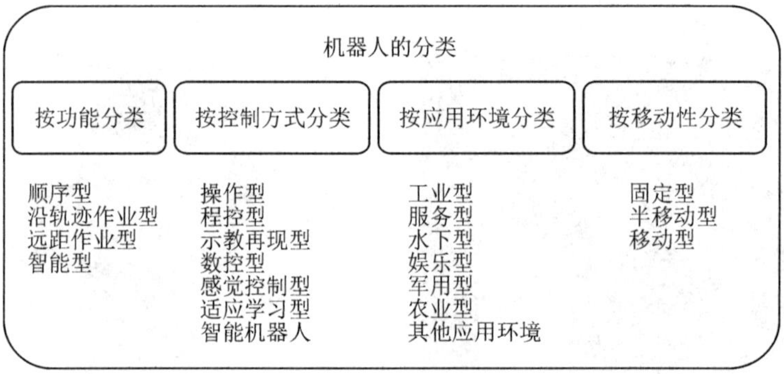

图1-11 不同分类标准下的机器人分类

1. 按功能分类

(1) 顺序型机器人。顺序型机器人是根据编好的程序按照一定的先后顺序进行一系列任务动作的机器人，常用于工业生产流水线。

(2) 沿轨迹作业型机器人。这种机器人的主要控制重点在于其末端，包括位置和姿态控制，非末端结构的运动自动配合机器人的末端任务。焊接机器人、喷漆机器人等均属这类机器人。

(3) 远距作业型机器人。远距作业型机器人用于超远距离作业，具有较好的自动决策能力。发射到月球或火星上的探索机器人均属这类机器人。

(4) 智能型机器人。智能型机器人拥有自主的感知能力，能够适应周围环境，这类机器人通常还具有与人、自然交互的功能，能够用于生活生产中的各个方面。

2. 按控制方式分类

(1) 操作型机器人。操作型机器人可以多次进行代码编程以实现自动控制，同时具备多个不同功能，通过编排组合，一般用以实现简单的自动化过程。

(2) 程控型机器人。这种机器人的运动过程是：通过预先设计好的机械联动，根据一定的触发条件和顺序运动，连续完成所设计的机械动作。

(3) 示教再现型机器人。示教再现型机器人以教学引导的形式，让机器人在多次重复的教学中学习，最后自动完成教学动作。

(4) 数控型机器人。数控型机器人是通过导入机器人执行器的数值数据，然后使其按照所导入的数据进行运动的机器人。

(5) 感觉控制型机器人。这种机器人上的传感器会获取环境信息并利用事先编程好的代码进行运算，然后将结果传输给机器人的执行器来控制机器人。

(6) 适应学习型机器人。这种机器人拥有一定的学习能力和较强的环境适应性，会自主对周围环境进行学习以及适应，做出最适合周围环境及自身任务的最优控制操作。

(7) 智能机器人。智能机器人是能够如人一般自主思考、自主判断并权衡利益后行动的机器人，这也是机器人的最终形态之一。

3. 按应用环境分类

按照应用环境，机器人可分为两大类，即工业型机器人和特种机器人。工业型机器人就是用于工业领域协助产品生产的搬运机器人、流水线作业机器人等。特种机器人可根据具体的使用环境分为娱乐机器人、军用机器人、服务机器人、水下机器人以及农业机器人等。

4. 按移动性分类

根据机器人的移动性能进行分类，可分为固定型机器人、半移动型机器人以及移动型机器人。

(1) 固定型机器人。固定型机器人是自身无法移动，需要通过传送带或人为操作将目标物体移动至机器人的有效工作点上的机器人，如金属焊接机器人、业务咨询机器人等。

(2) 半移动型机器人。这类机器人通常是由固定的底盘和操作臂组成的，其能够在一定的范围内进行作业，具有一定的工作空间以及较为明确的可达范围。

(3) 移动型机器人。移动型机器人由可移动底盘和操作臂组成，能够大范围整机移动，大大提高了作业范围，能够实现搬运、引导等大范围作业的功能。

1.2.2 机器人系统的组成

一般的机器人系统由机械系统、传感系统、控制系统这三个子系统组成。这三个子系统之间的信息流动关系如图 1－12 所示。

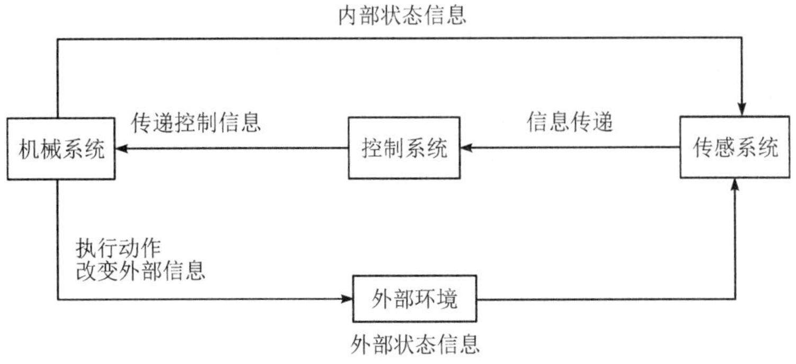

图 1－12　机器人系统的信息关系图

1. 机械系统

机械系统一般负责动力的传输，其中包括：① 实现动力输出的电机等驱动装置；② 进行动力速度放缩的变速器；③ 传递动力的链条、齿轮等传动机构；④ 改变动力作用方向的关节结构；⑤ 用于动力输出的执行机构，如用于抓取的末端执行器或端拾器以及用于推进机器人运动的腿、脚、轮等移动机构。

2. 传感系统

传感系统能够获取机器人周围一定范围内的环境信息。这些环境信息可分为机器人内部信息和机器人外部信息。相应地，传感器也可分为内部传感器和外部传感器。内部传感器主要包括加速度计、陀螺仪、编码器等；而外部传感器主要包括摄像头、麦克风、温度传感器等。

3. 控制系统

控制系统相当于机器人系统的大脑，是用于接收信息并发出控制指令的装置。其中的触发条件、决策准则则是人为事先编写好的执行代码或学习算法，机器人将传感器采集到的信息传输给控制系统，控制系统根据接收到的内、外部信息决定下一步的行动，从而将行动指令传递给各个执行机构。控制根据运动形式可分为点位控制和连续轨迹控制。

一般来讲，很难用一些固定的设计规则来对设计方法的选择进行限制。

由于工程设计中涉及的工程规则非常广泛，所以需把主要精力放在操作臂本身的设计上。在操作臂设计的过程中，首先需要考虑那些可能对设计影响最大的因素，然后再考虑其他细节问题。当然，操作臂设计是一个反复的过程。有时在进行细节设计的过程中会出现一些问题，这时必须对前面上层设计中的方案进行重新考虑。

1.2.3 工业机器人的核心零部件

工业机器人由多种不同功能的零部件组成，其中最为核心的是减速器、控制器和伺服电机，这三种零部件很大程度上决定了机器人的生产成本以及工作性能。

1. 减速器

减速器是一种将高转速、小扭矩的输入动力转化成低转速、大扭矩的输出动力的设备。具体到特定的机器人，就是把电动机、内燃机等动力输出设备的高转速动力，通过减速器中的齿轮传动并减速。减速器是一种用于降低转速、增加转矩的精密机械。低转速能够提高输出端的控制精度。在重复执行相同动作的工艺中，因为对产品加工质量有一定的需求，对工业机器人的定位精度和重复定位精度有较高的要求，所以减速器是一个非常重要的核心部件。

减速器的种类繁多，划分方式也较为多样，其中最为主流的划分方法是按照其结构特点来进行区分，具体可分为谐波齿轮减速器、摆线针轮行星减速器、RV 减速器、精密行星减速器。其中，RV 减速器(见图 1-13)和谐波齿轮减速器(见图 1-14)由于其稳定可靠的减速特性，成为工业机器人中采用最多的两种精密减速器。

图 1－13　RV 减速器

图 1－14　谐波齿轮减速器

此外，可以按照传动类型分为齿轮减速器、蜗杆减速器和行星齿轮减速器，也可以按照传动级数分为单级减速器和多级减速器，还可以根据减速器中的传动齿轮形状分为圆柱齿轮减速器、圆锥齿轮减速器和混合(圆锥-圆柱)齿轮减速器，根据传动齿轮的分布特点分为展开式减速器、分流式减速器和同轴式减速器。

2. 控制器

控制器是工业机器人的核心之一，相当于机器人的大脑，它决定了机器人的“智商”，即智能程度。工业控制器如图 1－15 所示。机器人控制器是根据使用者的指令并结合传感系统接收到的信息对机器人的电机等执行器进行指令下达的装置。工业机器人的功能性在很大程度上取决于控制器的性能。控制器根据不同的处理结构分为串行处理结构控制器和并行处理结构控制器两类。

图 1－15　工业控制器

串行处理结构控制器按照顺序逐条进行算法的判断与执行。其硬件为串行处理机，其中包括单 CPU 结构串行处理机、二级 CPU 结构串行处理机以及多 CPU 结构串行处理机。单 CPU 结构串行处理机的控制方式称为集中控制，其计算速度较慢，已经被逐步替代；二级 CPU 结构串行处理机的控制方式称为主从控制，这种方式能够同时完成坐标变换、轨迹插补以及数据输送功能；多 CPU 结构串行处理机的控制方式称为分布式控制，这种控制方式在计算速度和控制性能上均具备较大优势，目前大多工业机器人控制器均采用这种控制方式。

并行处理结构控制器采用具有并行运算功能的系统作为决策核心。这种控制方式能够有效提高控制过程中的计算速度，使工业机器人获得更加实时的控制效果。

3. 伺服电机

伺服电机(见图1-16)是一种速度可控、位置精度很高、响应速度快的执行机构，它能够准确地执行所接收到的控制信号。为了实现这种高精度、快响应的控制性能，电机内部嵌入了具有预测控制效果的闭环优化控制算法，以实现对其电流环进行直接调控，从而提高控制的稳定性与及时性。一般的伺服电机除了电动机外还会包含伺服控制元件和位置传感器。伺服控制元件主要包括电液伺服阀、电液比例阀、高速开关阀等；位置传感器主要包括电位计、光电码盘、旋转变压器等。

图1-16　伺服电机

1.3　机器人学的研究核心与范畴

在当今的学术圈中，机器人学中的“硬件构建及控制”“信息感知”“自我学习”以及“人机交互”是机器人学专家们所公认的四个核心领域。

在机器人系统的基础技术层面，机器人的硬件构造以及控制是广受关注的。在现实中，机器人的硬件构造只是机器人研究的一小部分。现有的大部分研究更多的是关心机器人的智能研究，而不只是机器人的硬件结构研究。这些研究包括：机器人的感知(Perception)，也就是机器人利用传感器感知和理解外部信息及状态的功能；自我学习(Learning)，即机器人系统能够从给定数据集中获取模型的能力，不需要程序员编写特定的动作，机器人系统就能够从足够多的数据集中学会行走、观测以及决策，以及如何应对环境的变化；人机交互(Human Interaction)，即机器人与人类之间的自然互动，在确保双方安全的前提下进行类似人与人互动模式的交互过程。

1.3.1　机器人的硬件模块及感知模块

机器人一般指以嵌入式为控制基础，由电池提供能源，具备感知取物、自动导航、安全保护、路径规划等功能的无人机器。对于机器人来说，其硬件模块与感知模块(传感器)是密不可分的，其主要的研究分别集中在机械结构及执行机构(电机)的设计与控制、传感器的设计与信号处理上。例如，一个全自动草坪修剪机器人，其设备所需的器件包括：轮毂电机、转速/角传感器、摄像头、GPS模块、惯导模块、驱动电机等，其中的轮毂电机、驱动电机就属于硬件设备，而转速/角传感器、摄像头、GPS模块、惯导模块则属于感知模块，也就是传感器。在机器人电机研究领域，由于机器人运动过程中关节电机的工作特性，针对某一应用的性能需求，需要对电机进行对应的参数设计。

1.3.2　机器人的机器学习算法

机器人的机器学习算法多种多样，一般可根据其思想类别将其分为5类：符号主义、连接主义、进化主义、贝叶斯主义和类推主义。不同的类基于其所围绕的思想进行设计与展开。

1. 基于符号主义的机器学习算法

决策树是基于符号主义的机器学习算法的代表性算法。它的设计思路是模拟人类判断的过程，对事务进行“是否”或“好坏”这样的判别，再由这些二分类的单元组成树状结构的二叉树结构。在此结构中，通常包含根节点、过程节点以及相应的叶节点。

2. 基于连接主义的机器学习算法

人工神经网络是一种经典的基于连接主义的机器学习算法。这种神经网络包含多个神经元，M-P神经元模型是最常见的神经元模型。这些神经元以全连接或部分连接的方式进行相互之间的信息传递，当一个神经元接收到其他神经元的信号时，根据其神经元结构中的激活函数，决定该神经元是否被激活，如果激活，则对外输出信号，如若不激活则不输出信号。

3. 基于进化主义的机器学习算法

该类型的算法以遗传算法为代表。遗传算法是受启发于自然界中的遗传学规律而被设计出来。一般是被用于克服局部最小值问题，用以寻求非凸问题的全局最优解，根据遗传学三大定律的设计，遗传算法中的单元粒子会优胜劣汰，交换信息，引入随机变异，直到整个“群体”达到最优。

4. 基于贝叶斯主义的机器学习算法

贝叶斯主义算法是朴素贝叶斯算法。源于统计学的贝叶斯定理可以表示为 $P(C|X)=P(C)\times P(X|C)/P(X)$，其中，$C$ 表示事件的“原因”，X 则表示事件的“结果”。因为要得到条件概率 $P(X|C)$，则可以忽略各特征间对分类作用的关联，贝叶斯定理被优化表示为

$$P(C \mid X)=\frac{P(C)P(X \mid C)}{P(X)}=\frac{P(C)\prod_{i=1}^{d}P(X_i \mid C)}{P(x)}$$

5. 基于类推主义的机器学习算法

支持向量机是类推主义的机器学习算法中的代表性算法。其目的是从给定的数据点集合中找到一个合理的“面”将数据划分开，这个面一般被称作“超平面”，算法中的核心问题则可以转化为找出一个超平面，使得“支持向量”的间距尽可能大。

1.3.3 人机交互

机器人学中一个非常大的领域是人与机器人进行交互。为了达到自然交互的程度，我们要求机器人系统要尽可能地理解人的语言、行动、情感以及表情，从中读取或理解人的意图，配合人的需求给出相应的反应。事实上，对人类面部表情的解读是理解人的一个重要部分，另一个重要部分是理解人的姿态和动作。如果机器人和人一起行走，人们希望机器人能理解他们的所有动作，再根据他们的运动做出最优的运动决策。

在机器人系统的人机交互领域中，我们期望一个机器人在理解人的情感和意图后做出最优决策的过程是由机器人进行数据学习后的结果，而不是程序员事先编写好的“套路”。

这也是人机交互领域中的一个挑战性的问题，人们难以验证或缺少公认的方法去验证这一过程的真伪。这样一个能够实现人机交互的机器人系统不仅仅需要软硬件的正确运行，更是要依赖于那些用来学习的算法及数据。我们需要赋予机器人同样的能力，让机器人能够自我评估，并且在知道自身会受影响的情况下采取正确的措施。

本章小结

机器人是一种由计算机编程的，能够自动执行一系列复杂动作的机器。本章的第一节叙述了机器人的诞生与发展中具有深远影响的历史事件，从古代时机器人概念的孕育到近代机器人的实现以及对未来机器人的展望。在第二节中，我们对各式各样的机器人进行了分类，将其分别按照功能、控制方式、应用环境和移动性进行分类。第二节还总结了机器人的基本系统组成，确定机器人由机械系统、传感系统、控制系统三大子系统组成。本章的第三节对机器人学的“硬件构建及控制”“信息感知”“自我学习”以及“人机交互”这四个研究核心与范畴进行了叙述。

习　题　1

1. 判断题

(1) 减速器是一种降低转速并减小扭矩的传动装置。　（　　）

(2) 部分不连接的多个神经元也能够组成人工神经网络。　（　　）

2. 机器人研究的主要四个核心领域为______、______、______和______。
3. 机器人按照控制方式可以分为哪几种类型？
4. 机器人系统由哪几个子系统组成？
5. 机器人可以如何进行分类？
6. 工业机器人减速器按照结构如何划分，哪种是最主流的？
7. 机器人传感系统所接收的状态信息有哪些，请举例说明。
8. 请举例说明工业型机器人有哪些。
9. 远距作业型机器人(如月球上的探索机器人)设计时需要考虑哪些问题？

第2章 位姿描述与变换

机器人在执行任务的过程中会不断改变自身的位置以及姿态而进行相应的空间运动。一般地，机器人的空间运动由一系列相关部件的联合运动所得到。本章主要讨论机器人在空间运动过程中位置及姿态的数学描述，以及这些数学描述之间的相互转换关系。这些数学描述正是后续进行机器人控制操作的基础。

2.1 空间向量坐标运算

本节将介绍空间坐标系中右手直角坐标系的概念，根据平面向量的性质求解空间向量的直角坐标运算，并通过向量的内积与外积引出法向量的概念。

2.1.1 空间坐标系

已知空间中一个基底的三个长度为 1 的基向量相互垂直，这个基底称为单位正交基底，用$\{\boldsymbol{i},\boldsymbol{j},\boldsymbol{k}\}$表示。在空间中选择一点 O 和一个单位正交基底$\{\boldsymbol{i},\boldsymbol{j},\boldsymbol{k}\}$，并以 O 点为原点，以$\{\boldsymbol{i},\boldsymbol{j},\boldsymbol{k}\}$的方向为正方向，建立三条坐标轴：$x$ 轴、y 轴、z 轴。此时，可以称为建立了一个空间直角坐标系 O-xyz，如图 2-1 所示。其中，O 点是坐标原点，$\boldsymbol{i}$、$\boldsymbol{j}$、$\boldsymbol{k}$ 是坐标向量，每两条坐标轴及坐标原点构成的平面称为坐标平面，该空间直角坐标系的坐标平面分别为 xOy 平面、zOy 平面、zOx 平面。

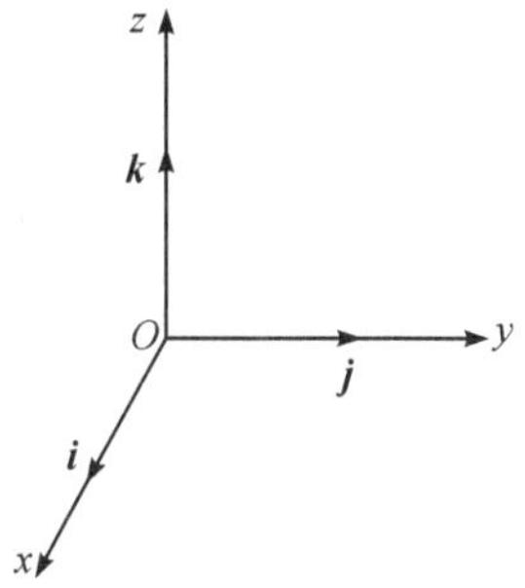

图 2-1 直角坐标系

在空间直角坐标系中，如果让右手的大拇指指向 x 轴的正向，食指指向 y 轴的正向，中指指向 z 轴的正向，那么 x、y、z 三条坐标轴构成的直角坐标系称为右手直角坐标系。

2.1.2 空间向量的性质及运算

如图 2-2 所示，对于一个给定的空间直角坐标系和向量 $\boldsymbol{a}$，假设 $\boldsymbol{i}$、$\boldsymbol{j}$、$\boldsymbol{k}$ 为坐标向量，则存在唯一的有序实数组 (a_1, a_2, a_3)，使得 $\boldsymbol{a}=a_1\boldsymbol{i}+a_2\boldsymbol{j}+a_3\boldsymbol{k}$，那么有序实数组 (a_1, a_2, a_3)称为向量空间直角坐标系 O-xyz 中的坐标，记为组(a_1, a_2, a_3)。

在空间直角坐标系 O-xyz 中，有任意一点 A，存在唯一的有序实数组(x, y, z)，使得 $OA=x\boldsymbol{i}+y\boldsymbol{j}+z\boldsymbol{k}$，则有序实数组$(x, y, z)$叫作向量 $\overrightarrow{OA}$ 在向量空间直角坐标系O-xyz 中的坐标，记作 $A(x, y, z)$。

在平面坐标中，我们已知平面向量具有如下性质：

(1) 若 $\boldsymbol{p}=x\boldsymbol{i}+y\boldsymbol{j}$，其中 $\boldsymbol{i}$、$\boldsymbol{j}$ 分别为 x 轴和 y 轴上同方向的单位向量，那么 $\boldsymbol{p}$ 的坐标

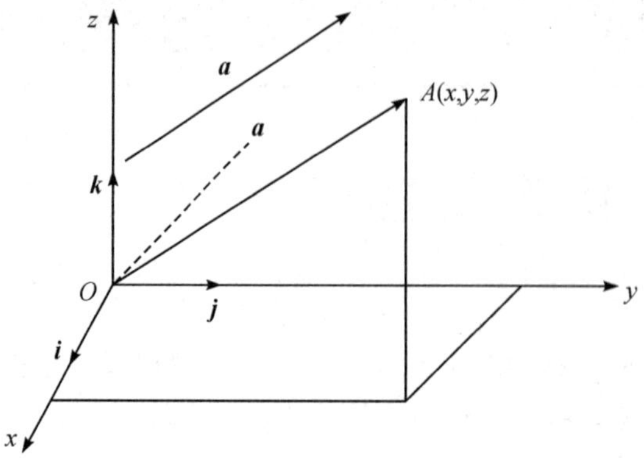

图 2-2　空间直角坐标系的坐标

为(x, y)。

(2) 若 $\boldsymbol{a}=(a_1, a_2)$，$\boldsymbol{b}=(b_1, b_2)$，则 $\boldsymbol{a}+\boldsymbol{b}=(a_1+b_1, a_2+b_2)$，$\boldsymbol{a}-\boldsymbol{b}=(a_1-b_1, a_2-b_2)$，$\lambda\boldsymbol{a}=(\lambda a_1, \lambda a_2)(\lambda\in\mathbf{R})$。

(3) $\boldsymbol{a}/\!/\boldsymbol{b}\Leftrightarrow a_1=\lambda b_1, a_2=\lambda b_2(\lambda\in\mathbf{R})$。

(4) 对于任意两点 $A=(x_1, y_1)$，$B=(x_2, y_2)$，向量 $\overrightarrow{AB}=(x_2-x_1, y_2-y_1)$。

与平面坐标向量类似，对于空间向量的直角坐标运算，假设 $\boldsymbol{a}=(a_1, a_2, a_3)$，$\boldsymbol{b}=(b_1, b_2, b_3)$，则有

(1) $\boldsymbol{a}+\boldsymbol{b}=(a_1+b_1, a_2+b_2, a_3+b_3)$。

(2) $\boldsymbol{a}-\boldsymbol{b}=(a_1-b_1, a_2-b_2, a_3-b_3)$。

(3) $\lambda\boldsymbol{a}=(\lambda a_1, \lambda a_2, \lambda a_3)(\lambda\in\mathbf{R})$。

(4) $\boldsymbol{a}/\!/\boldsymbol{b}\Leftrightarrow a_1=\lambda b_1, a_2=\lambda b_2, a_3=\lambda b_3(\lambda\in\mathbf{R})$。

(5) 对于任意两点 $A=(x_1, y_1, z_1)$，$B=(x_2, y_2, z_2)$，向量 $\overrightarrow{AB}=(x_2-x_1, y_2-y_1, z_2-z_1)$。

事实上，对于第(5)点，向量 $\overrightarrow{AB}$ 是以 $A=(x_1, y_1, z_1)$ 为起点，以 $B=(x_2, y_2, z_2)$ 为终点的向量。分别过 A 和 B 作垂直于三个坐标轴的平面，这六个平面就是以 AB 为对角线所构成的长方体，如图 2-3 所示。

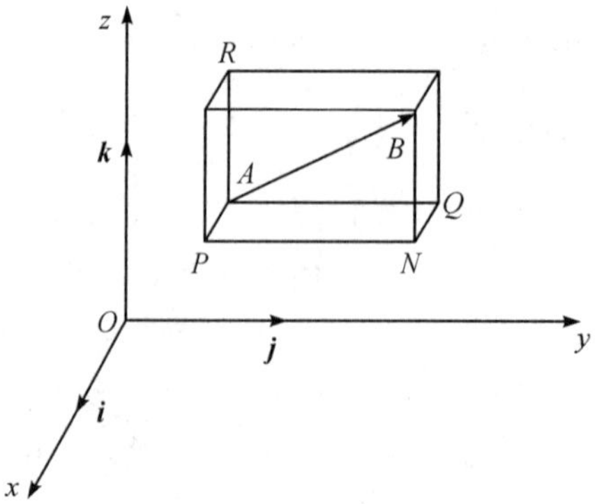

图 2-3　向量的坐标投影

假设 $\boldsymbol{i}$、$\boldsymbol{j}$、$\boldsymbol{k}$ 为坐标向量，那么有

$$\overrightarrow{AB}=\overrightarrow{AP}+\overrightarrow{AQ}+\overrightarrow{AR}=a_x\boldsymbol{i}+a_y\boldsymbol{j}+a_z\boldsymbol{k} \tag{2-1}$$

其中：

$a_x=x_2-x_1$，表示向量 $\overrightarrow{AB}$ 在 x 轴上的投影；

$a_y=y_2-y_1$，表示向量 $\overrightarrow{AB}$ 在 y 轴上的投影；

$a_z=z_2-z_1$，表示向量 $\overrightarrow{AB}$ 在 z 轴上的投影。

也就是

$$\overrightarrow{AB}=(x_2-x_1)\boldsymbol{i}+(y_2-y_1)\boldsymbol{j}+(z_2-z_1)\boldsymbol{k} \tag{2-2}$$

特别地，如果向量 $\overrightarrow{AB}$ 的起点在原点 O，也就是说，$A=(x_1, y_1, z_1)=(0, 0, 0)$，$B=(x_2, y_2, z_2)=(x, y, z)$，此时

$$\overrightarrow{AB}=\overrightarrow{OB}=x\boldsymbol{i}+y\boldsymbol{j}+z\boldsymbol{k} \tag{2-3}$$

对于图 2-3 所示的非零向量 $\overrightarrow{AB}$，假设向量 $\overrightarrow{AB}$ 与三个坐标轴的正向夹角分别为 α、β、γ，且有 $0\leqslant\alpha\leqslant\pi$、$0\leqslant\beta\leqslant\pi$、$0\leqslant\gamma\leqslant\pi$，那么 α、β、γ 称为向量 $\overrightarrow{AB}$ 的方向角，如图 2-4 所示。

由图 2-4 可知，

$$\begin{cases} a_x=|a|\cos\alpha \\ a_y=|a|\cos\beta \\ a_z=|a|\cos\gamma \end{cases} \tag{2-4}$$

这里有

$$|\overrightarrow{AB}|=\sqrt{|\overrightarrow{AP}|^2+|\overrightarrow{AQ}|^2+|\overrightarrow{AR}|^2} \tag{2-5}$$

也就是说

$$|\overrightarrow{AB}|=\sqrt{a_x^2+a_y^2+a_z^2} \tag{2-6}$$

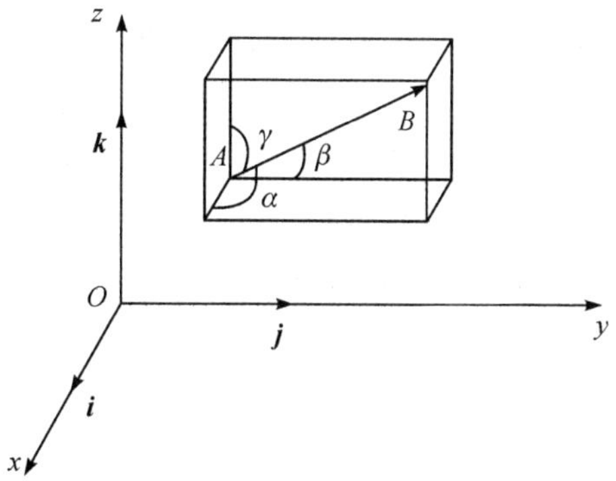

图 2-4　向量的方向角

$|\overrightarrow{AB}|$ 就是向量 $\overrightarrow{AB}$ 的长度，也称为向量的模。特别地，如果向量 $\overrightarrow{AB}$ 的起点处在原点 O。也就是说，$A=(x_1, y_1, z_1)=(0, 0, 0)$，$B=(x_2, y_2, z_2)=(x, y, z)$，此时

$$|\overrightarrow{AB}|=|\overrightarrow{OB}|=\sqrt{x^2+y^2+z^2} \tag{2-7}$$

当向量 $\overrightarrow{AB}$ 的模不为 0 时，有

$$\begin{cases} \cos\alpha=\dfrac{a_x}{\sqrt{a_x^2+a_y^2+a_z^2}} \\ \cos\beta=\dfrac{a_y}{\sqrt{a_x^2+a_y^2+a_z^2}} \\ \cos\gamma=\dfrac{a_z}{\sqrt{a_x^2+a_y^2+a_z^2}} \end{cases} \tag{2-8}$$

式(2-8)称为向量 $\overrightarrow{AB}$ 的方向余弦，且方向余弦满足：

$$\cos^2\alpha+\cos^2\beta+\cos^2\gamma=1 \tag{2-9}$$

2.1.3 向量内积与外积

现在讨论向量的内积。向量的内积也叫向量的点乘、点积、数量积。假设向量 $\boldsymbol{a}=(x_1, y_1, z_1)$，$\boldsymbol{b}=(x_2, y_2, z_2)$，根据向量坐标的意义，有 $\boldsymbol{a}=x_1\boldsymbol{i}+y_1\boldsymbol{j}+z_1\boldsymbol{k}$，$\boldsymbol{b}=x_2\boldsymbol{i}+y_2\boldsymbol{j}+z_2\boldsymbol{k}$，可以定义向量 $\boldsymbol{a}$ 和 $\boldsymbol{b}$ 的点积为

$$\begin{aligned}\boldsymbol{a}\cdot\boldsymbol{b}&=(x_1\boldsymbol{i}+y_1\boldsymbol{j}+z_1\boldsymbol{k})\cdot(x_2\boldsymbol{i}+y_2\boldsymbol{j}+z_2\boldsymbol{k})\\&=x_1x_2\boldsymbol{i}\cdot\boldsymbol{i}+x_1y_2\boldsymbol{i}\cdot\boldsymbol{j}+x_1z_2\boldsymbol{i}\cdot\boldsymbol{k}+y_1x_2\boldsymbol{j}\cdot\boldsymbol{i}+y_1y_2\boldsymbol{j}\cdot\boldsymbol{j}+\\&\quad y_1z_2\boldsymbol{j}\cdot\boldsymbol{k}+z_1x_2\boldsymbol{k}\cdot\boldsymbol{i}+z_1y_2\boldsymbol{k}\cdot\boldsymbol{j}+z_1z_2\boldsymbol{k}\cdot\boldsymbol{k}\end{aligned}\tag{2-10}$$

又因为

$$\boldsymbol{i}\cdot\boldsymbol{i}=\boldsymbol{j}\cdot\boldsymbol{j}=\boldsymbol{k}\cdot\boldsymbol{k}=1\tag{2-11}$$

$$\boldsymbol{i}\cdot\boldsymbol{j}=\boldsymbol{i}\cdot\boldsymbol{k}=\boldsymbol{j}\cdot\boldsymbol{i}=\boldsymbol{j}\cdot\boldsymbol{k}=\boldsymbol{k}\cdot\boldsymbol{i}=\boldsymbol{k}\cdot\boldsymbol{j}=0\tag{2-12}$$

所以定义向量 $\boldsymbol{a}$ 和 $\boldsymbol{b}$ 的点积为

$$\boldsymbol{a}\cdot\boldsymbol{b}=x_1x_2+y_1y_2+z_1z_2\tag{2-13}$$

若以 $A(x_1, y_1, z_1)$ 为起点坐标，以 $B(x_2, y_2, z_2)$ 为终点坐标，则向量 $\overrightarrow{AB}=(x_2-x_1, y_2-y_1, z_2-z_1)$，若向量 $\boldsymbol{a}$ 和 $\boldsymbol{b}$ 的夹角为 θ，由余弦定理可知

$$|\overrightarrow{AB}|^2=|\boldsymbol{a}|^2+|\boldsymbol{b}|^2-2|\boldsymbol{a}||\boldsymbol{b}|\cos\theta\tag{2-14}$$

其中，$|\overrightarrow{AB}|$、$|\boldsymbol{a}|$、$|\boldsymbol{b}|$ 分别表示向量 $\overrightarrow{AB}$、$\boldsymbol{a}$、$\boldsymbol{b}$ 的模。根据式(2-6)、式(2-7)，对式(2-14)进行整理可得

$$|\boldsymbol{a}||\boldsymbol{b}|\cos\theta=\frac{x_1^2+y_1^2+z_1^2+x_2^2+y_2^2+z_2^2-[(x_2-x_1)^2+(y_2-y_1)^2+(z_2-z_1)^2]}{2}\tag{2-15}$$

由式(2-13)，有

$$|\boldsymbol{a}||\boldsymbol{b}|\cos\theta=x_1x_2+y_1y_2+z_1z_2=\boldsymbol{a}\cdot\boldsymbol{b}\tag{2-16}$$

也就是

$$\theta=\arccos\left(\frac{\boldsymbol{a}\cdot\boldsymbol{b}}{|\boldsymbol{a}||\boldsymbol{b}|}\right)\tag{2-17}$$

为进一步判断 $\boldsymbol{a}$、$\boldsymbol{b}$ 这两个向量是否同一方向，是否正交(也就是垂直)等方向关系，根据式(2-17)，可以计算向量 $\boldsymbol{a}$、$\boldsymbol{b}$ 之间的夹角。

(1) 当 $\boldsymbol{a}\cdot\boldsymbol{b}>0$ 时，向量 $\boldsymbol{a}$、$\boldsymbol{b}$ 方向相同，它们的夹角在 0°～90°之间。

(2) 当 $\boldsymbol{a}\cdot\boldsymbol{b}=0$ 时，向量 $\boldsymbol{a}$、$\boldsymbol{b}$ 正交，即相互垂直。

(3) 当 $\boldsymbol{a}\cdot\boldsymbol{b}<0$ 时，向量 $\boldsymbol{a}$、$\boldsymbol{b}$ 方向相反，它们的夹角在 90°～180°之间。

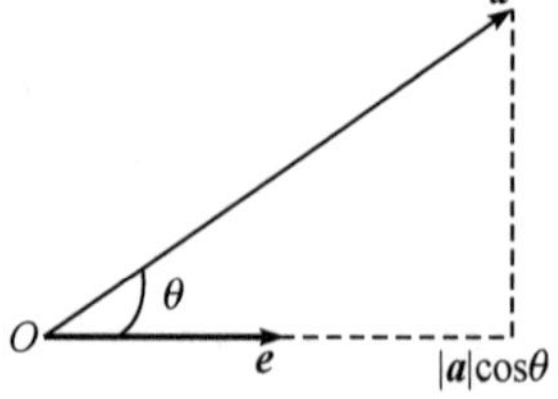

图 2-5 点积表征的投影

也就是说，向量的点积可以用来表征两个向量之间的夹角，以及第一个向量在第二个向量方向上的投影，如图 2-5 所示。如果向量 $\boldsymbol{a}$、$\boldsymbol{b}$ 之间的夹角为 θ，这里假设向量 $\boldsymbol{b}$ 为单位向量 $\boldsymbol{e}$，那么有 $|\boldsymbol{b}|=|\boldsymbol{e}|=1$，$\boldsymbol{a}\cdot\boldsymbol{b}=|\boldsymbol{a}||\boldsymbol{b}|\cos\theta=|\boldsymbol{a}|\cos\theta$。也就是说，向量 $\boldsymbol{a}$、$\boldsymbol{b}$ 的点积，正是向量 $\boldsymbol{a}$ 在向量 $\boldsymbol{b}$(图中为 $\boldsymbol{e}$)上的投影。此外，若向量 $\boldsymbol{e}$ 为坐标系的坐标向量，那么 $\boldsymbol{a}\cdot\boldsymbol{e}$ 就表示向量 $\boldsymbol{a}$ 在坐标轴上的投影。

我们再来看向量的外积。向量的外积也称为向量的叉乘、向量积。向量叉乘运算得到的结果仍然是向量，并且这个向量与叉乘的两个原向量组成的坐标平面垂直。假设向量$\boldsymbol{a}=(x_1, y_1, z_1)$，$\boldsymbol{b}=(x_2, y_2, z_2)$，向量$\boldsymbol{a}$、$\boldsymbol{b}$的叉乘定义为

$$\begin{aligned}\boldsymbol{a}\times\boldsymbol{b}&=\begin{vmatrix}\boldsymbol{i} & \boldsymbol{j} & \boldsymbol{k}\\ x_1 & y_1 & z_1\\ x_2 & y_2 & z_2\end{vmatrix}\\ &=(y_1z_2-y_2z_1)\boldsymbol{i}-(x_1z_2-x_2z_1)\boldsymbol{j}+(x_1y_2-x_2y_1)\boldsymbol{k}\end{aligned}\tag{2-18}$$

由式(2-18)可知，向量$\boldsymbol{a}$、$\boldsymbol{b}$的叉乘可以看作以$\boldsymbol{i}$、$\boldsymbol{j}$、$\boldsymbol{k}$坐标向量为第一行元素的三维矩阵的行列式。

此外，根据式(2-18)可以看出，通过向量$\boldsymbol{a}$、$\boldsymbol{b}$的叉乘运算$\boldsymbol{a}\times\boldsymbol{b}$，可以得到一个新的向量$\boldsymbol{a}\times\boldsymbol{b}=((y_1z_2-y_2z_1), -(x_1z_2-x_2z_1), (x_1y_2-x_2y_1))$，此向量为法向量。法向量垂直于向量$\boldsymbol{a}$、$\boldsymbol{b}$构成的平面，并且满足右手判断规则，如图2-6所示。

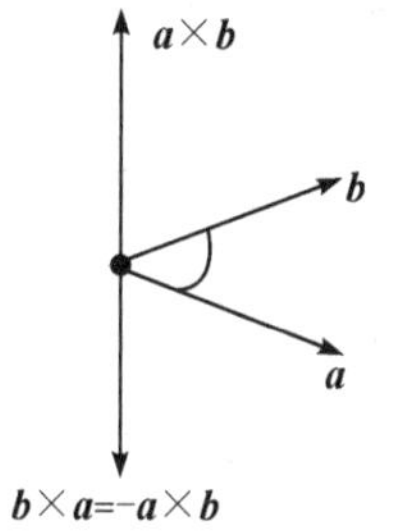

图2-6　向量的叉乘

2.2　位置与姿态的描述

为了描述现实世界中有关空间物体的机械运动，就要研究空间物体本身相对位置或自身各个部分相对位置发生变化的运动。一个空间物体的机械运动，如果选择的参照对象不同，对它的描述也就不同。因此，为了描述一个空间物体的机械运动，就要选择一个参照坐标系，这个坐标我们一般称之为世界坐标系$\{W\}$(World Frame)。

此外，当研究物体在空间中的运动时，物体的形状、大小的影响并不大。当研究问题与物体的形状和大小无关时，可将此物体看作只有质量而没有大小、形状的理想物体。此时，该对象可看作质点，因此可使用质点运动代替对象运动。在一些情况下，空间物体的形状、大小是不可忽略的，但外力作用下的变形可以忽略，这样物体就可以被视为具有质量、大小和形状的理想物体，但其不会变形，我们称之为刚体。刚体可看作由许多质点所组成，任意两个质点间的距离在运动中保持不变，也就是刚体上所有质点均有相同的速度和加速度，并且运动轨迹也相同，因此，可以选出一个代表性的质点——质心，来表示刚体的运动。为了描述刚体在空间中相对于世界坐标系$\{W\}$的运动，可以在刚体质心上建立坐标系，此坐标系就称为本体坐标系$\{B\}$(Body Frame)。本体坐标系$\{B\}$的坐标原点在质心上，大拇指指向坐标系的x轴方向，食指指向坐标系的y轴方向，世界坐标系$\{W\}$和本体坐标系$\{B\}$的y轴、z轴满足右手准则，如图2-7所示。

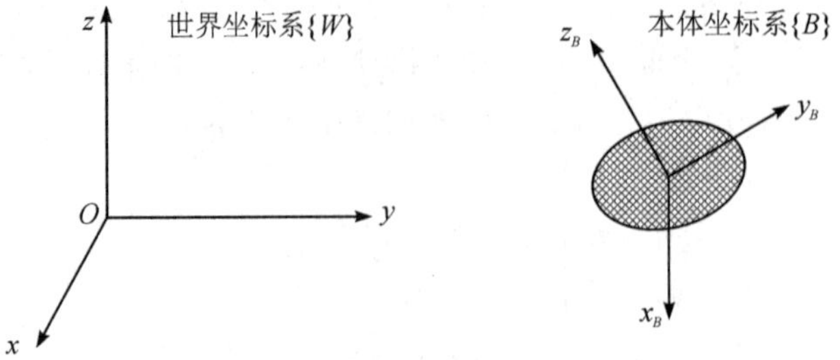

图 2-7　坐标系

建立好坐标系，就可以表示刚体的运动状态。一个刚体的运动主要分为移动和转动两种。如图 2-8 所示，刚体在平面中的移动是刚体的质心位置相对于参考坐标系的原点在 x 轴和 y 轴上发生了变化；而刚体在平面中的转动就是在质心上建立的本体坐标系{B}的 x 轴相对于参考坐标系的 x 轴有一个转动的夹角。因此，刚体的平面运动一般有 3 个自由度(3 Degree of Freedom)。与此类似，刚体在空间中的运动就是刚体的质心位置相对于参考坐标系的原点在世界坐标系{W}的 x 轴、y 轴和 z 轴方向上发生了变化；而刚体在空间中的转动就是本体坐标系{B}分别绕世界坐标系{W}的 x、y 和 z 三条坐标轴转动了相应的角度。注意，这个转动会导致本体坐标系{B}中 x、y 和 z 各轴的方向不再与世界坐标系{W}的 x 轴、y 轴和 z 轴方向一致，而是存在一定的夹角。本体坐标系{B}分别绕世界坐标系{W}的 x 轴、y 轴和 z 轴转动的角度称为刚体运动的姿态角。因此，对于刚体在空间中的运动，一般就有 3 个坐标分量、3 个姿态分量共 6 个自由度(6 Degree of Freedom)。刚体的运动状态的描述，就是利用各个自由度上的微分运算将刚体的位移和姿态分量转换为速度、加速度等运动状态。

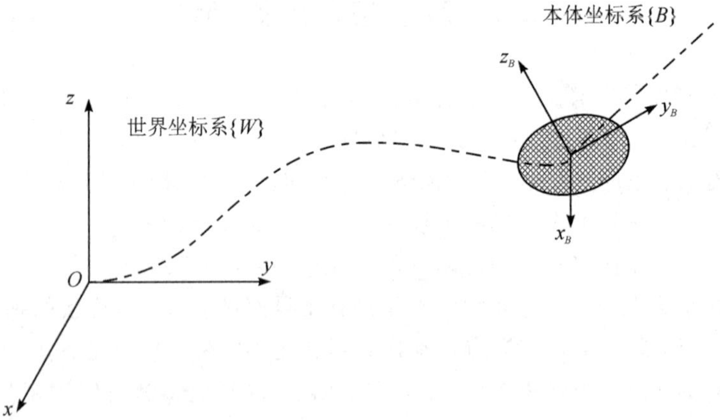

图 2-8　刚体运动

在坐标系中，是如何表示刚体的移动和转动的呢？在坐标系里，通过位置向量来表示本体坐标系{B}的原点相对于世界坐标系{W}的状态，即刚体的移动。对于空间直角坐标系 O-xyz 中的任意一点 A，存在唯一的有序实数组(x，y，z)，使得 $OA=x\boldsymbol{i}+y\boldsymbol{j}+z\boldsymbol{k}$，则有序实数组($x$，$y$，$z$)是向量 $\overrightarrow{OA}$ 在向量空间直角坐标系 O-xyz 中的坐标，记作 $A(x, y, z)$。同样地，对于确定的坐标系，可以用位置矢量来表示世界坐标系{W}上任一点的位置，如图 2-9 所示。

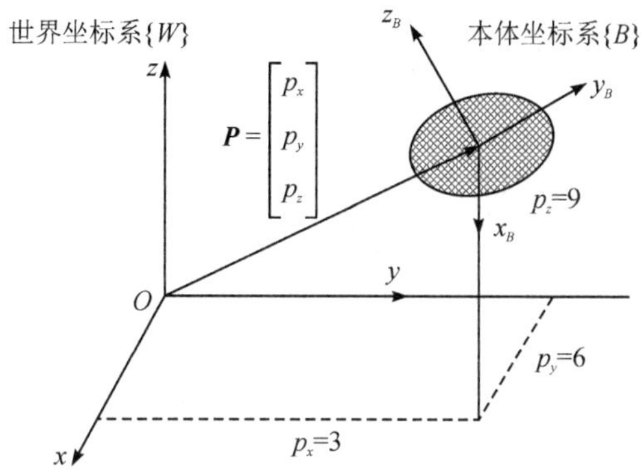

图 2-9　位置矢量

在图 2-9 中，本体坐标系{B}的原点在世界坐标系{W}中的位置为(3，6，9)，因此，可以用位置向量 $\boldsymbol{P}$ 来表示本体坐标系{B}的原点，这里定义位置向量为一个 3×1 的列向量，那么有

$$\boldsymbol{P}=\begin{bmatrix}p_x\\p_y\\p_z\end{bmatrix}=\begin{bmatrix}3\\6\\9\end{bmatrix} \tag{2-19}$$

为了更形象地表示本体坐标系{B}的原点在世界坐标系{W}中的位置，一般需要给位置向量添加一个上下标，即用 ${}^W\boldsymbol{P}_{B\text{org}}$ 表示本体坐标系{B}的原点在世界坐标系{W}中的位置向量。更一般地，对于坐标系 A 中任意一点的位置向量，可以用 ${}^A\boldsymbol{P}=(p_x \quad p_y \quad p_z)^{\mathrm{T}}$ 来表示。事实上，根据式(2-3)，位置向量表示的任意一点的坐标值 p_x、p_y、p_z 分别表示该向量沿着坐标系 A 的各个坐标轴方向上的投影。

描述刚体的转动就是描述刚体在世界坐标系{W}中的姿态，也就是与刚体固连的本体坐标系{B}相对于世界坐标系{W}的描述。具体来说，就是描述沿着本体坐标系{B}的坐标轴方向上的三个单位向量相对于世界坐标系{W}的表示。根据式(2-1)可知，空间中的任意向量可以用该向量在空间坐标系的三个轴上投影来表示。因此，假设本体坐标系{B}三个坐标轴方向上的单位向量分别为 $\hat{\boldsymbol{x}}_B$、$\hat{\boldsymbol{y}}_B$、$\hat{\boldsymbol{z}}_B$，在世界坐标系{W}中表示为 ${}^W\hat{\boldsymbol{x}}_B$、${}^W\hat{\boldsymbol{y}}_B$、${}^W\hat{\boldsymbol{z}}_B$。也就是说，${}^W\hat{\boldsymbol{x}}_B$ 向量是本体坐标系{B}沿 X 轴方向的单位向量 $\hat{\boldsymbol{x}}_B$ 在世界坐标系{W}的表示，根据式(2-1)，$\hat{\boldsymbol{x}}_B$ 可以投影在世界坐标系{W}的三个坐标轴上，从而得到 ${}^W\hat{\boldsymbol{x}}_B$ 向量：

$$\begin{aligned}{}^W\hat{\boldsymbol{x}}_B&=[\hat{\boldsymbol{x}}_B\cdot\hat{\boldsymbol{x}}_W,\ \hat{\boldsymbol{x}}_B\cdot\hat{\boldsymbol{y}}_W,\ \hat{\boldsymbol{x}}_B\cdot\hat{\boldsymbol{z}}_W]^{\mathrm{T}}\\&=|\hat{\boldsymbol{x}}_B|\cdot|\hat{\boldsymbol{x}}_W|\cdot\cos(\hat{\boldsymbol{x}}_B,\ \hat{\boldsymbol{x}}_W)\\&=\cos(\hat{\boldsymbol{x}}_B,\ \hat{\boldsymbol{x}}_W)\end{aligned}$$

${}^W\hat{\boldsymbol{y}}_B$ 与 ${}^W\hat{\boldsymbol{z}}_B$ 向量也同理，分别由 $\hat{\boldsymbol{y}}_B$、$\hat{\boldsymbol{z}}_B$ 在世界坐标系{W}的三个坐标轴上的投影得到。那么，根据式(2-1)，由 ${}^W\hat{\boldsymbol{x}}_B$、${}^W\hat{\boldsymbol{y}}_B$、${}^W\hat{\boldsymbol{z}}_B$ 向量可以构成一个 3×3 的矩阵，这个矩阵就称为旋转矩阵，该矩阵描述的是本体坐标系{B}相对于世界坐标系{W}的表达式，因此，可以用 ${}^W_B\boldsymbol{R}$ 表示，即

$$ {}^{W}_{B}\boldsymbol{R}=\left[{}^{W}\hat{\boldsymbol{x}}_{B}\quad {}^{W}\hat{\boldsymbol{y}}_{B}\quad {}^{W}\hat{\boldsymbol{z}}_{B}\right]=\begin{bmatrix}\hat{\boldsymbol{x}}_{B}\cdot\hat{\boldsymbol{x}}_{W} & \hat{\boldsymbol{y}}_{B}\cdot\hat{\boldsymbol{x}}_{W} & \hat{\boldsymbol{z}}_{B}\cdot\hat{\boldsymbol{x}}_{W}\\ \hat{\boldsymbol{x}}_{B}\cdot\hat{\boldsymbol{y}}_{W} & \hat{\boldsymbol{y}}_{B}\cdot\hat{\boldsymbol{y}}_{W} & \hat{\boldsymbol{z}}_{B}\cdot\hat{\boldsymbol{y}}_{W}\\ \hat{\boldsymbol{x}}_{B}\cdot\hat{\boldsymbol{z}}_{W} & \hat{\boldsymbol{y}}_{B}\cdot\hat{\boldsymbol{z}}_{W} & \hat{\boldsymbol{z}}_{B}\cdot\hat{\boldsymbol{z}}_{W}\end{bmatrix} \tag{2-20} $$

由式(2-20)可知，3×3的旋转矩阵每一列表示沿本体坐标系$\{B\}$的一条轴向的单位向量，在世界坐标系$\{W\}$的三个坐标轴上的投影。根据图2-5，向量的内积可以表征一个向量在另一个向量上的投影。因此，旋转矩阵的每一列就是沿本体坐标系$\{B\}$的一条轴向的单位向量与沿世界坐标系$\{W\}$的三条坐标轴方向的单位向量$\hat{\boldsymbol{x}}_W$、$\hat{\boldsymbol{y}}_W$、$\hat{\boldsymbol{z}}_W$的内积。由式(2-17)可知，通过两个单位向量的点积，可以得到两者间夹角的余弦，因此，旋转矩阵${}^{W}_{B}\boldsymbol{R}$的各个分量称为方向余弦。

【例2.1】 如图2-10所示，求坐标系$\{B\}$相对于坐标系$\{W\}$的旋转矩阵。

解 坐标系$\{B\}$的x轴与坐标系$\{W\}$的z轴方向相反，那么坐标系$\{B\}$的x轴到坐标系$\{W\}$的三个轴上的投影可以表示为

$$ {}^{W}\hat{\boldsymbol{x}}_{B}=\begin{bmatrix}0\\0\\-1\end{bmatrix} $$

坐标系$\{B\}$的y轴与坐标系$\{W\}$的y轴重合，那么坐标系$\{B\}$的y轴到坐标系$\{W\}$的三个轴上的投影可以表示为

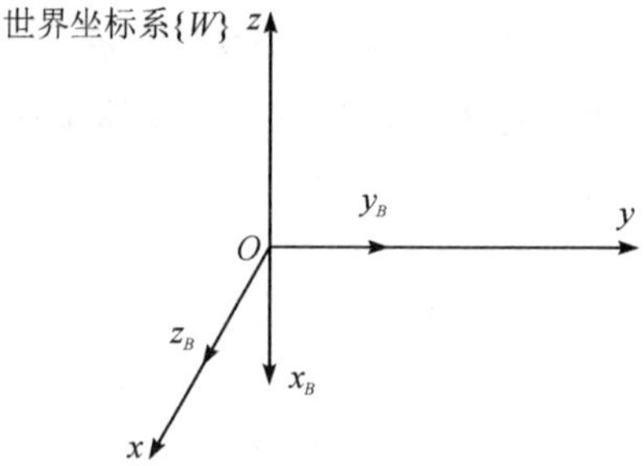

图2-10 例2.1旋转矩阵

$$ {}^{W}\hat{\boldsymbol{y}}_{B}=\begin{bmatrix}0\\1\\0\end{bmatrix} $$

坐标系$\{B\}$的z轴与坐标系$\{W\}$的x轴重合，那么坐标系$\{B\}$的z轴到坐标系$\{W\}$的三个轴上的投影可以表示为

$$ {}^{W}\hat{\boldsymbol{z}}_{B}=\begin{bmatrix}1\\0\\0\end{bmatrix} $$

因此，图2-10所示的坐标系$\{B\}$相对于坐标系$\{W\}$的旋转矩阵表示为

$$ {}^{W}_{B}\boldsymbol{R}=\left[{}^{W}\hat{\boldsymbol{x}}_{B}\quad {}^{W}\hat{\boldsymbol{y}}_{B}\quad {}^{W}\hat{\boldsymbol{z}}_{B}\right]=\begin{bmatrix}0 & 0 & 1\\ 0 & 1 & 0\\ -1 & 0 & 0\end{bmatrix} $$

【例2.2】 如图2-11所示，求坐标系$\{B\}$相对于坐标系$\{W\}$的旋转矩阵。

解 由图2-11可以看到，坐标系$\{B\}$是由坐标系$\{W\}$绕z轴逆时针旋转了30°得到的结果。因此，坐标系$\{B\}$的x轴到坐标系$\{W\}$的三个轴上的投影可以表示为

$$ {}^{W}\hat{\boldsymbol{x}}_{B}=\begin{bmatrix}\hat{\boldsymbol{x}}_{B}\cdot\hat{\boldsymbol{x}}_{W}\\ \hat{\boldsymbol{x}}_{B}\cdot\hat{\boldsymbol{y}}_{W}\\ \hat{\boldsymbol{x}}_{B}\cdot\hat{\boldsymbol{z}}_{W}\end{bmatrix}=\begin{bmatrix}\cos30^{\circ}\\ \sin30^{\circ}\\ 0\end{bmatrix}=\begin{bmatrix}0.866\\ 0.5\\ 0\end{bmatrix} $$

与x轴不同的是，坐标系$\{B\}$的y轴到坐标系$\{W\}$的x轴上的投影在坐标系$\{W\}$的x轴负方向上。因此，坐标系$\{B\}$的y轴到坐标系$\{W\}$的三个轴上的投影可以表示为

$$
{}^{W}\hat{\boldsymbol{y}}_{B}=\begin{bmatrix}\hat{\boldsymbol{y}}_{B}\cdot\hat{\boldsymbol{x}}_{W}\\ \hat{\boldsymbol{y}}_{B}\cdot\hat{\boldsymbol{y}}_{W}\\ \hat{\boldsymbol{y}}_{B}\cdot\hat{\boldsymbol{z}}_{W}\end{bmatrix}=\begin{bmatrix}-\sin30^{\circ}\\ \cos30^{\circ}\\ 0\end{bmatrix}=\begin{bmatrix}-0.5\\ 0.866\\ 0\end{bmatrix}
$$

坐标系{B}的 z 轴与坐标系{W}的 z 轴重合，那么坐标系{B}的 z 轴到坐标系{W}的三个轴上的投影可以表示为

$$
{}^{W}\hat{\boldsymbol{z}}_{B}=\begin{bmatrix}\hat{\boldsymbol{z}}_{B}\cdot\hat{\boldsymbol{x}}_{W}\\ \hat{\boldsymbol{z}}_{B}\cdot\hat{\boldsymbol{y}}_{W}\\ \hat{\boldsymbol{z}}_{B}\cdot\hat{\boldsymbol{z}}_{W}\end{bmatrix}=\begin{bmatrix}0\\ 0\\ 1\end{bmatrix}
$$

因此，图 2-11 所示的坐标系{B}相对于坐标系{W}的旋转矩阵表示为

$$
{}_{B}^{W}\boldsymbol{R}=\begin{bmatrix}{}^{W}\hat{\boldsymbol{x}}_{B} & {}^{W}\hat{\boldsymbol{y}}_{B} & {}^{W}\hat{\boldsymbol{z}}_{B}\end{bmatrix}=\begin{bmatrix}0.866 & -0.5 & 0\\ 0.5 & 0.866 & 0\\ 0 & 0 & 1\end{bmatrix}
$$

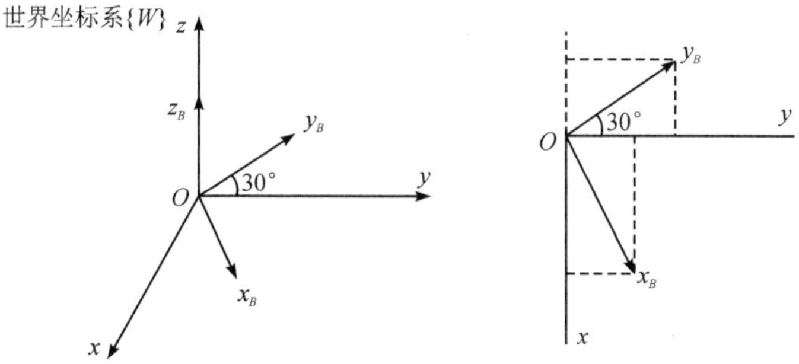

图 2-11 例 2.2 旋转矩阵

式(2-20)表示本体坐标系{B}相对于世界坐标系{W}的表达式，每一列表示沿本体坐标系{B}的每一条轴向的单位向量在世界坐标系{W}的三个坐标轴上的投影：

$$
{}_{B}^{W}\boldsymbol{R}=\begin{bmatrix}{}^{W}\hat{\boldsymbol{x}}_{B} & {}^{W}\hat{\boldsymbol{y}}_{B} & {}^{W}\hat{\boldsymbol{z}}_{B}\end{bmatrix}=\begin{bmatrix}\hat{\boldsymbol{x}}_{B}\cdot\hat{\boldsymbol{x}}_{W} & \hat{\boldsymbol{y}}_{B}\cdot\hat{\boldsymbol{x}}_{W} & \hat{\boldsymbol{z}}_{B}\cdot\hat{\boldsymbol{x}}_{W}\\ \hat{\boldsymbol{x}}_{B}\cdot\hat{\boldsymbol{y}}_{W} & \hat{\boldsymbol{y}}_{B}\cdot\hat{\boldsymbol{y}}_{W} & \hat{\boldsymbol{z}}_{B}\cdot\hat{\boldsymbol{y}}_{W}\\ \hat{\boldsymbol{x}}_{B}\cdot\hat{\boldsymbol{z}}_{W} & \hat{\boldsymbol{y}}_{B}\cdot\hat{\boldsymbol{z}}_{W} & \hat{\boldsymbol{z}}_{B}\cdot\hat{\boldsymbol{z}}_{W}\end{bmatrix} \tag{2-21}
$$

事实上，向量的内积满足交换律。因此，在式(2-21)中，旋转矩阵的每一行，即是世界坐标系{W}相对本体坐标系{B}的表达式。也就是说，每一行表示沿世界坐标系{W}的一条轴向的单位向量在本体坐标系{B}的三个坐标轴上的投影，因此有

$$
{}_{B}^{W}\boldsymbol{R}=\begin{bmatrix}{}^{W}\hat{\boldsymbol{x}}_{B} & {}^{W}\hat{\boldsymbol{y}}_{B} & {}^{W}\hat{\boldsymbol{z}}_{B}\end{bmatrix}=\begin{bmatrix}\hat{\boldsymbol{x}}_{B}\cdot\hat{\boldsymbol{x}}_{W} & \hat{\boldsymbol{y}}_{B}\cdot\hat{\boldsymbol{x}}_{W} & \hat{\boldsymbol{z}}_{B}\cdot\hat{\boldsymbol{x}}_{W}\\ \hat{\boldsymbol{x}}_{B}\cdot\hat{\boldsymbol{y}}_{W} & \hat{\boldsymbol{y}}_{B}\cdot\hat{\boldsymbol{y}}_{W} & \hat{\boldsymbol{z}}_{B}\cdot\hat{\boldsymbol{y}}_{W}\\ \hat{\boldsymbol{x}}_{B}\cdot\hat{\boldsymbol{z}}_{W} & \hat{\boldsymbol{y}}_{B}\cdot\hat{\boldsymbol{z}}_{W} & \hat{\boldsymbol{z}}_{B}\cdot\hat{\boldsymbol{z}}_{W}\end{bmatrix}=\begin{bmatrix}({}^{B}\hat{\boldsymbol{x}}_{W})^{\mathrm{T}}\\ ({}^{B}\hat{\boldsymbol{y}}_{W})^{\mathrm{T}}\\ ({}^{B}\hat{\boldsymbol{z}}_{W})^{\mathrm{T}}\end{bmatrix} \tag{2-22}
$$

$$
\begin{aligned}
{}_{B}^{W}\boldsymbol{R}&=\begin{bmatrix}({}^{B}\hat{\boldsymbol{x}}_{W})^{\mathrm{T}}\\ ({}^{B}\hat{\boldsymbol{y}}_{W})^{\mathrm{T}}\\ ({}^{B}\hat{\boldsymbol{z}}_{W})^{\mathrm{T}}\end{bmatrix}=\begin{bmatrix}\hat{\boldsymbol{x}}_{W}\cdot\hat{\boldsymbol{x}}_{B} & \hat{\boldsymbol{x}}_{W}\cdot\hat{\boldsymbol{y}}_{B} & \hat{\boldsymbol{x}}_{W}\cdot\hat{\boldsymbol{z}}_{B}\\ \hat{\boldsymbol{y}}_{W}\cdot\hat{\boldsymbol{x}}_{B} & \hat{\boldsymbol{y}}_{W}\cdot\hat{\boldsymbol{y}}_{B} & \hat{\boldsymbol{y}}_{W}\cdot\hat{\boldsymbol{z}}_{B}\\ \hat{\boldsymbol{z}}_{W}\cdot\hat{\boldsymbol{x}}_{B} & \hat{\boldsymbol{z}}_{W}\cdot\hat{\boldsymbol{y}}_{B} & \hat{\boldsymbol{z}}_{W}\cdot\hat{\boldsymbol{z}}_{B}\end{bmatrix}\\
&=\begin{bmatrix}{}^{B}\hat{\boldsymbol{x}}_{W} & {}^{B}\hat{\boldsymbol{y}}_{W} & {}^{B}\hat{\boldsymbol{z}}_{W}\end{bmatrix}^{\mathrm{T}}=({}_{W}^{B}\boldsymbol{R})^{\mathrm{T}}={}_{W}^{B}\boldsymbol{R}^{\mathrm{T}}
\end{aligned} \tag{2-23}
$$

因此，世界坐标系{W}，相对本体坐标系{B}的旋转矩阵${}_{W}^{B}\boldsymbol{R}$，可以由式(2-23)的转置

得到，也就是说

$$ {}^{B}_{W}\boldsymbol{R} = ({}^{W}_{B}\boldsymbol{R})^{\mathrm{T}} = {}^{W}_{B}\boldsymbol{R}^{\mathrm{T}} \tag{2-24}$$

此外，由式(2－19)至式(2－23)可知

$$\begin{aligned} {}^{W}_{B}\boldsymbol{R}^{\mathrm{T}}\,{}^{W}_{B}\boldsymbol{R} &= [{}^{W}\hat{\boldsymbol{x}}_B \ \ {}^{W}\hat{\boldsymbol{y}}_B \ \ {}^{W}\hat{\boldsymbol{z}}_B]^{\mathrm{T}} [{}^{W}\hat{\boldsymbol{x}}_B \ \ {}^{W}\hat{\boldsymbol{y}}_B \ \ {}^{W}\hat{\boldsymbol{z}}_B] \\ &= \begin{bmatrix} ({}^{W}\hat{\boldsymbol{x}}_B)^{\mathrm{T}} \\ ({}^{W}\hat{\boldsymbol{y}}_B)^{\mathrm{T}} \\ ({}^{W}\hat{\boldsymbol{z}}_B)^{\mathrm{T}} \end{bmatrix} [{}^{W}\hat{\boldsymbol{x}}_B \ \ {}^{W}\hat{\boldsymbol{y}}_B \ \ {}^{W}\hat{\boldsymbol{z}}_B] = I_3 \end{aligned} \tag{2-25}$$

因此，可以得到，旋转矩阵是一个正交矩阵，其具有如下的性质：

$$ {}^{W}_{B}\boldsymbol{R}^{\mathrm{T}}\,{}^{W}_{B}\boldsymbol{R} = {}^{W}_{B}\boldsymbol{R}^{-1}\,{}^{W}_{B}\boldsymbol{R} = I \tag{2-26}$$

$$ {}^{W}_{B}\boldsymbol{R}^{-1} = {}^{W}_{B}\boldsymbol{R}^{\mathrm{T}} \tag{2-27}$$

$$ {}^{W}_{B}\boldsymbol{R} = {}^{B}_{W}\boldsymbol{R}^{\mathrm{T}} = {}^{B}_{W}\boldsymbol{R}^{-1} \tag{2-28}$$

【例 2.3】 如图 2－12 所示，求坐标系{W}相对于坐标系{B}的旋转矩阵。

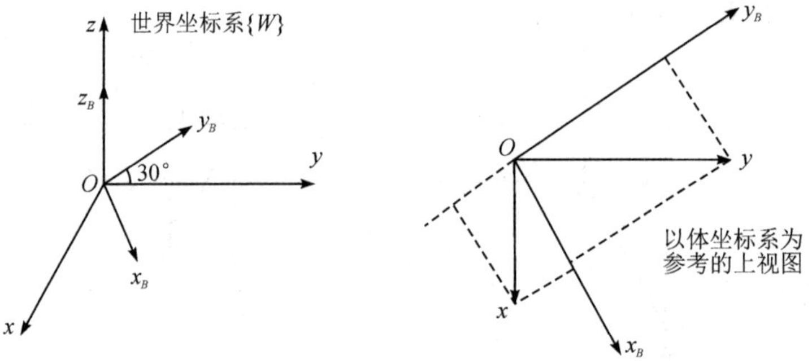

图 2－12　例 2.3 旋转矩阵

解　可以看出，图 2－12 所示坐标系的相对位置，与图 2－11 是一样的，只不过这里所求的旋转矩阵，是坐标系{W}相对于坐标系{B}的旋转矩阵。

由图 2－12 可以看出，坐标系{W}是由坐标系{B}绕 z 轴顺时针旋转了 30°得到的结果，并且坐标系{W}的 x 轴到坐标系{B}的 y 轴上的投影，是在坐标系{B}的 y 轴负方向上。因此，坐标系{W}的 x 轴到坐标系{B}的三个轴上的投影，可以表示为

$$ {}^{B}\hat{\boldsymbol{x}}_W = \begin{bmatrix} \hat{\boldsymbol{x}}_W \cdot \hat{\boldsymbol{x}}_B \\ \hat{\boldsymbol{x}}_W \cdot \hat{\boldsymbol{y}}_B \\ \hat{\boldsymbol{x}}_W \cdot \hat{\boldsymbol{z}}_B \end{bmatrix} = \begin{bmatrix} \cos 30^\circ \\ -\sin 30^\circ \\ 0 \end{bmatrix} = \begin{bmatrix} 0.866 \\ -0.5 \\ 0 \end{bmatrix} $$

坐标系{W}的 y 轴到坐标系{B}的三个轴上的投影，可以表示为

$$ {}^{B}\hat{\boldsymbol{y}}_W = \begin{bmatrix} \hat{\boldsymbol{y}}_W \cdot \hat{\boldsymbol{x}}_B \\ \hat{\boldsymbol{y}}_W \cdot \hat{\boldsymbol{y}}_B \\ \hat{\boldsymbol{y}}_W \cdot \hat{\boldsymbol{z}}_B \end{bmatrix} = \begin{bmatrix} \sin 30^\circ \\ \cos 30^\circ \\ 0 \end{bmatrix} = \begin{bmatrix} 0.5 \\ 0.866 \\ 0 \end{bmatrix} $$

坐标系{W}的 z 轴与坐标系{B}的 z 轴重合，那么坐标系{W}的 z 轴到坐标系{B}的三个轴上的投影，可以表示为

$$
{}^{B}\hat{\boldsymbol{z}}_W = \begin{bmatrix} \hat{\boldsymbol{z}}_W \cdot \hat{\boldsymbol{x}}_B \\ \hat{\boldsymbol{z}}_W \cdot \hat{\boldsymbol{y}}_B \\ \hat{\boldsymbol{z}}_W \cdot \hat{\boldsymbol{z}}_B \end{bmatrix} = \begin{bmatrix} 0 \\ 0 \\ 1 \end{bmatrix}
$$

因此，结合例 2.2，图 2－12 所示坐标系$\{W\}$相对于坐标系$\{B\}$的旋转矩阵表示为

$$
{}^{B}_{W}\boldsymbol{R} = \begin{bmatrix} {}^{B}\hat{\boldsymbol{x}}_W & {}^{B}\hat{\boldsymbol{y}}_W & {}^{B}\hat{\boldsymbol{z}}_W \end{bmatrix} = \begin{bmatrix} 0.866 & 0.5 & 0 \\ -0.5 & 0.866 & 0 \\ 0 & 0 & 1 \end{bmatrix} = {}^{W}_{B}\boldsymbol{R}^{\mathrm{T}}
$$

旋转矩阵除了可以描述本体坐标系$\{B\}$相对于世界坐标系$\{W\}$的姿态，还可以用以转换向量的坐标。如前所述，假设本体坐标系$\{B\}$的三个坐标轴方向上的单位向量分别为$\hat{\boldsymbol{x}}_B$、$\hat{\boldsymbol{y}}_B$、$\hat{\boldsymbol{z}}_B$，那么对于本体坐标系$\{B\}$内的任意一点 P，假设其坐标为$({}^{B}p_x, {}^{B}p_y, {}^{B}p_z)$，那么由图 2－2 所示，本体坐标系$\{B\}$的原来指向 P 点的向量可以表示为

$$
{}^{B}\boldsymbol{P} = {}^{B}p_x\hat{\boldsymbol{x}}_B + {}^{B}p_y\hat{\boldsymbol{y}}_B + {}^{B}p_z\hat{\boldsymbol{z}}_B \tag{2-29}
$$

如图 2－13 所示，假设世界坐标系$\{W\}$的三个坐标轴方向上的单位向量分别为$\hat{\boldsymbol{x}}_W$、$\hat{\boldsymbol{y}}_W$、$\hat{\boldsymbol{z}}_W$，且 P 点在世界坐标系$\{W\}$中的坐标为$({}^{W}p_x, {}^{W}p_y, {}^{W}p_z)$，那么根据式(2－29)，世界坐标系$\{W\}$的原点指向 P 点的向量可以表示为

$$
{}^{W}\boldsymbol{P} = {}^{W}p_x\hat{\boldsymbol{x}}_W + {}^{W}p_y\hat{\boldsymbol{y}}_W + {}^{W}p_z\hat{\boldsymbol{z}}_W \tag{2-30}
$$

事实上，${}^{W}p_x$ 是向量${}^{B}\boldsymbol{P}$ 在世界坐标系$\{W\}$的 x 轴上的投影，也就是说

$$
\begin{aligned}
{}^{W}p_x &= {}^{B}\boldsymbol{P}\cdot\hat{\boldsymbol{x}}_W = {}^{B}p_x\hat{\boldsymbol{x}}_B\cdot\hat{\boldsymbol{x}}_W + {}^{B}p_y\hat{\boldsymbol{y}}_B\cdot\hat{\boldsymbol{x}}_W + {}^{B}p_z\hat{\boldsymbol{z}}_B\cdot\hat{\boldsymbol{x}}_W \\
&= (\hat{\boldsymbol{x}}_B\cdot\hat{\boldsymbol{x}}_W)\,{}^{B}p_x + (\hat{\boldsymbol{y}}_B\cdot\hat{\boldsymbol{x}}_W)\,{}^{B}p_y + (\hat{\boldsymbol{z}}_B\cdot\hat{\boldsymbol{x}}_W)\,{}^{B}p_z
\end{aligned} \tag{2-31}
$$

同理，${}^{W}p_y$ 是向量${}^{B}\boldsymbol{P}$ 在世界坐标系$\{W\}$的 y 轴上的投影，${}^{W}p_z$ 是向量${}^{B}\boldsymbol{P}$ 在世界坐标系$\{W\}$的 z 轴上的投影，于是有

$$
\begin{aligned}
{}^{W}p_y &= {}^{B}\boldsymbol{P}\cdot\hat{\boldsymbol{y}}_W = {}^{B}p_x\hat{\boldsymbol{x}}_B\cdot\hat{\boldsymbol{y}}_W + {}^{B}p_y\hat{\boldsymbol{y}}_B\cdot\hat{\boldsymbol{y}}_W + {}^{B}p_z\hat{\boldsymbol{z}}_B\cdot\hat{\boldsymbol{y}}_W \\
&= (\hat{\boldsymbol{x}}_B\cdot\hat{\boldsymbol{y}}_W)\,{}^{B}p_x + (\hat{\boldsymbol{y}}_B\cdot\hat{\boldsymbol{y}}_W)\,{}^{B}p_y + (\hat{\boldsymbol{z}}_B\cdot\hat{\boldsymbol{y}}_W)\,{}^{B}p_z
\end{aligned} \tag{2-32}
$$

$$
\begin{aligned}
{}^{W}p_z &= {}^{B}\boldsymbol{P}\cdot\hat{\boldsymbol{z}}_W = {}^{B}p_x\hat{\boldsymbol{x}}_B\cdot\hat{\boldsymbol{z}}_W + {}^{B}p_y\hat{\boldsymbol{y}}_B\cdot\hat{\boldsymbol{z}}_W + {}^{B}p_z\hat{\boldsymbol{z}}_B\cdot\hat{\boldsymbol{z}}_W \\
&= (\hat{\boldsymbol{x}}_B\cdot\hat{\boldsymbol{z}}_W)\,{}^{B}p_x + (\hat{\boldsymbol{y}}_B\cdot\hat{\boldsymbol{z}}_W)\,{}^{B}p_y + (\hat{\boldsymbol{z}}_B\cdot\hat{\boldsymbol{z}}_W)\,{}^{B}p_z
\end{aligned} \tag{2-33}
$$

根据式(2－31)、式(2－32)、式(2－33)，可以得到

$$
{}^{W}\boldsymbol{P} = \begin{bmatrix} {}^{W}p_x \\ {}^{W}p_y \\ {}^{W}p_z \end{bmatrix} = \begin{bmatrix} \hat{\boldsymbol{x}}_B\cdot\hat{\boldsymbol{x}}_W & \hat{\boldsymbol{y}}_B\cdot\hat{\boldsymbol{x}}_W & \hat{\boldsymbol{z}}_B\cdot\hat{\boldsymbol{x}}_W \\ \hat{\boldsymbol{x}}_B\cdot\hat{\boldsymbol{y}}_W & \hat{\boldsymbol{y}}_B\cdot\hat{\boldsymbol{y}}_W & \hat{\boldsymbol{z}}_B\cdot\hat{\boldsymbol{y}}_W \\ \hat{\boldsymbol{x}}_B\cdot\hat{\boldsymbol{z}}_W & \hat{\boldsymbol{y}}_B\cdot\hat{\boldsymbol{z}}_W & \hat{\boldsymbol{z}}_B\cdot\hat{\boldsymbol{z}}_W \end{bmatrix} \begin{bmatrix} {}^{B}p_x \\ {}^{B}p_y \\ {}^{B}p_z \end{bmatrix} = {}^{W}_{B}\boldsymbol{R}\,{}^{B}\boldsymbol{P} \tag{2-34}
$$

因此，由式(2－34)可以看出，旋转矩阵${}^{W}_{B}\boldsymbol{R}$，把在本体坐标系$\{B\}$中描述的某一点 P 的向量${}^{B}\boldsymbol{P}$，转换成该点在世界坐标系$\{W\}$的描述${}^{W}\boldsymbol{P}$。

【例 2.4】 如图 2－13 所示，已知坐标系$\{B\}$相对于坐标系$\{W\}$的状态如例 2.2 所示，假设${}^{B}\boldsymbol{P} = [1.732 \quad 1 \quad 0]^{\mathrm{T}}$，求${}^{W}\boldsymbol{P}$。

解 因为${}^{W}\boldsymbol{P} = {}^{W}_{B}\boldsymbol{R}\,{}^{B}\boldsymbol{P}$，由例 2.2，可知

$$
{}^{W}\boldsymbol{P} = {}^{W}_{B}\boldsymbol{R}\,{}^{B}\boldsymbol{P} = \begin{bmatrix} 0.866 & -0.5 & 0 \\ 0.5 & 0.866 & 0 \\ 0 & 0 & 1 \end{bmatrix} \begin{bmatrix} 1.732 \\ 1 \\ 0 \end{bmatrix} = \begin{bmatrix} 1 \\ 1.732 \\ 0 \end{bmatrix}
$$

从上面的分析可以看出，旋转矩阵不仅可以描述本体坐标系$\{B\}$相对于世界坐标系

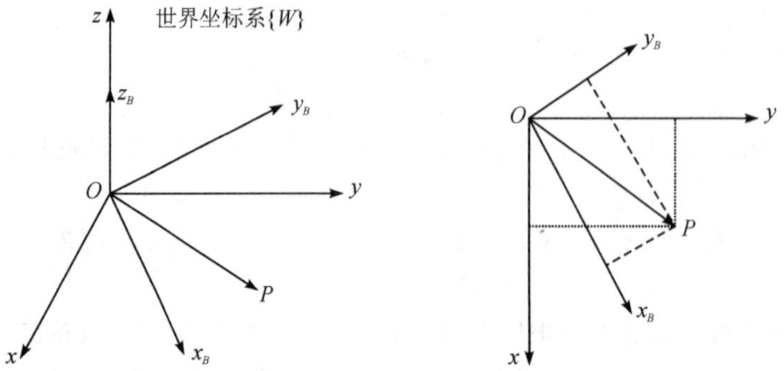

图 2-13　例 2.4 向量转换

{W}的姿态，还可以用以转换向量的坐标。现在再来讨论旋转矩阵如何来描述刚体的转动状态。

首先假设本体坐标系{B}刚开始与世界坐标系{W}重合，然后本体坐标系{B}绕世界坐标系{W}的 z 轴逆时针旋转了 θ 角，按照右手准则，转动的 θ 角为正，如图 2-14 所示，那么坐标系{B}的三条轴分别沿坐标系{W}的三个轴上的投影，即为旋转矩阵${}^W_B\boldsymbol{R}$，且

$$ {}^W_B\boldsymbol{R}(z,\theta)=\begin{bmatrix}{}^W\hat{\boldsymbol{x}}_B & {}^W\hat{\boldsymbol{y}}_B & {}^W\hat{\boldsymbol{z}}_B\end{bmatrix}=\begin{bmatrix}\cos\theta & -\sin\theta & 0\\ \sin\theta & \cos\theta & 0\\ 0 & 0 & 1\end{bmatrix} \tag{2-35} $$

可以看到，当 $\theta=30°$时，代入式(2-35)中，就是前面例 2.2 的结果。

当本体坐标系{B}绕世界坐标系{W}的 x 轴按照右手准则旋转了 θ 角，如图 2-15 所示，那么坐标系{B}的三条轴分别沿坐标系{W}的三个轴上的投影，即为旋转矩阵${}^W_B\boldsymbol{R}$，且

$$ {}^W_B\boldsymbol{R}(x,\theta)=\begin{bmatrix}{}^W\hat{\boldsymbol{x}}_B & {}^W\hat{\boldsymbol{y}}_B & {}^W\hat{\boldsymbol{z}}_B\end{bmatrix}=\begin{bmatrix}1 & 0 & 0\\ 0 & \cos\theta & -\sin\theta\\ 0 & \sin\theta & \cos\theta\end{bmatrix} \tag{2-36} $$

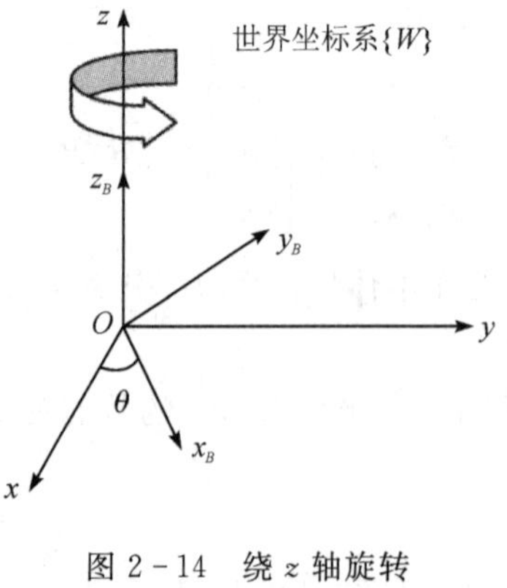

图 2-14　绕 z 轴旋转

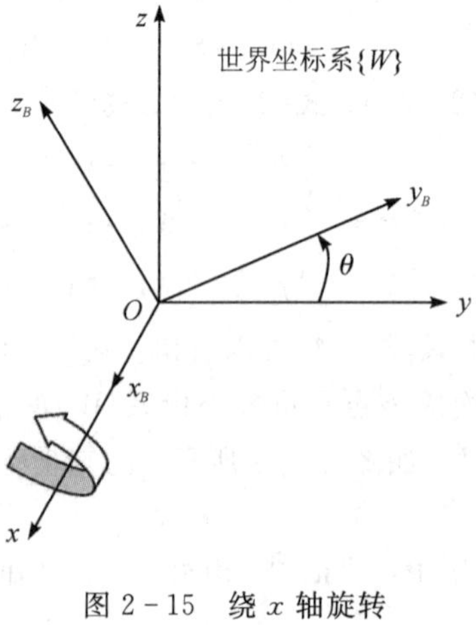

图 2-15　绕 x 轴旋转

类似地，当本体坐标系{B}绕世界坐标系{W}的 y 轴按照右手准则旋转了 θ 角如图 2-16 所示，那么坐标系{B}的三条轴分别沿坐标系{W}的三个轴上的投影，即为旋转矩阵${}^W_B\boldsymbol{R}$，且

$$
{}_B^W\boldsymbol{R}(y,\theta)=\begin{bmatrix}{}^W\hat{\boldsymbol{x}}_B & {}^W\hat{\boldsymbol{y}}_B & {}^W\hat{\boldsymbol{z}}_B\end{bmatrix}=\begin{bmatrix}\cos\theta & 0 & \sin\theta\\ 0 & 1 & 0\\ -\sin\theta & 0 & \cos\theta\end{bmatrix} \tag{2-37}
$$

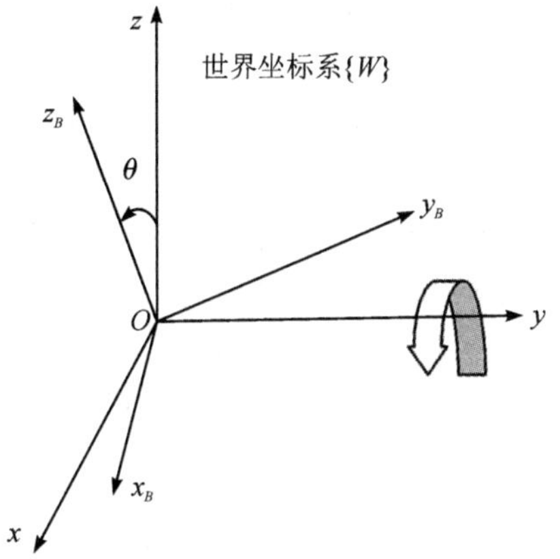

图 2-16　绕 y 轴旋转

【例 2.5】 如图 2-17 所示，已知向量 ${}^W\boldsymbol{P}=[0\quad 1\quad 1.732]^{\mathrm{T}}$，绕坐标系标系{W}的 x 轴旋转 30°后，求所得向量 ${}^W\boldsymbol{P}'$。

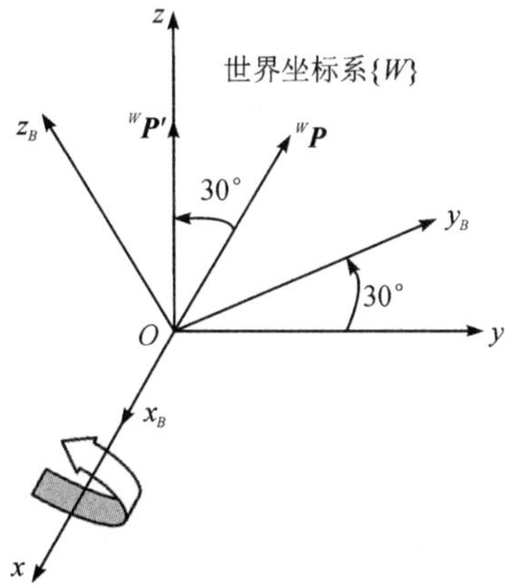

图 2-17　向量旋转变换

解　由式(2-36)可知

$$
{}^W\boldsymbol{R}(x,\theta)=\begin{bmatrix}1 & 0 & 0\\ 0 & \cos\theta & -\sin\theta\\ 0 & \sin\theta & \cos\theta\end{bmatrix}=\begin{bmatrix}1 & 0 & 0\\ 0 & 0.866 & -0.5\\ 0 & 0.5 & 0.866\end{bmatrix}
$$

因此

$$
{}^W\boldsymbol{P}'={}^W\boldsymbol{R}(x,\theta)\,{}^W\boldsymbol{P}=\begin{bmatrix}1 & 0 & 0\\ 0 & 0.866 & -0.5\\ 0 & 0.5 & 0.866\end{bmatrix}\begin{bmatrix}0\\ 1\\ 1.732\end{bmatrix}=\begin{bmatrix}0\\ 0\\ 2\end{bmatrix}
$$

事实上，${}^W\boldsymbol{P}'$ 向量是向量 ${}^W\boldsymbol{P}$ 绕坐标系标系{W}的 x 轴旋转 30°后同样相对于坐标系{W}的表达。因此，由图 2-17 也可以看出，经过旋转 ${}^W\boldsymbol{P}'$ 向量恰好在坐标系{W}的 z 轴方向上，而且，如果把${}^{W}\boldsymbol{R}(x, \theta)$看作本体坐标系{B}相对于世界坐标系{W}的旋转矩阵的话，$\boldsymbol{P}'$向量或$\boldsymbol{P}$向量相对于本体坐标系{B}的位置并没有随着坐标系{B}的旋转而改变。

2.3 旋转矩阵与姿态角

我们在2.2节中提到，刚体转动的姿态，可以用旋转矩阵来描述。旋转矩阵可以反映固连在刚体上的坐标系，其三个坐标轴在世界坐标系{W}的三个坐标轴上的投影。此外，2.2节中还提到，刚体在空间中的运动，有六个自由度(6DOF)，分别为刚体质心位置在空间中的三个自由度(3DOF)的移动，以及与刚体固连的本体坐标系{B}，分别绕世界坐标系{W}的x、y、z轴旋转而产生的另外三个自由度(3DOF)的转动。并且，这个绕世界坐标系{W}的x、y、z旋转的角度称为姿态角。那么，同样是描述刚体的转动，如果对于给定的一个旋转矩阵，如何换算出刚体绕世界坐标系{W}的x、y、z轴转动的姿态角呢，这正是本节要讨论的内容。

首先来看x-y-z固定角坐标，如图2-18所示。

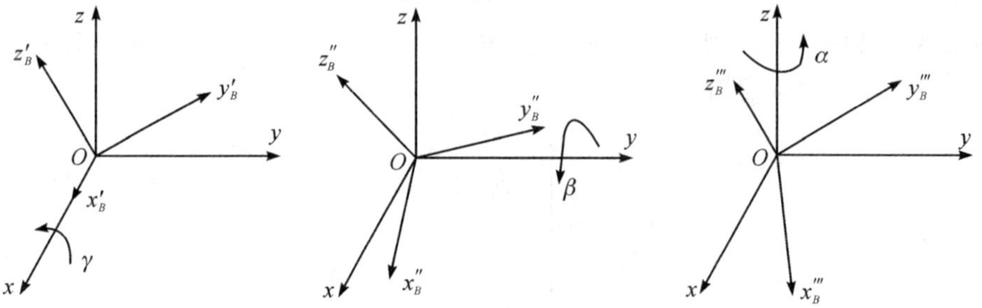

图2-18 固定角坐标

假设本体坐标系{B}与世界坐标系{W}从一开始是重合的，并且在转动过程中世界坐标系{W}的位置保持不变。本体坐标系{B}先绕世界坐标系{W}的x轴旋转γ角，再绕y轴旋转β角，最后绕z轴旋转α角，得到的旋转矩阵可以表示为${}^{W}_{B}\boldsymbol{R}_{xyz}(\gamma, \beta, \alpha)$。那么这个旋转矩阵的值是多少呢？与例2.5类似，可以假设刚体的本体坐标系{B}中，存在一个$\boldsymbol{P}$向量。当本体坐标系{B}首先绕世界坐标系{W}的x轴旋转γ角位置变为B'后，向量$\boldsymbol{P}$变为$\boldsymbol{P}'$，向量$\boldsymbol{P}'$相对于当前本体坐标系B'所在的位置，与向量$\boldsymbol{P}$相对于坐标系{B}是一样的。那么此时向量$\boldsymbol{P}'$所在的位置可以通过向量$\boldsymbol{P}$乘以旋转矩阵$\boldsymbol{R}(x, \gamma)$得到。即

$$\boldsymbol{P}' = \boldsymbol{R}(x, \gamma)\boldsymbol{P} \tag{2-38}$$

以此类推，当本体坐标系B'绕世界坐标系{W}的y轴旋转β角位置变为B''后，$\boldsymbol{P}'$向量变为$\boldsymbol{P}''$向量，有

$$\boldsymbol{P}'' = \boldsymbol{R}(y, \beta)\boldsymbol{P}' = \boldsymbol{R}(y, \beta)\boldsymbol{R}(x, \gamma)\boldsymbol{P} \tag{2-39}$$

本体坐标系B''绕世界坐标系{W}的z轴旋转α角位置变为B'''后，$\boldsymbol{P}''$向量变为$\boldsymbol{P}'''$向量，有

$$\boldsymbol{P}''' = \boldsymbol{R}(z, \alpha)\boldsymbol{P}'' = \boldsymbol{R}(z, \alpha)\boldsymbol{R}(y, \beta)\boldsymbol{R}(x, \gamma)\boldsymbol{P} \tag{2-40}$$

所以，可以得到

$${}^{W}_{B}\boldsymbol{R}_{xyz}(\gamma, \beta, \alpha) = \boldsymbol{R}(z, \alpha)\boldsymbol{R}(y, \beta)\boldsymbol{R}(x, \gamma) \tag{2-41}$$

根据式(2-35)、式(2-36)及式(2-37)，有

$$
{}^{W}_{B}\boldsymbol{R}_{xyz}(\gamma, \beta, \alpha)=\begin{bmatrix}\cos\alpha & -\sin\alpha & 0\\ \sin\alpha & \cos\alpha & 0\\ 0 & 0 & 1\end{bmatrix}\begin{bmatrix}\cos\beta & 0 & \sin\beta\\ 0 & 1 & 0\\ -\sin\beta & 0 & \cos\beta\end{bmatrix}\begin{bmatrix}1 & 0 & 0\\ 0 & \cos\gamma & -\sin\gamma\\ 0 & \sin\gamma & \cos\gamma\end{bmatrix}
$$

$$
=\begin{bmatrix}\cos\alpha\cos\beta & \cos\alpha\sin\beta\sin\gamma-\sin\alpha\cos\gamma & \cos\alpha\sin\beta\cos\gamma+\sin\alpha\sin\gamma\\ \sin\alpha\cos\beta & \sin\alpha\sin\beta\sin\gamma+\cos\alpha\cos\gamma & \sin\alpha\sin\beta\cos\gamma-\cos\alpha\sin\gamma\\ -\sin\beta & \cos\beta\sin\gamma & \cos\beta\cos\gamma\end{bmatrix}
\tag{2-42}
$$

式(2-42)表示出了绕固定轴旋转所得到的旋转矩阵，需要指出的是，旋转矩阵的值与转动的先后顺序是有关系的。例如，若先绕 x 轴旋转 60°，再绕 y 轴旋转 30°，得到的旋转矩阵为

$$
{}^{W}_{B}\boldsymbol{R}_{xyz}(\gamma, \beta, \alpha)=\boldsymbol{R}(z, 0)\boldsymbol{R}(y, 30)\boldsymbol{R}(x, 60)=\begin{bmatrix}0.866 & 0.433 & 0.25\\ 0 & 0.5 & -0.866\\ -0.5 & 0.75 & 0.433\end{bmatrix}
\tag{2-43}
$$

而当先绕 y 轴旋转 30°，然后再绕 x 轴旋转 60°，得到的旋转矩阵为

$$
{}^{W}_{B}\boldsymbol{R}_{xyz}(\gamma, \beta, \alpha)=\boldsymbol{R}(z, 0)\boldsymbol{R}(x, 60)\boldsymbol{R}(y, 30)=\begin{bmatrix}0.866 & 0 & 0.5\\ 0.433 & 0.5 & -0.75\\ -0.25 & 0.866 & 0.433\end{bmatrix}
\tag{2-44}
$$

如果已知旋转矩阵的值，那么怎么推导出旋转的角度呢？由式(2-41)，有

$$
{}^{W}_{B}\boldsymbol{R}_{xyz}(\gamma, \beta, \alpha)=\begin{bmatrix}\cos\alpha\cos\beta & \cos\alpha\sin\beta\sin\gamma-\sin\alpha\cos\gamma & \cos\alpha\sin\beta\cos\gamma+\sin\alpha\sin\gamma\\ \sin\alpha\cos\beta & \sin\alpha\sin\beta\sin\gamma+\cos\alpha\cos\gamma & \sin\alpha\sin\beta\cos\gamma-\cos\alpha\sin\gamma\\ -\sin\beta & \cos\beta\sin\gamma & \cos\beta\cos\gamma\end{bmatrix}
$$

$$
=\begin{bmatrix}r_{11} & r_{12} & r_{13}\\ r_{21} & r_{22} & r_{23}\\ r_{31} & r_{32} & r_{33}\end{bmatrix}
\tag{2-45}
$$

通过求式(2-45)中的$\sqrt{r_{11}^2+r_{21}^2}$可以得到 $\cos\beta$，对 $-r_{31}$ 除以 $\cos\beta$ 得到的商求反正切即可得到 β。如果 $\cos\beta\neq 0$，那么 $\sin\alpha=\dfrac{r_{21}}{\cos\beta}$，$\cos\alpha=\dfrac{r_{11}}{\cos\beta}$，求 $\sin\alpha$ 除以 $\cos\alpha$ 的商的反正切即可得到 α。$\sin\gamma=\dfrac{r_{32}}{\cos\beta}$，再除以 $\cos\gamma=\dfrac{r_{33}}{\cos\beta}$，求其反正切即可得到 γ。因此，有

$$
\begin{cases}\beta=A\tan2\left(-r_{31}, \sqrt{r_{11}^2+r_{21}^2}\right)\\ \alpha=A\tan2\left(\dfrac{r_{21}}{\cos\beta}, \dfrac{r_{11}}{\cos\beta}\right)\\ \gamma=A\tan2\left(\dfrac{r_{32}}{\cos\beta}, \dfrac{r_{33}}{\cos\beta}\right)\end{cases}
\tag{2-46}
$$

这里采用 $A\tan2(y, x)$的形式求$\arctan\left(\dfrac{y}{x}\right)$，是可以根据 y 和 x 的符号，计算出角度所在的象限。例如，$A\tan2(-1.0, -1.0)=225°$，即$\arctan(1.0)$，而 $A\tan2(1.0, 1.0)=$

45°也是arctan(1.0)。

此外，当$\beta=\pm 90°$时，则式(2-44)中有关$\cos\beta$的部分都为0。因此，式(2-45)中只剩下α和γ的和差组合，并且解不是唯一的。在这种情况下，可以选择$\alpha=0°$，因此有

$$\begin{cases}\beta=90° \\ \alpha=0° \\ \gamma=A\tan 2(r_{12},\ r_{22})\end{cases} \tag{2-47}$$

或

$$\begin{cases}\beta=-90° \\ \alpha=0° \\ \gamma=-A\tan 2(r_{12},\ r_{22})\end{cases} \tag{2-48}$$

【例 2.6】 若$\boldsymbol{R}_{xyz}(\gamma,\ \beta,\ \alpha)=\begin{bmatrix}0.866 & 0.433 & 0.25 \\ 0 & 0.5 & -0.866 \\ -0.5 & 0.75 & 0.433\end{bmatrix}$，求$\alpha$、$\beta$和$\gamma$。

由式(2-46)，可知

$$\beta=A\tan 2(-r_{31},\ \sqrt{r_{11}^2+r_{21}^2})=A\tan 2(-(-0.5),\ \sqrt{0.866^2+0^2})=30°$$

$$\alpha=A\tan 2\left(\frac{r_{21}}{\cos\beta},\ \frac{r_{11}}{\cos\beta}\right)=A\tan 2\left(\frac{0}{\cos 30°},\ \frac{0.866}{\cos 30°}\right)=0°$$

$$\gamma=A\tan 2\left(\frac{r_{32}}{\cos\beta},\ \frac{r_{33}}{\cos\beta}\right)=A\tan 2\left(\frac{0.75}{\cos 30°},\ \frac{0.433}{\cos 30°}\right)=60°$$

因此，$\boldsymbol{R}_{xyz}(\gamma,\ \beta,\ \alpha)=\boldsymbol{R}_z(0°)\boldsymbol{R}_y(30°)\boldsymbol{R}_x(60°)$，也就是先绕$x$轴旋转60°，然后再绕$y$轴旋转30°，这个结果正好与式(2-43)所对应。

上述部分介绍了绕x-y-z固定坐标轴旋转得到的角坐标，其旋转矩阵与姿态角之间的对应关系。在旋转的过程中，作为被绕着旋转的参考坐标系的坐标轴x-y-z始终是不动的。接下来将要讨论一种坐标系的z-y-x欧拉角表示法。

所谓的z-y-x欧拉角表示法，就是一开始本体坐标系$\{B\}$与世界坐标系$\{W\}$重合，然后依次绕本体坐标系$\{B\}$的z-y-x轴旋转，这里每一次旋转，均是根据上一次旋转所在位置而进行。这三次旋转的角度统称为欧拉角，如图2-19所示。

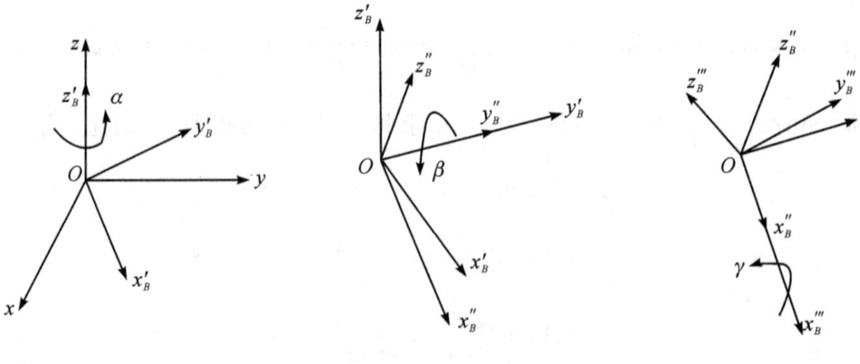

图 2-19 欧拉角

图2-19所示旋转过程为本体坐标系$\{B\}$先与世界坐标系$\{W\}$重合，首先绕z轴以右手准则正向旋转α角，此时本体坐标系$\{B\}$的位置为B'；然后绕坐标系为B'的y轴旋转以

右手准则正向旋转 β 角，此时本体坐标系$\{B\}$的位置变为 B''；最后绕坐标系为 B''的 x 轴旋转以右手准则正向旋转 γ 角，此时本体坐标系$\{B\}$的位置变为 B'''。

下面来推导图 2-19 的旋转矩阵。与固定角坐标相类似，假设本体坐标系$\{B\}$上有一个向量 $\boldsymbol{P}$，作为刚体在转动过程中，向量 $\boldsymbol{P}$ 相对于本体坐标系$\{B\}$的位置是不变的，因此可以记为${}^{B}\boldsymbol{P}$。从图 2-19 所示可知，一开始本体坐标系$\{B\}$先与世界坐标系$\{W\}$重合，因此这时有${}^{B}\boldsymbol{P}={}^{W}\boldsymbol{P}$。经过三次旋转，此时本体坐标系$\{B\}$转到了 B'''的位置，当然向量 $\boldsymbol{P}$ 相对于本体坐标系$\{B\}$的位置依然是不变的，因此仍旧可以记为${}^{B}\boldsymbol{P}$，那么此时的${}^{B}\boldsymbol{P}$ 要回到最初${}^{W}\boldsymbol{P}$的位置，需要分别绕 x-y-z 轴经过 γ、β、α 角才能旋转回来，因此有

$$
{}^{W}\boldsymbol{P}={}^{W}_{B'}\boldsymbol{R}\,{}^{B'}_{B''}\boldsymbol{R}\,{}^{B''}_{B}\boldsymbol{R}\,{}^{B}\boldsymbol{P}=\boldsymbol{R}(z,\alpha)\boldsymbol{R}(y,\beta)\boldsymbol{R}(x,\gamma)\,{}^{B}\boldsymbol{P} \tag{2-49}
$$

从式(2-49)可知，z-y-x 欧拉角表示的旋转矩阵，与式(2-41)x-y-z 固定角坐标表示的旋转矩阵是一样的。

2.4 齐次坐标变换

在 2.3 节中提到，刚体运动包括移动和转动，并且是由固连在刚体质心上的坐标系相对于世界坐标系$\{W\}$的运动进行描述，如图 2-20 所示。其中，本体坐标系$\{B\}$中原点的位置向量，可以用来描述刚体移动，如 2.2 节所描述的${}^{W}\boldsymbol{P}_{B\,\mathrm{org}}$；刚体的转动，则是由本体坐标系$\{B\}$的姿态来表示，并且可以通过旋转矩阵来描述，如式(2-20)所示${}^{W}_{B}\boldsymbol{R}$。将位置向量和旋转矩阵整合后，可以得到$\{{}^{W}_{B}\boldsymbol{R},{}^{W}\boldsymbol{P}_{B\,\mathrm{org}}\}$的形式，其中，${}^{W}\boldsymbol{P}_{B\,\mathrm{org}}\in\boldsymbol{R}_{3\times1}$。但是，事实上这是一个 4×3 的矩阵，无法进行一些量化的计算。因此，为了将平移和转动整合在一起运算，提出了一种叫齐次变换矩阵的概念，如式(2-50)所示。

$$
\begin{bmatrix} {}^{W}_{B}\boldsymbol{R} & {}^{W}\boldsymbol{P}_{B\,\mathrm{org}} \\ 0\quad 0\quad 0 & 1 \end{bmatrix}_{4\times4}=\begin{bmatrix} {}^{W}\hat{\boldsymbol{x}}_{B} & {}^{W}\hat{\boldsymbol{y}}_{B} & {}^{W}\hat{\boldsymbol{z}}_{B} & {}^{W}_{B}\boldsymbol{P}_{B\,\mathrm{org}} \\ 0 & 0 & 0 & 1 \end{bmatrix}_{4\times4}={}^{W}_{B}\boldsymbol{T}_{4\times4} \tag{2-50}
$$

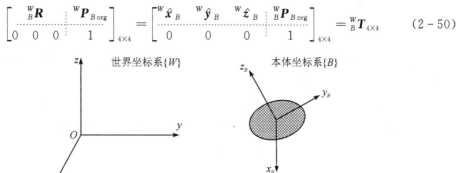

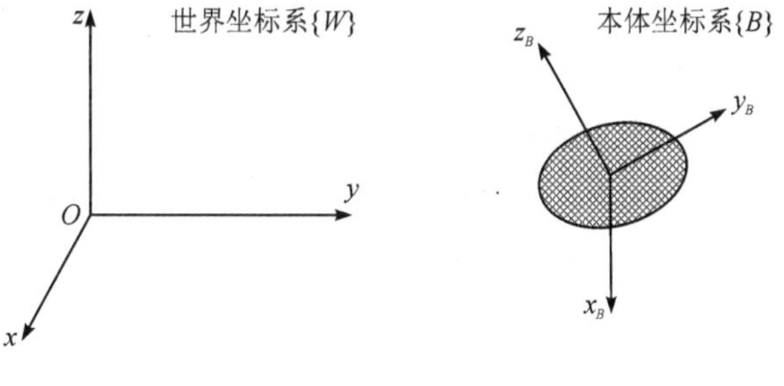

图 2-20　刚体运动

下面来验证一下式(2-50)所表示的齐次变换矩阵是如何描述刚体运动的。首先来看移动，以映射的角度来看坐标系的平移。所谓映射，就是从一个坐标系变换到另一个坐标系。坐标系平移的映射——假设空间中有一点 P，由坐标系$\{B\}$的原点指向它的位置向量为${}^{B}\boldsymbol{P}$，由坐标系$\{W\}$的原点指向它的位置向量为${}^{W}\boldsymbol{P}$，坐标系$\{B\}$的原点相对于坐标系$\{W\}$的位置表示为${}^{W}\boldsymbol{P}_{B\,\mathrm{org}}$，如图 2-21 所示。因为坐标系$\{B\}$与坐标系$\{W\}$具有相同的姿态，所以可采用矢量相加的形式来表示上述三个向量之间的关系，即

$$
{}^{W}\boldsymbol{P}={}^{B}\boldsymbol{P}+{}^{W}\boldsymbol{P}_{B\,\mathrm{org}} \tag{2-51}
$$

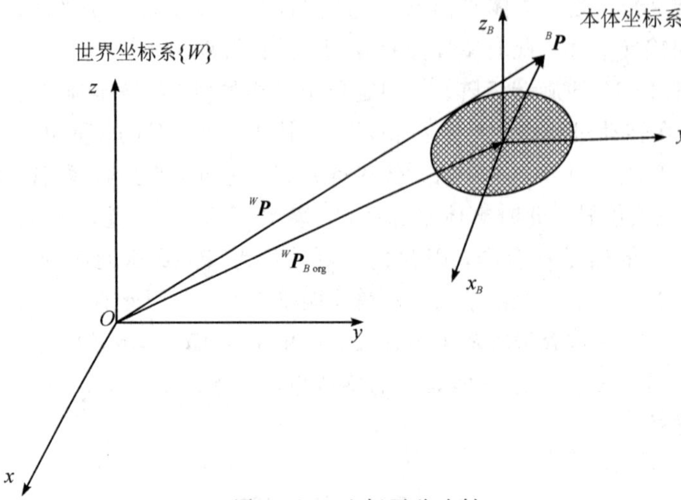

图 2-21　坐标平移映射

事实上，式(2-51)中$^B\boldsymbol{P}$与$^W\boldsymbol{P}$是在不同的坐标系下的表示，之所以能直接进行矢量相加，是因为坐标系{B}与坐标系{W}具有相同的姿态，按照式(2-42)所表示的旋转矩阵中α、β、γ角均为0°，因此代入式(2-42)中所得到的旋转矩阵$^W_B\boldsymbol{R}$为单位矩阵，也就是说，$^B\boldsymbol{P}$向量乘以旋转矩阵$^W_B\boldsymbol{R}$，可以得到向量$^B\boldsymbol{P}$在{W}的表示，这里旋转矩阵$^W_B\boldsymbol{R}$为单位矩阵，那么也就是说$^B\boldsymbol{P}$在{W}的表示依然是$^B\boldsymbol{P}$，所以式(2-51)所表示的坐标平移映射中，矢量相加关系成立。

由式(2-51)，可以得到

$$\begin{bmatrix} ^W\boldsymbol{P} \\ \boldsymbol{1} \end{bmatrix} = \begin{bmatrix} \boldsymbol{I}_{3\times 3} & ^W\boldsymbol{P}_{B\,\mathrm{org}} \\ \boldsymbol{0} & \boldsymbol{1} \end{bmatrix} \begin{bmatrix} ^B\boldsymbol{P} \\ \boldsymbol{1} \end{bmatrix} \tag{2-52}$$

比较式(2-50)与式(2-52)可知，式(2-52)中的单位矩阵，正是因为坐标没有发生转动而使得旋转矩阵$^W_B\boldsymbol{R}$等于单位矩阵。因此，通过验证齐次变换矩阵可以正确描述坐标平移。

旋转坐标系的映射——假设空间中的一点P，由坐标系{B}的原点指向它的位置向量为$^B\boldsymbol{P}$，$^W\boldsymbol{P}$表示点P在坐标系{W}中的位置向量，如图 2-22 所示。

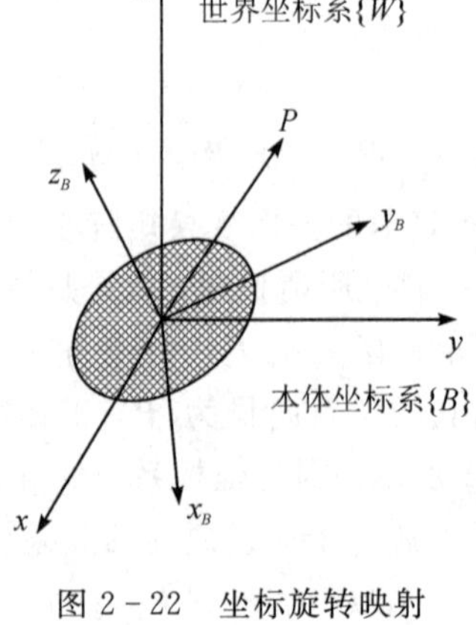

图 2-22　坐标旋转映射

因为坐标系$\{B\}$相对坐标系$\{W\}$有一个转动，转动的姿态可以用旋转矩阵${}^W_B\boldsymbol{R}$来描述，${}^W_B\boldsymbol{R}$的定义如式(2-20)所示。根据式(2-34)可知，

$$ {}^W\boldsymbol{P} = {}^W_B\boldsymbol{R}\,{}^B\boldsymbol{P} \tag{2-53} $$

整理可得

$$ \begin{bmatrix} {}^W\boldsymbol{P} \\ \boldsymbol{1} \end{bmatrix} = \begin{bmatrix} {}^W_B\boldsymbol{R}_{3\times3} & 0 \\ 0 & 1 \end{bmatrix} \begin{bmatrix} {}^B\boldsymbol{P} \\ 1 \end{bmatrix} \tag{2-54} $$

因为坐标系$\{B\}$相对坐标系$\{W\}$仅有一个转动，所以坐标系$\{B\}$的原点与坐标系$\{W\}$的原点重合，也就是${}^W\boldsymbol{P}_{B\,\text{org}}$的位置向量为$\boldsymbol{0}$。因此，式(2-54)表示的齐次变换矩阵，可以正确地描述坐标旋转。

更一般地，图2-23表示了坐标系之间既有平移又有转动的情况。

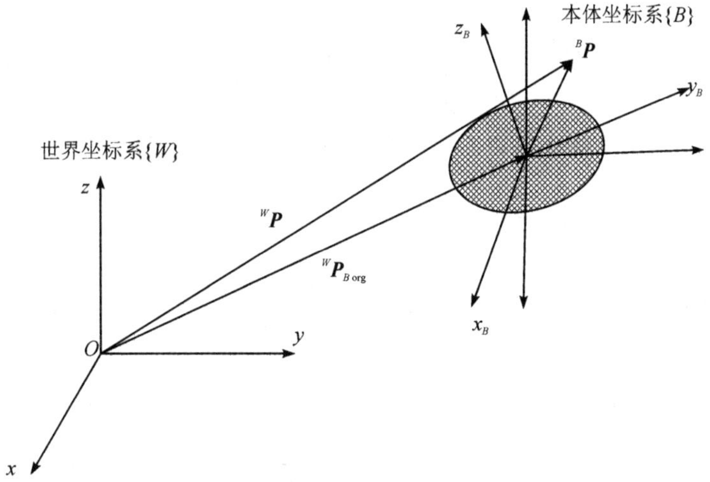

图2-23　既有平移也有转动情况的坐标映射

在式(2-51)的讨论中提到，为了实现矢量相加，需要几个矢量在同一个坐标系中表示，或者坐标系之间具有相同的姿态。图2-23所示坐标系有一个转动，因此，结合式(2-51)、式(2-53)，有

$$ {}^W\boldsymbol{P} = {}^W_B\boldsymbol{R}\,{}^B\boldsymbol{P} + {}^W\boldsymbol{P}_{B\,\text{org}} \tag{2-55} $$

整理后可得

$$ \begin{bmatrix} {}^W\boldsymbol{P} \\ 1 \end{bmatrix} = \begin{bmatrix} {}^W_B\boldsymbol{R}_{3\times3} & {}^W\boldsymbol{P}_{B\,\text{org}} \\ \boldsymbol{0} & \boldsymbol{1} \end{bmatrix} \begin{bmatrix} {}^B\boldsymbol{P} \\ \boldsymbol{1} \end{bmatrix} \tag{2-56} $$

上式就是齐次变换的一般形式，式中的变换矩阵，就是式(2-50)所示的齐次变换矩阵。

【例2.7】 如图2-24所示，已知坐标系$\{B\}$的原点，在坐标系$\{W\}$中的位置为(10，5，0)，空间中一点P，在坐标系$\{B\}$中的坐标为(3，7，0)，坐标系$\{B\}$的姿态为绕z轴以右手准则正向旋转30°。求点P在坐标系$\{W\}$中的表示。

解　根据图2-24，可以得到

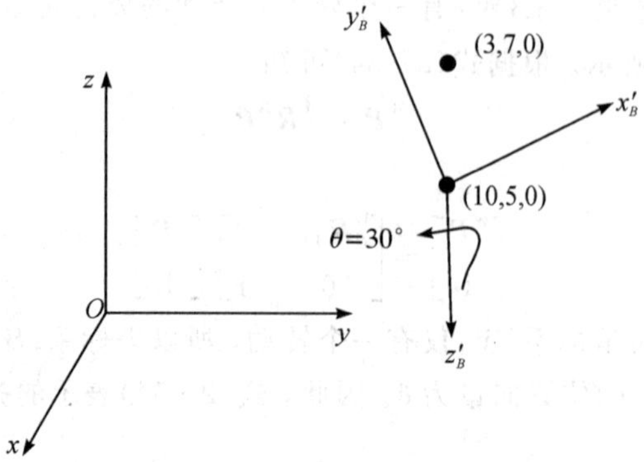

图 2-24　例 2.7 图

$$^{B}\boldsymbol{P}=\begin{bmatrix}3\\7\\0\end{bmatrix},\quad {}^{W}\boldsymbol{P}_{B\,\mathrm{org}}=\begin{bmatrix}10\\5\\0\end{bmatrix}$$

因为坐标系{B}的姿态为绕 z 轴以右手准则正向旋转 30°，根据式(2-34)，可得

$$^{W}_{B}\boldsymbol{R}=\begin{bmatrix}\frac{\sqrt{3}}{2} & -\frac{1}{2} & 0\\ \frac{1}{2} & \frac{\sqrt{3}}{2} & 0\\ 0 & 0 & 1\end{bmatrix}$$

根据式(2-56)，可得

$$\begin{bmatrix}^{W}\boldsymbol{P}\\ \boldsymbol{1}\end{bmatrix}=\begin{bmatrix}^{W}_{B}\boldsymbol{R}_{3\times3} & ^{W}\boldsymbol{P}_{B\,\mathrm{org}}\\ \boldsymbol{0} & \boldsymbol{1}\end{bmatrix}\begin{bmatrix}^{B}\boldsymbol{P}\\ \boldsymbol{1}\end{bmatrix}=\begin{bmatrix}\frac{\sqrt{3}}{2} & -\frac{1}{2} & 0 & 10\\ \frac{1}{2} & \frac{\sqrt{3}}{2} & 0 & 5\\ 0 & 0 & 1 & 0\\ 0 & 0 & 0 & 1\end{bmatrix}\begin{bmatrix}3\\7\\0\\1\end{bmatrix}=\begin{bmatrix}9.098\\12.562\\0\\1\end{bmatrix}$$

事实上，我们可以从投影的角度来验证上式计算的正确性，如图 2-25 所示。

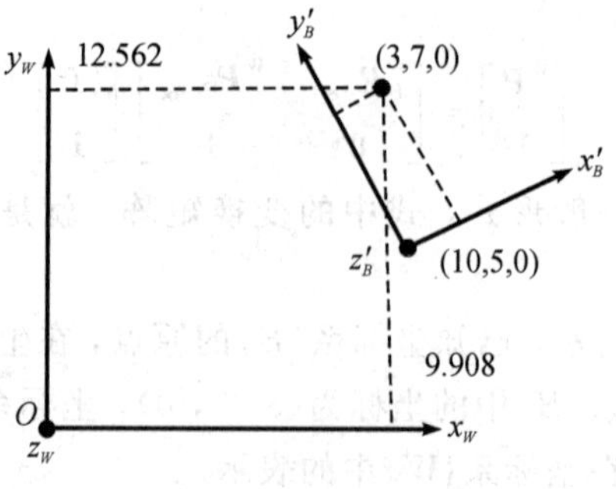

图 2-25　投影验证例 2.7

上述内容介绍了齐次变换矩阵可以用来转换空间中任意一点在不同坐标系之间的表达。事实上，齐次变换矩阵还可对空间中的向量或者点进行移动或转动操作。

先来看移动的情况。如图 2－26 所示，坐标系{W}中的向量 $\boldsymbol{P}_1$，平移 $^W\boldsymbol{Q}$ 后变为 $\boldsymbol{P}_2$，那么根据矢量运算方法，有

$$^W\boldsymbol{P}_2 = {}^W\boldsymbol{P}_1 + {}^W\boldsymbol{Q} \tag{2-57}$$

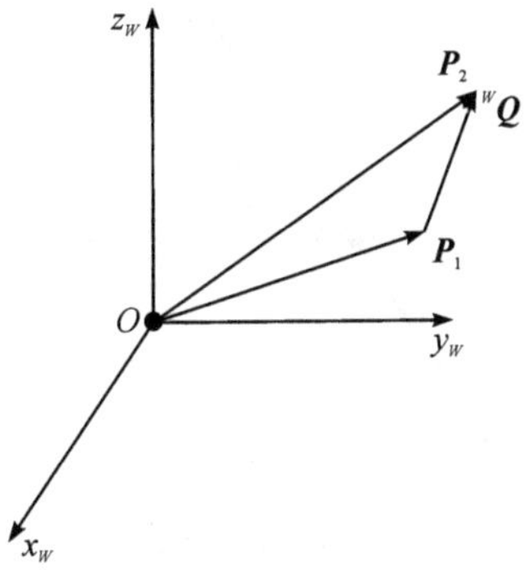

图 2－26　向量移动操作

整理成齐次变换的形式，可得

$$\begin{bmatrix} {}^W\boldsymbol{P}_2 \\ \mathbf{1} \end{bmatrix} = \begin{bmatrix} \boldsymbol{I}_{3\times3} & {}^W\boldsymbol{Q} \\ \mathbf{0\ \ 0\ \ 0} & \mathbf{1} \end{bmatrix} \begin{bmatrix} {}^W\boldsymbol{P}_1 \\ \mathbf{1} \end{bmatrix} = \begin{bmatrix} {}^W\boldsymbol{P}_1 + {}^W\boldsymbol{Q} \\ \mathbf{1} \end{bmatrix} \tag{2-58}$$

对于向量的转动操作，如图 2－27 所示。坐标系{W}中的向量 $\boldsymbol{P}_1$，绕空间中某一个向量 $\boldsymbol{K}$ 转动一个 θ 角后变为 $\boldsymbol{P}_2$，那么根据旋转矩阵的定义，有

$$^W\boldsymbol{P}_2 = \boldsymbol{R}(K,\theta)\,{}^W\boldsymbol{P}_1 \tag{2-59}$$

整理成齐次变换的形式，有

$$\begin{bmatrix} {}^W\boldsymbol{P}_2 \\ \mathbf{1} \end{bmatrix} = \begin{bmatrix} \boldsymbol{R}(K,\theta)_{3\times3} & \mathbf{0}_{3\times1} \\ 0\ \ 0\ \ 0 & 1 \end{bmatrix} \begin{bmatrix} {}^W\boldsymbol{P}_1 \\ \mathbf{1} \end{bmatrix} = \begin{bmatrix} \boldsymbol{R}(K,\theta)\,{}^W\boldsymbol{P}_1 \\ \mathbf{1} \end{bmatrix} \tag{2-60}$$

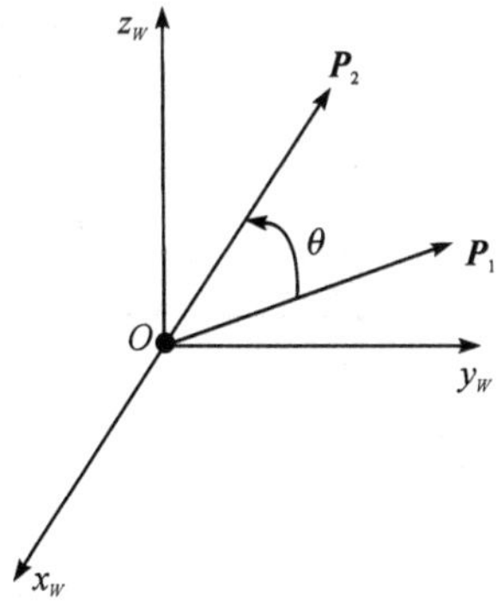

图 2－27　向量转动操作

更一般的情况，如图 2－28 所示。坐标系{W}中的向量 $\boldsymbol{P}_1$，绕空间中某一个向量 $\boldsymbol{K}$ 转动一个 θ 角后，后变为 $\boldsymbol{P}_{1\text{-}2}$，向量 $\boldsymbol{P}_{1\text{-}2}$ 在经过平移 $^W\boldsymbol{Q}$ 后变为 $\boldsymbol{P}_2$，那么根据式(2－57)、式(2－59)可得，

$$^W\boldsymbol{P}_2 = {}^W\boldsymbol{P}_{1\text{-}2} + {}^W\boldsymbol{Q} = \boldsymbol{R}(K,\theta)\,{}^W\boldsymbol{P}_1 + {}^W\boldsymbol{Q} \tag{2-61}$$

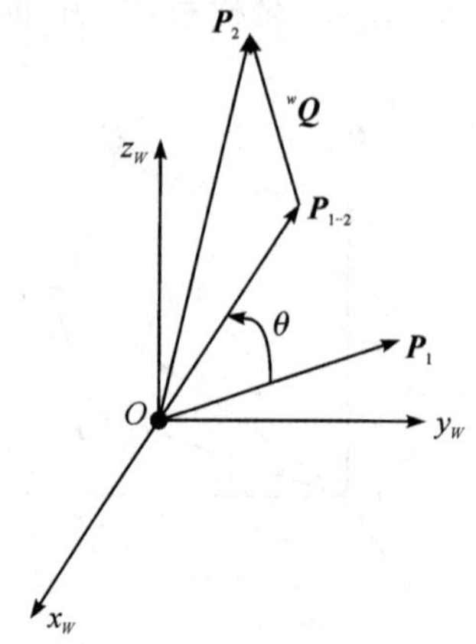

图 2-28 先转动再移动

整理成齐次变换的形式，有

$$\begin{bmatrix} ^W\boldsymbol{P}_2 \\ \mathbf{1} \end{bmatrix}_{4\times1}=\begin{bmatrix} \boldsymbol{R}(K,\theta)_{3\times3} & ^W\boldsymbol{Q} \\ \mathbf{0}\quad\mathbf{0}\quad\mathbf{0} & \mathbf{1} \end{bmatrix}_{4\times4}\begin{bmatrix} ^W\boldsymbol{P}_1 \\ \mathbf{1} \end{bmatrix}_{4\times1}$$

$$=\begin{bmatrix} \boldsymbol{R}(K,\theta)\,^W\boldsymbol{P}_1+{}^W\boldsymbol{Q} \\ \mathbf{1} \end{bmatrix}_{4\times1}=T\begin{bmatrix} ^W\boldsymbol{P}_1 \\ 1 \end{bmatrix}_{4\times1} \tag{2-62}$$

值得注意的是，图 2-29 所描述的情况是，坐标系$\{W\}$中的向量 $\boldsymbol{P}_1$，先经过平移$^W\boldsymbol{Q}$后变为 $\boldsymbol{P}_{1\text{-}2}$，然后向量 $\boldsymbol{P}_{1\text{-}2}$ 再绕空间中某一个向量 $\boldsymbol{K}$ 转动一个 θ 角后变为 $\boldsymbol{P}_2$，因此有

$$^W\boldsymbol{P}_2=\boldsymbol{R}(K,\theta)\,^W\boldsymbol{P}_{1\text{-}2}=\boldsymbol{R}(K,\theta)\,(^W\boldsymbol{P}_1+{}^W\boldsymbol{Q}) \tag{2-63}$$

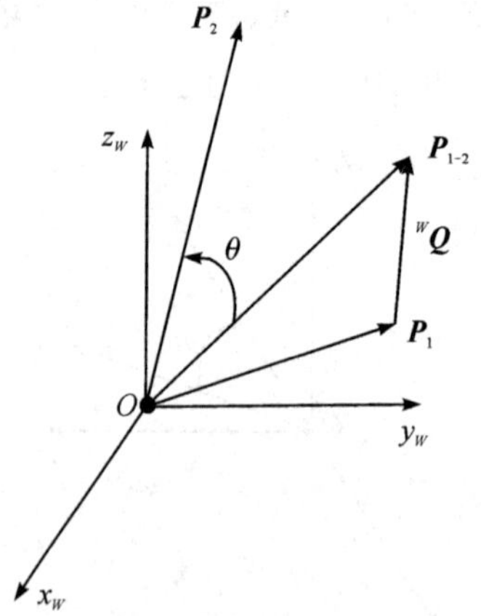

图 2-29 先移动再转动

从式(2-63)可以看到，$^W\boldsymbol{Q}$ 也被转动了，因此(2-63)所描述的向量 $\boldsymbol{P}_2$，与式(2-61)所描述的向量 $\boldsymbol{P}_2$ 是不相等的。

【例 2.8】 假设坐标系$\{W\}$中的向量 $\boldsymbol{P}_1=[3\quad7\quad0]^{\mathrm{T}}$ 先绕 z 轴按右手准则正向旋转 30°，然后再移动$[10\quad5\quad0]^{\mathrm{T}}$ 到 $\boldsymbol{P}_2$ 的位置。求 $\boldsymbol{P}_2$。

解 根据式(2-62)以及式(2-35)可知

$$\begin{bmatrix} {}^{W}\boldsymbol{P}_2 \\ 1 \end{bmatrix} = \begin{bmatrix} \boldsymbol{R}(K,\theta)_{3\times 3} & {}^{W}\boldsymbol{Q} \\ 0\ \ 0\ \ 0 & 1 \end{bmatrix} \begin{bmatrix} {}^{W}\boldsymbol{P}_1 \\ 1 \end{bmatrix} = \begin{bmatrix} \frac{\sqrt{3}}{2} & -\frac{1}{2} & 0 & 10 \\ \frac{1}{2} & \frac{\sqrt{3}}{2} & 0 & 5 \\ 0 & 0 & 1 & 0 \\ 0 & 0 & 0 & 1 \end{bmatrix} \begin{bmatrix} 3 \\ 7 \\ 0 \\ 1 \end{bmatrix} = \begin{bmatrix} 9.098 \\ 12.562 \\ 0 \\ 1 \end{bmatrix}$$

因此

$${}^{W}\boldsymbol{P}_2 = \begin{bmatrix} 9.098 \\ 12.562 \\ 0 \end{bmatrix}$$

可以看到，本例所得结果与例 2.7 的结果一致。可以用一个图来说明原因，如图 2－30 所示。假设向量 $\boldsymbol{P}_1$ 是刚体上的一条向量，开始时刚体的本体坐标系$\{B\}$与参考坐标系$\{W\}$重合。当向量 $\boldsymbol{P}_1$ 绕坐标系$\{W\}$的 z 轴旋转时，本体坐标$\{B\}$也跟着一起旋转相同的角度，也就是说向量 $\boldsymbol{P}_1$ 相对于本体坐标系$\{B\}$是不变的。这时本体坐标系$\{B\}$的姿态已经与例 2.7 中的坐标系$\{B\}$相一致了。接着旋转后的向量 $\boldsymbol{P}_1$ 再在参考坐标系$\{W\}$内进行平移，这时本体坐标系$\{B\}$也一起移动相同的位置，那么本体坐标系$\{B\}$的原点将会移动到(10，5，0)的位置，也与例 2.7 相一致，所以例 2.7 和例 2.8 会得到一样的结果。这也间接说明了，齐次变换矩阵不仅可以描述空间中的点在不同坐标系之间的变换，也可以描述空间中的点所表示的向量的移动和转动操作。

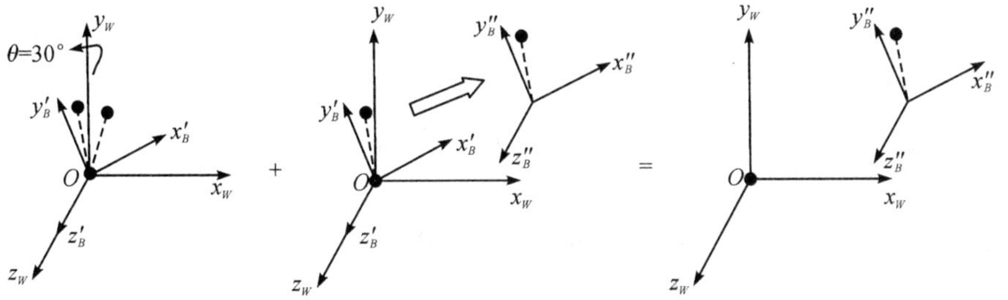

图 2－30　先转动再移动的变换

前面介绍了通过齐次变换来描述点或向量的移动和转动，这个移动和转动是在两个坐标系之间进行的。如果向量在多个坐标系之间进行移动或者转动操作，那么该怎样运用齐次变换进行运算呢？

如图 2－31 所示的向量 ${}^{C}\boldsymbol{P}$ 在三个坐标系之间连续变换，已知坐标系$\{C\}$相对于坐标系$\{B\}$的齐次变换为 ${}^{B}_{C}\boldsymbol{T}$，以及坐标系$\{B\}$相对于坐标系$\{A\}$的齐次变换为 ${}^{A}_{B}\boldsymbol{T}$，那么就有

$${}^{A}\boldsymbol{P} = {}^{A}_{B}\boldsymbol{T}\,{}^{B}\boldsymbol{P} = {}^{A}_{B}\boldsymbol{T}\,{}^{B}_{C}\boldsymbol{T}\,{}^{C}\boldsymbol{P} \tag{2-64}$$

根据式(2－56)，可以将式(2－64)分解为

$${}^{A}\boldsymbol{P} = {}^{A}_{B}\boldsymbol{T}\,{}^{B}_{C}\boldsymbol{T}\,{}^{C}\boldsymbol{P} = \begin{bmatrix} {}^{A}_{B}\boldsymbol{R}_{3\times 3} & {}^{A}\boldsymbol{P}_{B\,\mathrm{org}} \\ \boldsymbol{0} & 1 \end{bmatrix} \begin{bmatrix} {}^{B}_{C}\boldsymbol{R}_{3\times 3} & {}^{B}\boldsymbol{P}_{C\,\mathrm{org}} \\ \boldsymbol{0} & 1 \end{bmatrix} {}^{C}\boldsymbol{P} \tag{2-65}$$

所以

$${}^{A}\boldsymbol{P} = \begin{bmatrix} {}^{A}_{B}\boldsymbol{R}_{3\times 3}\,{}^{B}_{C}\boldsymbol{R}_{3\times 3} & {}^{A}\boldsymbol{P}_{B\,\mathrm{org}} + {}^{A}_{B}\boldsymbol{R}_{3\times 3}\,{}^{B}\boldsymbol{P}_{C\,\mathrm{org}} \\ \boldsymbol{0} & 1 \end{bmatrix} {}^{C}\boldsymbol{P} \tag{2-66}$$

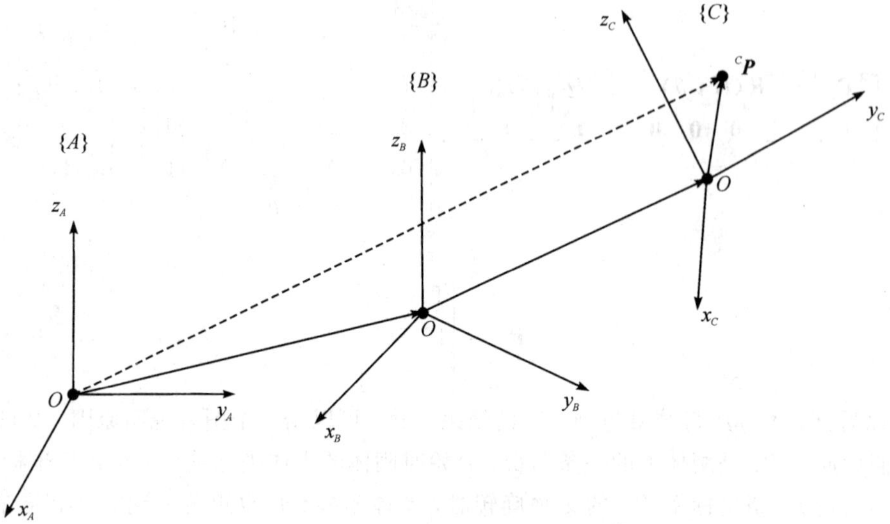

图 2-31 $^{C}\boldsymbol{P}$ 向量在三个坐标系之间的连续变换

最后来求齐次变换矩阵的逆矩阵。同样，根据式(2-56)，有

$$ {}_{B}^{W}\boldsymbol{T}=\begin{bmatrix} {}_{B}^{W}\boldsymbol{R}_{3\times3} & {}^{W}\boldsymbol{P}_{B\,\mathrm{org}} \\ \boldsymbol{0} & \boldsymbol{1} \end{bmatrix} \tag{2-67}$$

根据齐次变换矩阵${}_{B}^{W}\boldsymbol{T}$与其逆矩阵${}_{W}^{B}\boldsymbol{T}$之间的关系，有

$$ {}_{W}^{B}\boldsymbol{T}={}_{B}^{W}\boldsymbol{T}^{-1} \tag{2-68}$$

$$ {}_{B}^{W}\boldsymbol{T}{}_{W}^{B}\boldsymbol{T}={}_{B}^{W}\boldsymbol{T}{}_{B}^{W}\boldsymbol{T}^{-1}=\boldsymbol{I}_{4\times4} \tag{2-69}$$

由式(2-69)，有

$$ \begin{aligned} {}_{B}^{W}\boldsymbol{T}{}_{W}^{B}\boldsymbol{T}={}_{B}^{W}\boldsymbol{T}{}_{B}^{W}\boldsymbol{T}^{-1}=\boldsymbol{I}&=\begin{bmatrix} {}_{B}^{W}\boldsymbol{R} & {}^{W}\boldsymbol{P}_{B\,\mathrm{org}} \\ \boldsymbol{0} & \boldsymbol{1} \end{bmatrix}\begin{bmatrix} {}_{W}^{B}\boldsymbol{R} & {}^{B}\boldsymbol{P}_{W\,\mathrm{org}} \\ \boldsymbol{0} & \boldsymbol{1} \end{bmatrix} \\ &=\begin{bmatrix} {}_{B}^{W}\boldsymbol{R}{}_{W}^{B}\boldsymbol{R} & {}_{B}^{W}\boldsymbol{R}{}^{B}\boldsymbol{P}_{W\,\mathrm{org}}+{}^{W}\boldsymbol{P}_{B\,\mathrm{org}} \\ \boldsymbol{0} & \boldsymbol{1} \end{bmatrix} \\ &=\begin{bmatrix} \boldsymbol{I}_{3\times3} & \boldsymbol{0}_{3\times1} \\ \boldsymbol{0}_{1\times3} & \boldsymbol{1} \end{bmatrix} \end{aligned} \tag{2-70}$$

所以

$$ {}_{B}^{W}\boldsymbol{R}{}_{W}^{B}\boldsymbol{R}=\boldsymbol{I}_{3\times3} \tag{2-71}$$

$$ {}_{W}^{B}\boldsymbol{R}={}_{B}^{W}\boldsymbol{R}^{\mathrm{T}} \tag{2-72}$$

其中，式(2-72)与式(2-24)是一致的。同样，由式(2-70)可知

$$ {}_{B}^{W}\boldsymbol{R}{}^{B}\boldsymbol{P}_{W\,\mathrm{org}}+{}^{W}\boldsymbol{P}_{B\,\mathrm{org}}=\boldsymbol{0}_{3\times1} \tag{2-73}$$

所以有

$$ {}^{B}\boldsymbol{P}_{W\,\mathrm{org}}=-{}_{B}^{W}\boldsymbol{R}^{\mathrm{T}}\,{}^{W}\boldsymbol{P}_{B\,\mathrm{org}} \tag{2-74}$$

因此，结合式(2-73)、式(2-74)，齐次变换矩阵${}_{B}^{W}\boldsymbol{T}$的逆矩阵${}_{W}^{B}\boldsymbol{T}$为

$$ {}_{W}^{B}\boldsymbol{T}=\begin{bmatrix} {}_{W}^{B}\boldsymbol{R} & {}^{B}\boldsymbol{P}_{W\,\mathrm{org}} \\ \boldsymbol{0} & \boldsymbol{1} \end{bmatrix}={}_{B}^{W}\boldsymbol{T}^{-1}=\begin{bmatrix} {}_{B}^{W}\boldsymbol{R}^{\mathrm{T}} & -{}_{B}^{W}\boldsymbol{R}^{\mathrm{T}}\,{}^{W}\boldsymbol{P}_{B\,\mathrm{org}} \\ \boldsymbol{0} & \boldsymbol{1} \end{bmatrix} \tag{2-75}$$

本章小结

本章主要讨论机器人学的数学基础，目的是从数学上对机器人在空间运动过程中的位置、姿态进行描述，并阐述这些数学描述之间的相互转换关系。这些数学描述是机器人控制操作的基础。

第一节首先建立起空间坐标系的概念，介绍空间坐标系中向量的表示、向量的坐标轴投影、向量的方向余弦等概念，并解释了向量的点积运算与叉乘计算在空间坐标中的意义。第二节主要是对刚体的旋转和平移所表示的刚体运动进行描述。首先，通过刚体本体坐标系$\{B\}$原点的位置矢量来表示刚体相对于参考坐标系的原点的移动；接着，根据第1章所解释的向量点积运算与空间向量投影之间的关系，描述了空间中刚体的本体坐标系$\{B\}$相对于参考坐标系之间的变换关系，以内积表示的空间向量投影，详细地推导出旋转矩阵的表示形式；最后，解释了旋转矩阵描述刚体的转动状态的表示方法。第三节是在第二节的基础上，解释刚体的本体坐标系$\{B\}$绕参考坐标系转动的姿态角与旋转矩阵之间的关系。其中分为绕固定的参考坐标轴旋转得到的角坐标，其旋转矩阵与姿态角之间的对应关系；以及绕本体坐标系$\{B\}$依次旋转欧拉角所表示的旋转矩阵，与绕固定角坐标所表示的旋转矩阵之间的关系。第四节是通过对刚体的平移和转动运动描述，将其整合在一起提出齐次变换矩阵。其中阐述了通过齐次变换矩阵来描述空间中的点在不同坐标系之间的变换，以及描述空间中的点所表示的向量的移动和转动过程，并对向量在多个坐标系之间的连续变换进行了解释。

通过上述的一系列描述，为研究机器人在执行任务的过程中所涉及的运动学、动力学以及控制系统设计等内容，提供了数学上的描述和支持。

习 题 2

1. 下面的坐标系矩阵 $\boldsymbol{B}$ 的移动距离 $d=[5, 2, 6]^{\mathrm{T}}$：

$$\boldsymbol{B}=\begin{bmatrix}0 & 1 & 0 & 2\\1 & 0 & 0 & 4\\0 & 0 & -1 & 6\\0 & 0 & 0 & 1\end{bmatrix}$$

求该坐标系相对于参考坐标系的新位置。

2. 已知 $\boldsymbol{R}=\begin{bmatrix}x_x & y_x & z_x & p_x\\x_y & y_y & z_y & p_y\\x_z & y_z & z_z & p_z\\0 & 0 & 0 & 1\end{bmatrix}$。

(1) 说明左上角 3×3 矩阵的几何意义。

(2) 分别说明 x、y、z、P 的几何意义。

3. 求三维空间中一点 $\boldsymbol{Q}=[2, 3, 4]^{\mathrm{T}}$ 绕空间坐标系的 y 轴旋转 $30°$ 后的坐标。

4. 已知空间坐标系$\{A\}$中一点 P 的坐标可以表示为$[4, 6, 1]$，坐标系$\{B\}$是坐标系

$\{A\}$绕 x_A 旋转 90°，绕 y_A 旋转 −90°后得到的，求点 P 在坐标系$\{B\}$中的坐标。

5. 已知空间中一坐标系$\{B\}$在参考坐标系下的位姿矩阵为 $\boldsymbol{T}_B$，坐标系$\{A\}$是坐标系$\{B\}$经过如下变换所得：

(1) 绕 $\boldsymbol{x}_B$ 旋转 90°。

(2) 绕 $\boldsymbol{y}_B$ 旋转 −90°。

(3) 平移$[3, 5, 2]^{\mathrm{T}}$。

已知 $\boldsymbol{T}_B=\begin{bmatrix}0 & 1 & 0 & 6\\ 0 & 0 & -1 & 2\\ -1 & 0 & 0 & -3\\ 0 & 0 & 0 & 1\end{bmatrix}$，求坐标系$\{A\}$相对于参考坐标系的位姿矩阵。

6. 简述向量的内积与外积。

7. 简述刚体的运动。

8. 什么是欧拉角？简述欧拉角表示法。

第3章 机械臂运动学

基于机械臂位姿描述和坐标系变换矩阵的理论知识，机械臂运动学是在不考虑施加力使机械臂运动的情况下针对机械臂自身的运动特性展开的研究。机械臂运动学从机械臂的位置及其微分（即速度）入手，研究机械臂各个关节之间的关系及其随时间变化的规律。

3.1 机械臂的正向运动学

在机械臂运动学领域，正向运动学是指将设定好具体值的各关节变量代入建立起来的机械臂运动方程中得出末端执行器在笛卡儿空间中的具体位置与姿态。由于正向运动学是在各个关节坐标系之间的旋转角度和位移距离已知的情况下计算出机械臂位姿，求解方向沿着唯一确定的运动方程正向推导，因此，通过正向运动学计算出来的位姿结果往往具有准确性和唯一性。

3.1.1 单连杆的描述

连杆的运动学功能是保持其两端的关节轴线具有固定的几何关系，连杆的几何特征也由相邻的两条关节轴线所决定。如图 3-1 所示，连杆 $i-1$ 是由关节轴线 $i-1$ 和关节轴线 i 的公法线长度 a_{i-1} 以及两关节轴线间的夹角 α_{i-1} 所规定的。此时，a_{i-1} 称为连杆 $i-1$ 的长度，α_{i-1} 称为连杆 $i-1$ 的扭角。扭角 α_{i-1} 的指向规定为从轴线 $i-1$ 绕公法线转至轴线 i，而公法线 a_{i-1} 被认为由关节 $i-1$ 指向关节 i。当两关节 $i-1$ 和 i 的关节轴线平行时，$\alpha_{i-1}=0$；当两关节的关节轴线相交时，$a_{i-1}=0$。通常用连杆长度 a_{i-1} 和扭角 α_{i-1} 来描述单连杆 $i-1$ 本身的特征。

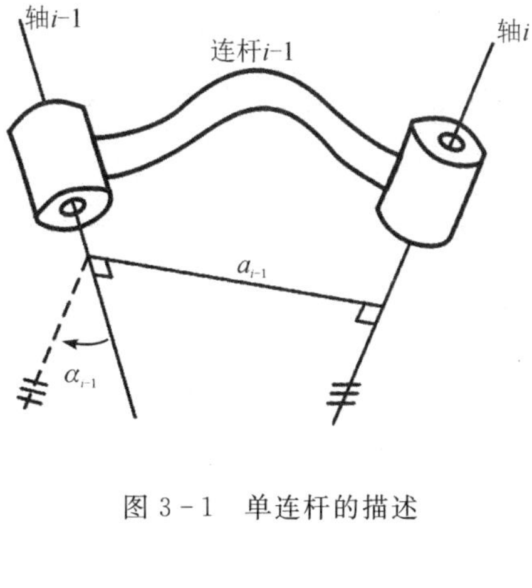

图 3-1 单连杆的描述

3.1.2 多连杆的描述

通常连接机械臂相邻两根连杆的关节包括旋转关节和移动关节两大类，每个机械操作臂关节具有一个自由度(旋转或者平移)。因此，具有 n 个自由度的操作臂通常由 n 个连杆和 n 个关节组成。在这里定义连杆 0 是机械臂的基座(底座)，但其不属于连杆，之后依次是连杆 1 到连杆 n。关节 1 连接基座与连杆 1，关节 2 连接连杆 1 与连杆 2，以此类推，关节 n 连接连杆 $n-1$ 与连杆 n。

当 n 根连杆连接成一个机械臂时，需要有一套统一的标准来描述这些连杆之间的关系。由于一个关节连接两根连杆，因此相邻两连杆之间有一条共同的关节轴线，如图 3－2 所示。因此，每条关节轴线有两条公法线与它垂直，每条公法线相应于一条连杆。这两条公法线的距离称为连杆的偏置，记为 d_i，表示连杆 i 相对于连杆 $i-1$ 的偏置；两公法线之间的夹角称为关节角，记为 θ_i，表示连杆 i 相对于连杆 $i-1$ 绕该轴线的旋转角度。其中，α_{i-1} 和 θ_i 都带正负号，由旋转方向所决定。连杆的描述参数如表 3－1 所示。

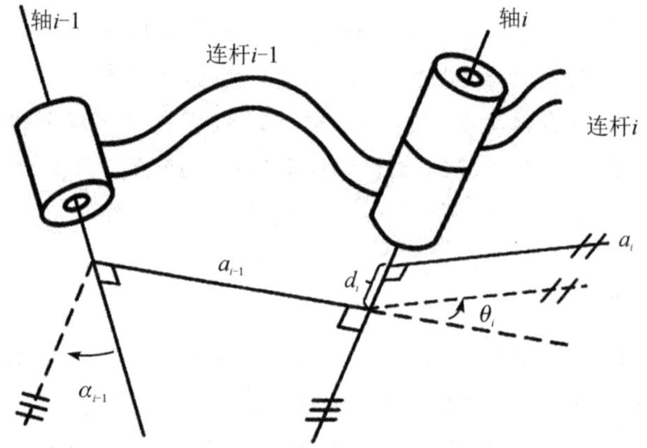

图 3－2　两连杆连接的描述

表 3－1　连杆的描述参数

描述参数	参数定义
i(正整数)	连杆标号
α_{i-1}	关节轴线 $i-1$ 和关节轴线 i 的夹角
a_{i-1}	关节轴线 $i-1$ 和关节轴线 i 的公法线长度
d_i	关节轴线 $i-1$ 和关节轴线 i，关节轴线 i 和关节轴线 $i+1$ 的两条公法线之间的距离
θ_i	关节轴线 $i-1$ 和关节轴线 i，关节轴线 i 和关节轴线 $i+1$ 的两条公法线之间的夹角

设一个机械臂拥有 n 个关节和 n 个连杆，那么对于首端连杆(即连杆 1)和末端连杆(即连杆 n)，由于连杆 0 为基座，且不存在关节 0、关节 $n+1$ 和连杆 $n+1$，因此规定：

$$a_0 = a_n = 0 \tag{3-1}$$

$$\alpha_0 = \alpha_n = 0 \tag{3-2}$$

同样，如果关节 1 是连接基座和连杆 1 的旋转关节，则 θ_1 是关节变量，θ_1 的零位可以任意选择，d_1 规定为

$$d_1 = 0 \tag{3-3}$$

如果关节 1 是连接基座和连杆 1 的移动关节，则 d_1 是关节变量，d_1 的零位可以任意选择，θ_1 被规定为

$$\theta_1 = 0 \tag{3-4}$$

由上所述，针对每个连杆都由 4 个参数来描述。其中，a 和 α 描述连杆本身，d 和 θ 描述相邻两根连杆的连接关系。这种描述机构运动关系的规则称为 D-H 方法(Denavit-Hartenberg 方法)。由这 4 个参数所组成的表称为 D-H 参数表(Denavit-Hartenberg 参数表)，如表 3-2 所示。任何机器人各连杆之间的运动关系可以通过 D-H 参数表来具体定量描述。

表 3-2　D-H 参数表

i	α_{i-1}	a_{i-1}	d_i	θ_i
1	α_0	a_0	d_1	θ_1
2	α_1	a_1	d_2	θ_2
3	α_2	a_2	d_3	θ_3
⋮	⋮	⋮	⋮	⋮
n	α_{n-1}	a_{n-1}	d_n	θ_n

3.1.3　连杆坐标系建立

为了确定各连杆之间的相对运动和位姿关系，需要在基座和每一根连杆上固接一个笛卡儿空间直角坐标系。在这里将与基座固接的坐标系称为基座坐标系，与连杆 1 固接的坐标称为坐标系{1}，以此类推，与连杆 i 固接的坐标系称为坐标系{i}(其中 i 为正整数)。坐标系{i}都建立在连杆 i 对应的关节 i 上。以下讨论各个坐标系建立的方法。

1. 中间连杆 *i* 的坐标系{*i*}

图 3-3 表示连杆 $i-1$ 和连杆 i 的坐标系{$i-1$}和{i}的设定方法。步骤如下：

(1) 坐标系{i}的 z 轴 z_i 与关节轴线 i 共线，其指向可以任意规定。

(2) 坐标系{i}的 x 轴 x_i 与连杆公垂线(即 a_i)重合，指向为从关节 i 到关节 $i+1$。当 $a_i=0$ 时，取 $x_i=\pm z_{i+1}\times z_i$。

(3) 坐标系{i}的 y 轴 y_i 根据右手法则确定，即 $y_i=z_i\times x_i$。

(4) 取 x_i 与 z_i 的交点作为坐标系{i}的原点 O_i。当 z_i 和 z_{i+1} 相交(即 $a_i=0$)时，取其交点作为原点。

2. 首端连杆与末端连杆

坐标系{O}称为基座坐标系，其与机器人基座固接不动，可作为参考坐标系(又称为绝对坐标系、世界坐标系)来描述其他连杆坐标系的位置和方位。为了简化起见，基座坐标系

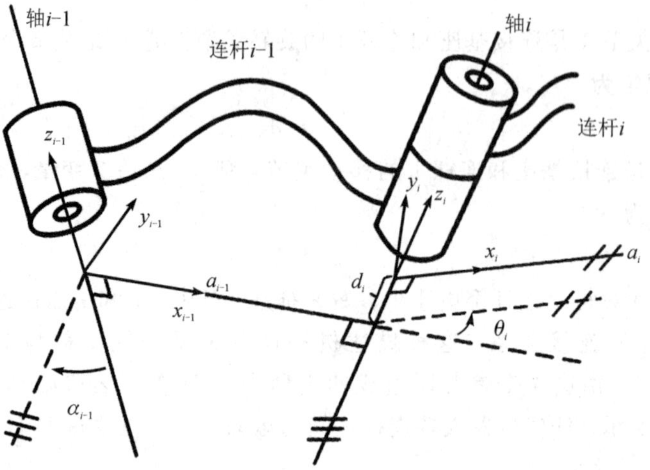

图 3-3　连杆坐标系

通常选择 z 轴沿关节轴 1 的方向。这种规定说明 $a_0=0$，且当关节 1 是旋转关节时 $d_1=0$，当关节 1 是移动关节时 $\theta_1=0$。

末端连杆固接的坐标系$\{n\}$的规定与基座坐标系相似。对于旋转关节 n，选取 x_n 轴方向使得当 $\theta_n=0$ 时 x_n 与 x_{n-1} 重合，同时选取坐标系$\{n\}$的原点使得 $d_n=0$；对于移动关节 n，选取坐标系$\{n\}$的原点使得 $\theta_n=0$ 且当 $d_n=0$ 时 x_n 与 x_{n-1} 重合。

3. 结合连杆坐标系规定 D-H 参数

利用连杆坐标系，D-H 参数可以明确地定义如下：

α_{i-1} 表示从 z_{i-1} 到 z_i 绕 x_{i-1} 旋转的角度；

a_{i-1} 表示从 z_{i-1} 到 z_i 沿 x_{i-1} 正方向测量的距离；

d_i 表示从 x_{i-1} 到 x_i 沿 z_i 正方向测量的距离；

θ_i 表示从 x_{i-1} 到 x_i 绕 z_i 旋转的角度。

在这里，$a_i \geqslant 0$ 表示连杆 i 的长度；d_i 是可正可负的公法线之间的距离，符号由相邻两根连杆之间的位置关系决定；而 α_i 和 θ_i 是可正可负的旋转角度量，符号由旋转方向决定，通常取绕轴逆时针旋转的方向为正，顺时针旋转的方向为负。

以上介绍了 D-H 规则确定连杆参数和建立连杆坐标系的统一方法，在此基础上可以进一步推导出连杆变换和机器人的运动方程。

【例 3.1】 一个三连杆平面机械臂系统如图 3-4(a)所示，其中三个关节均为旋转关节，连杆 1 长为 0.2 m，连杆 2 长为 0.25 m，连杆 3 长为 0.05 m。连杆 1 相对于基座坐标系逆时针旋转 45°，连杆 2 相对于连杆 1 逆时针旋转 60°，连杆 3 相对于连杆 2 逆时针旋转 30°，请根据这个机械臂建立连杆坐标系并得出 D-H 参数表。

根据连杆坐标系的建立方法，z 轴代表关节轴线，在图 3-4 的正视图中以点的形式展现，这里省略 z 轴；x 轴与相邻两根连杆的公垂线重合，故其方向与连杆平行；y 轴方向可通过右手法则确定。因此，在建立世界坐标系$\{W\}$的条件下，针对图 3-4(a) 所示的三连杆平面机械臂系统，其连杆坐标系如图 3-4(b) 所示。

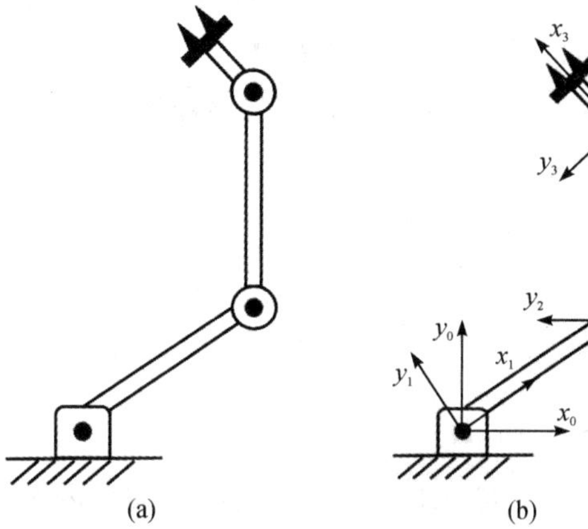

图 3-4　例 3.1 的三连杆平面机械臂系统的正视图

另外，针对这个三连杆平面机械臂系统，根据 D-H 参数的定义可以得出 D-H 参数表，如表 3-3 所示。

表 3-3　例 3.1 的三连杆平面机械臂系统的 D-H 参数表

i	$\alpha_{i-1}/(°)$	a_{i-1}/m	d_i/m	$\theta_i/(°)$
1	0	0	0	45
2	0	0.2	0	60
3	0	0.25	0	30

3.1.4　刚体运动位置表示

如图 3-5 所示，在笛卡儿空间直角坐标系下，三维物理刚体具备 6 个自由度：沿直角坐标轴 x、y、z 方向的三个移动自由度，以及绕这三个坐标轴的转动自由度 $\hat{x}$、$\hat{y}$、$\hat{z}$。因此在笛卡儿空间直角坐标系下，如图 3-6 所示，对于三维直角坐标系$\{A\}$，空间中任意一点 P 的运动位置可由一个 4×1 的列向量 ${}^{A}\boldsymbol{P}$ 来表示：

$$
{}^{A}\boldsymbol{P}=[p_x \quad p_y \quad p_z \quad 1]^{\mathrm{T}} \tag{3-5}
$$

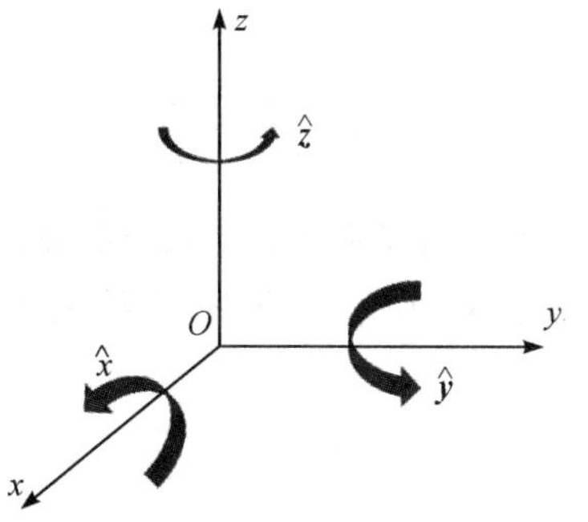

图 3-5　笛卡儿空间直角坐标系下三维空间的 6 个自由度

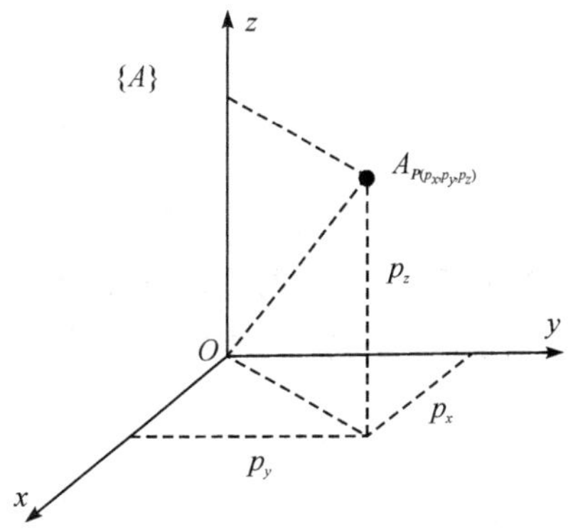

图 3-6　笛卡儿空间直角坐标系下对空间中任意一点 P 的运动位置表示

那么 P 点在世界坐标系$\{W\}$中的运动位置的表示${}^W\boldsymbol{P}$ 即可由左乘变换矩阵${}_A^W\boldsymbol{T}$ 来确定：

$$ {}^W\boldsymbol{P} = {}_A^W\boldsymbol{T}\,{}^A\boldsymbol{P} \tag{3-6} $$

【例 3.2】 假设某一点 Q，它在坐标系$\{A\}$下的坐标${}^A\boldsymbol{Q}=[5\quad 7\quad 8\quad 1]^{\mathrm{T}}$，已知坐标系$\{A\}$相对于世界坐标系$\{W\}$的变换矩阵${}_A^W\boldsymbol{T}$ 为

$$ {}_A^W\boldsymbol{T} = \begin{bmatrix} 0.68 & 0.56 & 0.35 & 5 \\ 1.41 & 6.96 & 0.56 & 3 \\ 0.33 & 1.52 & 3.25 & 10 \\ 0 & 0 & 0 & 1 \end{bmatrix} \tag{3-7} $$

求出这个点在世界坐标系$\{W\}$下的坐标。

解 根据式(3-6)可以得出，Q 在世界坐标系$\{W\}$下的坐标为

$$ {}^W\boldsymbol{Q} = {}_A^W\boldsymbol{T}\,{}^A\boldsymbol{Q} = \begin{bmatrix} 0.68 & 0.56 & 0.35 & 5 \\ 1.41 & 6.96 & 0.56 & 3 \\ 0.33 & 1.52 & 3.25 & 10 \\ 0 & 0 & 0 & 1 \end{bmatrix} \begin{bmatrix} 5 \\ 7 \\ 8 \\ 1 \end{bmatrix} = \begin{bmatrix} 15.12 \\ 65.25 \\ 48.29 \\ 1 \end{bmatrix} \tag{3-8} $$

3.1.5 刚体方位与运动姿态

1. 用固接坐标系描述刚体位姿

如图 3-7 所示，设参考坐标系为$\{A\}$，经过一系列旋转后的直角坐标系为$\{B\}$，则其对应的旋转矩阵为${}_B^A\boldsymbol{R}$。通常将这个刚体与坐标系$\{B\}$固接以便完全描述刚体在空间的方位姿态。

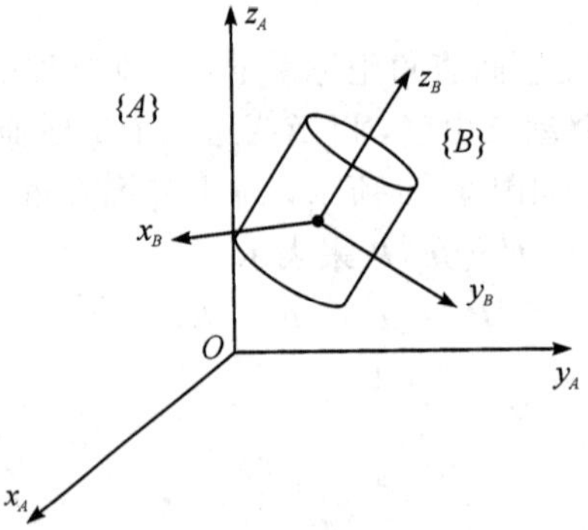

图 3-7 刚体固接坐标系$\{B\}$在参考坐标系$\{A\}$下的表示

相对于坐标系$\{A\}$，用位置矢量${}^A\boldsymbol{P}_B$ 和旋转矩阵${}_B^A\boldsymbol{R}$ 分别表示坐标系$\{B\}$的原点和坐标轴的方向。在这种情况下，刚体在世界坐标系$\{A\}$中的位姿(位置与姿态)变换矩阵${}_B^A\boldsymbol{T}$ 可以表示成：

$$ {}_B^A\boldsymbol{T} = \begin{bmatrix} {}_B^A\boldsymbol{R} & {}^A\boldsymbol{P}_B \\ \boldsymbol{0} & \boldsymbol{1} \end{bmatrix} \tag{3-9} $$

2. 用手爪坐标系描述末端运动位姿

机械臂末端手爪的运动位姿也可以用固接在手爪的坐标系$\{A\}$的位姿来表示，如图

3－8 所示。对于手爪坐标系{A}，夹手的三个单位矢量规定如下：z_A 轴设在手指接近物体的方向称为接近矢量 $\boldsymbol{a}$；y_A 轴设在两手的连线方向，称为方位矢量 $\boldsymbol{o}$；x_A 轴由右手法则确定：$\boldsymbol{n}=\boldsymbol{o}\times\boldsymbol{a}$，这里求得的矢量 $\boldsymbol{n}$ 称为法向矢量。把手爪坐标系{A}的原点 O_A 置于夹手指尖中，由世界坐标系原点出发，指向 O_A 的三维列矢量用 $\boldsymbol{p}=[\boldsymbol{p}_x，\boldsymbol{p}_y，\boldsymbol{p}_z]^{\mathrm{T}}$ 来表示。因此，机械臂末端手爪的运动姿态矩阵可记作：${}_A^W\boldsymbol{T}=\{\boldsymbol{n}，\boldsymbol{o}，\boldsymbol{a}，\boldsymbol{p}\}$。具体变换矩阵如式(3－10)所述：

$$
{}_A^W\boldsymbol{T}=\{\boldsymbol{n},\boldsymbol{o},\boldsymbol{a},\boldsymbol{p}\}=\begin{bmatrix}\boldsymbol{n}_x & \boldsymbol{o}_x & \boldsymbol{a}_x & \boldsymbol{p}_x\\ \boldsymbol{n}_y & \boldsymbol{o}_y & \boldsymbol{a}_y & \boldsymbol{p}_y\\ \boldsymbol{n}_z & \boldsymbol{o}_z & \boldsymbol{a}_z & \boldsymbol{p}_z\\ 0 & 0 & 0 & 1\end{bmatrix} \tag{3-10}
$$

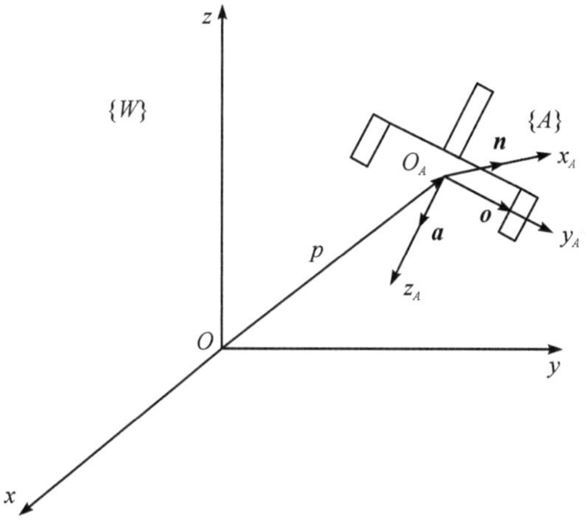

图 3－8　手爪运动位姿描述

由式(3－10)可以看出，机械臂末端手爪变换矩阵${}_A^W\boldsymbol{T}$ 可由其矩阵中的 16 个元素的值来决定。在这 16 个元素中，只有前三行的 12 个元素具备实际含义，而底行的 4 个元素则由三个 0 和一个 1 组成。当对矢量 $\boldsymbol{p}$ 中各元素的取值不添加任何约束，且机械臂末端手爪能够到达期望位置时，接近矢量 $\boldsymbol{a}$、方位矢量 $\boldsymbol{o}$ 以及法向矢量 $\boldsymbol{n}$ 三者之间两两垂直且构成正交基底(即相同矢量内积点乘结果为 1，不同矢量内积点乘结果为 0)。

3. 用偏转、俯仰和回转角(固定角坐标系)描述运动姿态

如图 3－9 所示，首先将坐标系{B}与世界坐标系{A}重合，分三种旋转情况：① 坐标系{B}绕 x_A 轴旋转γ 个角度；② 坐标系{B}绕 y_A 轴旋转β 个角度；③ 坐标系{B}绕 z_A 轴旋转 α 个角度。这三种旋转都是绕着固定角参考坐标系(世界坐标系){A}的轴，因此规定这种运动姿态的描述称为 x-y-z 固定坐标系。其中，绕 x_A 轴旋转的 γ 称为偏转角；绕 y_A 轴旋转的 β 称为俯仰角；绕 z_A 轴旋转的 α 称为回转角(也称横滚角)。

如果机械臂首先绕世界坐标系{A}的 x_A 轴旋转 γ 个角度，其次绕其 y_A 轴旋转 β 个角度，最后绕其 z_A 轴旋转 α 个角度，则其旋转变换矩阵 RPY(γ，β，α)根据旋转步骤从右往左把矩阵相乘，可用式(3－11)表示 RPY 角是指绕定轴 x-y-z 旋转的角。

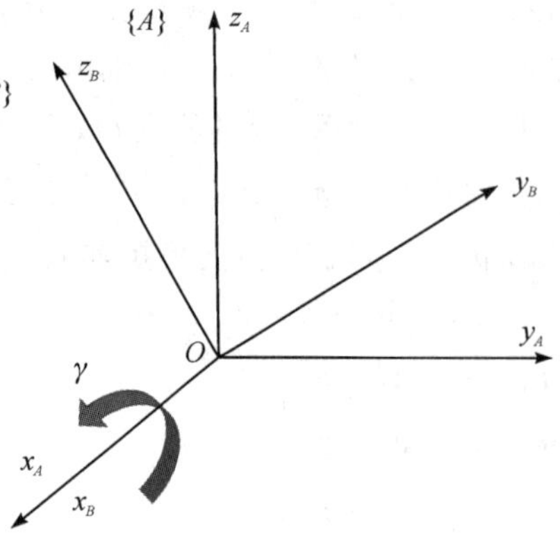

(a) 偏转角

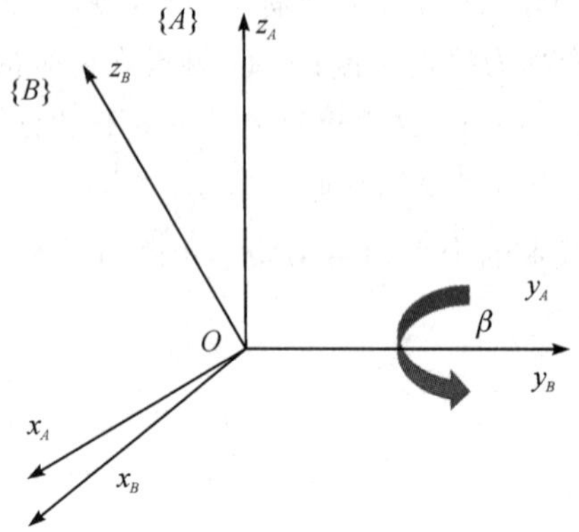

(b) 俯仰角

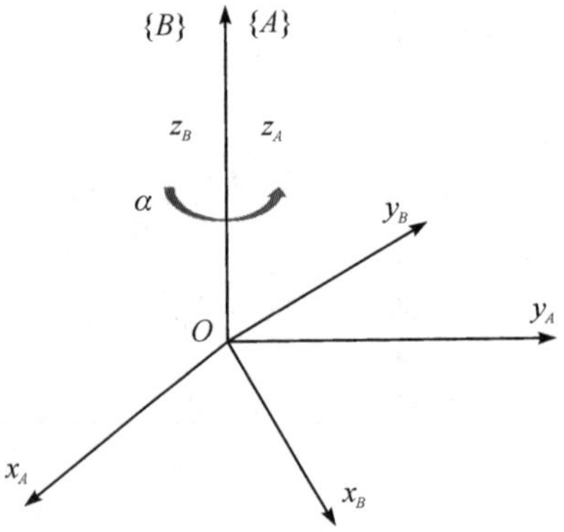

(c) 回转角

图 3-9　用固定角坐标系描述运动姿态

$$\mathrm{RPY}(\gamma, \beta, \alpha)=\mathrm{Rot}(z_A, \alpha)\mathrm{Rot}(y_A, \beta)\mathrm{Rot}(x_A, \gamma) \tag{3-11}$$

其中，Rot(坐标轴，旋转角度)为 4×4 的齐次变换矩阵，其表示绕坐标轴只旋转而不平移。

4. 用旋转序列(欧拉角坐标系)描述运动姿态

机械臂的运动姿态往往由绕 x、y、z 轴的旋转序列来确定，这种旋转序列称为欧拉(Euler)角。其中涉及的旋转次序(包括每次绕什么轴旋转，旋转多少角度等信息)起到非常关键的作用，不同的旋转次序可能会导致不同的运动姿态结果。

举个例子，如图 3-10 所示，欧拉角表示机械臂先绕世界坐标系{A}的 x_A 轴旋转 γ 个角度得到坐标系(A')，然后绕(A')的 $y_{A'}$ 轴旋转 β 个角度得到坐标系{A''}，最后绕{A''}的 $z_{A''}$ 轴旋转 α 个角度，则其旋转变换矩阵是根据旋转的步骤从左向右把矩阵相乘，用式(3-12)表示：

$$\mathrm{Euler}(\gamma, \beta, \alpha)=\mathrm{Rot}(x_A, \gamma)\mathrm{Rot}(y_{A'}, \beta)\mathrm{Rot}(z_{A''}, \alpha) \tag{3-12}$$

由式(3-11)和式(3-12)可以看出，式(3-11)用偏转、俯仰和回转角的旋转序列来表示，在这里旋转矩阵随着旋转次序的不断进行而不断叠加左乘；式(3-12)用欧拉角坐标系的旋转序列表示，在这里旋转矩阵随着旋转次序的不断进行而不断做矩阵右乘，这与式(3-11)的左乘次序正好相反。

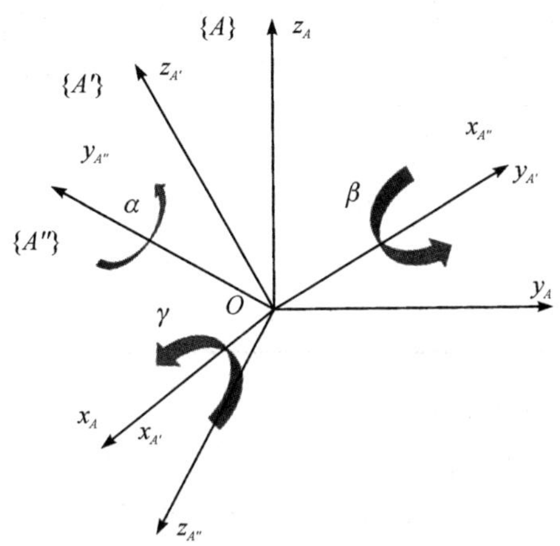

图 3-10　用欧拉角坐标系描述运动姿态

3.1.6　连杆变换矩阵推导

本节推导相邻两连杆坐标系之间的连杆变换矩阵，然后将多个连杆变换矩阵依次相乘，得到操作臂的正向运动方程。这种运动方程能够总体表示末端连杆相对于基座的位姿关系，是关于各关节变量的多元函数。

根据 D-H 参数的描述，坐标系$\{i-1\}$与$\{i\}$是通过a_{i-1}、α_{i-1}和d_i、θ_i联系起来的，因此坐标系$\{i\}$相对于坐标系$\{i-1\}$的连杆变换矩阵${}^{i-1}_{i}\boldsymbol{T}$通常也是关于这四个参数的函数。连杆变换矩阵${}^{i-1}_{i}\boldsymbol{T}$可以分解为四个基本的子变换，其中每一个子变换都仅依赖于一个连杆参数，并且能够直接得出这些子变换公式。

于是坐标系$\{i\}$相对于坐标系$\{i-1\}$的变换${}^{i-1}_{i}\boldsymbol{T}$可以看成是以下四个子变换的乘积：

(1) 绕 x_{i-1} 轴旋转 α_{i-1}。

(2) 沿 x_{i-1} 轴移动 a_{i-1}。

(3) 绕 z_i 轴旋转 θ_i。

(4) 沿 z_i 轴移动 d_i。

由于这些变换都是相对于上一个相邻的坐标系来描述的，按照欧拉角坐标系下的旋转序列，旋转矩阵从左到右相乘的原则可以得到

$$
\begin{aligned}
{}^{i-1}_{i}\boldsymbol{T} &= \mathrm{Rot}(x_{i-1},\ \alpha_{i-1})\,\mathrm{Trans}(x_{i-1},\ a_{i-1})\,\mathrm{Rot}(z_i,\ \theta_i)\,\mathrm{Trans}(z_i,\ d_i) \\
&= \begin{bmatrix}
\cos\theta_i & -\sin\theta_i & 0 & a_{i-1} \\
\sin\theta_i\cos\alpha_{i-1} & \cos\theta_i\cos\alpha_{i-1} & -\sin\alpha_{i-1} & -d_i\sin\alpha_{i-1} \\
\sin\theta_i\sin\alpha_{i-1} & \cos\theta_i\sin\alpha_{i-1} & \cos\alpha_{i-1} & d_i\cos\alpha_{i-1} \\
0 & 0 & 0 & 1
\end{bmatrix}
\end{aligned}
\tag{3-13}
$$

其中，Rot(坐标轴，旋转角度)和 Trans(坐标轴，平移长度)均为 4×4 的齐次变换矩阵，Rot(坐标轴，旋转角度)表示绕坐标轴只旋转不平移，Trans(坐标轴，平移长度)表示沿坐标轴只平移，不旋转。从式(3-13)可以看出，连杆变换矩阵${}^{i-1}_{i}\boldsymbol{T}$依赖于四个连杆参数：$a_{i-1}$，$\alpha_{i-1}$，$d_i$ 和 θ_i。

【例 3.3】 在一个机械臂对应的 D-H 参数表中，第 k 行如表 3-4 所示（k 为正整数）。

表 3-4　例 3-3 对应的 D-H 参数表

i	$\alpha_{i-1}/(°)$	a_{i-1}/m	d_i/m	$\theta_i/(°)$
…	…	…	…	…
k	30	0.25	1	60
…	…	…	…	…

求从坐标系 $\{k-1\}$ 到 $\{k\}$ 的变换矩阵 ${}^{k-1}_{k}\boldsymbol{T}$。

解　根据式(3-13)，可以得出：

$$
\begin{aligned}
{}^{k-1}_{k}\boldsymbol{T} &= \mathrm{Rot}(x_{i-1},\ 30)\,\mathrm{Trans}(x_{i-1},\ 0.25)\,\mathrm{Rot}(z_i,\ 60)\,\mathrm{Trans}(z_i,\ 1) \\
&= \begin{bmatrix} 0.5 & -0.866 & 0 & 0.25 \\ 0.75 & 0.433 & -0.5 & -0.5 \\ 0.433 & 0.25 & 0.866 & 0.866 \\ 0 & 0 & 0 & 1 \end{bmatrix}
\end{aligned} \tag{3-14}
$$

3.1.7　机械臂的运动方程表示

任何机械臂从建模的角度上都可以将其视为由若干根关节连接起来的连杆组成。结合 D-H 参数、连杆坐标系、连杆变换矩阵以及欧拉角坐标系下旋转序列，机械臂的运动方程建立步骤如图 3-11 所示。

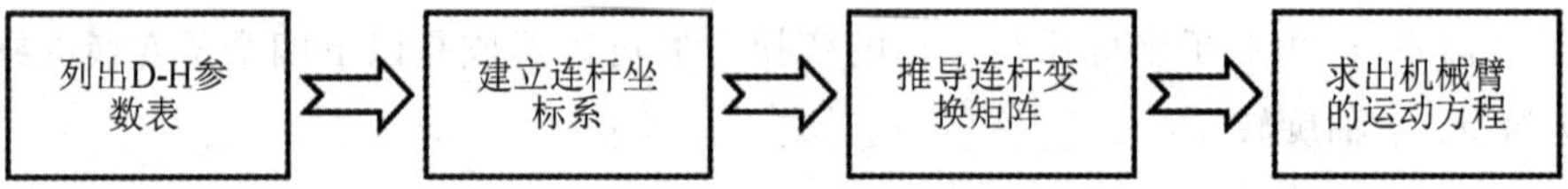

图 3-11　机械臂的运动方程建立流程

在得出 D-H 参数表，建立连杆坐标系并推导出连杆变换矩阵后，设 ${}^{0}_{1}\boldsymbol{T}$ 表示第一根连杆相对于基底坐标系 $\{W\}$（世界坐标系）的位置与姿态，${}^{1}_{2}\boldsymbol{T}$ 表示第二根连杆相对于第一根连杆的位置与姿态，则第二根连杆相对于基底坐标系的位姿关系可用矩阵 ${}^{0}_{2}\boldsymbol{T}$ 表示：

$$
{}^{0}_{2}\boldsymbol{T} = {}^{0}_{1}\boldsymbol{T}\,{}^{1}_{2}\boldsymbol{T} \tag{3-15}
$$

同理，用 ${}^{2}_{3}\boldsymbol{T}$ 表示第三根连杆相对于第二根连杆的位置与姿态，则第三根连杆相对于基底坐标系的位姿关系可用矩阵 ${}^{0}_{3}\boldsymbol{T}$ 表示：

$$
{}^{0}_{3}\boldsymbol{T} = {}^{0}_{1}\boldsymbol{T}\,{}^{1}_{2}\boldsymbol{T}\,{}^{2}_{3}\boldsymbol{T} \tag{3-16}
$$

以此类推，对于日常通用的六连杆机械臂，其末端相对于基底坐标系的位置与姿态可用矩阵 ${}^{0}_{6}\boldsymbol{T}$ 表示：

$$
{}^{0}_{6}\boldsymbol{T} = {}^{0}_{1}\boldsymbol{T}\,{}^{1}_{2}\boldsymbol{T}\,{}^{2}_{3}\boldsymbol{T}\,{}^{3}_{4}\boldsymbol{T}\,{}^{4}_{5}\boldsymbol{T}\,{}^{5}_{6}\boldsymbol{T} \tag{3-17}
$$

所以，从理论上经过推广可以得出，对于一个具有 n 个关节的机械臂来说，其末端相对于基底坐标系的位置与姿态可用矩阵 ${}^{0}_{n}\boldsymbol{T}$ 表示：

$$
{}^{0}_{n}\boldsymbol{T} = {}^{0}_{1}\boldsymbol{T}\,{}^{1}_{2}\boldsymbol{T}\cdots{}^{n-2}_{n-1}\boldsymbol{T}\,{}^{n-1}_{n}\boldsymbol{T} \tag{3-18}
$$

故式(3-18)也是 n 关节机械臂运动方程的表示通式。

【例 3.4】 在例 3.1 的基础上求出机械臂的运动方程的值。

解 例 3.1 所展示的是一个具有三旋转关节的机械臂，则根据其 D-H 参数表(即表 3-3)可以得出各个连杆变换矩阵如下：

$$
{}^{0}_{1}\boldsymbol{T} = \begin{bmatrix} 0.707 & -0.707 & 0 & 0 \\ 0.707 & 0.707 & 0 & 0 \\ 0 & 0 & 1 & 0 \\ 0 & 0 & 0 & 1 \end{bmatrix} \tag{3-19}
$$

$$
{}^{1}_{2}\boldsymbol{T} = \begin{bmatrix} 0.5 & -0.866 & 0 & 0.2 \\ 0.866 & 0.866 & 0 & 0 \\ 0 & 0 & 1 & 0 \\ 0 & 0 & 0 & 1 \end{bmatrix} \tag{3-20}
$$

$$
{}^{2}_{3}\boldsymbol{T} = \begin{bmatrix} 0.866 & -0.5 & 0 & 0.25 \\ 0.5 & 0.866 & 0 & 0 \\ 0 & 0 & 1 & 0 \\ 0 & 0 & 0 & 1 \end{bmatrix} \tag{3-21}
$$

所以运动方程的值为

$$
\begin{aligned}
{}^{0}_{3}\boldsymbol{T} &= {}^{0}_{1}\boldsymbol{T}\,{}^{1}_{2}\boldsymbol{T}\,{}^{2}_{3}\boldsymbol{T} \\
&= \begin{bmatrix} 0.707 & -0.707 & 0 & 0 \\ 0.707 & 0.707 & 0 & 0 \\ 0 & 0 & 1 & 0 \\ 0 & 0 & 0 & 1 \end{bmatrix} \begin{bmatrix} 0.5 & -0.866 & 0 & 0.2 \\ 0.866 & 0.866 & 0 & 0 \\ 0 & 0 & 1 & 0 \\ 0 & 0 & 0 & 1 \end{bmatrix} \begin{bmatrix} 0.866 & -0.5 & 0 & 0.25 \\ 0.5 & 0.5 & 0 & 0 \\ 0 & 0 & 1 & 0 \\ 0 & 0 & 0 & 1 \end{bmatrix} \\
&= \begin{bmatrix} -0.707 & -0.707 & 0 & 0.0767 \\ 0.707 & -0.707 & 0 & 0.3828 \\ 0 & 0 & 1 & 0 \\ 0 & 0 & 0 & 1 \end{bmatrix}
\end{aligned} \tag{3-22}
$$

3.2 机械臂的逆向运动学

在 3.1 节中已经讨论机械臂的正向运动过程，在操作臂的关节角已知的情况下计算工具坐标系相对于用户工作台(基座)坐标系位姿的问题。那么能否反过来，在相对于用户工作台(基座)坐标系的位姿已知的情况下计算机械臂各个关节满足期望要求的角度解，这便是机械臂的逆向运动求解问题，也是本节需要重点讨论的内容。

3.2.1 解的存在性分析

在实际的三维空间中，通常把逆解存在的几何区域称为机器人的工作空间。工作空间又分为灵巧工作空间和可达工作空间两种，灵巧工作空间是机器人末端执行器能够从各个方向(无穷多个)到达的空间区域，在灵巧工作空间的各点上，可以以任意的姿态摆放机械臂。可达工作空间则是表示机器人末端至少从一个方向(有限数目)到达的目标点的集合，灵活空间是可达空间的子集(子区域)。在灵活空间的各点上，机器人末端的指向是可以任意规定的。所以机器人运动学逆解存在的充分必要条件是：对于给定的位姿，至少存在一组关节变量来产生希望的机器人位姿，即这种希望的机器人位姿必须要在可达工作空间的区域内。如果给定机器人末端位置在可达工作空间外，则逆解不存在。

举个例子，如图 3 - 12 所示，在一个两连杆操作臂系统中，假设所有关节都能 360°旋转，如果 $l_1=l_2$，则可达工作空间是半径为 $2l_1$ 的圆，而灵巧工作空间仅仅是关节 1 的关节轴线上的点；如果 $l_1 \neq l_2$，则不存在灵巧工作空间，而可达工作空间为一外径为 l_1+l_2、内径为 $|l_1-l_2|$ 的圆环。在可达工作空间的内部，末端执行器有两种可能的方位，但在工作空间的边界上只有一种可能的方位。

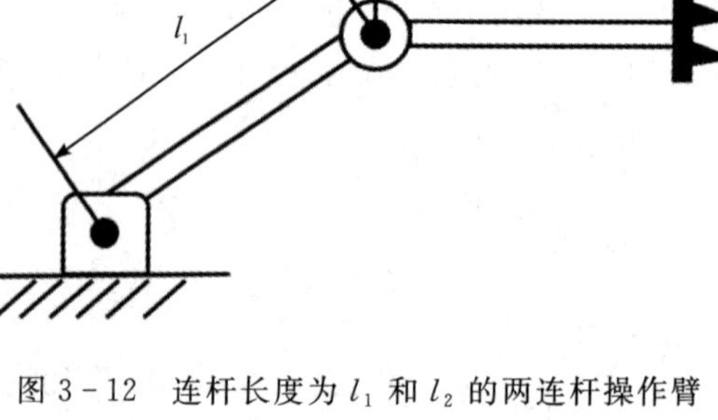

图 3 - 12　连杆长度为 l_1 和 l_2 的两连杆操作臂

这里讨论的两连杆操作臂的工作空间是：当关节旋转角度不能达到 360°时，显然可达工作空间的范围也相应减小。例如，对于图 3 - 12 所示的操作臂，θ_1 的运动范围为 360°，但只有当 $0<\theta_2<180°$时，它们两者的可达工作空间才具有相同的范围，然而此时仅有一个方位，即一种机械臂姿态可以达到工作空间的每一个点。

【例 3.5】 一套机械臂装置的正视图如图 3 - 13 所示。其中基座、所有关节均为圆柱形，连杆 1 与基座构成套杆结构，可进行 360°任意旋转，也可进行完全伸缩，其中连杆 1 的高度为 h_1(小于基座的高度)，连杆 1 由两根圆柱焊接在一起，连杆 1 伸出长度为 l_1，关节 2 只能进行完全平移伸缩。忽略刚体的影响，请求出这套机械臂装置的可达工作空间。

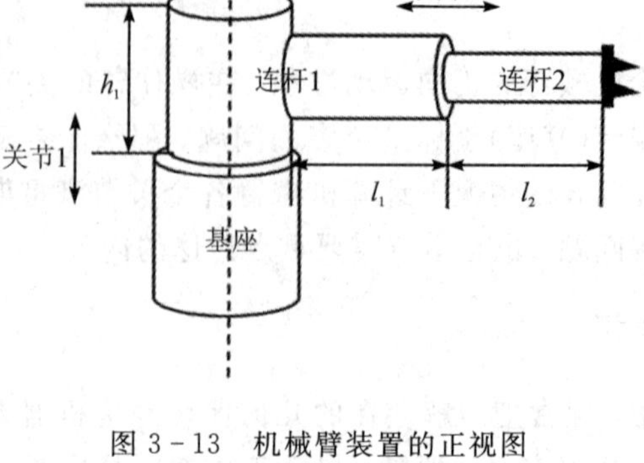

图 3 - 13　机械臂装置的正视图

解 由题意可知，关节 1 既可以上下伸缩，又可以在水平面上全方位旋转，故在关节 1 的作用下，机械臂末端的工作空间为圆柱形。又因为连杆 1 与连杆 2 焊接在一起，关节 2 只能进行完全平移伸缩，所以最终的机械臂末端的可达工作空间为空心圆柱形。这个空心圆柱形高度为 h_1，空心半径为 l_1，实心半径为 l_2，其正面剖视图如图 3-14 的阴影部分所示。

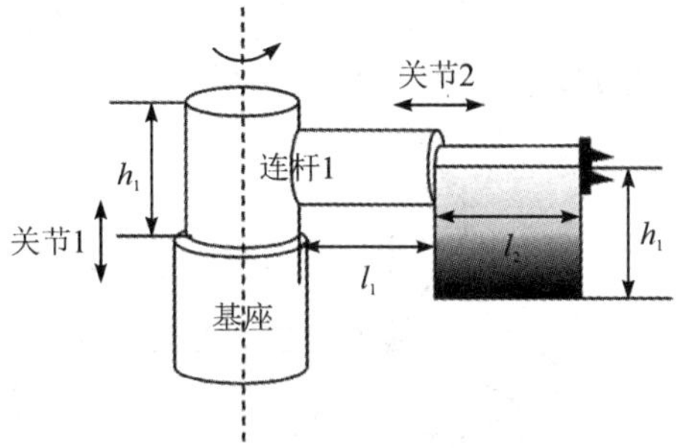

图 3-14 机械臂装置可达工作空间的正面剖视图(阴影处)

3.2.2 解的多重性分析

机器人运动学逆解的多重性是指对于给定的机械臂可达工作领域内，机械臂末端可以以不止一种的位形到达目标点，因此，对于给定的末端位置在机械臂的工作域内可以得到多个解。例如，图 3-15 所示的是一个具有 3 个旋转关节的平面操作臂，当前表示三连杆平面操作臂末端到达目标点的第一个位形。虚线表示第二个可能的位形，虚线表示的位形与实线表示的位形其两者末端操作器的可达位姿相同。由此类推，可能会有第三个、第四个，甚至更多的位形，每一个位形代表一种关节角度解，由此产生多重解的现象。

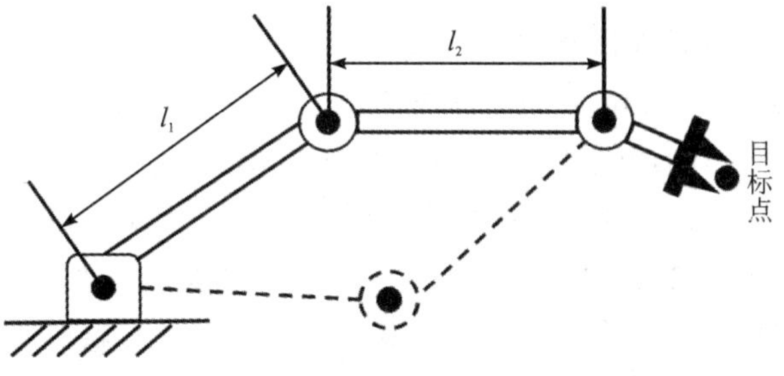

图 3-15 两连杆操作臂中虚线代表第二个位形解

由于机械臂系统只能从多个位形中选择一个最优解，因此，对于解的选择标准往往需要明确，当前比较容易接受的是“最短行程”解。如图 3-16 所示，如果操作臂处于点 A，我们希望它移动到点 B，“最短行程”解就是在此移动过程中使每一个运动关节的移动量都最小。因此，在没有障碍物的情况下，可选择图 3-16 中上部虚线所示的位形，这样能够选择所有关节空间内的最短行程解。然而“最短行程”解的方法具有一些缺陷：首先，解的获取有几种确定的方式。例如，一台典型的 6 自由度机械臂具有 3 个大连杆和 3 个小连杆，大小连杆之间的区别在于移动量幅度不同。我们在计算“最短行程”解时需要对移动量幅度进行加权，在这种情况下侧重于选择移动小连杆而不是移动大连杆；其次，如果存在障碍物约束的条件，“最短行程”解的求取可能会发生干涉或受到影响，最严重的甚至无法求解。例如，在图 3 - 16 中障碍物约束条件的存在意味着需要按照下部虚线所示的位形才能到达 B 点，解的个数相比无障碍物时将大为减少。解的个数取决于机械臂的关节数量，也与连杆 D-H 参数和关节运动范围、工作空间的变化有关。通常连杆的非零 D-H 参数越多，达到某一特定目标的方式，即关节可行解也越多。逆解个数取决于机器人关节数目、机器人的构型以及关节运动范围。决定机器人构型的 D-H 参数表中的非零值越多，关节可行解也就越多。例如，对于通用型六轴转动关节的机械臂来说，最多可以存在 16 组不同的解。

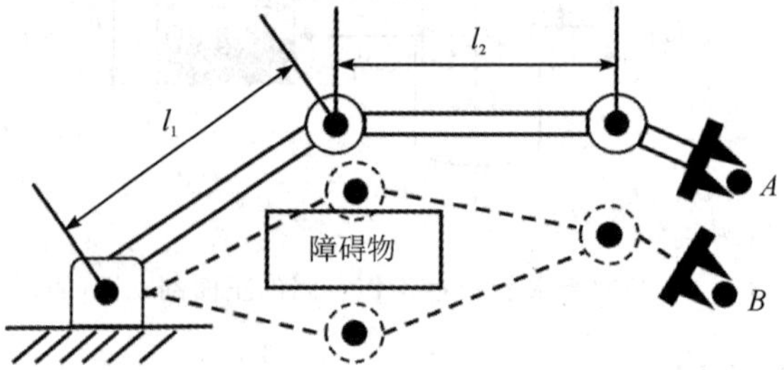

图 3 - 16　到达 B 点的两个位形解

3.2.3　逆运动学解法概述

通常要解决机械臂逆运动学问题往往涉及非线性方程组的求解方法。与线性方程组不同的是，非线性方程组缺乏通用的求解方法，需要根据实际情形设计求解算法。如果在目标点已知的前提下，设计出能够确定到达这个目标点的关节角变量的算法，那么操作臂就具备可解性。对于解的多重性问题，在求解过程中可以不必考虑具体的数值迭代过程，因为当前各种算法并不能保证遍历求出所有的解集。

针对机器人逆运动学问题的求解有多种方法，这些方法一般被分为两类：封闭解和数值迭代解。由于数值解法的迭代性质，因此，它一般要比相应的封闭解法的求解速度慢得多，而且更加耗时。如果从计算方法的效率、精度等要求出发来选择较好的解法，通常来说，封闭解解法往往比数值迭代解法更快、更省时，求解效率更高。因此，在设计操作臂时重要的问题是保证封闭解的存在性。当前大多数工业操作臂的虚拟设计已经使这个问题大大简化，从而能够顺利地得到封闭解。

封闭解又称为解析解，是基于解析形式的解法，需要给出解的具体函数形式。从解的表达式中就可以算出任何对应值，其求解精度较高，解的可控性强。封闭解的求解方法分为两类：代数法和几何法。在代数法中，我们可以通过机械臂的位形和相应的变换矩阵得出 D-H 参数表里的各个值；在几何解法中，为了得出操作臂的解，我们需要将操作表的空间几何参数转换到平面几何参数上去，用几何解法可以解许多操作表的运动学，而且求解过程相当直观。

【例 3.6】　请分析代数解法和几何解法两者之间的区别和联系，以及各自的特点。

解　关于代数解法和几何解法，二者之间的相同和不同点以及各自的特点如表 3 - 5 所示。

表 3-5　代数解法与几何解法对比

方法	代数解法	几何解法
共同点	都是在位形、末端相对于世界坐标系的变换矩阵和运动方程已知的情况下，求出机械臂各个关节的旋转角度或平移量的解	
不同点	通过解方程组的方式求取旋转角度或平移量	通过解析平面几何的知识求取旋转角度或平移量
特点	解的结果精确度高，能够判断解的存在性和多重性，可以遍历出多种可行解集	求解过程非常直观，容易理解，可以得出部分可行解集

3.2.4　代数解法

代数解法是在位形、末端相对于世界坐标系的变换矩阵和运动方程已知的情况下，通过解方程组的方式求出机械臂各个关节的旋转角度或者平移量。关于代数解法的运用，以下面例题来具体说明。

【例 3.7】　一个三连杆平面机械臂，其正视图结构如图 3-17 所示。通过该三连杆平面机械臂位形和对应的变换矩阵可以得出其 D-H 参数表，如表 3-6 所示。

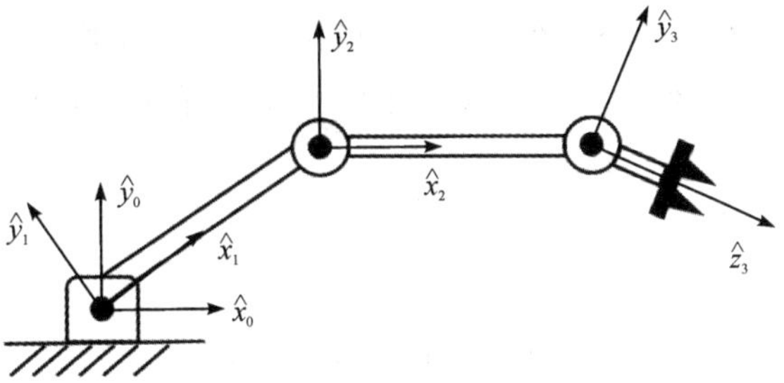

图 3-17　三连杆平面操作臂

表 3-6　三连杆平面机械臂的 D-H 参数表

i	α_{i-1}	a_{i-1}	d_i	θ_i
1	0	0	0	θ_1
2	0	L_1	0	θ_2
3	0	L_2	0	θ_3

解　根据 3.1.7 节中图 3-10 所示的机械臂运动方程建立步骤，从基座坐标系{0}到末端坐标系{3}的正向运动学矩阵表达式为

$$
{}^0_3\boldsymbol{T}={}^0_1\boldsymbol{T}{}^1_2\boldsymbol{T}{}^2_3\boldsymbol{T}=\begin{bmatrix} c_{123} & -s_{123} & 0 & l_1c_1+l_2c_{12} \\ s_{123} & c_{123} & 0 & l_1s_1+l_2s_{12} \\ 0 & 0 & 1 & 0 \\ 0 & 0 & 0 & 1 \end{bmatrix} \tag{3-23}
$$

其中，$c_1=\cos\theta_1$，$s_1=\sin\theta_1$，$c_{12}=\cos(\theta_1+\theta_2)$，$s_{12}=\sin(\theta_1+\theta_2)$，$c_{123}=\cos(\theta_1+\theta_2+\theta_3)$，

$s_{123}=\sin(\theta_1+\theta_2+\theta_3)$。接下来根据代数解法求出 θ_1、θ_2、θ_3 的角度值。

假设末端坐标系相对于基座坐标系的变换，即${}_3^0\boldsymbol{T}$ 已经完成，如式(3-24)所示，由此可知目标点的位置已经确定。由于研究的是平面机械臂，因此通过确定三个量 x，y 和 φ 很容易确定这些目标点的位置。其中，φ 是连杆 3 在平面内的方位角。因此，最好给出${}_3^0\boldsymbol{T}$ 目标点的确定位置，假定这个变换矩阵如式(3-24)所示：

$$
{}_3^0\boldsymbol{T}=\begin{bmatrix} c_\varphi & -s_\varphi & 0 & x \\ s_\varphi & c_\varphi & 0 & y \\ 0 & 0 & 1 & 0 \\ 0 & 0 & 0 & 1 \end{bmatrix} \tag{3-24}
$$

所有可达目标点均在式(3-24)描述的机械臂子空间内的情况下时，令式(3-23)与式(3-24)相等，设 $\varphi=\theta_1+\theta_2+\theta_3$，$\varphi\in[0, 360°]$，显然可以得出四个非线性方程联立起来的方程组，进而求出 θ_1、θ_2 和 θ_3。因此可以得到

$$
x^2+y^2=l_1^2+l_2^2+2l_1l_2c_2 \tag{3-25}
$$

由式(3-25)可以得到

$$
c_2=\frac{x^2+y^2-l_1^2-l_2^2}{2l_1l_2} \tag{3-26}
$$

θ_2 有解的前提条件是式(3-26)的值必须落在-1和 1 之间。在这个代数解法中，这个约束条件可用来检验解的值是否存在。如果约束条件不满足，则操作臂与目标点的距离太远，根本达不到目标位置。假设机械臂关节角度 θ_2 的解存在，目标点在可达工作空间内，那么 s_2 的表达式为

$$
s_2=\pm\sqrt{1-c_2^2} \tag{3-27}
$$

因此可以得到

$$
\theta_2=A\tan2(s_2, c_2) \tag{3-28}
$$

由于式(3-27)具备正负两种符号，对应在数值结果上是多解的。因此，在确定 θ_2 时，应当首先明确所需 θ_2 值的正负性，以此确定期望关节角 θ_2 的正弦和余弦的值，然后运用反正切公式，确保得出所有的解，且所求的解是落在所需的象限里。

在求出 θ_2 的情况下，可以进一步求出 θ_1。将 x 和 y 写成如下广义线性方程组的形式：

$$
\begin{cases} x=k_1c_1-k_2s_1 \\ y=k_1s_1+k_2c_1 \end{cases} \tag{3-29}
$$

其中，

$$
\begin{cases} k_1=l_1+l_2c_2 \\ k_2=l_2s_2 \end{cases} \tag{3-30}
$$

为了求解这种形式的方程，可进行极坐标代换，实际上就是改变已知常数 k_1 和 k_2 的形式，设 $r=\sqrt{k_1^2+k_2^2}$，$\gamma=A\tan2(k_2, k_1)$，则有：

$$
\begin{cases} k_1=r\cos\gamma \\ k_2=r\sin\gamma \end{cases} \tag{3-31}
$$

因此式(3-29)可以改写成：

$$\begin{cases}\dfrac{x}{r}=\cos\gamma\cos\theta_1-\sin\gamma\sin\theta_1=\cos(\gamma+\theta_1)\\[2ex]\dfrac{y}{r}=\cos\gamma\sin\theta_1+\sin\gamma\cos\theta_1=\sin(\gamma+\theta_1)\end{cases}\tag{3-32}$$

因此可以得到

$$\gamma+\theta_1=A\tan2\left(\frac{y}{r},\ \frac{x}{r}\right)=A\tan2(y,\ x)\tag{3-33}$$

$$\theta_1=A\tan2(y,\ x)-\gamma=A\tan2(y,\ x)-A\tan2(k_2,\ k_1)\tag{3-34}$$

由式(3-34)可以得到 θ_1。注意，θ_2 符号的选取将会导致 k_2 符号的变化，因此会影响到 θ_1 的值；同时，如果 $x=y=0$，则式(3-34)不确定，此时 θ_1 取任意值。

在 θ_1 和 θ_2 已知的情况下，根据 $\varphi=\theta_1+\theta_2+\theta_3$ 可以求出 θ_3。这种具备两个或两个以上连杆在平面内运动的操作臂的逆运动学求解问题是机器人学里比较典型的问题，在求解过程中能够得到关节角和 φ 的表达式。

总而言之，在运用代数方法求解运动学方程时，解的形式已经确定。然而在求解过程中可以看出，对于许多常见问题，经常会出现超越方程，超越方程又往往难以求解，即便只有一个变量(如 θ)，解也一般常以 $\sin\theta$ 和 $\cos\theta$ 的形式出现，难以确定合适的具体值。因此，针对超越方程问题，我们可通过式(3-35)进行换元变换，用单一变量 u 来替换表示：

$$\begin{cases}u=\tan\dfrac{\theta}{2}\\[2ex]\cos\theta=\dfrac{1-u^2}{1+u^2}\\[2ex]\sin\theta=\dfrac{2u}{1+u^2}\end{cases}\tag{3-35}$$

式(3-35)是在求解运动学方程中经常用到的一种非常关键的几何变换方法，把超越方程变换成关于 u 的多项式方程，从而运用换元方式方便地求解问题。

3.2.5 几何解法

为了降低求解机械臂关节参数的难度，使整个求解过程更加直观，几何方法从另一个求解角度出发，需要将操作臂的空间几何参数分解成为平面几何参数，把问题转换为平面几何求解问题，然后应用平面几何方法来求出关节角度。这种几何方法在求解众多机械臂的关节参数时(特别是当 $\alpha_1=0°$或$\pm90°$时)是相当直观、容易理解的，对结果的可解释性相当强。

【例 3.8】 在例 3.7 的题意上，针对图 3-17 所示的具有 3 个自由度的平面机械臂，请根据几何解法求出 θ_1、θ_2、θ_3 的角度值。

解 可以利用平面几何关系直接求解 3 个关节在满足要求时所需的角度。图 3-18 中给出了由连杆 l_1 和 l_2 及连接坐标系{0}的原点和坐标系{3}的原点的连线所组成的三角形。图 3-18 中虚线表示该三角形的另一种情形，同样能够达到坐标系{3}的位置。对于连杆 l_1 和 l_2 和实线围成的三角形，利用勾股定理和余弦定理可以求解出 θ_2：

$$x^2+y^2=l_1^2+l_2^2-2l_1l_2\cos(180°+\theta_2)=l_1^2+l_2^2+2l_1l_2c_2\tag{3-36}$$

$$c_2 = \frac{x^2 + y^2 - l_1^2 - l_2^2}{2l_1 l_2} \tag{3-37}$$

根据三角形的几何性质，到目标点的距离$\sqrt{x^2+y^2}$必须小于或等于两个连杆的长度之和 l_1+l_2。因此，可以对上述条件进行验证，判断该解是否符合要求且是存在的。当目标点超出操作臂的运动范围时，这个条件不能满足。假设解符合要求且是存在的，那么由该方程所解得的 θ_2 的角度应在$-180°\sim0°$范围内，使得图 3-16 中的三角形三边条件成立。另一个可能的解(即与上述三角形关于实线轴对称所示的三角形)可以通过平面几何对称关系：$\theta'_2=-\theta_2$ 得到。

在 θ_2 已知后，为了求解出 θ_1，需要建立图 3-18 所示的 ϕ 和β 角的表达式。

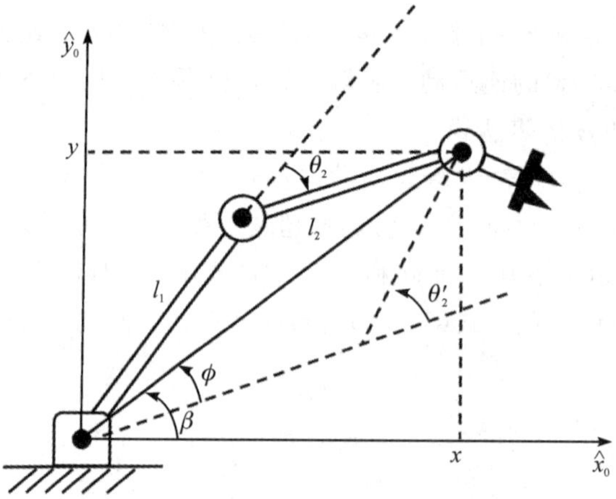

图 3-18　三连杆平面操作臂的平面几何关系

首先，β 可以位于任意象限，这是由 x 和 y 的符号决定的。为此应用反正切公式可得

$$\beta = A\tan2(y,\ x) \tag{3-38}$$

再运用余弦定理可得

$$\cos\phi = \frac{x^2 + y^2 + l_1^2 - l_2^2}{2l_1\sqrt{x^2+y^2}} \tag{3-39}$$

其中，当 $0<\phi<180°$时，使得式(3-39)的几何关系成立。在利用几何法求解时，必须在变量规定的有效范围内运用这些公式才能保证满足几何关系，得出符合要求的角度解。因此有：

$$\theta_1 = \beta \pm \phi \tag{3-40}$$

其中，当 $\theta_2<0°$时取加号；反之，当 $\theta_2>0°$时 θ_1 取减号。

随后根据 $\phi=(\theta_1+\theta_2+\theta_3)\in[0,\ 360°]$可以解出 θ_3，由此得到这个三自由度操作臂的全部关节角度解。

3.2.6　三轴相交的 Pieper 解法

对于六自由度的机器人来说，逆运动学求解非常复杂，一般不具备封闭解。在应用 D-H 方法建立运动学方程的基础上，经过一定的解析计算后可以发现，在无任何障碍物约束的条件下，即便该六自由度机械臂存在有限的工作空间，由于关节数量众多，未知解较多，整个求解的方程组可能处于欠定的状态，因此理论上各个关节角解的集合往往有无穷多个，不能得到有效的封闭解。机器人运动学中的 Pieper 准则是：机械臂的三个相邻关节轴交于一点或三轴线平行。因此，Pieper 方法就是在这种多解问题上进行研究，如果发现机器人可以满足两个充分条件中的任何一个，就会得到封闭解，这两个条件分别是：

(1) 三个相邻关节轴相交于一点。

(2) 三个相邻关节轴相互平行(在无限远处交于一点)。

Pieper 方法本质上也是一种代数解法。下面以六自由度转动关节机器人最后三根轴交于一点，即条件(1)的情况为例。根据 D-H 参数坐标系建立的方法，在条件(1)所述的情况下杆件坐标系{4}、{5}、{6}的原点将位于三根轴线的交汇点，该交汇点在机器人基座坐标系中的齐次坐标可表示为

$$ {}^{0}\boldsymbol{P}_{4}={}_{1}^{0}\boldsymbol{T}_{2}^{1}\boldsymbol{T}_{3}^{2}\boldsymbol{T}^{3}\boldsymbol{P}_{4}=[x \quad y \quad z \quad 1]^{\mathrm{T}} \tag{3-41}$$

或者根据相邻杆件坐标系之间的变换关系：

$$ {}_{i}^{i-1}\boldsymbol{T}=\begin{bmatrix} \cos\theta_i & -\sin\theta_i & 0 & a_{i-1} \\ \sin\theta_i\cos\alpha_{i-1} & \cos\theta_i\cos\alpha_{i-1} & -\sin\alpha_{i-1} & -\sin\alpha_{i-1}d_i \\ \sin\theta_i\sin\alpha_{i-1} & \cos\theta_i\sin\alpha_{i-1} & \cos\alpha_{i-1} & \cos\alpha_{i-1}d_i \\ 0 & 0 & 0 & 1 \end{bmatrix} \tag{3-42}$$

可以得到

$$ {}^{0}\boldsymbol{P}_{4}={}_{1}^{0}\boldsymbol{T}_{2}^{1}\boldsymbol{T}_{3}^{2}\boldsymbol{T}[a_3 \quad -d_4\sin\alpha_3 \quad d_4\cos\alpha_3 \quad 1]^{\mathrm{T}} \tag{3-43}$$

进一步得到

$$ {}^{0}\boldsymbol{P}_{4}={}_{1}^{0}\boldsymbol{T}_{2}^{1}\boldsymbol{T}[f_1(\theta_3) \quad f_2(\theta_3) \quad f_3(\theta_3) \quad 1]^{\mathrm{T}}={}_{1}^{0}\boldsymbol{T}_{2}^{1}\boldsymbol{T}[f_1 \quad f_2 \quad f_3 \quad 1]^{\mathrm{T}} \tag{3-44}$$

将 参数带入${}_{i}^{i-1}\boldsymbol{T}$ 矩阵得到${}_{3}^{2}\boldsymbol{T}$，可以列出 f_1、f_2、f_3 的表达式

$$\begin{cases} f_1=a_3\cos\theta_3+d_4\sin\alpha_3\sin\theta_3+a_2 \\ f_2=a_3\cos\alpha_2\sin\theta_3-d_4\sin\alpha_3\cos\alpha_2\cos\theta_3-d_4\sin\alpha_2\cos\alpha_3-d_3\sin\alpha_2 \\ f_3=a_3\sin\alpha_2\sin\theta_3-d_4\sin\alpha_3\sin\alpha_2\cos\theta_3+d_4\cos\alpha_2\cos\alpha_3+d_3\cos\alpha_2 \end{cases} \tag{3-45}$$

再根据${}_{1}^{0}\boldsymbol{T}$ 和${}_{2}^{1}\boldsymbol{T}$ 可以得到

$$ {}^{0}\boldsymbol{P}_{4}=[\cos\theta_1 g_1-\sin\theta_1 g_2 \quad \sin\theta_1 g_1+\cos\theta_1 g_2 \quad g_3 \quad 1]^{\mathrm{T}} \tag{3-46}$$

其中：

$$\begin{cases} g_1=\cos\theta_2 f_1-\sin\theta_2 f_2+a_1 \\ g_2=\sin\theta_2\cos\alpha_1 f_1+\cos\theta_2\cos\alpha_1 f_2-\sin\alpha_1 f_3-d_2\sin\alpha_1 \\ g_3=\sin\theta_2\sin\alpha_1 f_1+\cos\theta_2\sin\alpha_1 f_2+\cos\alpha_1 f_3+d_2\cos\alpha_1 \end{cases} \tag{3-47}$$

接下来计算${}^{0}\boldsymbol{P}_{4}$ 坐标的平方和

$$ r=x^2+y^2+z^2=g_1^2+g_2^2+g_3^2 \tag{3-48}$$

将式(3-47)代入式(3-48)得

$$ r=f_1^2+f_2^2+f_3^2+a_1^2+d_2^2+2d_2f_3+2a_1(\cos\theta_2 f_1-\sin\theta_2 f_2) \tag{3-49}$$

再接着进行变量替换消除对关节转角 θ_1 的依赖，令

$$\begin{cases} r=2(k_1\cos\theta_2+k_2\sin\theta_2)a_1+k_3 \\ z=(k_1\sin\theta_2-k_2\cos\theta_2)\sin\alpha_1+k_4 \end{cases} \tag{3-50}$$

其中：

$$
\begin{cases}
k_1 = f_1 \\
k_2 = -f_2 \\
k_3 = f_1^2 + f_2^2 + f_3^2 + a_1^2 + d_2^2 + 2d_2 f_3 \\
k_4 = f_3 \cos\alpha_1 + d_2 \cos\alpha_1
\end{cases}
\tag{3-51}
$$

下面考虑根据式(3-51)求解 θ_3，可以分下面3种情况：

(1) 如果 $a_1=0$，则 $r=k_3$，由于 r 是已知量，等式右边的 k_3 是 θ_3 的函数。用三角函数万能公式进行变量替换后可求解 θ_3。

(2) 如果 $\sin\alpha_1=0$，则 $z=k_4$，由于 z 已知，进行变量替换后可求出 θ_3。

(3) 如果情况(1)、(2)不成立，则从式(3-50)中消除 $\sin\theta_2$ 和 $\cos\theta_2$，得到

$$
\frac{(r-k_3)^2}{4a_1^2} + \frac{(r-k_3)^2}{(\sin\alpha_1)^2} = k_1^2 + k_2^2 \tag{3-52}
$$

对式(3-52)进行变量替换后可求解 θ_3，之后可根据式(3-50)求解 θ_2，根据式(3-46)求解 θ_1。

最后还需要求解 θ_4、θ_5、θ_6。由于根据条件(1)，机械臂最后三个关节的轴线交汇于一点，转角的大小势必会影响末端的姿态，因此可以从代表末端姿态的旋转矩阵 ${}_6^0\boldsymbol{R}$ 中同时求解出 θ_4、θ_5、θ_6。在之前求解得到 θ_1、θ_2、θ_3 后我们可以计算出矩阵 ${}_4^0\boldsymbol{R}|_{\theta_4=0}$，这表示 $\theta_4=0$ 时杆件坐标系{4}相对于基座坐标系的姿态。从坐标系{4}到末端坐标系{6}的姿态变化可以由最后三根轴决定，用矩阵变换的形式表示如下：

$$
{}_6^4\boldsymbol{R}\,|_{\theta_4=0} = {}_6^0\boldsymbol{R}^{-1}\,|_{\theta_4=0} \cdot {}_6^0\boldsymbol{R} \tag{3-53}
$$

因此，在已知 ${}_4^6\boldsymbol{R}|_{\theta_4=0}$ 后，最后三个关节转角 θ_4、θ_5、θ_6 可根据欧拉角与旋转矩阵之间的关系计算后求取出来。

3.3 机械臂微分运动与雅可比矩阵

在本节中，机械臂微分运动描述了整个机械臂机构微小运动。由于速度是位移关于时间的微分，如果能够在一个微小的时间段内测量机械臂的运动情况，就能得到运动速度。因此可以用这种微小运动来反映机器人不同关节之间的速度关系。在实际测量过程中，通常用摄像装备来观察机械臂末端执行装置的运动情况，此时需要结合坐标系转换，把对一个坐标系的微分变化变换为对于另一坐标系的微分变化，例如如果把摄像装备代表的坐标系建立在末端上，则需要变换到世界坐标系上。因此微分关系对于研究整个机械臂的动力学问题起到十分重要的作用。

在研究机械臂微分运动中，雅可比矩阵表示机械臂操作空间速度与关节空间速度间的线性映射关系，也表示从关节空间向操作空间运动速度的传动比。当雅可比矩阵的行列式为0时，所代表的机器人位姿称为机器人的奇异位姿。雅可比矩阵为方阵时才有行列式值，由于三维空间中仅有6个自由度，因此这个定义实际上仅针对六自由度机器人(在3.3.3和3.3.4节中将会作具体分析)。对于其他构型的机器人，令机器人的雅可比矩阵既不行满秩也不列满秩的位置被称为机器人的奇异位姿。总而言之，雅可比矩阵是定量描述机械臂微分运动情形的一种数学模型，可以进一步了解机械臂的动态工作性能。

3.3.1 微分平移和微分旋转

机械臂的微分运动依据关节类型可以分为微分平移和微分旋转两大类。微分平移和微分旋转在末端位姿变换矩阵相同的情况下，都既可以用基座坐标系也可以用给定的坐标系来表示。机械臂末端微分运动情形如图 3-19 所示，这里只显示末端机构：

1. 基座坐标系{*W*}下表示微分变换

如图 3-19 所示，基座坐标系{*W*}下的微分变换，是相对于基座坐标系的微小平移或者旋转运动从而导致机械臂末端执行器的位姿发生的变化。设末端位姿变换矩阵为 $\boldsymbol{T}$(用 3.1.5 节中手爪运动位姿表示)，则

$$\boldsymbol{T}+\mathrm{d}\boldsymbol{T}=\mathrm{trans}(d_x,\ d_y,\ d_z)\,\mathrm{Rot}(F,\ \mathrm{d}\theta)\,\boldsymbol{T} \tag{3-54}$$

其中，$\mathrm{trans}(d_x,\ d_y,\ d_z)$表示在基座坐标系下微分平移 $\boldsymbol{D}=[d_x,\ d_y,\ d_z]^{\mathrm{T}}$ 的变换，如式(3-55)所示。

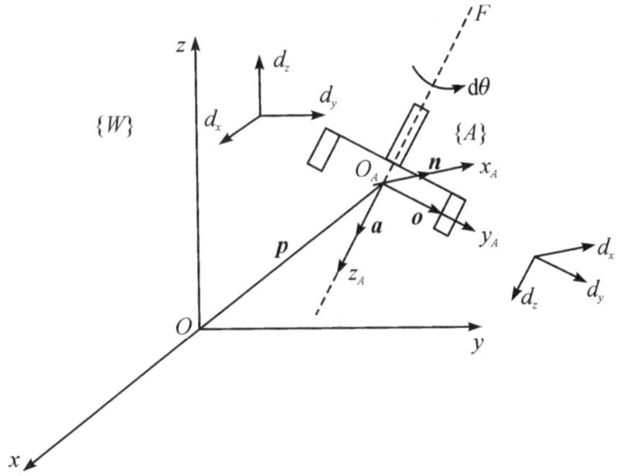

图 3-19 机械臂末端机构微分变换的示意图

$$\mathrm{trans}(d_x,\ d_y,\ d_z)=\begin{bmatrix}1&0&0&d_x\\0&1&0&d_y\\0&0&1&d_z\\0&0&0&1\end{bmatrix} \tag{3-55}$$

$\mathrm{Rot}(F,\ \mathrm{d}\theta)$表示绕矢量 $\boldsymbol{F}=[f_x,\ f_y,\ f_z]^{\mathrm{T}}$ 的微分旋转 $\mathrm{d}\theta$ 的变换，有

$$\mathrm{Rot}(F,\ \mathrm{d}\theta)=\begin{bmatrix}f_xf_x\mathrm{vers}\theta+\cos\theta & f_yf_x\mathrm{vers}\theta-f_z\sin\theta & f_zf_x\mathrm{vers}\theta+f_y\sin\theta & 0\\ f_xf_y\mathrm{vers}\theta+f_z\sin\theta & f_yf_y\mathrm{vers}\theta+\cos\theta & f_zf_y\mathrm{vers}\theta-f_x\sin\theta & 0\\ f_xf_z\mathrm{vers}\theta-f_y\sin\theta & f_yf_z\mathrm{vers}\theta+f_x\sin\theta & f_zf_z\mathrm{vers}\theta+\cos\theta & 0\\ 0&0&0&1\end{bmatrix} \tag{3-56}$$

由式(3-54)可以推出：

$$\mathrm{d}\boldsymbol{T}=(\mathrm{trans}(d_x,\ d_y,\ d_z)\,\mathrm{Rot}(F,\ \mathrm{d}\theta)-\boldsymbol{I})\,\boldsymbol{T} \tag{3-57}$$

其中，$\boldsymbol{I}$ 表示单位矩阵。

2. 末端坐标系{A}的微分变换

同理，如图 3-19 所示，末端坐标系{A}的微分变换是相对于末端坐标系{A}的微小运动导致的机械臂末端位姿发生的变化：

$$\boldsymbol{T}+\mathrm{d}\boldsymbol{T}=\boldsymbol{T}\ \mathrm{trans}(d_x, d_y, d_z)\mathrm{Rot}(F, \mathrm{d}\theta) \tag{3-58}$$

其中，$\mathrm{trans}(d_x, d_y, d_z)$表示在基坐标系下微分平移$\boldsymbol{D}=[d_x, d_y, d_z]^{\mathrm{T}}$的变换，$\mathrm{Rot}(F, \mathrm{d}\theta)$表示绕矢量$\boldsymbol{F}=[f_x, f_y, f_z]^{\mathrm{T}}$的微分旋转$\mathrm{d}\theta$的变换。由式(3-58)可以推出：

$$\mathrm{d}\boldsymbol{T}=\boldsymbol{T}(\mathrm{trans}(d_x, d_y, d_z)\mathrm{Rot}(F, \mathrm{d}\theta)-\boldsymbol{I}) \tag{3-59}$$

式(3-57)和(3-59)中有一共同的项$(\mathrm{trans}(d_x, d_y, d_z)\mathrm{Rot}(F, \mathrm{d}\theta)-\boldsymbol{I})$。当微分运动是相对于基座坐标系{$W$}进行时，规定这一共同的项为${}^{W}\boldsymbol{\Delta}$；而当微分运动是相对于末端坐标系{$A$}进行时，记为${}^{A}\boldsymbol{\Delta}$。于是，当对基座坐标系进行微分变化时$\mathrm{d}\boldsymbol{T}={}^{W}\Delta\boldsymbol{T}$；而当对坐标系{$A$}进行微分变化时$\mathrm{d}\boldsymbol{T}=\boldsymbol{T}{}^{A}\boldsymbol{\Delta}$。

对于微分变化$\mathrm{d}\theta$，其相应的正弦函数、余弦函数和正矢函数为

$$\begin{cases}\lim\limits_{\theta\to 0}\sin\theta=\mathrm{d}\theta\\ \lim\limits_{\theta\to 0}\cos\theta=1\\ \lim\limits_{\theta\to 0}\mathrm{vers}\theta=\lim\limits_{\theta\to 0}(1-\cos\theta)=0\end{cases} \tag{3-60}$$

把式(3-60)代入式(3-56)，可把微分旋转齐次变换表示为

$$\mathrm{Rot}(F, \mathrm{d}\theta)=\begin{bmatrix}1 & -f_z\mathrm{d}\theta & f_y\mathrm{d}\theta & 0\\ f_z\mathrm{d}\theta & 1 & -f_x\mathrm{d}\theta & 0\\ -f_y\mathrm{d}\theta & f_x\mathrm{d}\theta & 1 & 0\\ 0 & 0 & 0 & 1\end{bmatrix} \tag{3-61}$$

代入$\boldsymbol{\Delta}$可得

$$\boldsymbol{\Delta}=\begin{bmatrix}0 & -f_z\mathrm{d}\theta & f_y\mathrm{d}\theta & d_x\\ f_z\mathrm{d}\theta & 0 & -f_x\mathrm{d}\theta & d_y\\ -f_y\mathrm{d}\theta & f_x\mathrm{d}\theta & 0 & d_z\\ 0 & 0 & 0 & 0\end{bmatrix} \tag{3-62}$$

设绕矢量$\boldsymbol{F}$的微分旋转$\mathrm{d}\theta$等价于分别绕三个轴x、y和z的微分旋转量为$\boldsymbol{\delta}=[\delta_x, \delta_y, \delta_z]^{\mathrm{T}}$，即$f_x\mathrm{d}\theta=\delta_x$，$f_y\mathrm{d}\theta=\delta_y$，$f_z\mathrm{d}\theta=\delta_z$。代入${}^{W}\boldsymbol{\Delta}$得

$${}^{W}\boldsymbol{\Delta}=\begin{bmatrix}0 & -{}^{W}\delta_z & {}^{W}\delta_y & {}^{W}d_x\\ {}^{W}\delta_z & 0 & -{}^{W}\delta_x & {}^{W}d_y\\ -{}^{W}\delta_y & {}^{W}\delta_x & 0 & {}^{W}d_z\\ 0 & 0 & 0 & 0\end{bmatrix} \tag{3-63}$$

类似地，可得${}^{A}\boldsymbol{\Delta}$的表达式为

$${}^{A}\boldsymbol{\Delta}=\begin{bmatrix}0 & -{}^{A}\delta_z & {}^{A}\delta_y & {}^{A}d_x\\ {}^{A}\delta_z & 0 & -{}^{A}\delta_x & {}^{A}d_y\\ -{}^{A}\delta_y & {}^{A}\delta_x & 0 & {}^{A}d_z\\ 0 & 0 & 0 & 0\end{bmatrix} \tag{3-64}$$

于是，可把微分平移和旋转变换看成是由微分平移矢量 $\boldsymbol{D}$ 和微分旋转矢量 $\boldsymbol{\delta}$ 构成的。在这里用列矢量 $[\boldsymbol{D} \quad \boldsymbol{\delta}]^{\mathrm{T}}$ 来涵盖上述两矢量，$[\boldsymbol{D} \quad \boldsymbol{\delta}]^{\mathrm{T}}$ 称为刚体或坐标系的微分运动矢量：

$$[\boldsymbol{D} \quad \boldsymbol{\delta}]^{\mathrm{T}}=[d_x \quad d_y \quad d_z \quad \delta_x \quad \delta_y \quad \delta_z]^{\mathrm{T}} \tag{3-65}$$

式(3-65)在基座坐标系$\{W\}$和末端坐标系$\{A\}$下均适用。

3.3.2 微分运动的等价变换

要想求出某一个机械臂的雅可比矩阵，就需要把一个坐标系内的位置和姿态的微小变化变换为另一坐标系内的等效表达式，这是微分运动的等价变换过程。

根据微分定义表达式，当 $\mathrm{d}\boldsymbol{T}={}^{W}\boldsymbol{\Delta T}$、$\mathrm{d}\boldsymbol{T}=\boldsymbol{T}{}^{A}\boldsymbol{\Delta}$、基座坐标系$\{W\}$与末端坐标系$\{A\}$等价时，${}^{W}\boldsymbol{\Delta T}=\boldsymbol{T}{}^{A}\boldsymbol{\Delta}$，经过变换后可得 $\boldsymbol{T}^{-1}{}^{W}\boldsymbol{\Delta T}={}^{A}\boldsymbol{\Delta}$，又根据式(3-10)可得

$$
{}^{W}\boldsymbol{\Delta}\,\boldsymbol{T}=\begin{bmatrix} 0 & -{}^{W}\delta_z & {}^{W}\delta_y & {}^{W}d_x \\ {}^{W}\delta_z & 0 & -{}^{W}\delta_x & {}^{W}d_y \\ -{}^{W}\delta_y & {}^{W}\delta_x & 0 & {}^{W}d_z \\ 0 & 0 & 0 & 0 \end{bmatrix}\begin{bmatrix} n_x & o_x & a_x & p_x \\ n_y & o_y & a_y & p_y \\ n_z & o_z & a_z & p_z \\ 0 & 0 & 0 & 1 \end{bmatrix}
$$

$$
=\begin{bmatrix} ({}^{W}\boldsymbol{\delta}\times\boldsymbol{n})_x & ({}^{W}\boldsymbol{\delta}\times\boldsymbol{o})_x & ({}^{W}\boldsymbol{\delta}\times\boldsymbol{a})_x & ({}^{W}\boldsymbol{\delta}\times\boldsymbol{p}+{}^{W}\boldsymbol{D})_x \\ ({}^{W}\boldsymbol{\delta}\times\boldsymbol{n})_y & ({}^{W}\boldsymbol{\delta}\times\boldsymbol{o})_y & ({}^{W}\boldsymbol{\delta}\times\boldsymbol{a})_y & ({}^{W}\boldsymbol{\delta}\times\boldsymbol{p}+{}^{W}\boldsymbol{D})_y \\ ({}^{W}\boldsymbol{\delta}\times\boldsymbol{n})_z & ({}^{W}\boldsymbol{\delta}\times\boldsymbol{o})_z & ({}^{W}\boldsymbol{\delta}\times\boldsymbol{a})_z & ({}^{W}\boldsymbol{\delta}\times\boldsymbol{p}+{}^{W}\boldsymbol{D})_z \\ 0 & 0 & 0 & 0 \end{bmatrix} \tag{3-66}
$$

所以

$$
\boldsymbol{T}^{-1}{}^{W}\boldsymbol{\Delta}\,\boldsymbol{T}=\begin{bmatrix} n_x & n_y & n_z & -\boldsymbol{p}\cdot\boldsymbol{n} \\ o_x & o_y & o_z & -\boldsymbol{p}\cdot\boldsymbol{o} \\ a_x & o_y & a_z & -\boldsymbol{p}\cdot\boldsymbol{a} \\ 0 & 0 & 0 & 1 \end{bmatrix}\begin{bmatrix} ({}^{W}\boldsymbol{\delta}\times\boldsymbol{n})_x & ({}^{W}\boldsymbol{\delta}\times\boldsymbol{o})_x & ({}^{W}\boldsymbol{\delta}\times\boldsymbol{a})_x & ({}^{W}\boldsymbol{\delta}\times\boldsymbol{p}+{}^{W}\boldsymbol{D})_x \\ ({}^{W}\boldsymbol{\delta}\times\boldsymbol{n})_y & ({}^{W}\boldsymbol{\delta}\times\boldsymbol{o})_y & ({}^{W}\boldsymbol{\delta}\times\boldsymbol{a})_y & ({}^{W}\boldsymbol{\delta}\times\boldsymbol{p}+{}^{W}\boldsymbol{D})_y \\ ({}^{W}\boldsymbol{\delta}\times\boldsymbol{n})_z & ({}^{W}\boldsymbol{\delta}\times\boldsymbol{o})_z & ({}^{W}\boldsymbol{\delta}\times\boldsymbol{a})_z & ({}^{W}\boldsymbol{\delta}\times\boldsymbol{p}+{}^{W}\boldsymbol{D})_z \\ 0 & 0 & 0 & 0 \end{bmatrix}
$$

$$
=\begin{bmatrix} \boldsymbol{n}\cdot({}^{W}\boldsymbol{\delta}\times\boldsymbol{n}) & \boldsymbol{n}\cdot({}^{W}\boldsymbol{\delta}\times\boldsymbol{o}) & \boldsymbol{n}\cdot({}^{W}\boldsymbol{\delta}\times\boldsymbol{a}) & \boldsymbol{n}\cdot({}^{W}\boldsymbol{\delta}\times\boldsymbol{p}+{}^{W}\boldsymbol{D}) \\ \boldsymbol{o}\cdot({}^{W}\boldsymbol{\delta}\times\boldsymbol{n}) & \boldsymbol{o}\cdot({}^{W}\boldsymbol{\delta}\times\boldsymbol{o}) & \boldsymbol{o}\cdot({}^{W}\boldsymbol{\delta}\times\boldsymbol{a}) & \boldsymbol{o}\cdot({}^{W}\boldsymbol{\delta}\times\boldsymbol{p}+{}^{W}\boldsymbol{D}) \\ \boldsymbol{a}\cdot({}^{W}\boldsymbol{\delta}\times\boldsymbol{n}) & \boldsymbol{a}\cdot({}^{W}\boldsymbol{\delta}\times\boldsymbol{o}) & \boldsymbol{a}\cdot({}^{W}\boldsymbol{\delta}\times\boldsymbol{a}) & \boldsymbol{a}\cdot({}^{W}\boldsymbol{\delta}\times\boldsymbol{p}+{}^{W}\boldsymbol{D}) \\ 0 & 0 & 0 & 0 \end{bmatrix} \tag{3-67}
$$

根据公式 $\boldsymbol{a}\cdot(\boldsymbol{b}\times\boldsymbol{c})=\boldsymbol{b}\cdot(\boldsymbol{c}\times\boldsymbol{a})$，$\boldsymbol{a}\cdot(\boldsymbol{a}\times\boldsymbol{c})=0$，式(3-67)可进一步改写成

$$
{}^{A}\boldsymbol{\Delta}=\boldsymbol{T}^{-1}{}^{W}\boldsymbol{\Delta}\,\boldsymbol{T}
$$

$$
=\begin{bmatrix} 0 & {}^{W}\boldsymbol{\delta}\cdot(\boldsymbol{o}\times\boldsymbol{n}) & {}^{W}\boldsymbol{\delta}\cdot(\boldsymbol{a}\times\boldsymbol{n}) & {}^{W}\boldsymbol{\delta}\cdot(\boldsymbol{p}\times\boldsymbol{n})+{}^{W}\boldsymbol{D}\cdot\boldsymbol{n} \\ {}^{W}\boldsymbol{\delta}\cdot(\boldsymbol{n}\times\boldsymbol{o}) & 0 & {}^{W}\boldsymbol{\delta}\cdot(\boldsymbol{a}\times\boldsymbol{o}) & {}^{W}\boldsymbol{\delta}\cdot(\boldsymbol{p}\times\boldsymbol{o})+{}^{W}\boldsymbol{D}\cdot\boldsymbol{o} \\ {}^{W}\boldsymbol{\delta}\cdot(\boldsymbol{n}\times\boldsymbol{a}) & {}^{W}\boldsymbol{\delta}\cdot(\boldsymbol{o}\times\boldsymbol{a}) & 0 & {}^{W}\boldsymbol{\delta}\cdot(\boldsymbol{p}\times\boldsymbol{a})+{}^{W}\boldsymbol{D}\cdot\boldsymbol{a} \\ 0 & 0 & 0 & 0 \end{bmatrix}
$$

$$
=\begin{bmatrix} 0 & -{}^{W}\boldsymbol{\delta}\cdot\boldsymbol{a} & {}^{W}\boldsymbol{\delta}\cdot\boldsymbol{o} & {}^{W}\boldsymbol{\delta}\cdot(\boldsymbol{p}\times\boldsymbol{n})+{}^{W}\boldsymbol{D}\cdot\boldsymbol{n} \\ {}^{W}\boldsymbol{\delta}\cdot\boldsymbol{a} & 0 & -{}^{W}\boldsymbol{\delta}\cdot\boldsymbol{n} & {}^{W}\boldsymbol{\delta}\cdot(\boldsymbol{p}\times\boldsymbol{o})+{}^{W}\boldsymbol{D}\cdot\boldsymbol{o} \\ -{}^{W}\boldsymbol{\delta}\cdot\boldsymbol{o} & {}^{W}\boldsymbol{\delta}\cdot\boldsymbol{n} & 0 & {}^{W}\boldsymbol{\delta}\cdot(\boldsymbol{p}\times\boldsymbol{a})+{}^{W}\boldsymbol{D}\cdot\boldsymbol{a} \\ 0 & 0 & 0 & 0 \end{bmatrix} \tag{3-68}
$$

又因为$^A\boldsymbol{\Delta}$是由式(3-64)所决定的，所以根据对应元素相等可得

$$\begin{cases} {}^A d_x = {}^W\boldsymbol{\delta} \cdot (\boldsymbol{p} \times \boldsymbol{n}) + {}^W\boldsymbol{D} \cdot \boldsymbol{n} \\ {}^A d_y = {}^W\boldsymbol{\delta} \cdot (\boldsymbol{p} \times \boldsymbol{o}) + {}^W\boldsymbol{D} \cdot \boldsymbol{o} \\ {}^A d_z = {}^W\boldsymbol{\delta} \cdot (\boldsymbol{p} \times \boldsymbol{a}) + {}^W\boldsymbol{D} \cdot \boldsymbol{a} \end{cases} \tag{3-69}$$

$$\begin{cases} {}^A\boldsymbol{\delta}_x = {}^W\boldsymbol{\delta} \cdot \boldsymbol{n} \\ {}^A\boldsymbol{\delta}_y = {}^W\boldsymbol{\delta} \cdot \boldsymbol{o} \\ {}^A\boldsymbol{\delta}_z = {}^W\boldsymbol{\delta} \cdot \boldsymbol{a} \end{cases} \tag{3-70}$$

故得到微分运动矢量$^A[\boldsymbol{D} \quad \boldsymbol{\delta}]^{\mathrm{T}}$与$^W[\boldsymbol{D} \quad \boldsymbol{\delta}]^{\mathrm{T}}$之间的关系如下：

$$\begin{bmatrix} {}^A d_x \\ {}^A d_y \\ {}^A d_z \\ {}^A\delta_x \\ {}^A\delta_y \\ {}^A\delta_z \end{bmatrix} = \begin{bmatrix} n_x & n_y & n_z & (\boldsymbol{p}\times\boldsymbol{n})_x & (\boldsymbol{p}\times\boldsymbol{n})_y & (\boldsymbol{p}\times\boldsymbol{n})_z \\ o_x & o_y & o_z & (\boldsymbol{p}\times\boldsymbol{o})_x & (\boldsymbol{p}\times\boldsymbol{o})_y & (\boldsymbol{p}\times\boldsymbol{o})_z \\ a_x & a_y & a_z & (\boldsymbol{p}\times\boldsymbol{a})_x & (\boldsymbol{p}\times\boldsymbol{a})_y & (\boldsymbol{p}\times\boldsymbol{a})_z \\ 0 & 0 & 0 & n_x & n_y & n_z \\ 0 & 0 & 0 & o_x & o_y & o_z \\ 0 & 0 & 0 & a_x & a_y & a_z \end{bmatrix} \begin{bmatrix} {}^W d_x \\ {}^W d_y \\ {}^W d_z \\ {}^W\delta_x \\ {}^W\delta_y \\ {}^W\delta_z \end{bmatrix} \tag{3-71}$$

即

$$\begin{bmatrix} {}^A\boldsymbol{D} \\ {}^A\boldsymbol{\delta} \end{bmatrix} = \begin{bmatrix} \boldsymbol{R}^{\mathrm{T}} & -\boldsymbol{R}^{\mathrm{T}}\boldsymbol{S}(p) \\ \boldsymbol{0} & \boldsymbol{R}^{\mathrm{T}} \end{bmatrix} \begin{bmatrix} {}^W\boldsymbol{D} \\ {}^W\boldsymbol{\delta} \end{bmatrix} \tag{3-72}$$

其中，$\boldsymbol{R}$是旋转矩阵。对于任何三维向量$\boldsymbol{p} = [p_x \quad p_y \quad p_z]^{\mathrm{T}}$，其反对称矩阵$\boldsymbol{S}(p)$的定义为

$$\boldsymbol{S}(p) = \begin{bmatrix} 0 & -p_z & p_y \\ p_z & 0 & -p_x \\ -p_y & p_x & 0 \end{bmatrix} \tag{3-73}$$

【例 3.9】 已知变换矩阵

$${}^A_B\boldsymbol{T} = \begin{bmatrix} 0.5 & -0.866 & 0 & 3 \\ 0.866 & 0.5 & 0 & 2 \\ 0 & 0 & 1 & 5 \\ 0 & 0 & 0 & 1 \end{bmatrix} \tag{3-74}$$

设坐标系$\{A\}$的原点的速度矢量是

$${}^A\boldsymbol{V} = [1.0 \quad -2.0 \quad 4.0 \quad 1.732 \quad 0.0 \quad 0.707]^{\mathrm{T}} \tag{3-75}$$

请求出以坐标系$\{B\}$的原点为参考点的速度矢量$^B\boldsymbol{V}$。

由$^B\boldsymbol{V} = \begin{bmatrix} {}^A_B\boldsymbol{R}^{\mathrm{T}} & -{}^A_B\boldsymbol{R}^{\mathrm{T}}\boldsymbol{S}(p) \\ \boldsymbol{0} & {}^A_B\boldsymbol{R}^{\mathrm{T}} \end{bmatrix} {}^A\boldsymbol{V}$，$\boldsymbol{S}(p) = \begin{bmatrix} 0 & -p_z & p_y \\ p_z & 0 & -p_x \\ -p_y & p_x & 0 \end{bmatrix}$可得

$$-{}^A_B\boldsymbol{R}^{\mathrm{T}}\boldsymbol{S}(p) = -\begin{bmatrix} 0.5 & 0.866 & 0 \\ -0.866 & 0.5 & 0 \\ 0 & 0 & 1 \end{bmatrix} \begin{bmatrix} 0 & -5 & 2 \\ 5 & 0 & -3 \\ -2 & 3 & 0 \end{bmatrix}$$

$$
= \begin{bmatrix} -4.33 & 2.5 & 1.598 \\ -2.5 & -4.33 & 3.232 \\ 2.0 & -3.0 & 0 \end{bmatrix} \tag{3-76}
$$

因此

$$
{}^{B}\boldsymbol{V} = \begin{bmatrix} 0.5 & 0.866 & 0 & -4.33 & 2.5 & 1.598 \\ -0.866 & 0.5 & 0 & -2.5 & -4.33 & 3.232 \\ 0 & 0 & 1 & 2.0 & -3.0 & 0 \\ 0 & 0 & 0 & 0.5 & 0.866 & 0 \\ 0 & 0 & 0 & -0.866 & 0.5 & 0 \\ 0 & 0 & 0 & 0 & 0 & 1 \end{bmatrix} \begin{bmatrix} 1.0 \\ -2.0 \\ 4.0 \\ 1.732 \\ 0.0 \\ 0.707 \end{bmatrix}
$$

$$
= \begin{bmatrix} -7.6018 \\ -3.9110 \\ 7.4640 \\ 0.8660 \\ -1.4999 \\ 0.7070 \end{bmatrix} \tag{3-77}
$$

3.3.3 雅可比矩阵

在机械臂微分运动的基础上，本节研究机器人操作空间速度与关节空间速度间的线性映射关系，所得到的矩阵称为雅可比矩阵。雅可比矩阵可以表示从关节空间向操作空间运动速度的传动比。

设机械臂的运动方程为

$$
\boldsymbol{x} = \boldsymbol{x}(q) \tag{3-78}
$$

式(3-78)代表机械臂操作空间 x 与关节空间 q 之间的位移关系，且 q 与 x 是关于运动时间 t 的函数。因此，将式(3-78)两边对时间 t 分别求导可以得出 q 与 x 之间的微分关系

$$
\dot{\boldsymbol{x}} = \boldsymbol{J}(q)\dot{\boldsymbol{q}} \tag{3-79}
$$

式中，$\dot{\boldsymbol{x}}$ 称为末端在操作空间的广义速度，简称操作速度；$\dot{\boldsymbol{q}}$ 为关节速度；$\boldsymbol{J}(q)$是 $6\times n$ 的偏导数矩阵，即对于该机械臂的雅可比矩阵。其中，6 表示三维空间中的 6 个自由度，n 表示机械臂的关节数目。雅可比矩阵的第 i 行第 j 列元素为

$$
\boldsymbol{J}_{ij}(q) = \frac{\partial x_i(q)}{\partial q_j} \quad (i=1, 2, \cdots, 6;\ j=1, 2, \cdots, n) \tag{3-80}
$$

式(3-80)可以表示对于给定的雅可比矩阵 $\boldsymbol{J}(q)$是从关节空间速度$\dot{\boldsymbol{q}}$ 向操作空间速度 $\dot{\boldsymbol{x}}$ 一一映射的线性变换。

刚体或坐标系的广义速度$\dot{\boldsymbol{x}}$ 是由线速度 $\boldsymbol{v}$ 和角速度 $\boldsymbol{\omega}$ 组成的 6 维列矢量：

$$
\dot{\boldsymbol{x}} = \begin{bmatrix} \boldsymbol{v} \\ \boldsymbol{\omega} \end{bmatrix} = \lim_{\Delta t \to 0} \frac{1}{\Delta t} \begin{bmatrix} \boldsymbol{D} \\ \boldsymbol{\delta} \end{bmatrix} \tag{3-81}
$$

故式(3-81)可进一步转化成

$$\begin{bmatrix}\boldsymbol{D}\\\boldsymbol{\delta}\end{bmatrix}=\lim_{\Delta t\to 0}\dot{\boldsymbol{x}}\Delta t=\lim_{\Delta t\to 0}\boldsymbol{J}(q)\dot{\boldsymbol{q}}\Delta t=\lim_{\Delta t\to 0}\boldsymbol{J}(q)\mathrm{d}q \tag{3-82}$$

对于一个包含 n 个关节的机械臂来说，其雅可比矩阵的前 3 行代表对机械臂末端(如夹手)的线速度 $\boldsymbol{v}$ 的传递比，后 3 行代表对机械臂末端的角速度 $\boldsymbol{\omega}$ 的传递比，而每一列代表相应的关节速度$\dot{\boldsymbol{q}}_i$。由此可以把雅可比 $\boldsymbol{J}(q)$分块为

$$\dot{\boldsymbol{x}}=\begin{bmatrix}\boldsymbol{v}\\\boldsymbol{w}\end{bmatrix}=\begin{bmatrix}\boldsymbol{J}_{l1} & \boldsymbol{J}_{l2} & \cdots & \boldsymbol{J}_{ln}\\\boldsymbol{J}_{a1} & \boldsymbol{J}_{a2} & \cdots & \boldsymbol{J}_{an}\end{bmatrix}\begin{bmatrix}\dot{\boldsymbol{q}}_1\\\dot{\boldsymbol{q}}_2\\\vdots\\\dot{\boldsymbol{q}}_n\end{bmatrix} \tag{3-83}$$

在式(3-83)中，$\boldsymbol{J}_{li}$ 和 $\boldsymbol{J}_{ai}$ 分别表示关节 $i(1\leqslant i\leqslant n;\ v\in\mathbf{Z})$)的单位关节速度相应的末端的线速度和角速度。因此，可以用机械臂末端的线速度 $\boldsymbol{v}$ 和角速度 $\boldsymbol{\omega}$ 来表示关于各个关节速度$\dot{\boldsymbol{q}}_i$ 的线性函数。

3.3.4 微分变换法求解雅可比矩阵

设对于转动关节 i，连杆 i 相对连杆 $i-1$ 绕坐标系$\{i\}$的 z_i 轴所作微分进行转动，产生角度的微小变化量为 $\mathrm{d}\theta_i$，那么微分运动矢量表示为

$$\boldsymbol{D}=\begin{bmatrix}0\\0\\0\end{bmatrix},\quad \boldsymbol{\delta}=\begin{bmatrix}0\\0\\1\end{bmatrix}\mathrm{d}\theta_i \tag{3-84}$$

在式(3-84)情况下可得出机械臂末端相应的微分运动矢量为

$$\begin{bmatrix}{}^{A}d_x\\{}^{A}d_y\\{}^{A}d_z\\{}^{A}\delta_x\\{}^{A}\delta_y\\{}^{A}\delta_z\end{bmatrix}=\begin{bmatrix}(\boldsymbol{p}\times\boldsymbol{n})_z\\(\boldsymbol{p}\times\boldsymbol{o})_z\\(\boldsymbol{p}\times\boldsymbol{a})_z\\n_z\\o_z\\a_z\end{bmatrix}\mathrm{d}\theta_i \tag{3-85}$$

对于移动关节，连杆 i 沿坐标系$\{i\}$的 z_i 轴相对于连杆 $i-1$ 作微分移动 $\mathrm{d}d_i$，其微分运动矢量为

$$\boldsymbol{D}=\begin{bmatrix}0\\0\\1\end{bmatrix}\mathrm{d}d_i,\quad \boldsymbol{\delta}=\begin{bmatrix}0\\0\\0\end{bmatrix} \tag{3-86}$$

在式(3-86)情况下可得出末端相应的微分运动矢量为

$$\begin{bmatrix}{}^{A}d_x\\{}^{A}d_y\\{}^{A}d_z\\{}^{A}\delta_x\\{}^{A}\delta_y\\{}^{A}\delta_z\end{bmatrix}=\begin{bmatrix}n_z\\o_z\\a_z\\0\\0\\0\end{bmatrix}\mathrm{d}d_i \tag{3-87}$$

于是可得末端坐标系$\{A\}$下雅可比矩阵${}^{A}\boldsymbol{J}(q)$的第 i 列如下

对于转动关节 i，有

$$
{}^{A}\boldsymbol{J}_{li}=\begin{bmatrix}(\boldsymbol{p}\times\boldsymbol{n})_z\\(\boldsymbol{p}\times\boldsymbol{o})_z\\(\boldsymbol{p}\times\boldsymbol{a})_z\end{bmatrix},\quad {}^{A}\boldsymbol{J}_{ai}=\begin{bmatrix}n_z\\o_z\\a_z\end{bmatrix} \tag{3-88}
$$

对于移动关节 i，有

$$
{}^{A}\boldsymbol{J}_{li}=\begin{bmatrix}n_z\\o_z\\a_z\end{bmatrix},\quad {}^{A}\boldsymbol{J}_{ai}=\begin{bmatrix}0\\0\\0\end{bmatrix} \tag{3-89}
$$

上述求取雅可比${}^{A}\boldsymbol{J}(q)$的方法具有构造性的特点，即只需知道各连杆变换矩阵${}^{i-1}_{\ \ i}\boldsymbol{T}$，即可自动得到雅可比矩阵，而不需要求解方程等步骤。

设一个机械臂有 n 个关节，这种自动生成雅可比矩阵的过程分为以下步骤：

(1) 计算各个连杆变换矩阵${}^{0}_{1}\boldsymbol{T}$，${}^{1}_{2}\boldsymbol{T}$，…，${}^{n-1}_{\ \ n}\boldsymbol{T}$。

(2) 根据各个连杆变换矩阵计算微分运动的等价变换矩阵。

(3) 计算${}^{A}\boldsymbol{J}(q)$的各列元素，其中第 i 列根据旋转或移动情况，由式(3-88)、(3-89)和等价变换矩阵对应的列决定${}^{A}\boldsymbol{J}_{li}$ 和${}^{A}\boldsymbol{J}_{ai}$。

【例 3.10】 假设一个有四关节的机械臂装置，其中关节 1、2、4 为旋转关节，关节 3 为伸缩平移关节，请求出这个四关节机械臂的雅可比矩阵的形式。

解 由于机械臂有四个关节，故雅可比矩阵的规模为 6×4 的大小。又因为旋转关节一般绕 z 轴进行旋转，伸缩平移关节一般沿着 x 轴进行，再结合末端手爪坐标系$\{\boldsymbol{n},\ \boldsymbol{o},\ \boldsymbol{a},\ \boldsymbol{p}\}$可以得出雅克比矩阵的具体形式如下：

$$
\boldsymbol{J}=\begin{bmatrix}\boldsymbol{J}_{l1} & \boldsymbol{J}_{l2} & \boldsymbol{J}_{l3} & \boldsymbol{J}_{l4}\\ \boldsymbol{J}_{a1} & \boldsymbol{J}_{a2} & \boldsymbol{J}_{a3} & \boldsymbol{J}_{a4}\end{bmatrix}=\begin{bmatrix}(\boldsymbol{p}\times\boldsymbol{n})_z & (\boldsymbol{p}\times\boldsymbol{n})_z & n_x & (\boldsymbol{p}\times\boldsymbol{n})_z\\(\boldsymbol{p}\times\boldsymbol{o})_z & (\boldsymbol{p}\times\boldsymbol{o})_z & o_x & (\boldsymbol{p}\times\boldsymbol{o})_z\\(\boldsymbol{p}\times\boldsymbol{a})_z & (\boldsymbol{p}\times\boldsymbol{a})_z & a_x & (\boldsymbol{p}\times\boldsymbol{a})_z\\ n_z & n_z & 0 & n_z\\ o_z & o_z & 0 & o_z\\ a_z & a_z & 0 & a_z\end{bmatrix} \tag{3-90}
$$

本章小结

本章在机械臂位姿描述和坐标系变换矩阵的理论基础上建立机械臂各连杆坐标系和多连杆连接的参数描述(即 D-H 参数)，并针对机器人的正逆运动学问题分别展开深入分析和探讨。使得从 D-H 参数到机械臂具体位姿和可达目标点，二者之间能够在已知一方的情况下求出另一方。求解过程互逆闭环，这是研究机器人动力学和控制的重要基础。

机械臂正向运动方程的表示分为以下步骤：

(1) 针对机械臂系统构造得出描述连杆之间关系的 D-H(Denavit-Hartenberg)参数表。

(2) 建立起连杆坐标系与 D-H 参数表相结合的关系。

(3) 接着针对相邻两根连杆之间的旋转/平移关系推导出连杆变换矩阵。

(4) 最后根据欧拉角坐标系下旋转序列，再依据机械臂连杆顺序，将各部分的连杆变换矩阵从左到右相乘，得出末端相对于世界坐标系的连杆变换矩阵的表达式和值，即得到机械臂正向运动方程。

而对于机械臂逆向运动学，则分别采用代数解法、几何解法和 Pieper 解法求出满足末端到达位置的各个关节角度解。三者的共同点都是在已知位形、末端相对于世界坐标系的变换矩阵和运动方程的情况下，求出机械臂各个关节的旋转角度/平移量。区别和联系在于：

代数解法是在已知位形、末端相对于世界坐标系的变换矩阵和运动方程的情况下，通过解方程组的方式求出机械臂各个关节的旋转角度或者平移量；

几何方法要求将操作臂的空间几何参数分解成为平面几何参数，将问题转换为平面几何求解问题，然后应用平面几何方法可以求出关节角度；

Pieper 解法需要在六自由度机械臂的三个相邻关节轴交于一点或三轴线平行的前提条件下进行，本质上也是一种代数解法。在这种前提条件下可以得出六自由度机械臂的封闭解。

与此同时，为了更具体细致地描述机械臂的运动过程，本章借助讲述机器人的微分运动引入关节移动/旋转速度，包括机器人位姿的微小变化问题。这里首先讨论了机器人的微分运动，其中包括微分平移和微分旋转；其次结合坐标系变换的思想，讨论了机器人微分运动的等价变换问题。并且为了定量精确地描述机械臂每一时刻的微分运动过程，在上述针对微分运动分析研究的基础上，本章还研究了机器人操作空间速度与关节空间速度间的线性映射关系模型，即雅可比矩阵，它是一阶偏导数以一定方式排列而成的矩阵。雅可比矩阵的重要性在于它体现了一个可微方程与给出点的最优线性逼近，其具备高度精确的拟合关系效果。因此，本章涉及雅可比矩阵的定义和求法，从而获知机器人做微小运动的具体情形。

雅可比矩阵的求取步骤如下：

(1) 计算各个连杆的变换矩阵。

(2) 根据各个连杆的变换矩阵计算微分运动的等价变换矩阵。

(3) 计算雅可比矩阵的各列元素，每列代表一个关节。根据旋转或移动情况和等价变换矩阵对应的列决定雅可比矩阵的各列元素。

然而美中不足的是，本章只在数学建模和理论研究的角度上讨论正逆运动学和微分运动问题。实际机械臂物理系统在本质上是一个运动学和动力学耦合的非线性多变量的机构，因此要想真正实现实物机械臂，达到理论联系实际的目标，需要在新的一章中对机械臂的动力学特性进行进一步研究。通过计算机械臂每次运动各个关节所需要的力或力矩设计对应的机械臂控制器，使得整个实际机械臂物理系统更具备鲁棒性。

习 题 3

1. 图 3-20(a)所示为一个平面三杆操作臂。图 3-20(b)为该操作臂的侧面简图，因为三个关节均为转动关节，所以三个关节的关节轴线相互平行。在此机构上建立坐标系并列出 D-H(Denavit-Hartenberg)参数表。

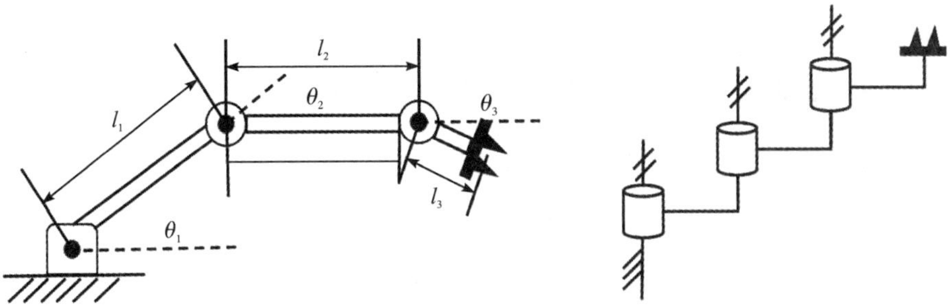

(a) (b)

图 3－20　三连杆平面操作臂

2. 在第 1 题的基础上计算图 3－20 中平面操作机械臂的运动方程。
3. 任意一个刚体的坐标变换都可以只依据 D-H(Denavit-Hartenberg)参数表中的四个参数以变换矩阵的形式给出吗？请说出理由。
4. 一个坦克形机械臂装置如图 3－21 所示。其中，露出基座的球形关节部分正好是一个半球体，半径为 r，可进行三维自由转动，球形关节上焊接一根机械臂连杆，长度为 l。忽略刚体的影响，求机械臂末端的可达工作空间。

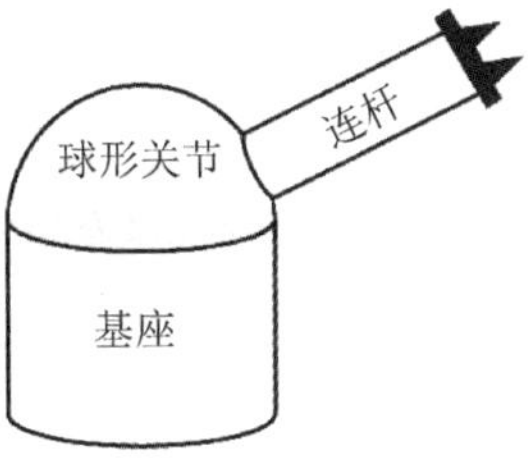

图 3－21　坦克形机械臂装置正视图

5. 在用于弧焊工件的定向的一个二自由度工作台中，设工作台支座(连杆 2)相对于基座(连杆 0)的正运动学变换为

$$
{}^0_2\boldsymbol{T} = {}^0_1\boldsymbol{T}{}^1_2\boldsymbol{T} = \begin{bmatrix} \cos\theta_1\cos\theta_2 & -\cos\theta_1\sin\theta_2 & \sin\theta_1 & l_1 + l_2\sin\theta_1 \\ \sin\theta_2 & \cos\theta_2 & 0 & 0 \\ -\sin\theta_1\cos\theta_2 & \sin\theta_1\sin\theta_2 & \cos\theta_1 & l_2\cos\theta_1 + d_1 \\ 0 & 0 & 0 & 1 \end{bmatrix} \tag{3-91}
$$

已知固连于支座上的坐标系的单位方向是 ${}^2\hat{\mathbf{V}}$，求 θ_1 的逆运动学解，求 θ_2 的矢量沿 ${}^0\hat{z}$ 方向(即向上的)，是否存在多解？又是否存在奇异条件？

6. 说出封闭形式的解析运动学解优于迭代解的几个原因。
7. 一个六自由度机器人没有封闭形式的运动学解，那么三自由度机器人是否也没有封闭形式的运动学解？请说出原因。
8. 运用 MATLAB 等软件工具搭建 PUMA560 机械臂模型，建立各个关节的坐标系，列出 D-H(Denavit-Hartenberg)参数表，求出正向运动学方程，并计算其逆运动学的封闭解。在此基础上对这套封闭解与 D-H(Denavit-Hartenberg)参数表上数值二者做数值误差(数值偏差)分析。进一步可以部署到实际机器人系统上并进行具体分析。

9. 如图 3-22 所示的一个二自由度机械臂，杆长 $l_1=l_2=0.5$ m。其手部沿固定坐标系 x_0 轴的正向以 1.0 m/s 的速度移动。设在某瞬时时刻 $\theta_1=30°$，$\theta_2=-60°$，求相应瞬时时刻的关节速度 $\dot{\boldsymbol{\theta}}_1$ 和 $\dot{\boldsymbol{\theta}}_2$。

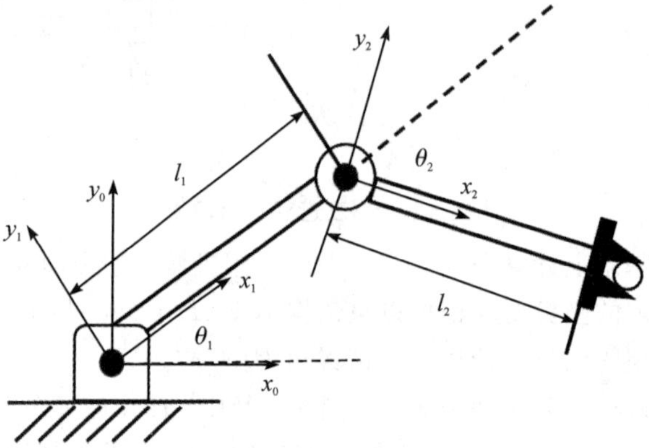

图 3-22 二自由度机械臂

10. 在第 9 题的基础上，求在什么情况下这个二自由度机械臂处于奇异状态？这对于机械臂本身来说会带来什么影响？

11. 已知变换矩阵

$$ {}_B^A\boldsymbol{T}=\begin{bmatrix}0.866 & -0.5 & 0 & 10\\ 0.5 & 0.866 & 0 & 0\\ 0 & 0 & 1 & 5\\ 0 & 0 & 0 & 1\end{bmatrix} \tag{3-92}$$

设坐标系$\{A\}$的原点的速度矢量是

$$ {}^A\boldsymbol{V}=[0.0 \quad 2.0 \quad -3.0 \quad 1.414 \quad 1.414 \quad 0.0]^{\mathrm{T}} \tag{3-93}$$

求出以坐标系$\{B\}$的原点为参考点的速度矢量${}^B\boldsymbol{V}$。

第4章 机器人动力学

机械臂在设计中不仅需要考虑运动学问题，也需要考虑动力学问题。机械臂系统本质是一个动力学耦合的非线性、多变量系统。在对机械臂的动力学特性的进一步研究中，可以计算出机械臂每次运动各个关节所需要的力或力矩，以此设计得到的机械臂控制器将更加具有鲁棒性。

分析机械臂的动态特性主要有如下两个方法：

(1) 拉格朗日方法(Lagrange Method)。

(2) 牛顿-欧拉方法(Newton-Euler Method)。

此外，分析动力学问题还可以使用高斯原理、阿佩尔(Appel)方程式、旋量对偶数法和凯恩(Kane)法等。限于篇幅，本章只介绍拉格朗日方法与牛顿-欧拉方法。

4.1 刚体动力学的基本概念

拉格朗日函数 L 是一个系统的动能 K 和势能 P 两者之间的差，即

$$L=K-P \tag{4-1}$$

因此动力学方程可以表示为

$$F_i=\frac{\mathrm{d}}{\mathrm{d}t}\frac{\partial L}{\partial \dot{q}_i}-\frac{\partial L}{\partial q_i}\quad (i=1,2,\cdots,n) \tag{4-2}$$

式中，q_i 是表示动能与势能的广义坐标，$\dot{q}_i$ 为与之相对应的广义速度，F_i 称为广义力。若 q_i 在直线坐标下，则对应的 F_i 是力；而如果 q_i 在角度坐标下，则对应的 F_i 是力矩。

因为势能 P 没有包含 $\dot{q}_i$，所以式(4-2)可写为

$$F_i=\frac{\mathrm{d}}{\mathrm{d}t}\frac{\partial K}{\partial \dot{q}_i}-\frac{\partial K}{\partial q_i}+\frac{\partial P}{\partial q_i}\quad (i=1,2,\cdots,n) \tag{4-3}$$

4.1.1 刚体的动能与势能

对如图4-1所示的一般物体平动时所具有的动能与势能进行计算，根据理论力学可以求解得到如下公式：

$$K=\frac{1}{2}m_1x_1^2+\frac{1}{2}m_0x_o^2$$

$$P=\frac{1}{2}k(x_1-x_0)^2-m_1gx_1-m_0gx_0$$

$$D=\frac{1}{2}c(\dot{x}_1-\dot{x}_0)^2$$

$$W = Fx_1 - Fx_0$$

式中，m_0 和 m_1 为支架和运动物体的质量；k 为弹簧系数；c 为摩擦系数；F 为外部作用力；x_0 和 x_1 为运动坐标；K、P、D 和 W 分别表示物体所具有的动能、位能，所消耗的能量和外力所做的功；g 为重力加速度。

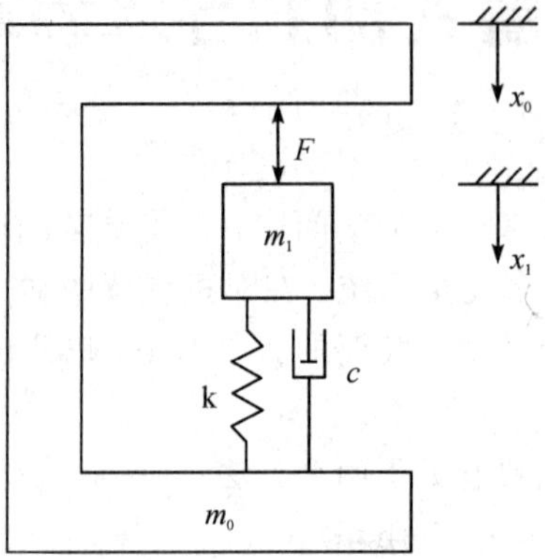

图 4-1　一般物体的动能与势能

4.1.2　刚体的加速度

在某一时刻 t，分别对刚体的线速度与角速度求导，得到对应的线加速度：

$$^{B}\dot{\boldsymbol{V}}_Q = \frac{\mathrm{d}}{\mathrm{d}t}{}^{B}\boldsymbol{V}_Q = \lim_{\Delta t \to 0} \frac{^{B}\boldsymbol{V}_Q(t+\Delta t) - {}^{B}\boldsymbol{V}_Q(t)}{\Delta t} \tag{4-4}$$

和角加速度：

$$^{A}\dot{\boldsymbol{\Omega}}_B = \frac{\mathrm{d}}{\mathrm{d}t}{}^{A}\boldsymbol{\Omega}_B = \lim_{\Delta t \to 0} \frac{^{A}\boldsymbol{\Omega}_B(t+\Delta t) - {}^{A}\boldsymbol{\Omega}_B(t)}{\Delta t} \tag{4-5}$$

当世界坐标系$\{W\}$是以微分的参考坐标系为坐标系时，刚体的加速度也可以表示为

$$\dot{\boldsymbol{v}}_A = {}^{U}\dot{\boldsymbol{V}}_{A\mathrm{org}} \tag{4-6}$$

$$\dot{\boldsymbol{\omega}}_A = {}^{U}\dot{\boldsymbol{\Omega}}_A \tag{4-7}$$

1. 线加速度

当坐标系$\{A\}$的原点与坐标系$\{B\}$的原点重合时，速度矢量$^{B}\boldsymbol{Q}$可以表示为

$$^{A}\boldsymbol{V}_Q = {}^{A}_{B}\boldsymbol{R}\,{}^{B}\boldsymbol{V}_Q + {}^{A}\boldsymbol{\Omega}_B \times {}^{A}_{B}\boldsymbol{R}\,{}^{B}\boldsymbol{Q} \tag{4-8}$$

$^{A}\boldsymbol{V}_Q$ 表示的是矢量$^{A}\boldsymbol{\Omega}$ 随时间变化的情况。因为两个坐标系的坐标原点是重合的，所以可以对式(4-8)进行改写：

$$\frac{\mathrm{d}}{\mathrm{d}t}({}^{A}_{B}\boldsymbol{R}\,{}^{B}\boldsymbol{Q}) = {}^{A}_{B}\boldsymbol{R}\,{}^{B}\boldsymbol{V}_Q + {}^{A}\boldsymbol{\Omega}_B \times {}^{A}_{B}\boldsymbol{R}\,{}^{B}\boldsymbol{Q} \tag{4-9}$$

该形式在求解相对应的加速度方程时更加方便。

假设$\{A\}$、$\{B\}$两个坐标系的原点相同，对式(4-8)进行求导，则$^{B}\boldsymbol{Q}$ 在坐标系$\{A\}$中的加速度为

$$^{A}\dot{\boldsymbol{V}}_Q = \frac{\mathrm{d}}{\mathrm{d}t}({}^{A}_{B}\boldsymbol{R}\,{}^{B}\boldsymbol{V}_Q) + {}^{A}\dot{\boldsymbol{\Omega}}_B \times {}^{A}_{B}\boldsymbol{R}\,{}^{B}\boldsymbol{Q} + {}^{A}\boldsymbol{\Omega}_B \times \frac{\mathrm{d}}{\mathrm{d}t}({}^{A}_{B}\boldsymbol{R}\,{}^{B}\boldsymbol{Q}) \tag{4-10}$$

将式(4-9)代入式(4-10)中，可以得到

$$ {}^{A}\dot{\boldsymbol{V}}_Q = {}^{A}_{B}\boldsymbol{R}\,{}^{B}\dot{\boldsymbol{V}}_Q + 2\,{}^{A}\boldsymbol{\Omega}_B \times {}^{A}_{B}\boldsymbol{R}\,{}^{B}\boldsymbol{V}_Q + {}^{A}\dot{\boldsymbol{\Omega}}_B \times {}^{A}_{B}\boldsymbol{R}\,{}^{B}\boldsymbol{Q} + {}^{A}\boldsymbol{\Omega}_B \times ({}^{A}\boldsymbol{\Omega}_B \times {}^{A}_{B}\boldsymbol{R}\,{}^{B}\boldsymbol{Q}) \tag{4-11} $$

式(4-11)表示的是两坐标系的原点重合的情况，推广到一般形式需要在式(4-11)上加一个表示坐标系$\{B\}$的原点加速度的项，即

$$ {}^{A}\dot{\boldsymbol{V}}_Q = {}^{A}\dot{\boldsymbol{V}}_{B\,\mathrm{org}} + {}^{A}_{B}\boldsymbol{R}\,{}^{B}\dot{\boldsymbol{V}}_Q + 2\,{}^{A}\boldsymbol{\Omega}_B \times {}^{A}_{B}\boldsymbol{R}\,{}^{B}\boldsymbol{V}_Q + {}^{A}\dot{\boldsymbol{\Omega}}_B \times {}^{A}_{B}\boldsymbol{R}\,{}^{B}\boldsymbol{Q} + {}^{A}\boldsymbol{\Omega}_B \times ({}^{A}\boldsymbol{\Omega}_B \times {}^{A}_{B}\boldsymbol{R}\,{}^{B}\boldsymbol{Q}) \tag{4-12} $$

值得指出的是，当${}^{B}\boldsymbol{Q}$是常量，即

$$ {}^{B}\boldsymbol{V}_Q = {}^{B}\dot{\boldsymbol{V}}_Q = \boldsymbol{0} \tag{4-13} $$

时，式(4-12)可以化简为

$$ {}^{A}\dot{\boldsymbol{V}}_Q = {}^{A}\dot{\boldsymbol{V}}_{B\,\mathrm{org}} + {}^{A}\dot{\boldsymbol{\Omega}}_B \times {}^{A}_{B}\boldsymbol{R}\,{}^{B}\boldsymbol{Q} + {}^{A}\boldsymbol{\Omega}_B \times ({}^{A}\boldsymbol{\Omega}_B \times {}^{A}_{B}\boldsymbol{R}\,{}^{B}\boldsymbol{Q}) \tag{4-14} $$

式(4-14)一般用于表示旋转关节机械臂连杆的线加速度。而对于移动关节的机械臂连杆，一般使用式(4-12)。

2. 角加速度

若坐标系$\{B\}$相对于坐标系$\{A\}$的角速度为${}^{A}\boldsymbol{\Omega}_B$，坐标系$\{C\}$相对于坐标系$\{B\}$的角速度为${}^{B}\boldsymbol{\Omega}_C$。在坐标系$\{A\}$中进行矢量相加，可以得到

$$ {}^{A}\boldsymbol{\Omega}_C = {}^{A}\boldsymbol{\Omega}_B + {}^{A}_{B}\boldsymbol{R}\,{}^{B}\boldsymbol{\Omega}_C \tag{4-15} $$

对式(4-15)求导，得

$$ {}^{A}\dot{\boldsymbol{\Omega}}_C = {}^{A}\dot{\boldsymbol{\Omega}}_B + \frac{\mathrm{d}}{\mathrm{d}t}({}^{A}_{B}\boldsymbol{R}\,{}^{B}\boldsymbol{\Omega}_C) \tag{4-16} $$

将式(4-9)代入式(4-16)中，得

$$ {}^{A}\dot{\boldsymbol{\Omega}}_C = {}^{A}\dot{\boldsymbol{\Omega}}_B + {}^{A}_{B}\boldsymbol{R}\,{}^{B}\dot{\boldsymbol{\Omega}}_C + {}^{A}\boldsymbol{\Omega}_B \times {}^{A}_{B}\boldsymbol{R}\,{}^{B}\boldsymbol{\Omega}_C \tag{4-17} $$

式(4-17)用于表示机械臂连杆的角加速度。

4.1.3 惯性矩阵与惯性张量

在现实生活中，机械臂各连杆的质量并不是集中于一点，而是连续分布的。刚体的质量在分析单自由度系统时会涉及，而刚体的惯性矩则在分析绕轴的线转动时会涉及。如图4-2所示，绕轴x、y和z的质量惯性矩I_{xx}、I_{yy}、I_{zz}以及混合矩(也称作惯性积)I_{xy}、I_{yz}、I_{xz}分别为

$$ \begin{cases} I_{xx} = \iiint\limits_V (y^2+z^2)\rho\mathrm{d}v = \iiint\limits_m (y^2+z^2)\,\mathrm{d}m \\ I_{yy} = \iiint\limits_V (x^2+z^2)\rho\mathrm{d}v = \iiint\limits_m (x^2+z^2)\,\mathrm{d}m \\ I_{zz} = \iiint\limits_V (x^2+y^2)\rho\mathrm{d}v = \iiint\limits_m (x^2+y^2)\,\mathrm{d}m \\ I_{xy} = \iiint\limits_V xy\rho\mathrm{d}v = \iiint\limits_m xy\,\mathrm{d}m \\ I_{yz} = \iiint\limits_V yz\rho\mathrm{d}v = \iiint\limits_m yz\,\mathrm{d}m \\ I_{xz} = \iiint\limits_V xz\rho\mathrm{d}v = \iiint\limits_m xz\,\mathrm{d}m \end{cases} \tag{4-18} $$

其中，$dm=\rho dv$，ρ 是密度。

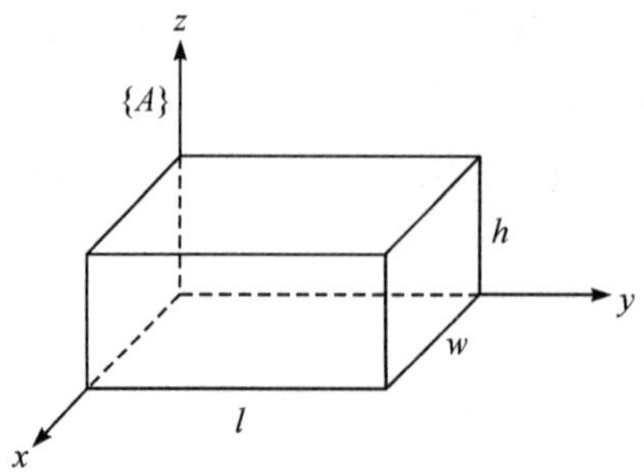

图 4-2　质量均匀分布的刚体

相对于给定的坐标系$\{A\}$，可以用以上 6 个量组成的矩阵表示惯性张量：

$$
{}^{A}\boldsymbol{I}=\begin{bmatrix} I_{xx} & -I_{xy} & -I_{xz} \\ -I_{xy} & I_{yy} & -I_{yz} \\ -I_{xz} & -I_{yz} & I_{zz} \end{bmatrix} \tag{4-19}
$$

假如选定的坐标系使得各惯性积为零，则${}^{A}\boldsymbol{I}$ 是对角型，惯性主轴为该坐标系的各轴，主惯性矩为对应的质量矩。

【例 4.1】 以图 4-2 所示的坐标系求出密度为 ρ 的均匀长方体的惯性张量。

解　长方体的质量：

$$m=\rho lwh$$

质心的坐标：

$$\bar{x}=\frac{1}{2}w，\bar{y}=\frac{1}{2}l，\bar{z}=\frac{1}{2}h$$

惯性矩：

$$
\begin{aligned}
I_{xx}&=\int_0^h\int_0^l\int_0^w (y^2+z^2)\rho\mathrm{d}x\mathrm{d}y\mathrm{d}z \\
&=\int_0^h\int_0^l (y^2+z^2)w\rho\mathrm{d}y\mathrm{d}z \\
&=\int_0^h\left(\frac{l^3}{3}+z^2 l\right)w\rho\mathrm{d}z \\
&=\left(\frac{hl^3}{3}+\frac{h^3 l}{3}\right)w\rho \\
&=\frac{m}{3}(l^2+h^2)
\end{aligned}
$$

式中，m 是长方体的质量。

同理可得

$$I_{yy}=\frac{m}{3}(w^2+h^2)$$

$$I_{zz}=\frac{m}{3}(l^2+w^2)$$

长方体的惯性积：

$$
\begin{aligned}
I_{xy} &= \int_0^h\int_0^l\int_0^w xy\rho \mathrm{d}x\mathrm{d}y\mathrm{d}z = \int_0^h\int_0^l \frac{w^2}{2}y\rho \mathrm{d}y\mathrm{d}z \\
&= \int_0^h \frac{w^2}{2}\frac{l^2}{2}\rho \mathrm{d}z = \frac{m}{4}wl
\end{aligned}
$$

同理可得

$$I_{yz} = \frac{m}{4}lh$$

$$I_{xz} = \frac{m}{4}hw$$

因此，长方体的惯性张量为

$$
\boldsymbol{I} = \begin{bmatrix}
\frac{m}{3}(l^2+h^2) & -\frac{m}{4}wl & -\frac{m}{4}hw \\
-\frac{m}{4}wl & \frac{m}{3}(w^2+h^2) & -\frac{m}{4}lh \\
-\frac{m}{4}hw & -\frac{m}{4}lh & \frac{m}{3}(l^2+w^2)
\end{bmatrix}
$$

伪惯性矩阵为

$$
\boldsymbol{J} = \begin{bmatrix}
\frac{m}{3}w^2 & \frac{m}{4}wl & \frac{m}{4}wh & \frac{m}{2}w \\
\frac{m}{4}wl & \frac{m}{3}l^2 & \frac{m}{4}lh & \frac{m}{2}l \\
\frac{m}{4}wh & \frac{m}{4}lh & \frac{m}{3}h^2 & \frac{m}{2}h \\
\frac{m}{2}w & \frac{m}{2}l & \frac{m}{2}h & m
\end{bmatrix}
$$

由此可以得出，坐标系的位姿函数本质就是惯性张量。假设坐标系$\{C\}$以刚体质心为原点，则$\{A\}$为平移后的坐标系，可以使用平行移轴定理表示为

$$^{A}I_{zz} = {}^{C}I_{zz} + m(x_c^2 + y_c^2)$$

$$^{A}I_{xy} = {}^{C}I_{xy} + mx_c y_c$$

式中，x_c、y_c 和 z_c 表示刚体质心在坐标系$\{A\}$中的位置。平行移轴定理可以表示为矢量-矩阵形式

$$^{A}\boldsymbol{I} = {}^{C}\boldsymbol{I} + m(\boldsymbol{P}_c^{\mathrm{T}}\boldsymbol{P}_c\boldsymbol{I}_3 - \boldsymbol{P}_c\boldsymbol{P}_c^{\mathrm{T}}) \tag{4-20}$$

式中，矢量 $\boldsymbol{P}_c = [x_c \quad y_c \quad z_c]^{\mathrm{T}}$，$\boldsymbol{I}_3$ 是 3×3 的单位矩阵。

【例 4.2】 以坐标系原点为刚体的质心，求图 4-2 中所示刚体的惯性张量。

解 根据式(4-20)，可以得到

$$
\begin{bmatrix} x_c \\ y_c \\ z_c \end{bmatrix} = \frac{1}{2}\begin{bmatrix} w \\ l \\ h \end{bmatrix}
$$

因而得到

$$^{C}I_{zz}=\frac{m}{12}(w^2+l^2)$$

$$^{C}I_{xy}=0$$

其他参量的求解方法也相类似，所以以质心为原点的坐标系中，刚体的惯性张量为

$$^{C}\boldsymbol{I}=\begin{bmatrix}\frac{m}{12}(l^2+h^2) & 0 & 0\\ 0 & \frac{m}{12}(w^2+h^2) & 0\\ 0 & 0 & \frac{m}{12}(l^2+w^2)\end{bmatrix}$$

惯性矩阵为

$$^{C}\boldsymbol{J}=\begin{bmatrix}\frac{m}{12}w^2 & 0 & 0 & 0\\ 0 & \frac{m}{12}l^2 & 0 & 0\\ 0 & 0 & \frac{m}{12}h^2 & 0\\ 0 & 0 & 0 & m\end{bmatrix}$$

可以看出所得的矩阵是一个对角矩阵，坐标系$\{C\}$即为刚体的主轴。

惯性张量的性质有：

(1) 惯性矩恒为正。

(2) 参考坐标系的改变不影响三个惯性矩的和。

(3) 惯性张量的特征值和特征矢量对应刚体的主惯性矩和惯性主轴。

4.2 连杆运动的传递

假设有参考坐标系$\{A\}$和运动坐标系$\{B\}$，则坐标系$\{B\}$相对于坐标系$\{A\}$的位置矢量为$^{A}\boldsymbol{P}_{BO}$，旋转矩阵为$^{A}_{B}\boldsymbol{R}$，任一点P在两个坐标中$^{A}\boldsymbol{P}$和$^{B}\boldsymbol{P}$之间存在关系如下关系：

$$^{A}\boldsymbol{P}={}^{A}\boldsymbol{P}_{BO}+{}^{A}_{B}\boldsymbol{R}\,{}^{B}\boldsymbol{P} \tag{4-21}$$

速度$^{A}\boldsymbol{v}_P$和$^{B}\boldsymbol{v}_P$之间的关系为

$$^{A}\boldsymbol{v}_P={}^{A}\dot{\boldsymbol{P}}={}^{A}\dot{\boldsymbol{P}}_{BO}+{}^{A}_{B}\boldsymbol{R}\,{}^{B}\dot{\boldsymbol{P}}+{}^{A}_{B}\dot{\boldsymbol{R}}\,{}^{B}\boldsymbol{P}$$

因为$^{A}_{B}\dot{\boldsymbol{R}}=\boldsymbol{S}(^{A}\boldsymbol{\omega}_B)\,^{A}_{B}\boldsymbol{R}$，$\boldsymbol{S}(^{A}\boldsymbol{\omega}_B)$为关于角速度$^{A}\boldsymbol{\omega}_B$的反对称矩阵，所以可以得到

$$^{A}\boldsymbol{v}_P={}^{A}v_{BO}+{}^{A}_{B}\boldsymbol{R}\,{}^{B}\boldsymbol{v}_P+\boldsymbol{S}(^{A}\boldsymbol{\omega}_B)\,{}^{A}_{B}\boldsymbol{R}\,{}^{B}\boldsymbol{P} \tag{4-22}$$

加速度$^{A}\dot{\boldsymbol{v}}_P$和$^{B}\dot{\boldsymbol{v}}_P$之间的关系为

$$^{A}\dot{\boldsymbol{v}}_P={}^{A}\dot{\boldsymbol{v}}_{BO}+{}^{A}_{B}\boldsymbol{R}\,{}^{B}\dot{\boldsymbol{v}}_P+2\boldsymbol{S}(^{A}\boldsymbol{\omega}_B)\,{}^{A}_{B}\boldsymbol{R}\,{}^{B}\boldsymbol{v}_P+\boldsymbol{S}(^{A}\dot{\boldsymbol{\omega}}_B)\,{}^{A}_{B}\boldsymbol{R}\,{}^{B}\boldsymbol{P}+ \\ \boldsymbol{S}(^{A}\boldsymbol{\omega}_B)\boldsymbol{S}(^{A}\boldsymbol{\omega}_B)\,{}^{A}_{B}\boldsymbol{R}\,{}^{B}\boldsymbol{P} \tag{4-23}$$

如果固定坐标系$\{A\}$，并且把$\{B\}$与刚体固连在一起，则${}^B\boldsymbol{P}$是一个常数，其相对于坐标系$\{B\}$的速度${}^B\boldsymbol{v}_P$与加速度${}^B\dot{\boldsymbol{v}}_P$均为0。

式(4-22)和式(4-23)可以分别简写为

$$ {}^A\boldsymbol{v}_P = {}^A\boldsymbol{v}_{BO} + \boldsymbol{S}({}^A\boldsymbol{\omega}_B)\,{}^A_B\boldsymbol{R}\,{}^B\boldsymbol{P} \tag{4-24} $$

$$ {}^A\dot{\boldsymbol{v}}_P = {}^A\dot{\boldsymbol{v}}_{BO} + \boldsymbol{S}({}^A\dot{\boldsymbol{\omega}}_B)\,{}^A_B\boldsymbol{R}\,{}^B\boldsymbol{P} + \boldsymbol{S}({}^A\boldsymbol{\omega}_B)\boldsymbol{S}({}^A\boldsymbol{\omega}_B)\,{}^A_B\boldsymbol{R}\,{}^B\boldsymbol{P} \tag{4-25} $$

若${}^A_B\boldsymbol{R}$固定不变，则${}^A\boldsymbol{\omega}_B = {}^A\dot{\boldsymbol{\omega}}_B = \boldsymbol{0}$，式(4-24)和式(4-25)可改写为

$$ {}^A\boldsymbol{v}_P = {}^A\boldsymbol{v}_{BO} + {}^A_B\boldsymbol{R}\,{}^B\boldsymbol{v}_P \tag{4-26} $$

$$ {}^A\dot{\boldsymbol{v}}_P = {}^A\dot{\boldsymbol{v}}_{BO} + {}^A_B\boldsymbol{R}\,{}^B\dot{\boldsymbol{v}}_P \tag{4-27} $$

如果$\{B\}$相对于$\{A\}$纯转动，且${}^A\boldsymbol{P}_{BO}$固定不变，则式(4-24)和式(4-25)可改写为

$$ {}^A\boldsymbol{v}_P = {}^A_B\boldsymbol{R}\,{}^B\boldsymbol{v}_P + \boldsymbol{S}({}^A\boldsymbol{\omega}_B)\,{}^A_B\boldsymbol{R}\,{}^B\boldsymbol{P} \tag{4-28} $$

$$ {}^A\dot{\boldsymbol{v}}_P = {}^A_B\boldsymbol{R}\,{}^B\dot{\boldsymbol{v}}_P + 2\boldsymbol{S}({}^A\boldsymbol{\omega}_B)\,{}^A_B\boldsymbol{R}\,{}^B\boldsymbol{v}_P + \boldsymbol{S}({}^A\dot{\boldsymbol{\omega}}_B)\,{}^A_B\boldsymbol{R}\,{}^B\boldsymbol{P} + \boldsymbol{S}({}^A\boldsymbol{\omega}_B)\boldsymbol{S}({}^A\boldsymbol{\omega}_B)\,{}^A_B\boldsymbol{R}\,{}^B\boldsymbol{P} \tag{4-29} $$

令坐标系$\{B\}$相对于$\{A\}$的转动角速度为${}^A\boldsymbol{\omega}_B$，$\{C\}$相对于$\{B\}$的转动角速度为${}^B\boldsymbol{\omega}_C$，则$\{C\}$相对于$\{A\}$的转动角速度${}^A\boldsymbol{\omega}_C$为

$$ {}^A\boldsymbol{\omega}_C = {}^A\boldsymbol{\omega}_B + {}^A_B\boldsymbol{R}\,{}^B\boldsymbol{\omega}_C \tag{4-30} $$

将式(4-30)进行微分：

$$ {}^A\dot{\boldsymbol{\omega}}_C = {}^A\dot{\boldsymbol{\omega}}_B + {}^A_B\boldsymbol{R}\,{}^B\dot{\boldsymbol{\omega}}_C + \boldsymbol{S}({}^A\boldsymbol{\omega}_B)\,{}^A_B\boldsymbol{R}\,{}^B\boldsymbol{\omega}_C \tag{4-31} $$

在描述各连杆的运动时，把基准坐标系$\{0\}$作为参考系，$\boldsymbol{v}_i$表示连杆坐标系$\{i\}$的原点的线速度，$\boldsymbol{\omega}_i$表示坐标系$\{i\}$的角速度。图4-3标出了i的线速度和角速度分别为${}^i\boldsymbol{v}_i$和${}^i\boldsymbol{\omega}_i$，左上标$i$表示是在坐标系$\{i\}$中表示的。连杆$i+1$的线速度和角速度分别为${}^{i+1}\boldsymbol{v}_{i+1}$和${}^{i+1}\boldsymbol{\omega}_{i+1}$。

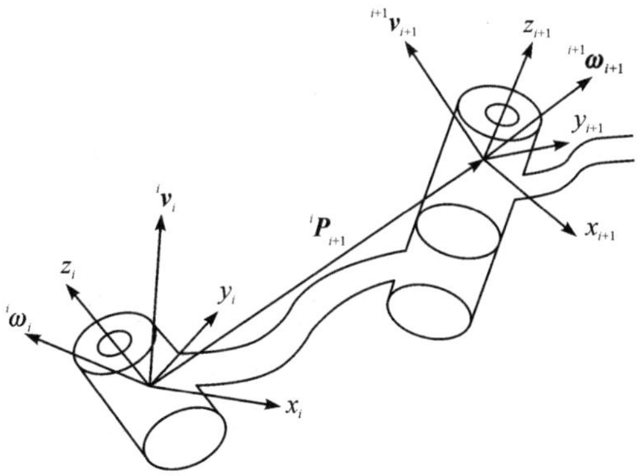

图4-3　相邻两连杆的速度传递

4.2.1　旋转关节的角速度传递

如图4-3所示，连杆$i+1$相对于连杆i转动的角速度向量为

$$ \dot{\boldsymbol{\theta}}_{i+1}\,{}^{i+1}\boldsymbol{z}_{i+1} = {}^{i+1}\begin{bmatrix}0\\0\\1\end{bmatrix}\dot{\boldsymbol{\theta}}_{i+1} \tag{4-32} $$

因此，连杆 $i+1$ 的角速度等于连杆 i 的角速度与关节 $i+1$ 的转动速度的矢量之和，相对于坐标系$\{i\}$表示为

$$ {}^{i}\boldsymbol{\omega}_{i+1}={}^{i}\boldsymbol{\omega}_{i}+{}_{i+1}^{i}\boldsymbol{R}\dot{\boldsymbol{\theta}}_{i+1}{}^{i+1}\boldsymbol{z}_{i+1} \tag{4-33}$$

将式(4-33)左乘旋转矩阵${}_{i}^{i+1}\boldsymbol{R}$，则得到相对于连杆坐标系$\{i+1\}$的表达式为

$$ {}^{i+1}\boldsymbol{\omega}_{i+1}={}_{i}^{i+1}\boldsymbol{R}{}^{i}\boldsymbol{\omega}_{i}+\dot{\boldsymbol{\theta}}_{i+1}{}^{i+1}\boldsymbol{z}_{i+1} \tag{4-34}$$

${}^{i}\boldsymbol{P}_{i+1}$ 在坐标系$\{i\}$中是常量，因此：

$$ {}^{i}\boldsymbol{v}_{i+1}={}^{i}\boldsymbol{v}_{i}+{}^{i}\boldsymbol{\omega}_{i}\times{}^{i}\boldsymbol{P}_{i+1} \tag{4-35}$$

等式两端都左乘${}_{i}^{i+1}\boldsymbol{R}$，得相对于坐标系$\{i+1\}$的表示：

$$ {}^{i+1}\boldsymbol{v}_{i+1}={}_{i}^{i+1}\boldsymbol{R}({}^{i}\boldsymbol{v}_{i}+{}^{i}\boldsymbol{\omega}_{i}\times{}^{i}\boldsymbol{P}_{i+1}) \tag{4-36}$$

4.2.2 移动关节的速度传递

当第 $i+1$ 个关节是移动关节时，连杆 $i+1$ 相对于坐标系$\{i\}$的 z 轴移动，相应的传递公式为

$$ {}^{i+1}\boldsymbol{\omega}_{i+1}={}_{i}^{i+1}\boldsymbol{R}{}^{i}\boldsymbol{\omega}_{i} \tag{4-37}$$

$$ {}^{i+1}\boldsymbol{v}_{i+1}={}_{i}^{i+1}\boldsymbol{R}({}^{i}\boldsymbol{v}_{i}+{}^{i}\boldsymbol{\omega}_{i}\times{}^{i}\boldsymbol{P}_{i+1})+d_{i+1}{}^{i+1}\boldsymbol{z}_{i+1} \tag{4-38}$$

由式(4-33)～式(4-38)可以依次从基座开始递推到末端连杆的${}^{n}\boldsymbol{v}_{n}$ 和${}^{n}\boldsymbol{\omega}_{n}$ 的值。如果${}^{n}\boldsymbol{v}_{n}$ 和${}^{n}\boldsymbol{\omega}_{n}$ 是相对于末端连杆坐标系$\{n\}$表示的，则左乘旋转矩阵${}_{n}^{0}\boldsymbol{R}$ 可以得到这些速度转换到基座坐标系$\{0\}$的值，即

$$ {}^{0}\boldsymbol{v}_{n}={}_{n}^{0}\boldsymbol{R}{}^{n}\boldsymbol{v}_{n},\quad {}^{0}\boldsymbol{\omega}_{n}={}_{n}^{0}\boldsymbol{R}{}^{n}\boldsymbol{\omega}_{n} \tag{4-39}$$

4.2.3 旋转关节的加速度传递

若关节 $i+1$ 是旋转关节，则有

$$ {}^{i+1}\dot{\boldsymbol{\omega}}_{i+1}={}_{i}^{i+1}\boldsymbol{R}{}^{i}\dot{\boldsymbol{\omega}}_{i}+{}_{i}^{i+1}\boldsymbol{R}{}^{i}\boldsymbol{\omega}_{i}\times\dot{\boldsymbol{\theta}}_{i+1}{}^{i+1}\boldsymbol{z}_{i+1}+\ddot{\boldsymbol{\theta}}_{i+1}{}^{i+1}\boldsymbol{z}_{i+1} \tag{4-40}$$

$$ {}^{i+1}\dot{\boldsymbol{v}}_{i+1}={}_{i}^{i+1}\boldsymbol{R}[{}^{i}\dot{\boldsymbol{v}}_{i}+{}^{i}\dot{\boldsymbol{\omega}}_{i}\times{}^{i}\boldsymbol{P}_{i+1}+{}^{i}\boldsymbol{\omega}_{i}\times({}^{i}\boldsymbol{\omega}_{i}\times{}^{i}\boldsymbol{P}_{i+1})] \tag{4-41}$$

4.2.4 移动关节的加速度传递

当关节 $i+1$ 为移动关节时，角加速度和线加速度分别为

$$ {}^{i+1}\dot{\boldsymbol{\omega}}_{i+1}={}_{i}^{i+1}\boldsymbol{R}{}^{i}\dot{\boldsymbol{\omega}}_{i} \tag{4-42}$$

$$ \begin{aligned}{}^{i+1}\dot{\boldsymbol{v}}_{i+1}={}&{}_{i}^{i+1}\boldsymbol{R}[{}^{i}\dot{\boldsymbol{v}}_{i}+{}^{i}\dot{\boldsymbol{\omega}}_{i}\times{}^{i}\boldsymbol{P}_{i+1}+{}^{i}\boldsymbol{\omega}_{i}\times({}^{i}\boldsymbol{\omega}_{i}\times{}^{i}\boldsymbol{P}_{i+1})]+\\&2{}^{i+1}\boldsymbol{\omega}_{i+1}\times\dot{d}_{i+1}{}^{i+1}\boldsymbol{z}_{i+1}+\ddot{d}_{i+1}{}^{i+1}\boldsymbol{z}_{i+1}\end{aligned} \tag{4-43}$$

4.2.5 质心的加速度

利用式(4-29)还可以计算出各连杆质心的线加速度，即

$$ {}^{i}\dot{\boldsymbol{v}}_{oi}={}^{i}\dot{\boldsymbol{v}}_{i}+{}^{i}\dot{\boldsymbol{\omega}}_{i}\times{}^{i}\boldsymbol{P}_{oi}+{}^{i}\boldsymbol{\omega}_{i}\times({}^{i}\boldsymbol{\omega}_{i}\times{}^{i}\boldsymbol{P}_{oi}) \tag{4-44}$$

式中，坐标系$\{C_i\}$与连杆 i 固连，坐标原点位于连杆 i 的质心，坐标方向与$\{i\}$同向。

首先从连杆 1 开始递推计算，对于基座而言，${}^{0}\boldsymbol{\omega}_{0}={}^{0}\dot{\boldsymbol{\omega}}_{0}=\boldsymbol{0}$，${}^{0}\boldsymbol{v}_{0}={}^{0}\dot{\boldsymbol{v}}_{0}=\boldsymbol{0}$，可以将其作为递推的初值。

4.3 操作臂动力学的拉格朗日公式

首先第 i 根连杆的动能 $\boldsymbol{k}_i$ 可以表示为

$$\boldsymbol{k}_i = \frac{1}{2}m_i \boldsymbol{v}_{C_i}^{\mathrm{T}} \boldsymbol{v}_{C_i} + \frac{1}{2} {}^i\boldsymbol{\omega}_i^{\mathrm{T}} {}^{C_i}\boldsymbol{I}_i {}^i\boldsymbol{\omega}_i \tag{4-45}$$

式中，第一项表示线速度产生的动能，第二项表示角速度产生的动能。整个操作臂的动能是各个连杆动能的和，即

$$\boldsymbol{k} = \sum_{i=1}^{n} \boldsymbol{k}_i \tag{4-46}$$

式(4－45)中的 $\boldsymbol{v}_{C_i}$ 和 ${}^i\boldsymbol{\omega}_i$ 是 $\boldsymbol{\Theta}$ 和 $\dot{\boldsymbol{\Theta}}$ 的函数，$\boldsymbol{\Theta}$ 和 $\dot{\boldsymbol{\Theta}}$ 表示机械臂运动的角度与角加速度。因此，操作臂的动能 $\boldsymbol{k}(\boldsymbol{\Theta}, \dot{\boldsymbol{\Theta}})$ 可以描述为关节位置和速度的标量函数，即

$$k(\boldsymbol{\Theta}, \dot{\boldsymbol{\Theta}}) = \frac{1}{2}\dot{\boldsymbol{\Theta}}^{\mathrm{T}} \boldsymbol{M}(\boldsymbol{\Theta})\dot{\boldsymbol{\Theta}} \tag{4-47}$$

其中，$\boldsymbol{M}(\boldsymbol{\Theta})$是 $n \times n$ 操作臂的质量矩阵。式(4－47)类似于我们熟悉的质点动能表达式：

$$k = \frac{1}{2}mv^2 \tag{4-48}$$

操作臂的质量矩阵一定是正定的。

第 i 根连杆的势能 u_i 可以表示为

$$u_i = -m_1 ({}^0\boldsymbol{g})^{\mathrm{T}\,0}\boldsymbol{P}_{C_i} + u_{\mathrm{ref}_i} \tag{4-49}$$

这里${}^0\boldsymbol{g}$ 是 3×1 的重力矢量，${}^0\boldsymbol{P}_{C_i}$ 是位于第 i 根连杆质心的矢量，u_{ref_i} 是使 u_i 的最小值为零的常数。操作臂的总势能为各个连杆的势能之和，即

$$u = \sum_{i=1}^{n} u_i \tag{4-50}$$

因为式(4－49)中的${}^0\boldsymbol{P}_{C_i}$ 是 $\boldsymbol{\Theta}$ 的函数，所以可以看出操作臂的势能 $u(\boldsymbol{\Theta})$可以描述为关节位置的标量函数。

从标量函数式(4－47)和式(4－50)可以推导出动力学方程，该标量函数为拉格朗日函数，它是对应的动能和势能之间的差值。因此，操作臂的拉格朗日函数可以表示为

$$L(\boldsymbol{\Theta}, \dot{\boldsymbol{\Theta}}) = k(\boldsymbol{\Theta}, \dot{\boldsymbol{\Theta}}) - u(\boldsymbol{\Theta}) \tag{4-51}$$

则操作臂的运动方程为

$$\frac{\mathrm{d}}{\mathrm{d}t}\frac{\partial L}{\partial \dot{\boldsymbol{\Theta}}} - \frac{\partial L}{\partial \boldsymbol{\Theta}} = \boldsymbol{\tau} \tag{4-52}$$

这里 $\boldsymbol{\tau}$ 是 $n \times 1$ 的力矩矢量，代入式(4－51)为

$$\frac{\mathrm{d}}{\mathrm{d}t}\frac{\partial k}{\partial \dot{\boldsymbol{\Theta}}} - \frac{\partial k}{\partial \boldsymbol{\Theta}} + \frac{\partial u}{\partial \boldsymbol{\Theta}} = \boldsymbol{\tau} \tag{4-53}$$

为了简单起见，式(4－53)中忽略了 $k(\cdot)$和 $u(\cdot)$中的自变量。

在图 4－4 中，RP 操作臂连杆的惯性张量为

$$
{}^{C_1}\boldsymbol{I}_1=\begin{bmatrix} I_{xx1} & 0 & 0 \\ 0 & I_{yy1} & 0 \\ 0 & 0 & I_{zz1} \end{bmatrix}
$$

$$
{}^{C_2}\boldsymbol{I}_2=\begin{bmatrix} I_{xx2} & 0 & 0 \\ 0 & I_{yy2} & 0 \\ 0 & 0 & I_{zz2} \end{bmatrix}
$$

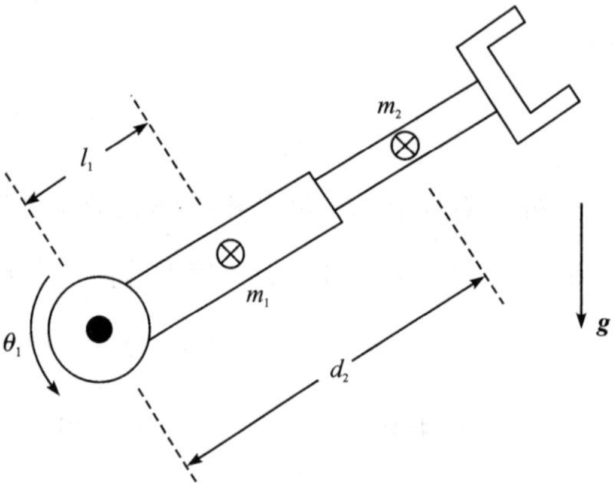

图 4-4　RP 操作臂

【例 4.3】　操作臂连杆总质量为 m_1 和 m_2。从图 4-4 中可知，连杆 1 的质心与关节 1 的轴线的距离为 l_1，连杆 2 的质心与关节 1 的轴线距离为变量 d_2。求此操作臂的动力学方程。

解　由式(4-46)，可写出连杆 1 的动能为

$$
k_1=\frac{1}{2}m_1 l_1^2\dot{\theta}_1^2+\frac{1}{2}I_{zz1}\dot{\theta}_1^2
$$

连杆 2 的动能为

$$
k_2=\frac{1}{2}m_2(d_2^2\dot{\theta}_1^2+\dot{d}_2^2)+\frac{1}{2}I_{zz2}\dot{\theta}_1^2
$$

因此，总动能为

$$
k(\boldsymbol{\Theta},\dot{\boldsymbol{\Theta}})=\frac{1}{2}(m_1 l_1^2+I_{zz1}+I_{zz2}+m_2 d_2^2)\dot{\theta}_1^2+\frac{1}{2}m_2\dot{d}_2^2
$$

由式(4-49)，可写出连杆 1 的势能为

$$
u_1=m_1 l_1 g\sin\theta_1+m_1 l_1 g
$$

连杆 2 的势能为

$$
u_2=m_2 g d_2\sin\theta_1+m_2 g d_{2\max}
$$

这里 $d_{2\max}$ 是关节 2 的最大运动范围。因此，总势能为

$$
u(\boldsymbol{\Theta})=g(m_1 l_1+m_2 d_2)\sin\theta_1+m_1 l_1 g+m_2 g d_{2\max}
$$

其次，求式(4-53)中的偏导数

$$
\frac{\partial k}{\partial\dot{\boldsymbol{\Theta}}}=\begin{bmatrix}(m_1 l_1^2+I_{zz1}+I_{zz2}+m_2 d_2^2)\dot{\theta}_1 \\ m_2 d_2\end{bmatrix}
$$

$$\frac{\partial k}{\partial \boldsymbol{\Theta}}=\begin{bmatrix}0\\ m_2d_2\dot{\theta}_1^2\end{bmatrix}$$

$$\frac{\partial u}{\partial \boldsymbol{\Theta}}=\begin{bmatrix}g(m_1l_1+m_2d_2)\cos\theta_1\\ gm_2\sin\theta_1\end{bmatrix}$$

最后代入式(4－52)，得

$$\tau_1=(m_1l_1^2+I_{zz1}+I_{zz2}+m_2d_2^2)\ddot{\theta}_1+2m_2d_2\dot{\theta}_1\dot{d}_2+(m_1l_1+m_2d_2)g\cos\theta_1$$

$$\tau_2=m_2\ddot{d}_2-m_2d_2\dot{\theta}_1^2+m_2g\sin\theta_1$$

4.4 牛顿-欧拉迭代动力学方程

把机械臂的各个连杆看作是刚体。通过连杆期望的加速度与质量分布之间的函数关系式就可以计算得到连杆运动所需要的力。牛顿方程与描述旋转运动的欧拉方程描述了力、惯量和加速度这三者之间的关系。

1. 牛顿方程

刚体质心以加速度$\dot{\boldsymbol{v}}_C$作加速运动。此时，根据牛顿方程得知作用在刚体上的力 $\boldsymbol{F}$ 为

$$\boldsymbol{F}=m\dot{\boldsymbol{v}}_C \tag{4-54}$$

其中，m 代表刚体的质量。

2. 欧拉方程

存在一个旋转的刚体，其角速度与角加速度分别为 $\boldsymbol{\omega}$、$\dot{\boldsymbol{\omega}}$。此时，由欧拉方程可得作用在刚体上的力矩 $\boldsymbol{N}$ 为

$$\boldsymbol{N}={}^C\boldsymbol{I}\dot{\boldsymbol{\omega}}+\boldsymbol{\omega}\times{}^C\boldsymbol{I}\boldsymbol{\omega} \tag{4-55}$$

其中，${}^C\boldsymbol{I}$ 代表的是在坐标系$\{C\}$中刚体的惯性张量，坐标系$\{C\}$的原点为刚体质心。

如果已知关节的位置、速度和加速度($\boldsymbol{\Theta}$，$\dot{\boldsymbol{\Theta}}$，$\ddot{\boldsymbol{\Theta}}$)，可以计算出驱动关节运动所需的力矩。

3. 作用在连杆上的力和力矩

得到各个连杆质心的线加速度和角加速度后，即可计算出对应的惯性力和力矩如下：

$$\boldsymbol{F}_i=m\dot{\boldsymbol{v}}_{C_i}$$

$$\boldsymbol{N}_i={}^{C_i}\boldsymbol{I}\dot{\boldsymbol{\omega}}_i+\boldsymbol{\omega}\times{}^{C_i}\boldsymbol{I}\boldsymbol{\omega}_i \tag{4-56}$$

式中，坐标系$\{C_i\}$的原点位于连杆质心，各坐标系方位与原连杆坐标系$\{i\}$方位相同。

4. 计算力和力矩的向内迭代法

得到作用在每个连杆上的力和力矩之后，需要进一步计算来得到关节力矩，它们是实际作用在连杆上的力和力矩。

根据连杆在无重力状态下的受力图(见图 4－5)，可以得到力平衡方程与力矩平衡方程。各个连杆都受到相邻连杆的作用力、力矩以及其附加的惯性力和力矩。这里定义：

$\boldsymbol{f}_i$：连杆 $i-1$ 作用在连杆 i 上的力；

$\boldsymbol{n}_i$：连杆 $i-1$ 作用在连杆 i 上的力矩。

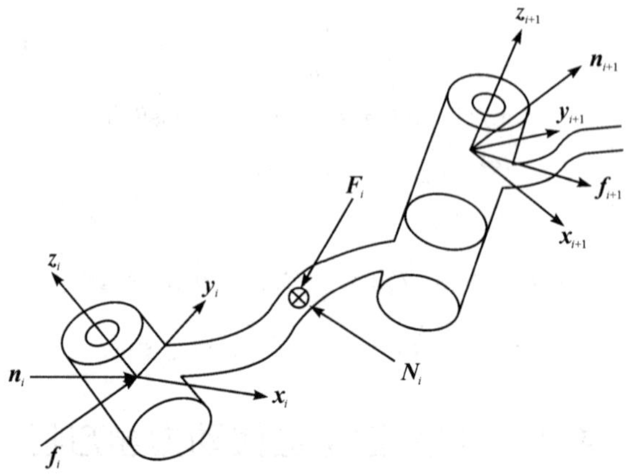

图 4-5　对于单个操作臂连杆的力平衡(包括惯性力)

将所有作用在连杆 i 上的力相加，得到力平衡方程：

$$ {}^{i}\boldsymbol{F}_{i} = {}^{i}\boldsymbol{f}_{i} - {}^{i}_{i+1}\boldsymbol{R}\,{}^{i+1}\boldsymbol{f}_{i+1} \tag{4-57} $$

把全部施加在质心上的力矩求和，并使它们的和为 0，便可以得到力矩平衡方程：

$$ {}^{i}\boldsymbol{N}_{i} = {}^{i}\boldsymbol{n}_{i} - {}^{i}\boldsymbol{n}_{i+1} + (-{}^{i}\boldsymbol{P}_{C_i}) \times {}^{i}\boldsymbol{f}_{i} - ({}^{i}\boldsymbol{P}_{i+1} - {}^{i}\boldsymbol{P}_{C_i}) \times {}^{i}\boldsymbol{f}_{i+1} \tag{4-58} $$

利用力平衡方程(4-57)的结果以及附加旋转矩阵的方法，式(4-58)可写成

$$ {}^{i}\boldsymbol{N}_{i} = {}^{i}\boldsymbol{n}_{i} - {}^{i}_{i+1}\boldsymbol{R}\,{}^{i+1}\boldsymbol{n}_{i+1} - {}^{i}\boldsymbol{P}_{C_i} \times {}^{i}\boldsymbol{F}_{i} - {}^{i}\boldsymbol{P}_{i+1} \times {}^{i}_{i+1}\boldsymbol{R}\,{}^{i+1}\boldsymbol{f}_{i+1} \tag{4-59} $$

最后，对力和力矩方程进行重新排列，得到相邻连杆从高序号向低序号排列的迭代关系：

$$ {}^{i}\boldsymbol{f}_{i} = {}^{i}_{i+1}\boldsymbol{R}\,{}^{i+1}\boldsymbol{f}_{i+1} + {}^{i}\boldsymbol{F}_{i} \tag{4-60} $$

$$ {}^{i}\boldsymbol{n}_{i} = {}^{i}\boldsymbol{N}_{i} + {}^{i}_{i+1}\boldsymbol{R}\,{}^{i+1}\boldsymbol{n}_{i+1} + {}^{i}\boldsymbol{P}_{C_i} \times {}^{i}\boldsymbol{F}_{i} + {}^{i}\boldsymbol{P}_{i+1} \times {}^{i}_{i+1}\boldsymbol{R}\,{}^{i+1}\boldsymbol{f}_{i+1} \tag{4-61} $$

利用式(4-57)～式(4-61)对连杆依次进行求解，从连杆 n 开始向内一直迭代到机器人基座。

在静力学中，关节力矩即为一个连杆施加于相邻连杆的力矩在 z 方向的分量：

$$ \boldsymbol{\tau}_{i} = {}^{i}\boldsymbol{n}_{i}^{\mathrm{T}}\,{}^{i}\boldsymbol{z}_{i} \tag{4-62} $$

对于移动关节 i，有

$$ \boldsymbol{\tau}_{i} = {}^{i}\boldsymbol{f}_{i}^{\mathrm{T}}\,{}^{i}\boldsymbol{z}_{i} \tag{4-63} $$

式中，符号 $\boldsymbol{\tau}$ 为线性驱动力。

如果机器人在空间中是自由运动的，则 ${}^{N+1}\boldsymbol{f}_{N+1}$ 和 ${}^{N+1}\boldsymbol{n}_{N+1}$ 等于零，因此应用这些方程计算连杆 n 时是简单的。如果机器人与环境接触，则 ${}^{N+1}\boldsymbol{f}_{N+1}$ 和 ${}^{N+1}\boldsymbol{n}_{N+1}$ 不为零，力平衡方程就包含了接触力与力矩。

5. 牛顿-欧拉迭代动力学算法

利用关节运动得到关节力矩的完整算法由两部分组成。第一部分是对各连杆使用牛顿-欧拉方程，从连杆 1 到连杆 n 向外迭代计算出连杆的速度与加速度。第二部分是向内迭代计算从连杆 n 到连杆 1 之间的相互作用力、力矩以及关节驱动力矩。对于转动关节来说，该算法为

向外计算迭代：i：0→5

$$ {}^{i}\boldsymbol{\omega}_{i+1} = {}^{i}\boldsymbol{\omega}_{i} + {}^{i}_{i+1}\boldsymbol{R}\dot{\boldsymbol{\theta}}_{i+1}\,{}^{i+1}\boldsymbol{z}_{i+1} \tag{4-64} $$

$$ {}^{i+1}\dot{\boldsymbol{\omega}}_{i+1} = {}^{i+1}_{i}\boldsymbol{R}\,{}^{i}\dot{\boldsymbol{\omega}}_{i} + {}^{i+1}_{i}\boldsymbol{R}\,{}^{i}\boldsymbol{\omega}_{i} \times \dot{\boldsymbol{\theta}}_{i+1}\,{}^{i+1}\boldsymbol{z}_{i+1} + \ddot{\boldsymbol{\theta}}_{i+1}\,{}^{i+1}\boldsymbol{z}_{i+1} \tag{4-65} $$

$$ {}^{i+1}\dot{\boldsymbol{v}}_{i+1} = {}^{i+1}_{i}\boldsymbol{R}\left[{}^{i}\dot{\boldsymbol{v}}_{i} + {}^{i}\dot{\boldsymbol{\omega}}_{i} \times {}^{i}\boldsymbol{P}_{i+1} + {}^{i}\boldsymbol{\omega}_{i} \times ({}^{i}\boldsymbol{\omega}_{i} \times {}^{i}\boldsymbol{P}_{i+1})\right] \tag{4-66} $$

$$ {}^{i+1}\dot{\boldsymbol{v}}_{C_{i+1}} = {}^{i+1}\dot{\boldsymbol{v}}_{i+1} + {}^{i+1}\dot{\boldsymbol{\omega}}_{i+1} \times {}^{i+1}\boldsymbol{P}_{C_{i+1}} + {}^{i+1}\boldsymbol{\omega}_{i+1} \times ({}^{i+1}\boldsymbol{\omega}_{i+1} \times {}^{i+1}\boldsymbol{P}_{C_{i+1}}) \tag{4-67} $$

$$ {}^{i+1}\boldsymbol{F}_{i+1} = m_{i+1}\dot{\boldsymbol{v}}_{C_{i+1}} \tag{4-68} $$

$$ {}^{i+1}\boldsymbol{N}_{i+1} = {}^{C_{i+1}}\boldsymbol{I}_{i+1}\,{}^{i+1}\dot{\boldsymbol{\omega}}_{i+1} + {}^{i+1}\boldsymbol{\omega}_{i+1} \times {}^{C_{i+1}}\boldsymbol{I}_{i+1}\,{}^{i+1}\boldsymbol{\omega}_{i+1} \tag{4-69} $$

向内迭代计算：i：6→1

$$ {}^{i}\boldsymbol{f}_{i} = {}^{i}_{i+1}\boldsymbol{R}\,{}^{i+1}\boldsymbol{f}_{i+1} + {}^{i}\boldsymbol{F}_{i} \tag{4-70} $$

$$ {}^{i}\boldsymbol{n}_{i} = {}^{i}\boldsymbol{N}_{i} + {}^{i}_{i+1}\boldsymbol{R}\,{}^{i+1}\boldsymbol{n}_{i+1} + {}^{i}\boldsymbol{P}_{C_i} \times {}^{i}\boldsymbol{F}_{i} + {}^{i}\boldsymbol{P}_{i+1} \times {}^{i}_{i+1}\boldsymbol{R}\,{}^{i+1}\boldsymbol{f}_{i+1} \tag{4-71} $$

$$ \boldsymbol{\tau}_{i} = {}^{i}\boldsymbol{n}_{i}^{\mathrm{T}}\,{}^{i}\boldsymbol{z}_{i} \tag{4-72} $$

6. 计及重力的动力学算法

令${}^{0}\dot{\boldsymbol{v}}_{0}=\boldsymbol{G}$就可以很简单地将作用在连杆上的重力因素包括在动力学方程中，其中$\boldsymbol{G}$与重力矢量大小相等，而方向相反。这等效于机器人正以 1 g 的加速度在做向上加速运动。

4.5 迭代形式与封闭形式的动力学方程

已知关节位置、速度和加速度，应用式(4－64)～式(4－72)就可以计算所需的关节力矩。将待求操作臂的惯性张量、连杆质量、矢量$\boldsymbol{P}_{C_i}$以及矩阵${}^{i+1}_{i}\boldsymbol{R}$代入这些方程中，便可计算出任何运动情况下的关节力矩，计算方法适用于所有的机器人。

然而，方程的结构也是我们经常需要研究的内容。如重力项的形式是什么？重力影响与惯性力影响相比较哪一个影响较大？为了研究此类问题，需要给出封闭形式的动力学方程。使用牛顿-欧拉方程递推算法对$\boldsymbol{\Theta}$、$\dot{\boldsymbol{\Theta}}$和$\ddot{\boldsymbol{\Theta}}$进行符号推导即可得到相对应的方程。

如图 4－6 所示，利用平面二连杆操作臂的封闭式动力学方程进行计算，假设每个连杆的质量都集中在连杆的末端，设其质量分别为m_1和m_2。

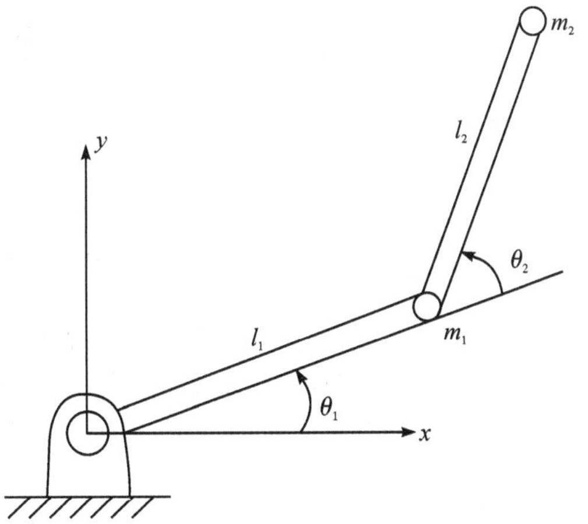

图 4－6　质量集中在连杆末端的二连杆平面操作臂

首先，确定牛顿-欧拉迭代公式中各参量的值。其中各个连杆质心的位置矢量为

$$ {}^{1}\boldsymbol{P}_{C_1} = l_1\boldsymbol{X}_1 $$

$$ {}^{2}\boldsymbol{P}_{C_2} = l_2\boldsymbol{X}_2 $$

由于假设为集中质量，因此每个连杆质心的惯性张量为零矩阵：

$$^{C_1}\boldsymbol{I}_1=\boldsymbol{0},\quad ^{C_2}\boldsymbol{I}_2=\boldsymbol{0}$$

末端执行器上没有作用力，因而有

$$\boldsymbol{f}_3=\boldsymbol{0},\quad \boldsymbol{n}_3=\boldsymbol{0}$$

机器人基座不旋转，因此有

$$\boldsymbol{\omega}_0=\boldsymbol{0}$$

$$\dot{\boldsymbol{\omega}}_0=\boldsymbol{0}$$

包括重力因素，有

$$^0\dot{\boldsymbol{v}}_0=g\boldsymbol{Y}_0$$

相邻连杆坐标系之间的相对转动为

$$^{i}_{i+1}\boldsymbol{R}=\begin{bmatrix} c_{i+1} & -s_{i+1} & 0 \\ s_{i+1} & c_{i+1} & 0 \\ 0 & 0 & 1 \end{bmatrix}$$

$$^{i+1}_{i}\boldsymbol{R}=\begin{bmatrix} c_{i+1} & s_{i+1} & 0 \\ -s_{i+1} & c_{i+1} & 0 \\ 0 & 0 & 1 \end{bmatrix}$$

c_{i+1} 和 s_{i+1} 表示 $i+1$ 连杆相对 i 连杆夹角的余弦和正弦值。

应用式(4-64)～(4-72)，分别对连杆 1、连杆 2 用向外迭代和向内迭代法求解。

对连杆 1 用向外迭代法求解如下：

$$^1\boldsymbol{\omega}_1=\dot{\theta}_1{}^1\boldsymbol{z}_1=\begin{bmatrix} 0 \\ 0 \\ \dot{\theta}_1 \end{bmatrix}$$

$$^1\dot{\boldsymbol{\omega}}_1=\ddot{\boldsymbol{\theta}}_1{}^1\boldsymbol{z}_1=\begin{bmatrix} 0 \\ 0 \\ \ddot{\theta}_1 \end{bmatrix}$$

$$^1\dot{\boldsymbol{v}}_1=\begin{bmatrix} c_1 & s_1 & 0 \\ -s_1 & c_1 & 0 \\ 0 & 0 & 1 \end{bmatrix}\begin{bmatrix} 0 \\ g \\ 0 \end{bmatrix}=\begin{bmatrix} gs_1 \\ gc_1 \\ 0 \end{bmatrix}$$

$$^1\dot{\boldsymbol{v}}_{C_1}=\begin{bmatrix} 0 \\ l_1\ddot{\theta}_1 \\ 0 \end{bmatrix}+\begin{bmatrix} -l_1\dot{\theta}_1^2 \\ 0 \\ 0 \end{bmatrix}+\begin{bmatrix} gs_1 \\ gc_1 \\ 0 \end{bmatrix}=\begin{bmatrix} -l_1\dot{\theta}_1^2+gs_1 \\ l_1\ddot{\theta}_1+gc_1 \\ 0 \end{bmatrix}$$

$$^1\boldsymbol{F}_1=\begin{bmatrix} -m_1l_1\dot{\theta}_1^2+m_1gs_1 \\ m_1l_1\ddot{\theta}_1+m_1gc_1 \\ 0 \end{bmatrix}$$

$$^1\boldsymbol{N}_1=\begin{bmatrix} 0 \\ 0 \\ 0 \end{bmatrix}$$

对连杆 2 用向外迭代法求解如下：

$$ {}^2\boldsymbol{\omega}_2 = \begin{bmatrix} 0 \\ 0 \\ \dot{\theta}_1 + \dot{\theta}_2 \end{bmatrix} $$

$$ {}^2\dot{\boldsymbol{\omega}}_2 = \begin{bmatrix} 0 \\ 0 \\ \ddot{\theta}_1 + \ddot{\theta}_2 \end{bmatrix} $$

$$ {}^2\dot{\boldsymbol{v}}_2 = \begin{bmatrix} c_1 & s_1 & 0 \\ -s_1 & c_1 & 0 \\ 0 & 0 & 1 \end{bmatrix} \begin{bmatrix} -l_1\dot{\theta}_1^2 + gs_1 \\ l_1\ddot{\theta}_1 + gc_1 \\ 0 \end{bmatrix} = \begin{bmatrix} l_1\ddot{\theta}_1 s_2 - l_1\dot{\theta}_1^2 c_2 + gs_{12} \\ l_1\ddot{\theta}_1 c_2 + l_1\dot{\theta}_1^2 s_2 + gc_{12} \\ 0 \end{bmatrix} $$

$$ {}^2\dot{\boldsymbol{v}}_{C_2} = \begin{bmatrix} 0 \\ l_2(\ddot{\theta}_1 + \ddot{\theta}_2) \\ 0 \end{bmatrix} + \begin{bmatrix} -l_2(\dot{\theta}_1 + \dot{\theta}_2)^2 \\ 0 \\ 0 \end{bmatrix} + \begin{bmatrix} l_1\ddot{\theta}_1 s_2 - l_1\dot{\theta}_1^2 c_2 + gs_{12} \\ l_1\ddot{\theta}_1 c_2 + l_1\dot{\theta}_1^2 s_2 + gc_{12} \\ 0 \end{bmatrix} $$

$$ {}^2\boldsymbol{F}_2 = \begin{bmatrix} m_2 l_1\ddot{\theta}_1 s_2 - m_2 l_1\dot{\theta}_1^2 c_2 + m_2 g s_{12} - m_2 l_2(\dot{\theta}_1 + \dot{\theta}_2)^2 \\ m_2 l_1\ddot{\theta}_1 c_2 + m_2 l_1\dot{\theta}_1^2 s_2 + m_2 g c_{12} + m_2 l_2(\ddot{\theta}_1 + \ddot{\theta}_2) \\ 0 \end{bmatrix} $$

$$ {}^2\boldsymbol{N}_2 = \begin{bmatrix} 0 \\ 0 \\ 0 \end{bmatrix} $$

对连杆 2 用向内迭代法求解如下：

$$ {}^2\boldsymbol{f}_2 = {}^2\boldsymbol{F}_2 $$

$$ {}^2\boldsymbol{n}_2 = \begin{bmatrix} 0 \\ 0 \\ m_2 l_1 l_2 c_2\ddot{\theta}_1 + m_2 l_1 l_2 s_2\dot{\theta}_1^2 + m_2 l_2 g c_{12} + m_2 l_2^2(\ddot{\theta}_1 + \ddot{\theta}_2) \end{bmatrix} $$

对连杆 1 用向内迭代法求解如下：

$$ {}^1\boldsymbol{f}_1 = \begin{bmatrix} c_2 & -s_2 & 0 \\ s_2 & c_2 & 0 \\ 0 & 0 & 1 \end{bmatrix} \begin{bmatrix} m_2 l_1\ddot{\theta}_1 s_2 - m_2 l_1\dot{\theta}_1^2 c_2 + m_2 g s_{12} - m_2 l_2(\dot{\theta}_1 + \dot{\theta}_2)^2 \\ m_2 l_1\ddot{\theta}_1 c_2 + m_2 l_1\dot{\theta}_1^2 s_2 + m_2 g c_{12} + m_2 l_2(\ddot{\theta}_1 + \ddot{\theta}_2) \\ 0 \end{bmatrix} + $$

$$ \begin{bmatrix} -m_1 l_1\dot{\theta}_1^2 + m_1 g s_1 \\ m_1 l_1\ddot{\theta}_1 + m_1 g c_1 \\ 0 \end{bmatrix} $$

$$
{}^{1}\boldsymbol{n}_1 = \begin{bmatrix} 0 \\ 0 \\ m_2 l_1 l_2 c_2 \ddot{\theta}_1 + m_2 l_1 l_2 s_2 \dot{\theta}_1^2 + m_2 l_2 g c_{12} + m_2 l_2^2 (\ddot{\theta}_1 + \ddot{\theta}_2) \end{bmatrix} + \begin{bmatrix} 0 \\ 0 \\ m_1 l_1^2 \ddot{\theta}_1 + m_1 l_1 g c_1 \end{bmatrix} +
$$

$$
\begin{bmatrix} 0 \\ 0 \\ m_2 l_1^2 \ddot{\theta} - m_2 l_1 l_2 s_2 (\dot{\theta}_1 + \dot{\theta}_2)^2 + m_2 l_1 g s_2 s_{12} + m_2 l_1 l_2 c_2 (\ddot{\theta}_1 + \ddot{\theta}_2) + m_2 l_1 g c_2 c_{12} \end{bmatrix}
$$

取 ${}^{i}\boldsymbol{n}_i$ 中的 z 方向分量，得到如下关节力矩：

$$
\begin{aligned}
\tau_1 = & m_2 l_2^2 (\ddot{\theta}_1 + \ddot{\theta}_2) + m_2 l_1 l_2 c_2 (2\ddot{\theta}_1 + \ddot{\theta}_2) + (m_1 + m_2) l_1^2 \ddot{\theta}_1 - m_2 l_1 l_2 s_2 \dot{\theta}_2^2 - \\
& 2 m_2 l_1 l_2 s_2 \dot{\theta}_1 \dot{\theta}_2 + m_2 l_2 g c_{12} + (m_1 + m_2) l_1 g c_1
\end{aligned}
$$

$$
\tau_2 = m_2 l_1 l_2 c_2 \ddot{\theta}_1 + m_2 l_1 l_2 s_2 \dot{\theta}_1^2 + m_2 l_2 g c_{12} + m_2 l_2^2 (\ddot{\theta}_1 + \ddot{\theta}_2)
$$

上式将驱动力矩表示为关节位置、速度和加速度的函数。

4.6　状态空间和形位空间的动力学方程

通过隐藏方程中的某些细节可以简洁地表示出操作臂的动力学方程，其仅显示方程的某些结构。

1. 状态空间方程

当使用牛顿-欧拉方程对操作臂进行分析时，动力学方程可以改写为

$$
\boldsymbol{\tau} = \boldsymbol{M}(\boldsymbol{\Theta})\ddot{\boldsymbol{\Theta}} + \boldsymbol{V}(\boldsymbol{\Theta}, \dot{\boldsymbol{\Theta}}) + \boldsymbol{G}(\boldsymbol{\Theta}) \tag{4-73}
$$

式中，$\boldsymbol{M}(\boldsymbol{\Theta})$ 是操作臂的 $n\times n$ 质量矩阵，$\boldsymbol{V}(\boldsymbol{\Theta}, \dot{\boldsymbol{\Theta}})$ 是 $n\times 1$ 的离心力和哥氏力矢量，$\boldsymbol{G}(\boldsymbol{\Theta})$ 是 $n\times 1$ 的重力矢量。因为式(4-73)中的矢量 $\boldsymbol{V}(\boldsymbol{\Theta}, \dot{\boldsymbol{\Theta}})$ 取决于位置和速度，所以被称为状态空间方程。

可以将操作臂动力学方程中不同类型的项划分为质量矩阵、离心力和哥氏力矢量以及重力矢量。

【例 4.4】 求图 4-6 中机械臂的 $\boldsymbol{M}(\boldsymbol{\Theta})$、$\boldsymbol{V}(\boldsymbol{\Theta}, \dot{\boldsymbol{\Theta}})$ 和 $\boldsymbol{G}(\boldsymbol{\Theta})$。

式(4-73)定义了操作臂的质量矩阵 $\boldsymbol{M}(\boldsymbol{\Theta})$，组成 $\boldsymbol{M}(\boldsymbol{\Theta})$ 的所有各项均为 $\boldsymbol{\Theta}$ 的函数并与 $\ddot{\boldsymbol{\Theta}}$ 相乘。因此有

$$
\boldsymbol{M}(\boldsymbol{\Theta}) = \begin{bmatrix} l_2^2 m_2 + 2 l_1 l_2 m_2 c_2 + l_1^2 (m_1 + m_2) & l_2^2 m_2 + l_1 l_2 m_2 c_2 \\ l_2^2 m_2 + l_1 l_2 m_2 c_2 & l_2^2 m_2 \end{bmatrix}
$$

该操作臂的质量矩阵都是对称和正定的，因此也都是可逆的。

速度项 $\boldsymbol{V}(\boldsymbol{\Theta}, \dot{\boldsymbol{\Theta}})$ 包含了所有与关节速度有关的项，即

$$
\boldsymbol{V}(\boldsymbol{\Theta}, \dot{\boldsymbol{\Theta}}) = \begin{bmatrix} -m_2 l_1 l_2 s_2 \dot{\theta}_2^2 - 2 m_2 l_1 l_2 s_2 \dot{\theta}_1 \dot{\theta}_2 \\ m_2 l_1 l_2 s_2 \dot{\theta}_1^2 \end{bmatrix}
$$

$-m_2 l_1 l_2 s_2 \dot{\theta}_2^2$ 是与离心力有关的项，因为它是关节速度的平方。$-2 m_2 l_1 l_2 s_2 \dot{\theta}_1 \dot{\theta}_2$ 是与哥

氏力有关的项，因为它总是包含两个不同关节速度的乘积。

重力项 $\boldsymbol{G}(\boldsymbol{\Theta})$ 包含了所有与重力加速度 g 有关的项，因而有

$$\boldsymbol{G}(\boldsymbol{\Theta})=\begin{bmatrix} m_2 l_2 g c_{12}+(m_1+m_2) l_1 g c_1 \\ m_2 l_2 g c_{12} \end{bmatrix}$$

注意，重力项只与 $\boldsymbol{\Theta}$ 有关，而与它的导数无关。

2. 形位空间方程

将动力学方程中的速度项 $\boldsymbol{V}(\boldsymbol{\Theta}, \dot{\boldsymbol{\Theta}})$ 写成另外一种形式如下：

$$\boldsymbol{\tau}=\boldsymbol{M}(\boldsymbol{\Theta})\ddot{\boldsymbol{\Theta}}+\boldsymbol{B}(\boldsymbol{\Theta})[\dot{\boldsymbol{\Theta}}\dot{\boldsymbol{\Theta}}]+\boldsymbol{C}(\boldsymbol{\Theta})[\dot{\boldsymbol{\Theta}}^2]+\boldsymbol{G}(\boldsymbol{\Theta}) \tag{4-74}$$

式中，$\boldsymbol{B}(\boldsymbol{\Theta})$ 是 $n\times n(n-1)/2$ 阶的哥氏力系数矩阵，$[\dot{\boldsymbol{\Theta}}\dot{\boldsymbol{\Theta}}]$ 是 $n(n-1)/2\times 1$ 阶的关节速度积矢量，即

$$[\dot{\boldsymbol{\Theta}}\dot{\boldsymbol{\Theta}}]=[\dot{\boldsymbol{\Theta}}_1\dot{\boldsymbol{\Theta}}_2\dot{\boldsymbol{\Theta}}_1\dot{\boldsymbol{\Theta}}_3\cdots\dot{\boldsymbol{\Theta}}_{n-1}\dot{\boldsymbol{\Theta}}_n]^{\mathrm{T}}$$

$\boldsymbol{C}(\boldsymbol{\Theta})$ 是 $n\times n$ 阶离心力系数矩阵，而 $[\dot{\boldsymbol{\Theta}}^2]$ 是 $n\times 1$ 阶矢量，即

$$[\dot{\boldsymbol{\Theta}}_1^2\dot{\boldsymbol{\Theta}}_2^2\cdots\dot{\boldsymbol{\Theta}}_n^2]^{\mathrm{T}}$$

式(4-74)的系数矩阵仅是操作臂位置的函数，因此它被称为形位空间方程。

【例 4.5】 求图 4-6 中操作臂的 $\boldsymbol{B}(\boldsymbol{\Theta})$ 和 $\boldsymbol{C}(\boldsymbol{\Theta})$。

解 对于图 4-6 所示的简单二连杆操作臂，有

$$[\dot{\boldsymbol{\Theta}}\dot{\boldsymbol{\Theta}}]=[\dot{\theta}_1\dot{\theta}_2]$$

$$[\dot{\boldsymbol{\Theta}}^2]=\begin{bmatrix}\dot{\theta}_1^2 \\ \dot{\theta}_2^2\end{bmatrix}$$

因此有

$$\boldsymbol{B}(\boldsymbol{\Theta})=\begin{bmatrix}-2m_2 l_1 l_2 s_2 \\ 0\end{bmatrix}$$

和

$$\boldsymbol{C}(\boldsymbol{\Theta})=\begin{bmatrix}0 & -m_2 l_1 l_2 s_2 \\ m_2 l_1 l_2 s_2 & 0\end{bmatrix}$$

4.7 建立笛卡儿空间的规范化操作臂动力学方程

前面所涉及的动力学方程均由操作臂的关节角(即关节空间)对位置和时间的导数建立起来的，其一般形式为

$$\boldsymbol{\tau}=\boldsymbol{M}(\boldsymbol{\Theta})\ddot{\boldsymbol{\Theta}}+\boldsymbol{V}(\boldsymbol{\Theta}, \dot{\boldsymbol{\Theta}})+\boldsymbol{G}(\boldsymbol{\Theta}) \tag{4-75}$$

建立关节空间方程的目的是便于应用串联机构的性质来推导动力学方程。本节描述笛卡儿空间中末端执行器的加速度与作用在末端执行器上的力和力矩之间关系的动力学方程。

1. 笛卡儿状态空间方程

应用笛卡儿变量的一般形式建立的操作臂动力学方程可以表示为

$$\boldsymbol{F}=\boldsymbol{M}_x(\boldsymbol{\Theta})\ddot{\boldsymbol{\chi}}+\boldsymbol{V}_x(\boldsymbol{\Theta},\dot{\boldsymbol{\Theta}})+\boldsymbol{G}_x(\boldsymbol{\Theta}) \tag{4-76}$$

这里 $\boldsymbol{F}$ 是作用于机械臂末端执行器上的力和力矩矢量。$\boldsymbol{\chi}$ 是一个能够恰当表达末端执行器位姿的笛卡儿矢量。与关节空间参数相似，$\boldsymbol{M}_x(\boldsymbol{\Theta})$是笛卡儿质量矩阵，$\boldsymbol{V}_x(\boldsymbol{\Theta},\dot{\boldsymbol{\Theta}})$是笛卡儿空间的速度项矢量，$\boldsymbol{G}_x(\boldsymbol{\Theta})$是笛卡儿空间的重力项矢量。注意，作用于末端执行器上的摩擦力 $\boldsymbol{F}$ 实际上可以用关节驱动器的驱动力表示，即通过下面的关系式

$$\boldsymbol{\tau}=\boldsymbol{J}^{\mathrm{T}}(\boldsymbol{\Theta})\boldsymbol{F} \tag{4-77}$$

这个雅可比矩阵 $\boldsymbol{J}(\boldsymbol{\Theta})$与 $\boldsymbol{F}$ 和 $\ddot{\boldsymbol{\chi}}$ 的坐标系相同，该坐标系一般为工具坐标系。

通过以下方法可以得出式(4－75)和式(4－77)中各项之间的对应关系。首先，将雅可比矩阵进行转置，然后将其逆阵左乘到式(4－75)得到

$$\boldsymbol{J}^{-\mathrm{T}}\boldsymbol{\tau}=\boldsymbol{J}^{-\mathrm{T}}\boldsymbol{M}(\boldsymbol{\Theta})\ddot{\boldsymbol{\Theta}}+\boldsymbol{J}^{-\mathrm{T}}\boldsymbol{V}(\boldsymbol{\Theta},\dot{\boldsymbol{\Theta}})+\boldsymbol{J}^{-\mathrm{T}}\boldsymbol{G}(\boldsymbol{\Theta}) \tag{4-78}$$

或

$$\boldsymbol{F}=\boldsymbol{J}^{-\mathrm{T}}\boldsymbol{M}(\boldsymbol{\Theta})\ddot{\boldsymbol{\Theta}}+\boldsymbol{J}^{-\mathrm{T}}\boldsymbol{V}(\boldsymbol{\Theta},\dot{\boldsymbol{\Theta}})+\boldsymbol{J}^{-\mathrm{T}}\boldsymbol{G}(\boldsymbol{\Theta}) \tag{4-79}$$

其次，求关节空间和笛卡儿空间加速度之间的关系，根据雅可比矩阵的定义可得

$$\dot{\boldsymbol{\chi}}=\boldsymbol{J}\dot{\boldsymbol{\Theta}} \tag{4-80}$$

求导得

$$\ddot{\boldsymbol{\chi}}=\dot{\boldsymbol{J}}\dot{\boldsymbol{\Theta}}+\boldsymbol{J}\ddot{\boldsymbol{\Theta}} \tag{4-81}$$

求解式(4－81)得关节空间的加速度

$$\ddot{\boldsymbol{\Theta}}=\boldsymbol{J}^{-1}\ddot{\boldsymbol{\chi}}-\boldsymbol{J}^{-1}\dot{\boldsymbol{J}}\dot{\boldsymbol{\Theta}} \tag{4-82}$$

把式(4－82)代入(4－81)得

$$\boldsymbol{F}=\boldsymbol{J}^{-\mathrm{T}}\boldsymbol{M}(\boldsymbol{\Theta})\boldsymbol{J}^{-1}\ddot{\boldsymbol{\chi}}-\boldsymbol{J}^{-\mathrm{T}}\boldsymbol{M}(\boldsymbol{\Theta})\boldsymbol{J}^{-1}\dot{\boldsymbol{J}}\dot{\boldsymbol{\Theta}}+\boldsymbol{J}^{-\mathrm{T}}\boldsymbol{V}(\boldsymbol{\Theta},\dot{\boldsymbol{\Theta}})+\boldsymbol{J}^{-\mathrm{T}}\boldsymbol{G}(\boldsymbol{\Theta}) \tag{4-83}$$

由此可以得出笛卡儿空间动力学方程中各项的表达式

$$\begin{aligned}\boldsymbol{M}_x(\boldsymbol{\Theta})&=\boldsymbol{J}^{-\mathrm{T}}(\Theta)\boldsymbol{M}(\boldsymbol{\Theta})\boldsymbol{J}^{-1}(\boldsymbol{\Theta})\\ \boldsymbol{V}_x(\boldsymbol{\Theta},\dot{\boldsymbol{\Theta}})&=\boldsymbol{J}^{-\mathrm{T}}(\boldsymbol{\Theta})(\boldsymbol{V}(\boldsymbol{\Theta},\dot{\boldsymbol{\Theta}})-\boldsymbol{M}(\boldsymbol{\Theta})\boldsymbol{J}^{-\mathrm{T}}(\boldsymbol{\Theta})\dot{\boldsymbol{J}}(\boldsymbol{\Theta})\dot{\boldsymbol{\Theta}})\\ \boldsymbol{G}_x(\boldsymbol{\Theta})&=\boldsymbol{J}^{-\mathrm{T}}(\boldsymbol{\Theta})\boldsymbol{G}(\boldsymbol{\Theta})\end{aligned} \tag{4-84}$$

注意，式(4－84)中的雅可比矩阵和式(4－74)中的 $\boldsymbol{F}$ 和 $\boldsymbol{\chi}$ 的坐标系相同，这个坐标系的选择是任意的。当操作臂到达奇异位置时，笛卡儿空间动力学方程中的某些量将趋于无穷大。

【例 4.6】 对于 4.5 节中的双连杆平面机械手，在笛卡儿空间中找到动力学方程。根据固定在第二连杆末端的坐标系描述其动力学方程。

解 我们已经求出了这个操作臂的动力学方程(在 4.6 节)，这里我们重新给出雅可比矩阵

$$\boldsymbol{J}(\boldsymbol{\Theta})=\begin{bmatrix} l_1 s_2 & 0 \\ l_1 c_2+l_2 & l_2 \end{bmatrix} \tag{4-85}$$

首先计算这个雅可比逆矩阵

$$J^{-1}(\Theta)=\frac{1}{l_1l_2s_2}\begin{bmatrix} l_2 & 0 \\ -l_1c_2-l_2 & l_1s_1 \end{bmatrix} \tag{4-86}$$

然后将雅可比矩阵对时间求导，得

$$\dot{J}(\Theta)=\begin{bmatrix} l_1c_2\dot{\theta}_2 & 0 \\ -l_1s_2\theta_2 & 0 \end{bmatrix} \tag{4-87}$$

利用式(4-84)和4.6节中的结果可得

$$\begin{cases} M_x(\Theta)=\begin{bmatrix} m_2+\dfrac{m_1}{s_2^2} & 0 \\ 0 & m_2 \end{bmatrix} \\ V_x(\Theta,\dot{\Theta})=\begin{bmatrix} -(m_2l_1c_2+m_2l_2)\dot{\theta}_1^2-m_2l_2\dot{\theta}_2^2-\left(2m_2l_2+m_2l_1c_2+m_1l_1\dfrac{c_2}{s_2^2}\right)\dot{\theta}_1\dot{\theta}_2 \\ m_2l_1s_2\dot{\theta}_1^2+l_1m_2s_2\dot{\theta}_1\dot{\theta}_2 \end{bmatrix} \\ G_x(\Theta)=\begin{bmatrix} m_1g\dfrac{c_1}{s_2}+m_2gs_{12} \\ m_2gc_{12} \end{bmatrix} \end{cases} \tag{4-88}$$

当 $s_2=0$ 时，操作臂位于奇异位置，动力学方程中的某些项将趋于无穷大。例如，当 $\theta_2=0$(机械臂伸直)，末端执行器的笛卡儿有效质量在连杆2末端坐标系$\{X_2\}$方向上变为无穷大。一般来说，奇异位形有一个特定的方向，操作臂不能在这个单一方向上移动，但可以在与这个方向“正交”的子空间中移动。

2. 笛卡儿位形空间的力矩方程

联立式(4-76)和式(4-77)，可以用笛卡儿空间动力学方程写出等价的关节力矩

$$\tau=J^{\mathrm{T}}(\Theta)(M_x(\Theta)\ddot{\chi}+V_x(\Theta,\dot{\Theta})+G_x(\Theta)) \tag{4-89}$$

将上式改写为如下形式有助于进一步讨论

$$\tau=J^{\mathrm{T}}(\Theta)M_x(\Theta)\ddot{\chi}+B_x(\Theta)[\dot{\Theta}\dot{\Theta}]+C_x(\Theta)[\dot{\Theta}^2]+G(\Theta) \tag{4-90}$$

式中，$B_x(\Theta)$是 $n\times n(n-1)/2$ 阶的哥氏力系数矩阵，$[\dot{\Theta}\dot{\Theta}]$是 $n(n-1)/2\times 1$ 的关节速度积矢量，即

$$[\dot{\Theta}\dot{\Theta}]=[\dot{\theta}_1\quad \dot{\theta}_2\quad \dot{\theta}_1\quad \dot{\theta}_3\quad \cdots\quad \dot{\theta}_{n-1}\quad \dot{\theta}_n]^{\mathrm{T}} \tag{4-91}$$

$C_x(\Theta)$是 $n\times n$ 阶的离心系数矩阵，$[\dot{\Theta}^2]$是 $n\times 1$ 阶矢量，由下式给出

$$[\dot{\theta}_1^2\quad \dot{\theta}_2^2\quad \cdots\quad \dot{\theta}_n^2]^{\mathrm{T}}$$

注意，在式(4-90)中 $G(\Theta)$，与关节空间方程中的相同，但在一般情况下，$B_x(\Theta)\neq B(\Theta)$，$C_x(\Theta)\neq C(\Theta)$。

【例4.7】 根据式(4-90)，求4.5节中操作臂的 $B_x(\Theta)$和 $C_x(\Theta)$。

解 求出 $J^{\mathrm{T}}(\Theta)V_x(\Theta,\dot{\Theta})$的乘积，可得

第4章 机器人动力学

$$
\boldsymbol{B}_x(\boldsymbol{\Theta})=\begin{bmatrix} m_1 l_1^2 \dfrac{c_2}{s_2}-m_2 l_1 l_2 s_2 \\ m_2 l_1 l_2 s_2 \end{bmatrix}
$$

和

$$
\boldsymbol{C}_x(\boldsymbol{\Theta})=\begin{bmatrix} 0 & -m_2 l_1 l_2 s_2 \\ m_2 l_1 l_2 s_2 & 0 \end{bmatrix}
$$

本章小结

机器人的动力学的研究对于机器人的控制是非常重要的。本章首先研究了刚体动力学方程式，并以此为基础研究了连杆运动在不同坐标系之间是如何传递的，重点分析解释了操作臂的两种动力学方程的求法，即拉格朗日的能量平衡动力学方程式与牛顿-欧拉的力平衡动力学方程。然后，对封闭形式动力学方程以二连杆操作臂作为例子进行说明，并说明如何得到状态空间与形位空间的动力学方程，以此为基础可以计算出操作臂各个连杆之间的速度、动能和位能。最后说明如何建立笛卡儿空间的规范化操作臂的动力学方程。

在本章中，应该重点学习基于拉格朗日方法和牛顿-欧拉方法的动力学公式，它们从两个不同的角度计算得出动力学方程，是我们在分析操作臂的动力学关系，计算各个连杆之间力和力矩的基本手段，也需要掌握如何将动力学方程规范化，这有助于同学加深对操作臂的力与力矩的产生与其作用的理解。

习　题　4

1. 惯性张量的性质有什么？
2. 牛顿-欧拉公式与拉格朗日公式解决动力学问题是基于什么方法？
3. 刚体的动力学方程是什么？
4. 连杆运动的传递包含哪几种？
5. 动力学的状态空间方程是什么？
6. 操作臂动力学方程中不同类型的项可以划分成什么？
7. 动力学的形位空间方程是什么？
8. 笛卡儿状态空间方程是什么？
9. 卡尔位形空间的力矩方程是什么？
10. 求一均质的、坐标原点建立在其质心的刚性圆柱体的惯性张量。

第5章 机器人轨迹规划

5.1 轨迹规划概述

由于人们希望机器人在实际的生活应用当中可以解决一些更为精细的任务，为此在机器人上加装了辅助用的机械臂来扩大其应用范围。而如何为机器人机械臂进行规划则是当前研究的一大热点。本章主要围绕机器人机械臂的轨迹规划的描述、生成以及实例应用进行说明。

机器人具有机械臂，机械臂的轨迹顾名思义就是指其中每个自由度随着时间变化的位置、速度和加速度的变化过程。实际上本章所讲述的轨迹规划任务就是用户首先给定机械臂末端执行部分的期望轨迹路线，然后由计算机计算出机械臂各个关节自由度的姿态、速度和加速度信息，从而使得机械臂能完成期望的轨迹规划任务。

本章主要分为三个部分来对轨迹规划进行讲解。

首先是轨迹规划的描述问题。我们希望用户能够使用简单的数学形式以及相应的约束条件就可以对期望轨迹进行描述，而不是让用户事先进行有关机器人方面的深入了解，通过形式复杂的空间时间表达式来对轨迹进行描述，这明显不符合使用的方便性要求。举例来说，用户只需要给定机械臂末端执行器的期望位置以及最终姿态，中间过程中机械臂各自由度的位置、速度、加速度以及所需时间等信息均由计算机计算给出。

其次，规划好的轨迹在计算机内部如何描述也是需要研究的问题，通常情况下有关节空间描述和笛卡儿坐标系下描述两种方式。

最后，需要根据计算机生成的轨迹表达式计算出实际物理上机械臂末端执行器执行任务的相关数据，也就是轨迹生成的问题。通常情况下，在轨迹生成的运行时间内，计算机需要计算机械臂各个自由度的位姿、速度和加速度信息，而这个计算速率应该要与轨迹更新的速率合拍。于是可以定义轨迹更新率为计算轨迹点的速率，通常典型的机械臂轨迹更新率都是在 20 Hz～200 Hz 之间。

5.2 轨迹规划问题描述

为了方便使用，希望用户只需要输入对机械臂期望轨迹以及一些约束条件的简单描述即可给定和描述机器人机械臂的轨迹规划路径。采用这种方法是为了将运动描述从机器人工件中脱离出来，从而使得由该方法构建出的模型可以直接应用到构型不同的机械臂或者是同一机械臂上具有不同尺寸或构型的工件上。此时，工作台坐标系$\{S\}$的构建将会在轨迹规划描述生成的运行时间内随时间不断变化而变化。

机械臂轨迹规划就是根据用户规定的期望目标位置，运用前文所述的机械臂轨迹规划描述方法，得到轨迹规划问题在工具坐标系{T}中按照从当前的初始值{T_0}移动到目标状态值{T_f}的形式变换。值得一提的是，在讨论轨迹规划运动的过程中，不仅工具坐标系{T}的位置变化需要考虑，在执行这个规划问题的过程中，其相应的工具坐标系{T}的姿态变化也应该被考虑在内。

而在一些较为复杂的机械臂轨迹规划任务当中，人们通常希望机械臂不仅仅能够到达目的期望状态，还希望它在执行任务过程中经过一些中间点(如规划机械臂执行写字任务)，这些中间点是位于初始状态和目标期望状态之间的一些过渡点。而一般在对机械臂轨迹规划的设计当中，必须用工具坐标系{T}才能够完成这些过渡点的位置与姿态约束。为了方便描述，可将初始点、过渡点、最终的期望点都统称为路径点，并且这些路径点必须包含有姿态和位置的信息。此外，除了中间点的空间约束之外，还会有时间约束的存在(如在某个中间点需要停留或者是两个中间点之间的运动时间有间隔限制)。

在机械臂的运动过程中，人们也期望机械臂的运动是平稳的，若是出现关节运动速度突变以及过于快速的关节运动速度都会造成机械臂的机械工件磨损的加速，会给机械臂带来共振和冲击，这种不平稳的运行甚至还会给操作人员带来安全隐患。因此，为了解决上述问题，在选用机械臂运动规划的描述函数时，应使用连续函数。

机械臂轨迹规划的描述通常有两种形式，一种是在关节空间中给出描述，一种是在坐标系空间中给出描述。在关节空间中给出描述就是 5.3 节要介绍的关节空间插值方法。该方法给出机械臂各自由度的关节随时间变化而变化的函数，根据原函数及其一阶导数和二阶导数信息来给出机械臂运动的描述。具体而言，就是要求用户给出轨迹规划任务过程中相应路径点的位置、速度和加速度等的约束条件，之后再选用相应的一类函数来设定参数化轨迹，并对路径点进行插值。而反过来则是坐标系空间的描述通过给定执行器位置、速度和加速度函数进行描述，该方法即是 5.4 节将要介绍的笛卡儿空间插值法。

如果对于机械臂末端执行器在实际的坐标系空间中没有添加任何约束，这样可能会导致机械臂的末端执行器在实际过程中出现与障碍物相碰的情况，从而存在安全隐患。对于笛卡儿空间坐标系描述而言，执行这种描述时需要的计算量会非常大，因为在运行时必须要实时通过逆运动学求解各关节自由度角度、速度和加速度信息，这种大运算量对处理器性能要求较高，有可能导致机械臂会出现崩溃的情况。

5.3 关节空间的规划方法

本节主要讲述在关节空间下对机器人的轨迹进行描述。由 5.2 节可以知道，路径点描述是由工具坐标系相对工作台坐标系的期望位姿确定的，因此可用逆运动学理论来求解关节空间机械臂轨迹。利用各个路径点信息将其转化为机械臂各关节自由度的矢量角度值，结合整个运动轨迹过程中的路径点，可以使用一系列光滑函数来对机械臂各个关节自由度在关节空间的变化历程进行描述。为使机械臂关节可同时到达每一段路径点，需要满足的条件是各关节角在距离上耗时一样，因此可得每个路径点在工具坐标系中的相应位置和姿态。各关节角函数彼此独立，不受其他关节角的影响。

因此，关节空间规划是利用关节角度函数对机械臂轨迹进行数学意义上的描述。关节空间规划的好处是将笛卡儿坐标系空间中比较复杂的描述在关节空间中实现。其主要优点是计算简单，不发生机械臂奇异性问题。本节接下来的部分将会介绍几种常见的关节插值函数。

5.3.1 三次多项式插值

由于机器人机械臂轨迹的初始点和期望目标点的位置信息已知，利用逆运动学方法可以得到期望目标点的关节角信息。于是，关节插值函数的目标就是利用起始点和期望目标点的关节角信息来构造一个描述轨迹的平滑连续的插值函数 $\theta(t)$。定义轨迹的初始时刻为 t_0，轨迹的期望目标点时刻为 t_f。关节插值函数至少需要 4 个约束条件限制是实现关节平稳运动的前提。那么首先就是初始点以及期望目标点对关节角度的约束条件，具体表现为

$$\begin{cases}\theta(0)=\theta_0\\ \theta(t_F)=\theta_F\end{cases} \tag{5-1}$$

除此之外，关节角的速度函数也应该是连续的，因此需要把关节角的初始点与期望点的关节速度设置为零，也即

$$\begin{cases}\dot{\theta}(0)=0\\ \dot{\theta}(t_f)=0\end{cases} \tag{5-2}$$

基于这上述的 4 个约束条件，根据数学常识，具有 4 个参数的三次多项式可以被用来作为关节插值函数，具体的形式为

$$\theta(t)=a_0+a_1t+a_2t^2+a_3t^3 \tag{5-3}$$

将该关节插值函数的位置以及速度信息代入之前的约束条件中可以得到

$$\begin{cases}\theta(0)=a_0=\theta_0\\ \theta(t_F)=a_0+a_1t_F+a_2t_F^2+a_3t_F^3=\theta_F\\ \dot{\theta}(0)=a_1=0\\ \dot{\theta}(t_F)=a_1+2a_2t_F+3a_3t_F^2=0\end{cases} \tag{5-4}$$

对该方程进行反解可以得到三次多项式各个系数的表达式：

$$\begin{cases}a_0=\theta_0\\ a_1=0\\ a_2=\dfrac{3}{t_F^2}(\theta_f-\theta_0)\\ a_3=-\dfrac{2}{t_F^3}(\theta_f-\theta_0)\end{cases} \tag{5-5}$$

由是根据这些约束条件可以计算求解得到三次多项式形式的关节插值函数，下面以一实例计算来说明：

【例 5.1】 目前有一个单自由度机械臂，该机械臂具有一个旋转关节，其初始状态为静止状态，$\theta_0=30°$，现在需要在 5 s 之内平稳运动到终止位置，$\theta_f=60°$，并且在终止点的速度为零。

解 根据式(5-5)可得该三次多项式的系数为

$$a_0=30,\ a_1=0,\ a_2=3.6,\ a_3=-0.48$$

由是可以得到关节角的关节位置、速度和加速度函数如下：

$$\theta(t)=30+3.6t^2-0.48t^3$$

$$\dot{\theta}(t)=7.2t-1.44t^2$$

$$\ddot{\theta}(t)=7.2-2.88t$$

5.3.2 带有中间路径点约束的三次多项式插值

在实际的轨迹规划问题中，常常会出现需要经过某些必要中间路径点的任务。若是在中间路径点的停留，则可直接使用5.3.1节的方法进行多次分段描述即可；若是只经过中间路径点，则需要添加新的约束条件。由于在经过路径点时速度并不为零，可以将所有路径点看作是一系列的“起始点”和“终止点”的组合。因此，这种带有中间路径点约束的三次多项式的约束条件即“起始点”和“终止点”的关节速度不再为零。约束条件数学表达形式为

$$\begin{cases}\dot{\theta}(0)=\dot{\theta}_0\\ \dot{\theta}(t_f)=\dot{\theta}_F\end{cases}\tag{5-6}$$

由是可以得到带有中间路径点约束的三次多项式插值的方程为

$$\begin{cases}\theta(0)=a_0=\theta_0\\ \theta(t_F)=a_0+a_1t_F+a_2t_F^2+a_3t_F^3=\theta_F\\ \dot{\theta}(0)=a_1=\dot{\theta}_0\\ \dot{\theta}(t_F)=a_1+2a_2t_F+3a_3t_F^2=\dot{\theta}_F\end{cases}\tag{5-7}$$

求解式(5-7)可以得到带有中间路径点约束的三次多项式插值的系数为

$$\begin{cases}a_0=\theta_0\\ a_1=0\\ a_2=\dfrac{3}{t_F^2}(\theta_F-\theta_0)-\dfrac{2}{t_F}\dot{\theta}_0-\dfrac{1}{t_F}\dot{\theta}_F\\ a_3=-\dfrac{2}{t_F^3}(\theta_F-\theta_0)+\dfrac{1}{t_F^2}(\dot{\theta}_0+\dot{\theta}_F)\end{cases}\tag{5-8}$$

因此运用式(5-8)，可以得到在“起始点”和“终止点”速度不为零的条件下的三次多项式插值法。

目前常见的有以下三种确定中间路径点速度的方法：

(1) 根据工具坐标系相对于直角坐标系的瞬时线速度和瞬时角速度来确定中间路径点的瞬时速度。

(2) 采用启发式方法，让控制系统自动为中间路径点选定合适瞬时速度。

(3) 基于中间路径点加速度连续的限制，让控制系统自动计算中间路径点的瞬时速度。

首先来看第(1)种方法，在求解相对直角坐标系的瞬时线速度和瞬时角速度时需要使用雅可比逆矩阵。如果路径点是奇异点，则不可设置为任意值。这种方法的优势是用户可指定速度，但是也正是因为它的速度只能由用户来设定，对用户来说会十分烦琐。因此，一

个比较完备的机械臂轨迹规划系统应该能通过方法(2)或者方法(3)可以自动求解得到中间路径点的速度。

为了详细说明第(2)种方法，以图 5-1 举例。

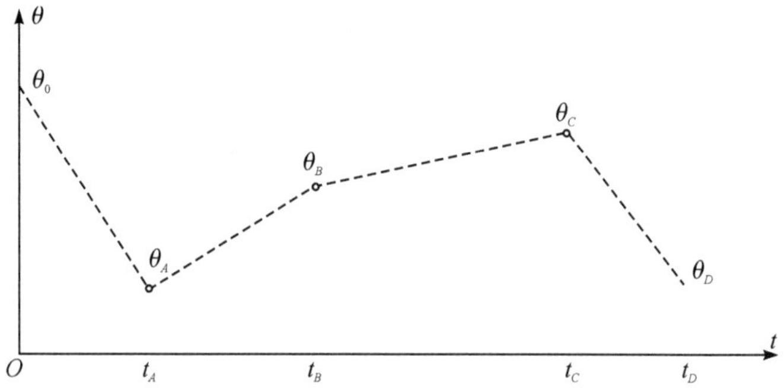

图 5-1　中间路径点速度启发式方法

图 5-1 中纵坐标表示角度，横坐标表示时间，θ_0 代表起始点，θ_D 代表终止点，剩余的点代表中间路径点 θ_A，θ_B，θ_C，这些中间路径点之间的短线段代表由启发式算法得到的速度。这个速度可以简单通过以下形式描述：将每个路径点之间进行连线，对于中间路径点而言，如果该路径点两侧的斜率正负性是不一致的，那么就设置中间路径点的速度为 0；如果两侧的斜率正负性是一致的，取两斜率的均值。

对于第(3)种方法，可用两个三次曲线，并且约束条件是连接处的速度和加速度也要连续。下面是示例：

假设中间路径点关节角度为 θ_B，该中间路径点相邻前后两路径点角度分别为 θ_A 和 θ_C。那么从 θ_A 到 θ_B 阶段的三次插值多项式为

$$\theta_1(t)=a_{10}+a_{11}t+a_{12}t^2+a_{13}t^3 \tag{5-9}$$

从 θ_B 到 θ_C 阶段的三次插值多项式为

$$\theta_2(t)=a_{20}+a_{21}t+a_{22}t^2+a_{23}t^3 \tag{5-10}$$

并且式(5-9)和式(5-10)的时间区间分别为[0，t_{F1}]和[0，t_{F2}]。

可以得下列等式

$$\begin{cases}\theta_1(0)=a_{10}=\theta_A\\ \theta_1(t_{F1})=a_{10}+a_{11}t_{F1}+a_{12}t_{F1}^2+a_{13}t_{F1}^3=\theta_B\\ \theta_2(0)=a_{20}=\theta_B\\ \theta_2(t_{F2})=a_{20}+a_{21}t_{F2}+a_{22}t_{F2}^2+a_{23}t_{F2}^3=\theta_C\\ \dot{\theta}_1(0)=a_{11}=0\\ \dot{\theta}_2(t_{F2})=a_{21}+2a_{22}t_{F2}+3a_{23}t_{F2}^2=0\\ \dot{\theta}_1(t_{F1})=a_{11}+2a_{12}t_{F1}+3a_{13}t_{F1}^2=a_{21}=\dot{\theta}_2(0)\\ \ddot{\theta}_1(t_{F1})=2a_{12}+6a_{13}t_{F1}=2a_{22}=\ddot{\theta}_2(0)\end{cases} \tag{5-11}$$

由是，可以根据上述方程对三次多项式的系数进行求解：

$$
\begin{cases}
a_{10}=\theta_A \\
a_{11}=0 \\
a_{12}=\dfrac{3(\theta_B-\theta_C)t_{F1}^2+6(\theta_B-\theta_A)t_{F1}t_{F2}+3(\theta_A-\theta_B)t_{F2}^2}{2t_{F1}^2t_{F2}(t_{F1}+t_{F2})} \\
a_{13}=\dfrac{9(\theta_C-\theta_B)t_{F1}^2+12(\theta_A-\theta_B)t_{F1}t_{F2}-3(\theta_B-\theta_A)t_{F2}^2}{6t_{F2}t_{F1}^3(t_{F1}+t_{F2})} \\
a_{20}=\theta_B \\
a_{21}=\dfrac{3(\theta_B-\theta_A)t_{F2}^2+3(\theta_C-\theta_B)t_{F1}^2}{2t_{F1}t_{F2}(t_{F1}+t_{F2})} \\
a_{22}=\dfrac{3(\theta_C-\theta_B)t_{F1}+3(\theta_A-\theta_B)t_{F2}}{t_{F1}t_{F2}(t_{F1}+t_{F2})} \\
a_{23}=\dfrac{(t_{F1}^2+4t_{F1}t_{F2})(\theta_B-\theta_C)-3(\theta_A-\theta_B)t_{F2}^2}{2t_{F1}t_{F2}^3(t_{F1}+t_{F2})}
\end{cases}
\tag{5-12}
$$

通常情况下，完整的轨迹规划过程是需要多个三次多项式来进行表示的。为了方便求解，可以将约束条件构成的方程组表示为三角形的矩阵形式，利用该矩阵来计算三次多项式的各项系数。

【例 5.2】 目前有两个三次曲线，现在需要保证两个线段连成的样条曲线，在中间点的部分具有连续的加速度。

解 现在假设起始角的系数为 θ_0，中间点设置为 θ_v，目标点设置为 θ_g。现在给出的第一个三次曲线为

$$\theta_1(t)=a_{10}+a_{11}t+a_{12}t^2+a_{13}t^3$$

第二个三次曲线为

$$\theta_2(t)=a_{20}+a_{21}t+a_{22}t^2+a_{23}t^3$$

令每个三次曲线开始时刻 $t=0$，结束时刻是 t_{F1} 和 t_{F2}。可得限制条件为

$$\theta_0=a_{10}$$

$$\theta_v=a_{10}+a_{11}t_{F1}+a_{12}t_{F1}^2+a_{13}t_{F1}^3$$

$$\theta_v=a_{20}$$

$$\theta_g=a_{20}+a_{21}t_{F2}+a_{22}t_{F2}^2+a_{23}t_{F2}^3$$

$$0=a_{11}$$

$$0=a_{21}+2a_{22}t_{F2}+3a_{23}t_{F2}^2$$

$$a_{11}+2a_{12}t_{F1}+3a_{12}t_{F1}^2=a_{21}$$

$$2a_{12}+6a_{13}t_{F1}=2a_{22}$$

因此，这些约束条件确定了具有 8 个未知数以及 8 个方程的线性方程组，但是由于最终时间是相同的，所以可以得到

$$t_f=t_{F1}=t_{F2}$$

因此根据该表达式可以计算得出两个三次曲线的各项系数如下：

$$a_{10}=\theta_0$$

$$a_{11}=0$$

$$a_{12}=\frac{12\theta_v-3\theta_g-9\theta_0}{4t_F^2}$$

$$a_{13}=\frac{-8\theta_v+3\theta_g+5\theta_0}{4t_F^3}$$

$$a_{20}=\theta_v$$

$$a_{21}=\frac{3\theta_g-3\theta_0}{4t_F}$$

$$a_{22}=\frac{6\theta_g-12\theta_v+6\theta_0}{4t_F^2}$$

$$a_{23}=\frac{8\theta_v-5\theta_g-3\theta_0}{4t_F^3}$$

5.3.3 高阶多项式插值

可想而知，当约束条件不断增多时，便无法再用三次多项式描述。为此，有必要引入高阶多项式重新对约束条件进行描述。假设轨迹规划起始点、终止点位置、速度和加速度都有一些限制的话，则需要使用如下五阶多项式进行插值描述。

$$\begin{cases}\theta(0)=a_0=\theta_0\\ \theta(t_F)=a_0+a_1t_F+a_2t_F^2+a_3t_F^3+a_4t_F^4+a_5t_F^5=\theta_F\\ \dot{\theta}(0)=a_1=\dot{\theta}_0\\ \dot{\theta}(t_F)=a_1+2a_2t_F+3a_3t_F^2+4a_4t_F^3+5a_5t_F^4=\dot{\theta}_F\\ \ddot{\theta}(0)=2a_2=\ddot{\theta}_0\\ \ddot{\theta}(t_F)=2a_2+6a_3t_F+12a_4t_F^2+20a_5t_F^3=\ddot{\theta}_F\end{cases}\tag{5-13}$$

求解该方程组的解可以得到

$$\begin{cases}a_0=\theta_0\\ a_1=\dot{\theta}_0\\ a_2=\dfrac{\ddot{\theta}_0}{2}\\ a_3=\dfrac{20\theta_F-20\theta_0-(8\dot{\theta}_F+12\dot{\theta}_0)t_F-(3\ddot{\theta}_0-\ddot{\theta}_F)t_F^2}{2t_F^3}\\ a_4=\dfrac{30\theta_0-30\theta_F+(14\dot{\theta}_F+16\dot{\theta}_0)t_F+(3\ddot{\theta}_0-2\ddot{\theta}_F)t_F^2}{2t_F^4}\\ a_5=\dfrac{12\theta_F-12\theta_0-(6\dot{\theta}_F+6\dot{\theta}_0)t_F-(\ddot{\theta}_0-\ddot{\theta}_F)t_F^2}{2t_F^5}\end{cases}\tag{5-14}$$

5.3.4 含有抛物线拟合的线性函数

线性函数可以对轨迹路线插值，但末端执行器在直角坐标空间里的轨迹不一定是直线，可能会出现加速度无穷大的问题。为了解决上述问题，需要生成一段位置和速度都连续的平滑函数来进行插值，可以在起始点和终止点附近使用抛物线进行拟合，在轨迹的中间部分用线性函数来代替。抛物线的二次导数是恒定值，这样可以保证加速度是连续的，不会导致在不同路径点之间的结点发生突变。含有抛物线拟合的线性插值函数如图 5-2所示。

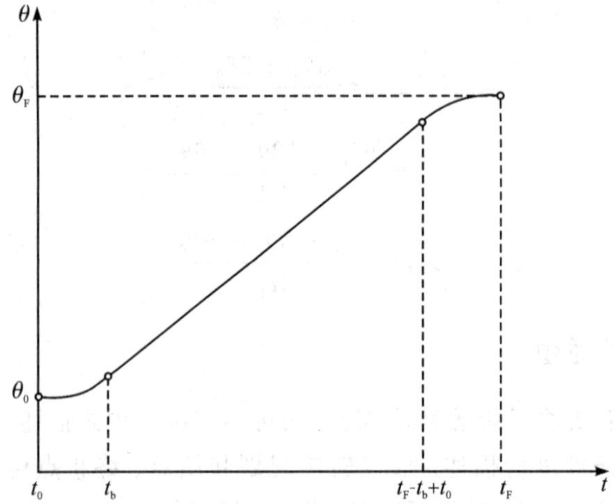

图 5-2　含有抛物线拟合的线性插值函数

选用的抛物线需要具有以下特点：起始点和终止点的抛物线的二次导数是具有相同标量的常数，而正负性则相反；这两段抛物线所拟合的时间长度是一致的。在这两个限制条件下，可以找到许多不同的抛物线进行拟合，但是值得注意的一点是，无论选用何种抛物线，抛物线的终止点(起始点)速度要与原本线性函数在此时刻的速度一致。由此，可以根据抛物线和直线在重合处的速度相等列写如下等式。为了便于说明，取第一段抛物线的终止点的时刻为 t_a，对应的关节角度为 θ_a；取第二段抛物线的起始点的时刻为 t_b，对应的关节角度为 θ_b。根据两者速度相同，可以得到

$$\ddot{\theta}(t_a - t_0) = \frac{\theta_b - \theta_a}{t_b - t_a} \tag{5-15}$$

其中，$\ddot{\theta}$ 代表抛物线的加速度，θ_a、θ_b、t_b 以及 t_a 的关系为

$$\begin{cases} \theta_a = \theta_0 + \dfrac{1}{2}\ddot{\theta}(t_a - t_0)^2 \\ \theta_b = \theta_F - \dfrac{1}{2}\ddot{\theta}(t_F - t_b)^2 \\ t_a - t_0 = t_F - t_b \end{cases} \tag{5-16}$$

将式(5-15)和式(5-16)联立可以解得

$$\ddot{\theta}(t_b t_F - t_0 t_F + t_b t_0 - t_b^2) = \theta_F - \theta_0 \tag{5-17}$$

因此，对于已给定的任意 θ_0、θ_F、t_0、t_F，根据式(5-17)都可以选定合适的 $\ddot{\theta}$ 和 t_b 来构建合适的抛物线进行拟合。通常情况下，先选定合适的加速度 $\ddot{\theta}$，根据已知的加速度可以求解得到时间 t_b 为

$$t_b = \frac{\ddot{\theta}(t_F + t_0) - \sqrt{\ddot{\theta}^2(t_0 - t_F)^2 - 4\ddot{\theta}(\theta_F - \theta_0)}}{2\ddot{\theta}} \tag{5-18}$$

根据式(5－18)可以发现，为了使 t_b 有解，需要使 $\ddot{\theta}$ 满足以下条件：

$$\ddot{\theta} \geqslant \frac{4(\theta_F - \theta_0)}{(t_0 - t_F)^2} \tag{5-19}$$

从式(5－19)中可以看出，当式(5－19)的等号成立时，此时就是两段抛物线进行拟合，直线段部分减少至0，且两拟合段的交接处的速度相等。当加速度逐渐增大时，抛物线部分的时间将会减小；当加速度趋近于无穷大时，此时又回归到对纯粹的线性模型进行描述。

5.3.5 含有中间路径点约束的抛物线拟合线性函数

在5.3.4节中含有抛物线拟合的线性函数的基础上添加中间路径点的约束，如图5－3所示。其中，每个路径点之间用线性函数进行承接，路径点的附近使用抛物线进行拟合。为了便于说明，将图5－3中的路径点分别设为 l，m，n。l 和 m 之间的线性段时间为 t_{lm}，m 和 n 之间的线性段时间为 t_{mn}，l 和 m 路径点部分线性段的速度为 $\dot{\theta}_{lm}$，l 点使用的拟合抛物线对应的加速度为 $\ddot{\theta}_l$。

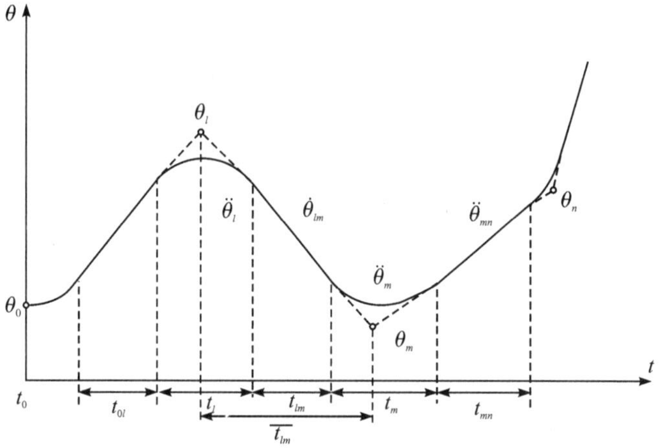

图5－3 含有中间路径点约束的抛物线拟合线性函数示意图

仿照5.3.4节中使用抛物线来进行拟合计算。如果给定了任意路径点的关节角 θ、每个路径点处的加速度 $\ddot{\theta}$ 和路径点之间的总时间间隔 $\bar{t}$，则可以根据这些相应的数据来计算抛物线区段的时间范围。下面以路径点 l 和 m 之间为例进行说明，具体形式如下：

$$\begin{cases} \dot{\theta}_{lm} = \dfrac{\theta_m - \theta_l}{t_{lm}} \\ \ddot{\theta}_m = \mathrm{sign}(\dot{\theta}_{mn} - \dot{\theta}_{lm}) \left| \ddot{\theta}_m \right| \\ t_m = \dfrac{\dot{\theta}_{mn} - \dot{\theta}_{lm}}{\ddot{\theta}_m} \\ t_{lm} = \bar{t}_{lm} - \dfrac{1}{2} t_l - \dfrac{1}{2} t_m \end{cases} \tag{5-20}$$

其中，sign(·)函数为符号函数，其定义是：当自变量大于0时，函数值为1；当自变量小于 0 时，函数值为 −1；当自变量为 0 时，函数值为 0。值得一提的是，对于第一段路径和最后一段路径，上面的表达式要相应作出一定的改变，因为路段的起始和结尾部分的拟合区段都要计入该路径段的整个时间间隔里。因此在起始的第一个路径段里，原先令线性段速度与抛物线段速度相等的式子就要改为

$$\frac{\theta_2-\theta_1}{\bar{t}_{12}-\frac{1}{2}t_1}=\ddot{\theta}_1 t_1 \tag{5-21}$$

根据式(5-21)求解得到拟合区段时间 t_1 后，可以通过以下等式解得线性段速度和线性区段时间：

$$\begin{cases}\ddot{\theta}_1=\text{sign}(\dot{\theta}_2-\dot{\theta}_1)|\ddot{\theta}_1|\\ t_1=\bar{t}_{12}-\sqrt{\bar{t}_{12}^2-\dfrac{2(\theta_2-\theta_1)}{\ddot{\theta}_1}}\\ \dot{\theta}_{12}=\dfrac{\theta_2-\theta_1}{\bar{t}_{12}-\frac{1}{2}t_1}\\ t_{12}=\bar{t}_{12}-t_1-\dfrac{1}{2}t_2\end{cases} \tag{5-22}$$

同理，对于最后一段路径而言，有

$$\frac{\theta_{n-1}-\theta_n}{\bar{t}_{(n-1)n}-\frac{1}{2}t_n}=\ddot{\theta}_n t_n \tag{5-23}$$

根据该等式同样可以求得线性段速度和时间：

$$\begin{cases}\ddot{\theta}_n=\text{sign}(\dot{\theta}_n-\dot{\theta}_{n-1})|\ddot{\theta}_1|\\ t_n=\bar{t}_{(n-1)n}-\sqrt{\bar{t}_{(n-1)n}^2-\dfrac{2(\theta_n-\theta_{n-1})}{\ddot{\theta}_n}}\\ \dot{\theta}_{(n-1)n}=\dfrac{\theta_n-\theta_{n-1}}{\bar{t}_{(n-1)n}-\frac{1}{2}t_n}\\ t_{(n-1)n}=\bar{t}_{(n-1)n}-t_n-\dfrac{1}{2}t_{n-1}\end{cases} \tag{5-24}$$

因此根据式(5-20)～式(5-24)，可以给出完整的带有中间路径点约束的使用抛物线拟合线性函数的插值描述方法。用户在使用的过程中只需要给出中间路径点的信息以及各个不同路径点之间的间隔时间，由系统选取合适的加速度来计算拟合段的持续时间，有些系统还会选择合适的速度值来计算拟合段的时间。值得注意的是，在系统选取加速度来计算时，通常会将加速度值取得尽可能大，这样做的目的是方便在下一个拟合区段开始之前可以有足够的时间进入线性区段。

但有一点要说明的是，在使用这种抛物线拟合的方法进行描述时，那些中间路径点并没有实际被经过，抛物线的加速度取值越大，实际的路径也就会越接近于中间路径点。如

果用户希望在中间路径点上停留，那么定义一段路径，其起始点和终止点都是该路径点即可。

但若用户希望机械臂的末端执行器可以精确地经过某个中间点而不作停留的话，则需要作以下处理：系统首先将会在用户期望经过的中间路径点的两侧选取辅助点，然后将这两个辅助点作为路径点，仿照5.3.5节的计算方法进行求解。由图5－4可以看出，用户期望精确经过的中间路径点转化为两段抛物线拟合区段的交接点，从而满足了用户的需求。为了和之前的中间路径点进行区别，将这种必须要机械臂末端执行器经过的路径点叫作经过点。

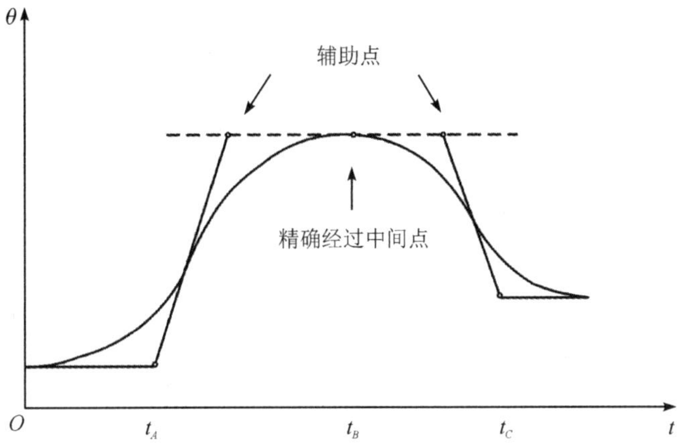

图5－4　机械臂末端执行器精确经过中间点的示意图

【例5.3】 现在需要定义关节的轨迹路线10 deg、35 deg、25 deg、10 deg。三段路径的时间间隔分别为2 s、1 s和3 s，且所有拟合点的加速度的绝对值为50 deg/s²。现计算各路径的速度、拟合区段持续时间和直线区段持续时间。

解 对第一个曲线段，可以得到

$$\ddot{\theta}_l = 50.0$$

之后可以求出起始点拟合区段所持续的时间：

$$t_1 = 2 - \sqrt{4 - \frac{2\times(35-10)}{50}} = 0.27$$

因此，可以求出速度：

$$\dot{\theta}_{12} = \frac{35-10}{2-\frac{1}{2}\times 0.27} = 13.40$$

此外还可以求出：

$$\dot{\theta}_{23} = \frac{25-35}{1} = -10.0$$

从而可以得到加速度：

$$\ddot{\theta}_2 = -50.0$$

由此，可以求得

$$t_2 = \frac{-10.0 - 13.40}{-50.0} = 0.47$$

因此可以得到路径段 l 部分的直线区段持续时间长度为

$$t_{12} = 2 - 0.27 - \frac{1}{2} \times 0.47 = 1.50$$

从而可以得到

$$\ddot{\theta}_4 = 50.0$$

对最末端的路径可以得到 t_4 的计算结果为

$$t_4 = 3 - \sqrt{9 + \frac{2 \times (10 - 25)}{50}} = 0.102$$

由此可以求出速度：

$$\dot{\theta}_{34} = \frac{10 - 25}{3 - 0.050} = -5.08$$

从而可以得到

$$\ddot{\theta}_3 = 50.0$$

并且可以解出：

$$t_3 = \frac{-5.08 - (-10.0)}{50} = 0.098$$

最后可以得到

$$t_{23} = 1 - \frac{1}{2} \times 0.47 - \frac{1}{2} \times 0.098 = 0.716$$

$$t_{34} = 3 - \frac{1}{2} \times 0.098 - 0.102 = 2.849$$

5.4 笛卡儿空间规划方法

5.3 节描述的是利用关节空间来对机械臂末端执行器的路径进行描述，描述的函数主要针对机械臂的各个关节随时间的变化历程，而机械臂的末端执行器在笛卡儿空间的变化是无从知晓的。本节将研究在给定了机械臂末端执行器的笛卡儿空间数学描述方式后，通过逆运动学求解的方法给出各个关节角的变化形式。比较常见的末端执行器的路径为直线、圆、正弦等形状。

笛卡儿空间规划方式具有一定的普适性。使用这种方式时，即使工作台坐标系发生改变，也仍然能够完成轨迹规划任务，无须重新设定参数。但是使用笛卡儿空间规划方法的计算量十分大，在运行时需要实时地根据末端执行器的路径规划函数进行逆运动学求解，给出机械臂各个关节角的角度，从而进行更新，完成轨迹规划任务。在这个过程中通常会涉及较为复杂的计算，因此计算量会显得比较大。机械臂的笛卡儿空间轨迹规划控制过程如图 5-5 所示。

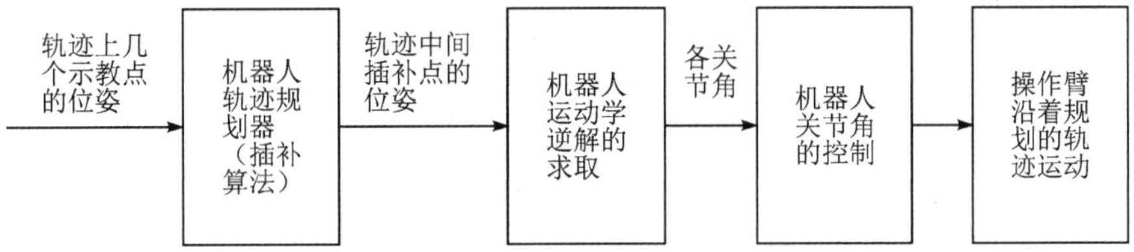

图 5-5　机械臂的笛卡儿空间轨迹规划控制过程

本节将介绍笛卡儿空间直线轨迹规划，笛卡儿空间圆弧轨迹规划，其他更多的方法读者可以自行了解。

5.4.1　笛卡儿空间直线轨迹规划

插补可以分为定时插补和定距插补。定时插补是指每隔固定时间插补一个插补点，简单易用，缺点是如果目标点过远，即定时插补出来的两个插补点距离较远，则精度降低，但可以通过插入中间点来解决。定距插补是指每隔一段固定的距离就插补一个点进去，如果插补距离足够近，那么插补得到的曲线精度高。该方法的缺陷是恒定距离插补，对于不同的速度，插补时间不同，从而导致插补难以实现，并且对算法的要求较高。接下来的研究均采用定时插补进行讲解。

直线的轨迹规划插补点的位置和姿态可以由下面的式子给出：

$$\begin{cases} x = x_1 + \lambda \Delta x \\ y = y_1 + \lambda \Delta y \\ z = z_1 + \lambda \Delta z \\ \alpha = \alpha_1 + \lambda \Delta \alpha \\ \beta = \beta_1 + \lambda \Delta \beta \\ \gamma = \gamma_1 + \lambda \Delta \gamma \end{cases} \tag{5-25}$$

式中，(x, y, z)、(α, β, γ) 是中间插补点的位置和 RPY 变换姿态角；(x_1, y_1, z_1)、$(\alpha_1, \beta_1, \gamma_1)$是起始时刻位置和 RPY 变换姿态角；$\lambda$ 代表的是归一化因子；Δx、Δy、Δz、$\Delta \alpha$、$\Delta \beta$、$\Delta \gamma$ 代表的是位置和姿态角的增量，其表达式如下：

$$\begin{cases} \Delta x = x_2 - x_1 \\ \Delta y = y_2 - y_1 \\ \Delta z = z_2 - z_1 \\ \Delta \alpha = \alpha_2 - \alpha_1 \\ \Delta \beta = \beta_2 - \beta_1 \\ \Delta \gamma = \gamma_2 - \gamma_1 \end{cases} \tag{5-26}$$

式中，(x_2, y_2, z_2)、$(\alpha_2, \beta_2, \gamma_2)$代表的是目标点的位置和 RPY 变换姿态角；$\lambda$ 是归一化因子。直线的轨迹规划插补使用抛物线过渡线性函数，是为了保证整个轨迹位置和速度连续。这个函数与 5.3.4 节的含有抛物线拟合的线性函数的形式类似。下面给出 λ 归一化因子的求解过程。

现假设抛物线过渡线性函数的直线部分速度是 v，抛物线部分加速度是 α，那么抛物线部分的运动时间及位移如下：

$$\begin{cases} T_b = \dfrac{v}{\alpha} \\ L_b = \dfrac{1}{2}\alpha T_b^2 \end{cases} \tag{5-27}$$

直线运动的总位移和总时间为

$$\begin{cases} L = \sqrt{(x_2 - x_1)^2 + (y_2 - y_1)^2 + (z_2 - z_1)^2} \\ T = 2T_b + \dfrac{L - 2L_b}{v} \end{cases} \tag{5-28}$$

抛物线段的位移、时间、加速度进行归一化处理可得

$$\begin{cases} L_{b\lambda} = \dfrac{L_b}{L} \\ T_{b\lambda} = \dfrac{T_b}{T} \\ \alpha_\lambda = \dfrac{2L_{b\lambda}}{T_{b\lambda}^2} \end{cases} \tag{5-29}$$

根据上述不等式可以得到 λ 的计算表达式：

$$\lambda = \begin{cases} \dfrac{1}{2}\alpha t^2 & (0 \leqslant t \leqslant T_{b\lambda}) \\ \dfrac{1}{2}\alpha_\lambda T_{b\lambda}{}^2 + \alpha_\lambda T_{b\lambda}(t - T_{b\lambda}) & (T_{b\lambda} < t \leqslant 1 - T_{b\lambda}) \\ \dfrac{1}{2}\alpha_\lambda T_{b\lambda}{}^2 + \alpha_\lambda T_{b\lambda}(t - T_{b\lambda}) - \dfrac{1}{2}\alpha_\lambda (t + T_{b\lambda} - 1)^2 & (1 - T_{b\lambda} < t \leqslant 1) \end{cases} \tag{5-30}$$

式中，$t = i/N$，$i = 0, 1, 2, \cdots, N$。从式(5-30)中可以看出，λ 的取值范围为[0，1]，其中 $\lambda = 0$ 时对应于起点，$\lambda = 1$ 时对应于终点。从 λ 的表达式可以看出，λ 是分段离散函数。$0 \leqslant t \leqslant T$ 和 $1 - T_{b\lambda} < t \leqslant 1$ 时的 λ 是对称抛物线，代表电动机加速段和减速段。图 5-6 所示为参数 λ 随时间 t 变化的图像。

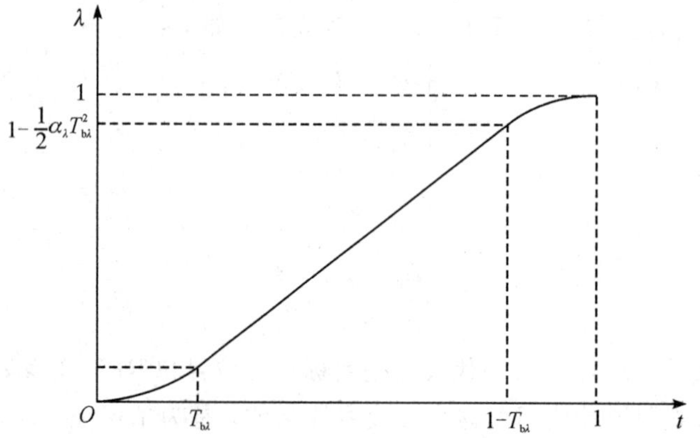

图 5-6　参数 λ 随时间 t 变化曲线图

值得一提的是，本节提到的抛物线过渡线性函数的直线段速度 v 和抛物线段加速度 α

作为输入量，根据不同的机械臂的限制条件以及使用场合可以选择不同的形式进行输入。

5.4.2 笛卡儿空间圆弧轨迹规划

在三维空间中任意不共线的三点便可确定一个空间圆，空间圆弧的轨迹规划也使用抛物线过渡线性函数，归一化因子的求取与5.4.1节一样。

假设末端执行器从起始位置$P_1(x_1, y_1, z_1)$经过中间点$P_2(x_2, y_2, z_2)$停止在终止点$P_3(x_3, y_3, z_3)$。若三点不共线，则必存在经过三点的圆弧，于是引出空间圆弧轨迹规划的计算步骤：

(1) 求出圆心$P_0(x_0, y_0, z_0)$以及半径r。

首先由$P_1(x_1, y_1, z_1)$、$P_2(x_2, y_2, z_2)$和$P_3(x_3, y_3, z_3)$三点可以确定一个平面M，相应地，有

$$\begin{vmatrix} x-x_3 & y-y_3 & z-z_3 \\ x_1-x_3 & y_1-y_3 & z_1-z_3 \\ x_2-x_3 & y_2-y_3 & z_2-z_3 \end{vmatrix}=0 \tag{5-31}$$

对式(5-31)进行展开可以得到

$$\begin{aligned}&[(y_1-y_3)(z_2-z_3)-(y_2-y_3)(z_1-z_3)](x-x_3)\\&+[(x_2-x_3)(z_1-z_3)-(x_1-x_3)(z_2-z_3)](y-y_3)\\&+[(x_1-x_3)(y_2-y_3)-(x_2-x_3)(y_1-y_3)](z-z_3)=0\end{aligned} \tag{5-32}$$

对其进行化简可得

$$k_{11}x+k_{12}y+k_{13}z+k_{14}=0 \tag{5-33}$$

式中：

$$\begin{aligned}k_{11}&=(y_1-y_3)(z_2-z_3)-(y_2-y_3)(z_1-z_3)\\k_{12}&=(x_2-x_3)(z_1-z_3)-(x_1-x_3)(z_2-z_3)\\k_{13}&=(x_1-x_3)(y_2-y_3)-(x_2-x_3)(y_1-y_3)\\k_{14}&=-(k_{11}x_3+k_{12}y_3+k_{13}z_3)\end{aligned}$$

过P_1P_2的中点且与P_1P_2垂直的平面T的方程为

$$\begin{aligned}&\left[x-\frac{1}{2}(x_1+x_2)\right](x_2-x_1)+\left[y-\frac{1}{2}(y_1+y_2)\right](y_2-y_1)\\&+\left[z-\frac{1}{2}(z_1+z_2)\right](z_2-z_1)=0\end{aligned} \tag{5-34}$$

同样对其化简可以得到

$$k_{21}x+k_{22}y+k_{23}z+k_{24}=0 \tag{5-35}$$

式中：

$$\begin{cases}k_{21}=x_2-x_1\\k_{22}=y_2-y_1\\k_{23}=z_2-z_1\\k_{24}=\dfrac{(x_1^2-x_2^2)+(y_1^2-y_2^2)+(z_1^2-z_2^2)}{2}\end{cases} \tag{5-36}$$

过P_2P_3的中点且与P_2P_3垂直的平面S的方程为

$$\left[x-\frac{1}{2}(x_3+x_2)\right](x_3-x_2)+\left[y-\frac{1}{2}(y_3+y_2)\right](y_3-y_2)$$

$$+\left[z-\frac{1}{2}(z_3+z_2)\right](z_3-z_2)=0 \tag{5-37}$$

同样对其化简可以得到

$$k_{31}x+k_{32}y+k_{33}z+k_{34}=0 \tag{5-38}$$

式中：

$$\begin{cases} k_{31}=x_3-x_2 \\ k_{32}=y_3-y_2 \\ k_{33}=z_3-z_2 \\ k_{34}=\dfrac{(x_2^2-x_3^2)+(y_2^2-y_3^2)+(z_2^2-z_3^2)}{2} \end{cases} \tag{5-39}$$

对 M、S、T 三个平面方程进行联立，用消去法可以求解出圆心 $P_0(x_0, y_0, z_0)$ 的表达式，具体形式为

$$\begin{bmatrix} x_0 \\ y_0 \\ z_0 \end{bmatrix}=\begin{bmatrix} k_{11} & k_{12} & k_{13} \\ k_{21} & k_{22} & k_{23} \\ k_{31} & k_{32} & k_{33} \end{bmatrix}^{-1}\begin{bmatrix} -k_{14} \\ -k_{24} \\ -k_{34} \end{bmatrix} \tag{5-40}$$

进而可以求出其对应的外接圆的半径为

$$r=\sqrt{(x_1-x_0)^2+(y_1-y_0)^2+(z_1-z_0)^2} \tag{5-41}$$

至此第一个步骤已完成。

(2) 建立圆弧所在平面 O_R-UVW 的新坐标系，进行坐标系变换。

如图 5-7 所示，令圆心 P_0 是坐标原点 O_R，令 $\overrightarrow{P_0P_1}$ 方向是 U 轴方向，单位方向向量是

$$\boldsymbol{u}=\frac{\overrightarrow{P_0P_1}}{|\overrightarrow{P_0P_1}|} \tag{5-42}$$

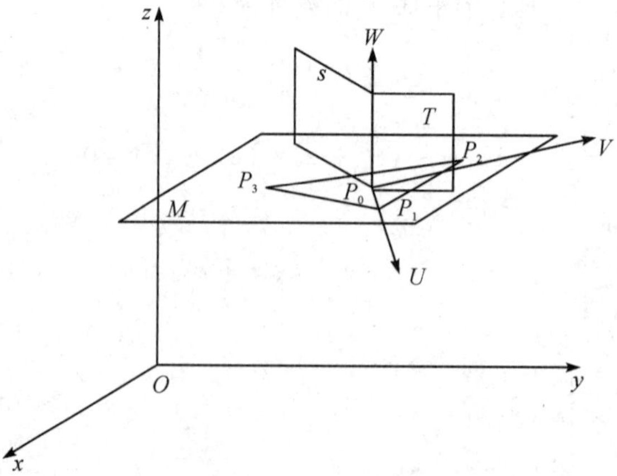

图 5-7　构建的 O_R-UVW 坐标系示意图

取垂直于 $\overrightarrow{P_1P_2}$ 和 $\overrightarrow{P_2P_3}$ 所决定平面的方向为 W 轴。也就是说，W 轴是 $\overrightarrow{P_1P_2}$ 和

$\overrightarrow{P_2P_3}$ 的叉乘方向，其单位方向向量为

$$w=\frac{\overrightarrow{P_1P_2}\times\overrightarrow{P_2P_3}}{|\overrightarrow{P_1P_2}\times\overrightarrow{P_2P_3}|} \tag{5-43}$$

根据右手法则，V 轴在 W 轴和 U 轴的叉乘方向，故其单位方向向量可以表示为

$$v=w\times u \tag{5-44}$$

根据齐次坐标变换矩阵的物理意义可得变换矩阵 T_R 为

$$T_R=\begin{bmatrix} u_x & v_x & w_x & x_0 \\ u_y & v_y & w_y & y_0 \\ u_z & v_z & w_z & z_0 \\ 0 & 0 & 0 & 1 \end{bmatrix} \tag{5-45}$$

该齐次坐标变换矩阵的逆矩阵 T_R^{-1} 可以由齐次变换矩阵求逆得到，记

$$R=\begin{bmatrix} u_x & v_x & w_x \\ u_y & v_y & w_y \\ u_z & v_z & w_z \end{bmatrix}, \quad P_0=\begin{bmatrix} x_0 \\ y_0 \\ z_0 \end{bmatrix} \tag{5-46}$$

则可以得到其逆的表达式为

$$T_R^{-1}=\begin{bmatrix} R^T & -R^TP_0 \\ 0 & 1 \end{bmatrix} \tag{5-47}$$

由此可见，基座坐标系下的空间圆在新坐标系 O_R-UVW 下实质上是平面 M 上的平面圆，使用变换矩阵可进行相互转换。至此两坐标系变换关系已求解完毕。

(3) 将点 P_1、P_2、P_3、P_0 的值变换至 O_R-UVW 新坐标系下。

设原来坐标系中的值分别为(x_1, y_1, z_1)、(x_2, y_2, z_2)、(x_3, y_3, z_3)、(x_0, y_0, z_0)，新坐标系下的值分别为(u_1, v_1, w_1)、(u_2, v_2, w_2)、(u_3, v_3, w_3)、(u_0, v_0, w_0)，则两坐标系之间的值满足下列关系表达式：

$$\begin{bmatrix} u_1 \\ v_1 \\ w_1 \\ 1 \end{bmatrix}=T_R^{-1}\begin{bmatrix} x_1 \\ y_1 \\ z_1 \\ 1 \end{bmatrix}, \quad \begin{bmatrix} u_2 \\ v_2 \\ w_2 \\ 1 \end{bmatrix}=T_R^{-1}\begin{bmatrix} x_1 \\ y_1 \\ z_1 \\ 1 \end{bmatrix}, \quad \begin{bmatrix} u_3 \\ v_3 \\ w_3 \\ 1 \end{bmatrix}=T_R^{-1}\begin{bmatrix} x_3 \\ y_3 \\ z_3 \\ 1 \end{bmatrix} \tag{5-48}$$

根据前面的推导过程可以知道：$u_0=v_0=w_0=w_1=w_2=w_3=0$，$u_1=r$。

(4) 在新坐标系下进行圆弧插补。

目前坐标系根据 O_R-UVW 进行平面 M 圆弧轨迹规划，得到圆弧各点在新坐标系 O_R-UVW 下的位置，之后使用坐标变换，得到空间圆弧点对应基座坐标系下的位置，完成规划。

接下来还需确定圆弧的旋转角度与方向。由 P_1、P_2、P_3 点的出现顺序可确定圆弧旋转方向，由新坐标系 O_R-UVW 可确定 O_RP_2、O_RP_3 与 U 轴的夹角大小：

$$\begin{cases} \angle P_2O_1P_1=A\tan2(P_{2y}, P_{2x})+\lambda_1\times 2\pi \\ \angle P_3O_1P_1=A\tan2(P_{3y}, P_{3x})+\lambda_2\times 2\pi \end{cases} \tag{5-49}$$

在编程语言中，$A\tan2(y, x)$代表可根据 y 的符号在 $-180°$ 到 $180°$之间取值。当 $A\tan2(P_{2y}, P_{2x})<0$ 时，λ_1 为 1，否则 λ_1 是 0；当 $A\tan2(P_{3y}, P_{3x})<0$ 时，λ_2 为 1，否则

λ_2 是 0。

设圆弧点 P 在 O_R-UVW 坐标下为 (u, v, w)，归一化因子为 v_3，P_1 到 P 扫过的角度是 θ，P_1 到 P_3 扫过的总角度是 θ_3。因此针对图 5-8 所示的两种情况，有以下表达式：

$$\begin{cases}\theta_3 = A\tan2(v_3, u_3) & (v_3 > 0)\\ \theta_3 = 2\pi + A\tan2(v_3, u_3) & (v_3 < 0)\\ \theta = \lambda\theta_3\end{cases} \tag{5-50}$$

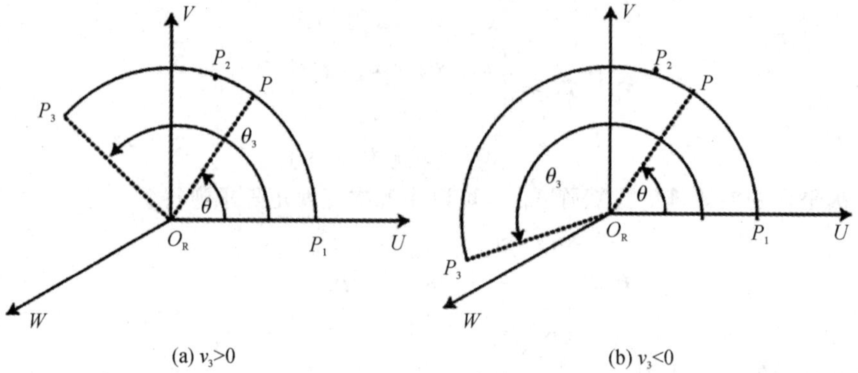

图 5-8　v_3 不同值时 θ_3 的示意图

上述是新坐标系下半径、圆心位置、圆弧运动方向及圆弧对应角度的求解，把 P_1 当起始点，通过 P_2 和 P_3 的平面的圆弧插值方程如下：

$$\begin{cases}u_i = r \times \cos(wt * \mathrm{dir})\\ v_i = r \times \sin(wt * \mathrm{dir})\\ w_i = 0\end{cases} \tag{5-51}$$

式中，dir 为圆弧运动方向的系数，逆时针时是 1，顺时针时是 -1；w 是圆弧运动的角速度；$t \in (0, t_{\mathrm{all}})$，$t_{\mathrm{all}} = \theta / w$ 是运动的总时间；i 表示第 i 个插补点，$i = 1, 2, 3, \cdots$。总插补数(取整数) $N = \dfrac{\theta}{\Delta\theta} + 1$。最后将插补结果得到的坐标映射到基座坐标系上。现在设点 P_i 在基坐标系的坐标值为 (x_i, y_i, z_i)，因此有

$$\begin{bmatrix} x_i \\ y_i \\ z_i \end{bmatrix} = \boldsymbol{T}_{\mathrm{R}} \begin{bmatrix} u_i \\ v_i \\ w_i \end{bmatrix} \tag{5-52}$$

因此综上所述，可得圆弧各插补点位置。

5.4.3　空间连续直线的轨迹规划

本节将介绍空间连续直线的轨迹规划。圆弧过渡的四点连续直线轨迹如图 5-9 所示，实线是圆弧过渡后轨迹。已知各点 p_i 坐标值 $(i = 1, 2, 3, 4)$，加速段结束点为 $P^i_{\mathrm{b1}}(x^i_{\mathrm{b1}}, y^i_{\mathrm{b1}}, z^i_{\mathrm{b1}})$，减速段开始点为 $P^i_{\mathrm{b2}}(x^i_{\mathrm{b2}}, y^i_{\mathrm{b2}}, z^i_{\mathrm{b2}})$，$P^i_{\mathrm{e1}}(x^i_{\mathrm{e1}}, y^i_{\mathrm{e1}}, z^i_{\mathrm{e1}})$ 为直线转圆弧连接点 $i=1, 2, 3$，$P^i_{\mathrm{e2}}(x^i_{\mathrm{e2}}, y^i_{\mathrm{e2}}, z^i_{\mathrm{e2}})$ 为圆弧转直线连接点 $i=1, 2$。则可求得直线与圆弧连接点到尖点距离也即圆弧过渡精度：$r_{\mathrm{e}} = |p_{i+1} - P^i_{\mathrm{e1}}| = |p_{i+1} - P^i_{\mathrm{e2}}| (i=1, 2)$，如图 5-10 为 x 轴坐标值分量随插补点次序轨迹。

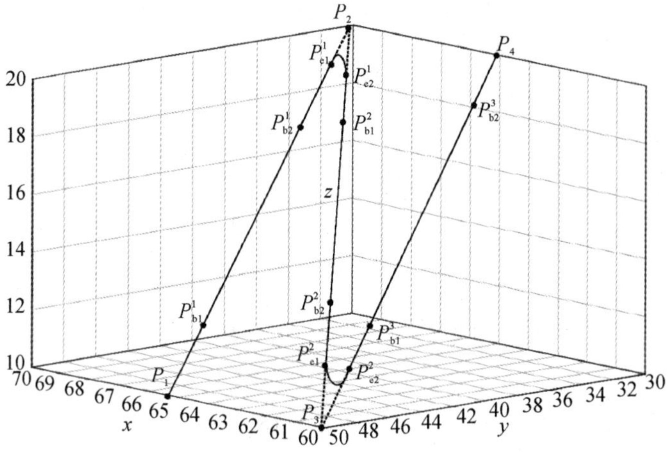

图 5-9　圆弧过渡的四点连续直线轨迹

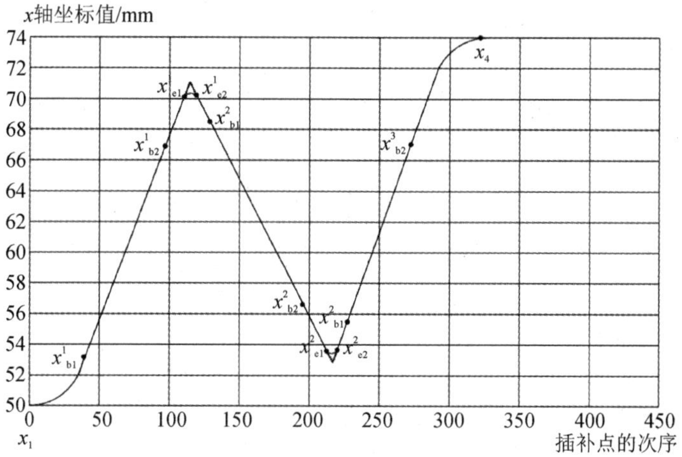

图 5-10　x 轴坐标值分量随插补点次序的轨迹

由图 5-9 可知，直线未过渡前，直线加速段和减速段分别为 $P_i \sim P_{b1}^i$、$P_{b2}^i \sim P_{i+1}$，匀速段为 $P_{b1}^i \sim P_{b2}^i (i=1, 2, 3)$。圆弧过渡后，圆弧与直线连接点 P_{e1}^i 和 P_{e2}^i 分别在减速段 $P_{b2}^i \sim P_{i+1}$ 和加速段 $P_{i+1} \sim P_{b1}^i$ 之间。

接下来将给出求过渡圆弧段插补点的步骤：

(1)直线与圆弧的连接点。

直线转圆弧点：

$$P_{e1}^i = P_{i+1} - \frac{r_e \times (P_{i+1} - P_i)}{d_i}$$

圆弧转直线点：

$$P_{e2}^i = P_{i+1} - \frac{r_e \times (P_{i+1} - P_{i+2})}{d_{i+1}}$$

式中，$i=1, 2$；d_i 是第 i 点到第 $i+1$ 点距离。

(2) 坐标系变换求插补点。

以 P_{e1}^i 为原点，$\overline{P}_i\overline{P}_{i+1}$ 为 V 轴，$\overline{P}_{i+2}\overline{P}_{i+1}\times\overline{P}_{i+1}\overline{P}_i$ 为 W 轴，建立 UVW 新坐标系。其中，V 轴的单位向量为 $\boldsymbol{v}=\dfrac{\overline{P}_i\overline{P}_{i+1}}{|\overline{P}_i\overline{P}_{i+1}|}$，$W$ 轴的单位向量为 $\boldsymbol{w}=\dfrac{\overline{P}_{i+2}\overline{P}_{i+1}\times\overline{P}_{i+1}\overline{P}_i}{|\overline{P}_{i+2}\overline{P}_{i+1}\times\overline{P}_{i+1}\overline{P}_i|}$，$U$ 轴的单位向量为 $\boldsymbol{u}=v\times w$。

在 UVW 新坐标系上圆弧过渡段的插补点 $P_j(u_j, v_j, w_j)$ 的坐标值为

$$\begin{cases} u_j=R_i-R_i\times\cos\left(\dfrac{v_e\times t}{R_i}\right) \\ v_j=R_i\times\sin\left(\dfrac{v_e\times t}{R_i}\right) \\ w_j=0 \end{cases} \tag{5-53}$$

式中，$i=1, 2$；v_e 为过渡圆弧速度；R_i 是圆弧半径。

(3) 将各插补点从 UVW 新坐标系的值变换回原来的 XYZ 坐标系的值，步骤如下：

$$\begin{bmatrix} u_i \\ v_i \\ w_i \\ 1 \end{bmatrix}=\boldsymbol{T}_R^{-1}\begin{bmatrix} x_i \\ y_i \\ z_i \\ 1 \end{bmatrix} \tag{5-54}$$

其中，变换矩阵：

$$\boldsymbol{T}_R=\begin{bmatrix} u_x & v_x & w_x & x_{e1}^i \\ u_y & v_y & w_y & y_{e1}^i \\ u_z & v_z & w_z & z_{e1}^i \\ 0 & 0 & 0 & 1 \end{bmatrix} \tag{5-55}$$

式中，(u_x, u_y, u_z)、(v_x, v_y, v_z)、(w_x, w_y, w_z)分别为 U 轴单位向量 $\boldsymbol{u}$、V 轴单位向量 $\boldsymbol{v}$，W 轴单位向量 $\boldsymbol{w}$ 在原来 XYZ 坐标系的三个坐标值。

5.4.4 空间直线-圆弧的轨迹规划

本节将介绍空间直线与圆弧相连接的情况，如图 5-11 所示。

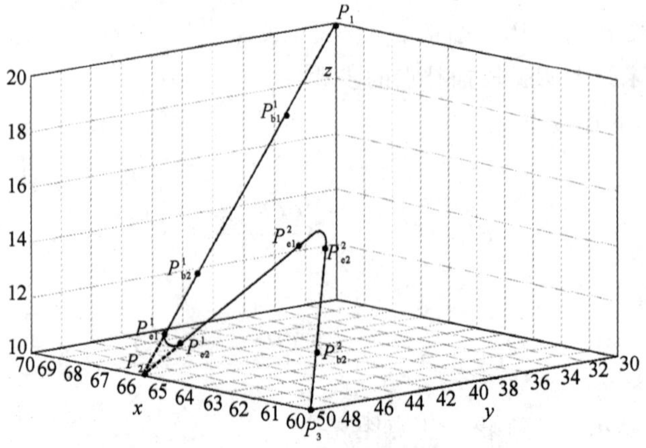

图 5-11　圆弧过渡的空间直线-圆弧轨迹

图 5－11 中 $P_{b1}^i(x_{b1}^i, y_{b1}^i, z_{b1}^i)$为加速段结束点，$P_{b2}^i(x_{b2}^i, y_{b2}^i, z_{b2}^i)$是减速段开始点$(i=1, 2)$；$P_{e1}(x_{e1}, y_{e1}, z_{e1})$是直线转圆弧连接点，$P_{e2}(x_{e2}, y_{e2}, z_{e2})$是圆弧转直线连接点。圆弧过渡精度：$r_e=|P_2-P_{e1}|=|P_2-P_{e2}|$。

空间直线-圆弧的轨迹规划算法是前面介绍的三种轨迹规划算法的融合。这里不再重复。

5.5 笛卡儿空间规划方法的缺陷

由于笛卡儿空间描述的关节位置与路径形状之间有连续对应关系，因此本节将介绍笛卡儿空间的路径规划常出现的一些缺陷。

5.5.1 中间点超出工作空间

通常情况下，机械臂的起始点和终止点都会选择在工作空间内，但是在起始点和终止点的轨迹规划过程中，会出现中间点不在工作空间的情况，将以图 5－12 为例进行说明。图中显示的是一个平面两杆机器人以及其对应的工作空间。该机械臂的特点是两个连杆中连杆 2 比连杆 1 短，因此，该机械臂的工作空间是介于两连杆长度和与两连杆长度差之间的圆环部分。因此，圆的中心有一部分机械臂执行器会无法触及。现在给定起始点 A 和终止点 B 都在工作空间内，但在进行直线规划的过程中，会出现直线上的中间点超出了工作空间，从而使得机械臂无法完成规划任务。这表明了在有些情况下，关节空间中规划的轨迹比较容易实现，而笛卡儿空间规划的路径在实际实施过程中无法实现。

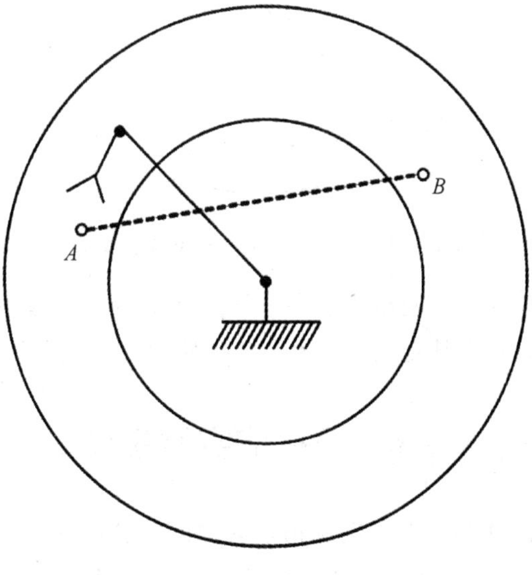

图 5－12 中间点超出工作空间的示例

5.5.2 奇异点附近的过快关节速度

由之前的学习可知，在机械臂的工作空间中会存在某些位置，在这些位置时关节速度可能会出现不存在或者无穷大的形式，一般称这些位置叫作奇异点。一般而言，奇异点主要分为两类：第一类处于工作空间的边界，这种情况下的关节速度通常是不存在；第二类情况处于工作空间的内部，这种情况下的关节速度通常是趋于无穷大。常理可知，实际机械臂的关节速度是会有极限的，当超出这个极限之后，会出现轨迹规划偏离甚至出现安全隐患。

图 5-13 给出的是一个平面两杆(两连杆长度相同)的机械臂，该机械臂的轨迹规划任务是从 A 点沿着直线路径以恒定的线速度匀速运动到 B 点。为了方便读者了解运动过程中的关节变化，其中不同时刻的关节姿态均在图中给出。从图 5-13 中可以看出该路径上的所有点均可以到达，但是当机械臂的末端执行器越靠近中间部分时，可以看到关节转动的角度也就越大，相应的关节速度也就越快，从而可能带来一定的安全隐患。一般的解决办法是减小在这个路径上所有的运动速度，从而使得其在中间点附近的关节速度也能控制在容许的范围内，但是这样可能无法保证路径上的某些瞬时特性。

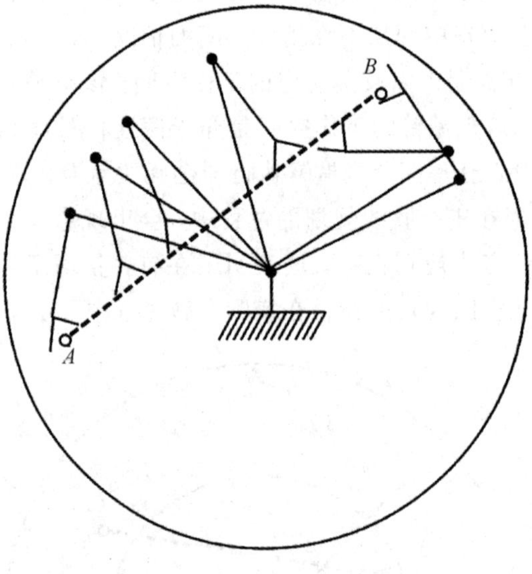

图 5-13　奇异点附近的关节速度示意图

由此可见，在使用笛卡儿空间轨迹规划方法中还会存在一些问题。大多机械臂优先使用关节空间轨迹规划，只有在特定场合，才会选择使用笛卡儿空间轨迹规划方法。

5.6　路径的实时生成

本节主要介绍前文所述的关节空间和笛卡儿空间轨迹规划过程中的实时生成。

根据 5.3 节中所介绍的几种不同拟合轨迹曲线的方法，这些方法的本质上都是路径规划器使用各个路径段的一组组数据来实时计算关节角度、关节速度、关节角加速度信息。

路径规划器只需要随着时间的变化不断重复计算当前时刻对应的插值计算式，这是针对三次多项式进行插值计算。当路径规划器插值计算到达目前路径段的终点时，此时将时

间 t 重置为 0，并选用新的三次多项式进行计算即可，从而可以继续生成接下来的路径信息。

抛物线拟合直线插值方法需要先对当前时刻进行检测，判断当前所处状态是什么区段，抛物线还是直线，如果是在直线区段时，则每个关节轨迹计算方式为

$$\begin{cases} \theta = \theta_i + \dot{\theta}_{ij} t \\ \dot{\theta} = \dot{\theta}_{ij} \\ \ddot{\theta} = 0 \end{cases} \tag{5-56}$$

式(5-56)中，t 是自第 i 个中间点开始算起的时间，$\dot{\theta}_{ij}$ 是按照式(5-20)中的形式来计算。当在抛物线拟合区段时，则每个关节的轨迹计算方式为

$$\begin{cases} t_{ib} = t - \left(\frac{1}{2} t_i + t_{ij}\right) \\ \theta = \theta_i + \dot{\theta}_{ij} (t - t_{ib}) + \frac{1}{2} \ddot{\theta}_k t_{ib}^2 \\ \dot{\theta} = \dot{\theta}_{ij} + \ddot{\theta}_k t_{ib} \\ \ddot{\theta} = \ddot{\theta}_k \end{cases} \tag{5-57}$$

式中，$\dot{\theta}_{ij}$、$\ddot{\theta}_k$、t_i、t_{ij} 均可按照 5.3 节中的含有抛物线拟合的直线轨迹插值方法得到。而当由抛物线区段进入到一个新的直线区段时，此时需要将 t 重置为$\frac{t_m}{2}$，之后再进行计算，直到计算出所有表示路径段的数据集合。

在 5.4 节中已经介绍了笛卡儿空间路径的规划方法，但是使用该方法得到的数值只能表示笛卡儿空间位置和姿态。本节使用符号 x 代表笛卡儿位姿矢量中的一个分量，在规划路径的直线区段中，x 的每个自由度通过下列表达式来计算：

$$\begin{cases} x = x_j + \dot{x}_{jk} t \\ \dot{x} = \dot{x}_{jk} \\ \ddot{x} = 0 \end{cases} \tag{5-58}$$

式(5-58)中，t 是自第 j 个中间点算起的时间，而 $\dot{x}_{jk}$ 则是在路径规划时由类似式(5-20)得出的，在拟合区段内，每个自由度的轨迹计算为

$$\begin{cases} t_{ib} = t - \left(\frac{1}{2} t_j + t_{jk}\right) \\ x = x_j + \dot{x}_{jk} (t - t_{ib}) + \frac{1}{2} \ddot{x}_k t_{ib}^2 \\ \dot{x} = \dot{x}_{jk} + \ddot{x}_k t_{ib} \\ \ddot{x} = \ddot{x}_k \end{cases} \tag{5-59}$$

式中，$\dot{x}_{jk}$、$\ddot{x}_k$、t_j、t_{jk} 与关节空间轨迹规划的规划方法情况完全一致。

最后，上述的由笛卡儿空间规划方法得到的(x，$\dot{x}$，$\ddot{x}$)必须要变换为等效的关节空间

变量。在通常情况下，将 x 以轨迹更新速率转换成等效的驱动矩阵 $\boldsymbol{D}(\lambda)$，再通过运动学反解的子程序计算得到相对应的关节角度 θ，最后再对其使用数值微分计算可得 $\dot{\theta}$ 和 $\ddot{\theta}$。算法的表示如下：

$$\begin{cases} X \rightarrow \boldsymbol{D}(\lambda) \\ \theta(t) = \mathrm{SOLVE}(D(\lambda)) \\ \dot{\theta}(t) = \dfrac{\theta(t) - \theta(t - \Delta t)}{\Delta t} \\ \ddot{\theta}(t) = \dfrac{\dot{\theta}(t) - \dot{\theta}(t - \Delta t)}{\Delta t} \end{cases} \tag{5-60}$$

此处的 SOLVE 函数是逆运动学函数，它可进行笛卡儿变换，从而可求解出相对于基座坐标系的腕部坐标系的坐标。例如，给定目标坐标系 ${}_T^S\boldsymbol{T}$，使用 SOLVE 函数可以应用工具坐标系$\{T\}$和工作台坐标系$\{S\}$的定义来计算机械臂末端位姿相对于基座坐标系$\{B\}$的位置：

$$ {}_W^B\boldsymbol{T} = {}_S^B\boldsymbol{T}{}_T^S\boldsymbol{T}{}_T^W\boldsymbol{T}^{-1} \tag{5-61}$$

之后逆运动学将 ${}_W^B\boldsymbol{T}$ 作为输入，计算 θ_1 到 θ_n。

5.7 机械臂轨迹规划的优化指标

在实际的机械臂轨迹规划任务中，还会含有许多其他的优化指标，例如，要求机械臂规划过程中能尽可能节省能源，考虑关节角度、关节速度、关节加速度等的极限情况，限制关节加速度尖峰带来的速度突变防止出现安全隐患，便于进行重复运动实施固定任务等。这些都是可以在机械臂轨迹规划中进行优化的指标。那么在本节中，将简要介绍机械臂轨迹规划的优化指标以及含有优化指标的求解方法。

5.7.1 轨迹规划的优化指标

在实际的轨迹规划问题中，会有相当一部分的优化指标需要被考虑在内。在本节中简要介绍常见的机械臂轨迹优化指标，详细的推导过程本节中不作展开，有兴趣的读者可以自行查阅更多资料。

1. 机械臂运行的能量最小化

$$\|\ddot{\boldsymbol{\theta}}(t)\|_2^2$$

该优化指标是将机械臂的关节角度加速度约束尽可能小，由于机械臂关节在轨迹规划过程中的能量是与加速度相关的，在轨迹规划过程中希望能量能够最小化，因此应该对各关节的加速度进行相应约束。

2. 机械臂关节转矩最小化

$$\|\boldsymbol{v}(t)\|_2^2$$

其中，$\boldsymbol{v}(t)$的代表的是机械臂的关节转矩，其表达式为 $\boldsymbol{v}(t)=\boldsymbol{M}(\boldsymbol{\theta}(t))\ddot{\boldsymbol{\theta}}(t)+\boldsymbol{c}(\boldsymbol{\theta}(t),\dot{\boldsymbol{\theta}}(t))+\boldsymbol{g}(\boldsymbol{\theta}(t))$，$\boldsymbol{M}(\boldsymbol{\theta}(t))\in\mathbf{R}^{n\times n}$ 代表惯性参数，$\boldsymbol{c}(\boldsymbol{\theta}(t),\dot{\boldsymbol{\theta}}(t))\in\mathbf{R}^n$ 代表为离心力或科

智能机器人学

氏力转矩，$\boldsymbol{g}(\boldsymbol{\theta}(t))$为重力转矩。在实际的机械臂轨迹规划中，机械臂的关节转矩被限制得尽可能小，这有助于降低由转矩驱动的机械臂规划过程中的能量。

3. 机械臂关节角度偏移最小化

$$\|\ddot{\boldsymbol{\theta}}(t)+\alpha\dot{\boldsymbol{\theta}}(t)+\beta(\boldsymbol{\theta}(t)-\boldsymbol{\theta}(0))\|_2^2$$

其中，α 和 β 代表正数的权重系数，在该优化指标中对关节速度、关节加速度、关节位置与关节初始位置进行最小化处理，这样有助于机械臂进行重复运动。

4. 机械臂的轨迹跟踪指标最小化

$$\boldsymbol{J}(\boldsymbol{\theta}(t))\ddot{\boldsymbol{\theta}}(t)+\dot{\boldsymbol{J}}(\boldsymbol{\theta}(t))\dot{\boldsymbol{\theta}}(t)-\ddot{\boldsymbol{r}}_{\mathrm{d}}(t)$$

其中，$\boldsymbol{J}(\theta)=\partial \boldsymbol{f}/\partial\boldsymbol{\theta}$ 为机械臂的雅可比矩阵，∂表示偏微分，$\ddot{\boldsymbol{r}}(t)$表示机械臂末端执行器的加速度参数。该轨迹跟踪指标是根据 $\boldsymbol{r}(t)=\boldsymbol{f}(\boldsymbol{\theta}(t))$对其求二阶导数所得，对于一个精度高的轨迹规划方案，该优化指标越小越能说明该方案能准确跟踪期望轨迹。

机械臂的关节极限限制：$\boldsymbol{\theta}^-\leqslant\boldsymbol{\theta}(t)\leqslant\boldsymbol{\theta}^+$；$\dot{\boldsymbol{\theta}}^-\leqslant\dot{\boldsymbol{\theta}}(t)\leqslant\dot{\boldsymbol{\theta}}^+$；$\ddot{\boldsymbol{\theta}}^-\leqslant\ddot{\boldsymbol{\theta}}(t)\leqslant\ddot{\boldsymbol{\theta}}^+$。

5.7.2 含有优化指标的轨迹规划方案计算

为了方便进行说明，本节将采用具体实例进行解释说明.假设现在需要求解的机械臂轨迹规划任务含有三种优化指标，包括关节角加速度、关节转矩与角度偏移二范数平方的加权和公式与受约束于机械臂末端执行器受反馈控制的加速度等式，所述加权和的公式以及受到的约束公式如下：

$$(\sigma\|\ddot{\boldsymbol{\theta}}(t)\|_2^2+\xi\|\ddot{\boldsymbol{\theta}}(t)+\alpha\dot{\boldsymbol{\theta}}(t)+\beta(\boldsymbol{\theta}(t)-\boldsymbol{\theta}(0))\|_2^2+(1-\sigma-\xi)\|\boldsymbol{v}(t)\|_2^2)/2$$

$$\boldsymbol{J}(\boldsymbol{\theta})\ddot{\boldsymbol{\theta}}(t)=\ddot{\boldsymbol{r}}(t)-\frac{\mathrm{d}\boldsymbol{J}(\boldsymbol{\theta}(t))}{\mathrm{d}t}\cdot\dot{\boldsymbol{\theta}}(t)+\lambda_{\mathrm{a}}(\dot{\boldsymbol{r}}(t)-\boldsymbol{J}(\boldsymbol{\theta}(t))\dot{\boldsymbol{\theta}}(t))+\lambda_{\mathrm{b}}(\boldsymbol{r}(t)-\boldsymbol{f}(\boldsymbol{\theta}(t)))$$

其中，t 为时间，$\boldsymbol{v}(t)$的表达式为 $\boldsymbol{v}(t)=\boldsymbol{M}(\boldsymbol{\theta}(t))\ddot{\boldsymbol{\theta}}(t)+\boldsymbol{c}(\boldsymbol{\theta}(t),\dot{\boldsymbol{\theta}}(t))+\boldsymbol{g}(\boldsymbol{\theta}(t))$，$\sigma\in[0,1]$和 $\xi\in[0,1]$代表优化指标中的权重系数，α 和 β 代表正数的权重系数，$\boldsymbol{v}(t)$代表关节转矩，$\boldsymbol{M}(\boldsymbol{\theta}(t))\in\mathbf{R}^{n\times n}$ 代表惯性参数，n 代表机械臂关节空间的维度，$\boldsymbol{c}(\boldsymbol{\theta}(t),\dot{\boldsymbol{\theta}}(t))\in\mathbf{R}^n$ 代表为离心力或科氏力转矩，$\mathbf{R}^n$ 代表的是 n 维空间。$\boldsymbol{g}(\theta(t))$为重力转矩，$\boldsymbol{\theta}(0)$代表机械臂的初始关节角度，$\dot{\boldsymbol{\theta}}(t)\in\mathbf{R}^n$ 表示冗余度机械臂以时间为自变量的关节角速度，$\ddot{\boldsymbol{\theta}}(t)\in\mathbf{R}^n$ 代表冗余度机械臂以时间为自变量的关节角加速度，$\|\cdot\|_2^2$ 表示向量的二范数。

在受约束的公式中，$\lambda_{\mathrm{a}}\in\mathbf{R}$、$\lambda_{\mathrm{b}}\in\mathbf{R}$ 均为反馈控制系数，$\dot{\boldsymbol{r}}(t)\in\mathbf{R}^m$ 表示冗余度机械臂末端执行器的速度参数为 m 维，且表达式为$\dot{\boldsymbol{r}}(t)=\boldsymbol{J}(\boldsymbol{\theta}(t))\dot{\boldsymbol{\theta}}(t)$；$\boldsymbol{r}(t)\in\mathbf{R}^m$ 表示冗余度机械臂末端执行器的位置参数为 m 维，且表达式为 $\boldsymbol{r}(t)=\boldsymbol{f}(\boldsymbol{\theta}(t))$。

之后，可将原机械臂轨迹规划问题通过矩阵分析相关知识转化为如下二次规划问题：

$$\begin{cases}\text{最小值为 } \dfrac{\boldsymbol{x}^{\mathrm{T}}(t)\boldsymbol{Q}(t)\boldsymbol{x}(t)}{2}+\boldsymbol{\mu}^{\mathrm{T}}(t)\boldsymbol{x}(t)\\ \text{约束条件为 } \boldsymbol{J}(\boldsymbol{\theta}(t))\boldsymbol{x}(t)=\boldsymbol{y}(t)\end{cases}\tag{5-62}$$

其中，$\boldsymbol{x}(t)$代表的形式为 $\boldsymbol{x}(t)=\ddot{\boldsymbol{\theta}}(t)$；$\boldsymbol{Q}(t)$是半正定的海森矩阵(Hessian Matrix)，形式为

$$\boldsymbol{Q}(t)=(\sigma+\xi)\boldsymbol{I}+(1-\sigma-\xi)\boldsymbol{M}^{\mathrm{T}}(\boldsymbol{\theta}(t))\boldsymbol{M}(\boldsymbol{\theta}(t))$$

式中，$\boldsymbol{I}\in\mathbf{R}^{n\times n}$ 为单位矩阵，$\mathbf{R}^{n\times n}$ 表示 $n\times n$ 维空间；$\boldsymbol{M}(\boldsymbol{\theta}(t))$表示机械臂的转动惯量。此外，为了进一步简化二次规划的形式，引入参数：

$$\boldsymbol{\mu}(t)=\xi(\alpha\dot{\boldsymbol{\theta}}(t)+\beta(\boldsymbol{\theta}(t)-\boldsymbol{\theta}(0)))+(1-\sigma-\xi)\boldsymbol{M}^{\mathrm{T}}(\boldsymbol{\theta})(\boldsymbol{c}(\boldsymbol{\theta}(t),\dot{\boldsymbol{\theta}}(t))+\boldsymbol{g}(\boldsymbol{\theta}(t)))$$

其中，$\boldsymbol{x}^{\mathrm{T}}(t)\boldsymbol{Q}(t)\boldsymbol{x}(t)/2+\boldsymbol{\mu}^{\mathrm{T}}(t)\boldsymbol{x}(t)$表示为性能指标模型。相应地，需要对原三指标二次型优化模型的约束条件进行相应简化，简化后的约束条件为

$$\boldsymbol{J}(\boldsymbol{\theta}(t))\boldsymbol{x}(t)=\boldsymbol{y}(t)$$

其中，$\boldsymbol{x}(t)$表示需要得到的关节角加速度 $\ddot{\boldsymbol{\theta}}(t)$，$\boldsymbol{y}(t)$是对原约束条件的约束项进行简化。例如，

$$\boldsymbol{y}(t)=\ddot{\boldsymbol{r}}(t)+\boldsymbol{\lambda}_{\mathrm{a}}(\dot{\boldsymbol{r}}(t)-\boldsymbol{J}(\boldsymbol{\theta}(t))\dot{\boldsymbol{\theta}}(t))+\lambda_{\mathrm{b}}(\boldsymbol{r}(t)-\boldsymbol{f}(\boldsymbol{\theta}(t)))-\frac{\mathrm{d}\boldsymbol{J}(\boldsymbol{\theta}(t))}{\mathrm{d}t\cdot\dot{\boldsymbol{\theta}}(t)}$$

为了求解上述的二次规划问题，现在需要对该二次规划问题进一步进行化简，利用拉格朗日方程进行转化，转化过程是结合所述的约束条件和所述的性能指标模型得到如下的拉格朗日模型：

$$\boldsymbol{L}(\boldsymbol{x}(t),\boldsymbol{\lambda}(t),t)=\frac{\boldsymbol{x}^{\mathrm{T}}(t)\boldsymbol{Q}(t)\boldsymbol{x}(t)}{2}+\boldsymbol{\mu}^{\mathrm{T}}(t)\boldsymbol{x}(t)+\boldsymbol{\lambda}^{\mathrm{T}}(t)(\boldsymbol{J}(\boldsymbol{\theta}(t))\boldsymbol{x}(t)-\boldsymbol{y}(t))$$

(5-63)

其中，$\boldsymbol{\lambda}(t)$为拉格朗日乘数，$\boldsymbol{\lambda}(t)\in\mathbf{R}^{m}$。根据卡罗需-库恩-塔克最优化条件，上述拉格朗日模型的最优解可以通过以下两个等式得到

$$\begin{cases}\dfrac{\partial\boldsymbol{L}}{\partial\boldsymbol{x}(t)}=\boldsymbol{Q}(t)\boldsymbol{x}(t)+\boldsymbol{\mu}^{\mathrm{T}}(t)+\boldsymbol{J}^{\mathrm{T}}(\boldsymbol{\theta}(t))\boldsymbol{\lambda}(t)=\boldsymbol{0}\\[2ex]\dfrac{\partial\boldsymbol{L}}{\partial\boldsymbol{\lambda}(t)}=\boldsymbol{J}(\boldsymbol{\theta}(t))\boldsymbol{x}(t)-\boldsymbol{y}(t)=\boldsymbol{0}\end{cases}\tag{5-64}$$

上面两个等式是分别对 $\boldsymbol{x}(t)$和 $\boldsymbol{\lambda}(t)$求偏导，∂为偏微分符号。再进一步，可以将上述两个不等式化简为简单的矩阵方程形式，便于计算，具体的矩阵方程形式为

$$\boldsymbol{A}(t)\boldsymbol{X}(t)=\boldsymbol{B}(t)\tag{5-65}$$

其中，$\boldsymbol{A}(t)=\begin{bmatrix}\boldsymbol{Q}(t) & \boldsymbol{J}^{\mathrm{T}}(\boldsymbol{\theta}(t))\\ \boldsymbol{J}(\boldsymbol{\theta}(t)) & \boldsymbol{0}\end{bmatrix}\in\mathbf{R}^{(n+m)\times(n+m)}$，$\boldsymbol{X}(t)=\begin{bmatrix}\boldsymbol{x}(t)\\ \boldsymbol{\lambda}(t)\end{bmatrix}$，$\boldsymbol{B}(t)=\begin{bmatrix}-\boldsymbol{\mu}^{\mathrm{T}}(t)\\ \boldsymbol{y}(t)\end{bmatrix}$。同时假定 $\boldsymbol{A}(t)$为非奇异，$\mathbf{R}^{(n+m)\times(n+m)}$ 表示$(n+m)\times(n+m)$维度的空间，$\boldsymbol{X}(t)$表示待得到的机械臂关节角加速度和拉格朗日模型的组合参数。综上所述，机械臂的轨迹规划问题就可化简为求解简单矩阵方程的形式。

本章小结

经过本章的学习之后，我们对机器人运动规划有了一个比较全面的了解。轨迹规划问

题是实际生活应用当中为了方便用户给出简单的数学形式以及相应的约束条件从而实现对期望轨迹进行描述的操作。因此，为了将这种用户规划好的轨迹在计算机内部实现描述，本章对关节空间描述和笛卡儿坐标系描述两种方法进行介绍。这两种方法各有优缺点，关节空间描述方法的好处在于将笛卡儿坐标系空间中比较复杂的描述在关节空间中容易实现，从而使计算简单；笛卡儿坐标系描述方法具有一定的普适性，即改变工作台坐标系仍然能够完成轨迹规划任务，并且无须重新设定参数。选择好相应的轨迹规划方法后，还需要根据计算机生成的轨迹表达式计算出实际机械臂末端执行器执行任务的相关数据。通常情况下，在轨迹生成的运行时间内，计算机需要计算机械臂各个自由度的位姿、速度和加速度信息，而这个计算速率应该要与轨迹更新的速率合拍。而且这些轨迹生成的过程中还可能会需要受到一些指标的限制，用以实现一些具体且有其他限制的任务。

当机器人的轨迹规划计算完成后，具体的执行机构是什么呢？第 6 章将会介绍机器人的控制系统，详细介绍与机器人控制相关的软件系统，并给出相应示例供读者进行学习。

习 题 5

1. 假如给定的一系列有规律的轨迹，当只给出几个特征点的情况下，计算机可以使用(　　)算法来计算获得中间点的坐标。

   A. 平滑　　B. 优化

   C. 插补　　D. 预测

2. 定时插补方法计算的时间间隔所需要消耗的最少时间主要取决于计算一次(　　)的时间。

   A. 正向运动学　　B. 逆向运动学

   C. 正向动力学　　D. 逆向动力学

3. 保持第一个特征点的姿态的该插补方式在大多数情况下代表机器人沿(　　)运动出现。

   A. 平面圆弧　　B. 直线

   C. 平面曲线　　D. 空间曲线

4. 机器人作业时需要获得十分平稳的加工，因此在插补时需要在作业启动(位置为零)时设置速度和加速度的约束条件分别为(　　)。

   A. 零，零　　B. 零，恒定

   C. 恒定，零　　D. 恒定，恒定

5. 机器人轨迹控制过程中求解(　　)问题可以获得各关节角的位置设定值。

   A. 运动学正　　B. 运动学逆

   C. 动力学正　　D. 动力学逆

6. 轨迹规划的定义是什么？

7. 请简述轨迹规划的方法并说明其特点。

8. 假设机械臂有 6 个转动关节，要求对其关节运动以三次多项式函数进行规划，客户要求机械臂在经过两个中间路径点后停在目标位置。如果对该机械臂关节运动的过程进行描述，一共需要多少个独立的三次多项式？如果要给出上述的三次多项式，一共需要多少个系数？

9. 假设单连杆机器人只具有一个转动关节，该机器人从 $q=-5°$ 的位置静止开始运动，客户希望在 4 s 内使该机器人平滑运动到 $q=+80°$ 的位置停止。请给出根据三次多项式函数插值的轨迹规划函数。

10. 假设单连杆机器人只具有一个转动关节，该机器人从 $q=-5°$ 的位置静止开始运动，现在客户希望在 4 s 内使该机器人平滑运动到 $q=+80°$ 的位置停止。请给出该关节按抛物线过渡的线性插值方式规划的函数。

第6章 机械臂控制系统

6.1 机械臂的位置控制

根据不同的控制环境，机械臂的位置控制有很多种不同的方法，如单关节控制和多关节控制等。关节控制是机械臂控制系统的基础。本章将讲述单关节机械臂与多关节机械臂的建模与控制，从而实现机械臂的末端控制。

6.1.1 单关节机械臂的建模与控制

本节将要为单一旋转关节的机械臂建立一个简单模型。通过几项假设我们可把这个控制系统看作一个二阶线性系统。

工业机器人常用的驱动器是直流(DC)力矩电机。电机中不转动的部分(定子)由机座、轴承、永久磁铁或电磁铁组成。定子中的磁极产生一个穿过电机转动部件(转子)的磁场。转子由电机轴和线圈绕组组成，电流通过线圈绕组产生电机转动的能量。电流经与换向器接触的电刷流入线圈绕组。换向器与变化的线圈绕组(也称为电枢)以某种方式相连接便产生指定方向的转矩。当电流通过线圈绕组时电机产生转矩的物理现象可以使用如下方程表示：

$$F = qv \times B \tag{6-1}$$

这里电荷 q 以速度 v 通过磁场强度为 B 的区域时将产生一个力 F。电荷为通过线圈绕组的电子，磁场由定子磁极产生。一般来说，电机产生转矩的能力用电机转矩常数 k_m 表示，电枢电流 i_a 与输出转矩的关系可表示为

$$\tau_m = k_m i_a \tag{6-2}$$

当电机转动时，则成为一个发电机，在电枢上产生一个电压。电机的另一个常数为反电势常数 k_e。当给定转速 $\dot{\theta}_m$ 时产生的电压表示为

$$u = k_e \dot{\theta}_m \tag{6-3}$$

一般来讲，换向器实际上是一个开关，它使电流通过变化的线圈绕组产生转矩，并产生一定的转矩波动。尽管有时这个影响很重要，但通常这种影响可忽略不计，因为在任何情况下建立这个模型都是相当困难的，即使建立了模型，误差补偿也是相当困难的。

1. 电机电枢感抗

电枢电路的主要构成部分是电源电压 u_a、电枢绕组的感抗 l_a、电枢绕组的电阻 r_a 以及产生的反电势 u。这个电路可由如下一阶微分方程描述：

$$l_a \dot{i}_a + r_a i_a = u_a - k_e \dot{\theta}_m \tag{6-4}$$

一般用电机驱动器控制电机的转矩(而不是速度)。为使通过电枢电路的电流为期望电流 i_a，驱动电路通过不断检测电枢电流来调节电源电压 u_a，这个电路称为电流放大器式电机驱动器。在电流驱动系统中，电枢电流变化的速率由电机感抗 l_a 和电源电压的上限 u_a 控制。电枢电路如图 6－1 所示。电枢电路实际上相当于在工作电流和输出转矩之间存在一个低通滤波器。

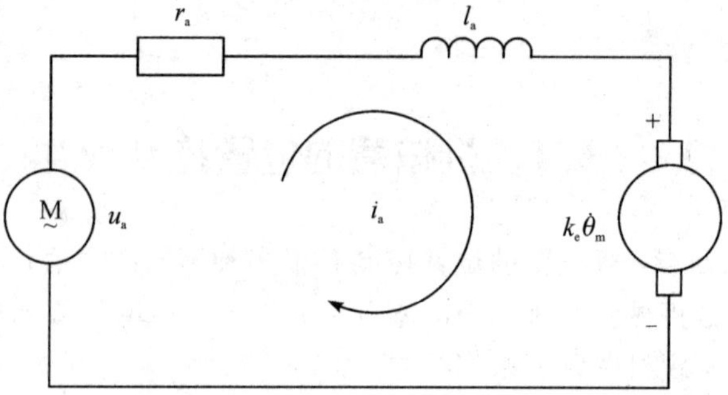

图 6－1　直流力矩电机的电枢电路

电流驱动器中，当闭环控制系统中的固有频率远远低于由电感电抗引起的隐含的低通滤波器的截止频率时，假设忽略电机的感应电抗是合理的。尽管存在一定的比例系数(如 k_m)，但驱动器仍然可以被视为可直接控制的纯扭矩源。

2. 有效惯量

直流力矩电机转子的力学模型，由齿轮减速器与惯性负载相连，如图 6－2 所示。

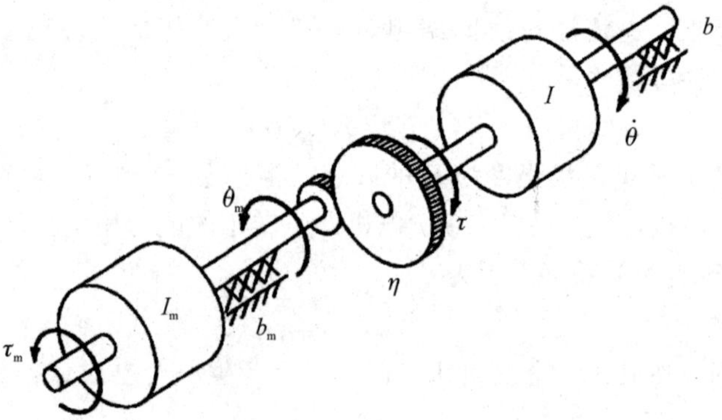

图 6－2　直流力矩电机转子的力学模型

式(6－2)表示作用于转子的扭矩 τ_m 为电枢电流 i_a 的函数，其传动比($\eta>1$)可提高驱动负载的力矩、降低负载的转速，表示为

$$\tau = \eta \tau_m \tag{6-5}$$

$$\dot{\theta} = \left(\frac{1}{\eta}\right)\dot{\theta}_m \tag{6-6}$$

按照转子力矩写出系统的平衡方程如下：

$$\tau_{m}=I_{m}\ddot{\theta}_{m}+b_{m}\dot{\theta}_{m}+\left(\frac{1}{\eta}\right)(I\ddot{\theta}+b\dot{\theta}) \tag{6-7}$$

式中，I_m 和 I 分别表示电机转子惯量和负载惯量，b_m 表示电机转子轴承，b 表示负载轴承的黏滞摩擦系数。结合式(6-5)和(6-6)，按照电机变量可将式(6-7)改写为

$$\tau_{m}=\left(I_{m}+\frac{1}{\eta^{2}}\right)\ddot{\theta}_{m}+\left(b_{m}+\frac{b}{\eta^{2}}\right)\dot{\theta}_{m} \tag{6-8}$$

或根据负载变量改写为

$$\tau=(I+\eta^{2}I_{m})\ddot{\theta}+(b+\eta^{2}b_{m})\dot{\theta} \tag{6-9}$$

$(I+\eta^2 I_m)$也被称为减速器输出端(连杆侧)的有效惯量，同样，$b+\eta^2 b_m$ 被称作有效阻尼。需要注意的是，在大传动比 $\eta\gg1$(即 η 远远大于 1)的情况下，电机转子惯量成为有效组合惯量中的主要部分。因此，我们才能够假设有效惯量是一个常数。实际上，机构关节的惯量是随着机构位形和负载变化的，然而在大传动比的机器人系统中，机构关节的惯量变化的比例小于直接驱动机械臂(即 $\eta=1$)的机器人系统。为确保机器人连杆的运动在任何情况下均为临界阻尼或者过阻尼，I 值应为取值范围内的最大值，即 I_{max}。

6.1.2 多关节机械臂的建模与控制

区别于单关节机械臂，多关节机械臂的控制是一个多输入多输出(MIMO，Multiple Input Multiple Output)的问题。即需用矢量表示关节的位置、速度和加速度，控制规律所计算的是各关节驱动信号矢量。多关节机械臂的刚体动力学方程表示为

$$\boldsymbol{\tau}=\boldsymbol{M}(\boldsymbol{\Theta})\ddot{\boldsymbol{\Theta}}+\boldsymbol{V}(\boldsymbol{\Theta},\dot{\boldsymbol{\Theta}})+\boldsymbol{G}(\boldsymbol{\Theta}) \tag{6-10}$$

式中，$\boldsymbol{M}(\boldsymbol{\Theta})$为机械臂的 $n\times n$ 惯性矩阵，$\boldsymbol{V}(\boldsymbol{\Theta},\dot{\boldsymbol{\Theta}})$为 $n\times1$ 的离心哥氏力矢量，$\boldsymbol{G}(\boldsymbol{\Theta})$为 $n\times1$ 的重力矢量。$\boldsymbol{M}(\boldsymbol{\Theta})$和 $\boldsymbol{G}(\boldsymbol{\Theta})$中的每一项都是机械臂所有关节位置矢量 $\boldsymbol{\Theta}$ 对应的位置矢量，$\boldsymbol{V}(\boldsymbol{\Theta},\dot{\boldsymbol{\Theta}})$中的每一项都是 $\boldsymbol{\Theta}$ 和 $\dot{\boldsymbol{\Theta}}$ 的复杂函数。此外，还可以在上式加入一个摩擦模型 $\boldsymbol{F}(\boldsymbol{\Theta},\dot{\boldsymbol{\Theta}})$，假设 $\boldsymbol{F}(\boldsymbol{\Theta},\dot{\boldsymbol{\Theta}})$是机械臂关节位置和速度的模型，可得到

$$\boldsymbol{\tau}=\boldsymbol{M}(\boldsymbol{\Theta})\ddot{\boldsymbol{\Theta}}+\boldsymbol{V}(\boldsymbol{\Theta},\dot{\boldsymbol{\Theta}})+\boldsymbol{G}(\boldsymbol{\Theta})+\boldsymbol{F}(\boldsymbol{\Theta},\dot{\boldsymbol{\Theta}}) \tag{6-11}$$

为了求解这种复杂的控制问题，定义 $\boldsymbol{\tau}$ 为

$$\boldsymbol{\tau}=\boldsymbol{\alpha}\boldsymbol{\tau}'+\boldsymbol{\beta} \tag{6-12}$$

式中，$\boldsymbol{\tau}$ 是 $n\times1$ 关节力矩矢量。选择

$$\boldsymbol{\alpha}=\boldsymbol{M}(\boldsymbol{\Theta}) \tag{6-13}$$

$$\boldsymbol{\beta}=\boldsymbol{V}(\boldsymbol{\Theta},\dot{\boldsymbol{\Theta}})+\boldsymbol{G}(\boldsymbol{\Theta})+\boldsymbol{F}(\boldsymbol{\Theta},\dot{\boldsymbol{\Theta}}) \tag{6-14}$$

以及伺服控制律：

$$\boldsymbol{\tau}'=\ddot{\boldsymbol{\Theta}}_{d}+\boldsymbol{K}_{v}\dot{\boldsymbol{E}}+\boldsymbol{K}_{p}\boldsymbol{E} \tag{6-15}$$

式中：

$$\boldsymbol{\tau}'=\boldsymbol{\Theta}_{d}-\boldsymbol{\Theta} \tag{6-16}$$

求得的控制系统如图 6-3 所示。

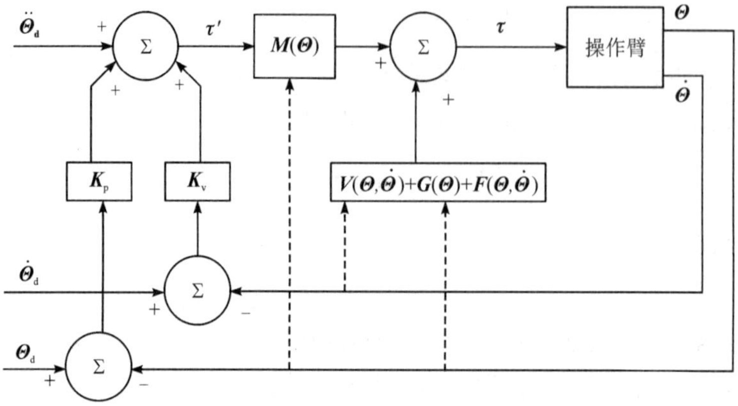

图 6-3 控制系统

利用式(6-11)和式(6-15)，很容易得到系统的闭环特征误差方程如下：

$$\ddot{\boldsymbol{E}}+\boldsymbol{K}_{\mathrm{v}}\dot{\boldsymbol{E}}+\boldsymbol{K}_{\mathrm{p}}\boldsymbol{E}=\boldsymbol{0} \tag{6-17}$$

注意，这个方程是解耦的，$\boldsymbol{E}$ 为系统误差，矩阵 $\boldsymbol{K}_{\mathrm{v}}$ 和 $\boldsymbol{K}_{\mathrm{p}}$ 是对角矩阵，因而式(6-17)可以写成各关节独立的形式。

$$\ddot{\boldsymbol{e}}_i+\boldsymbol{k}_{\mathrm{v}i}\dot{\boldsymbol{e}}_i+\boldsymbol{k}_{\mathrm{p}i}\boldsymbol{e}=\boldsymbol{0} \tag{6-18}$$

式(6-18)描述的理想特性在实际中是无法获得的，在上述诸多因素中最重要的有两点：

(1) 数字计算机不是一个理想的连续时间控制律，其特点是离散的。

在讨论和分析分解控制律策略时，隐含假设整个系统的运行时间是连续的，计算控制律所需的时间为零。如果计算机又大又快，并且计算量已知，那么这个假设是合理的。然而这种计算机价格非常昂贵，使得这种方法经济效益低。机械臂的控制，在控制律计算中必须计算机械臂的整个动力学方程式，这些计算是相当复杂的。因此，如何建立一个快速的算法来有效地进行这些计算，引起研究者们很大的关注。随着计算机的计算能力的不断增强，控制律的大量运算实现将变得越来越可行了。

现在几乎所有的机械臂的控制系统都是由数字电路实现的，并且在一定的采样速率下运行。这表明位置(或者其他参量)传感器的读取方式是实时的离散点。由这些值计算出驱动器指令并发送给驱动器。因此，读取传感器和发送驱动器指令都不是连续的，而是以有限的采样速率进行的。为了分析由计算时间和有限采样速率产生的延迟影响，必须利用离散时间控制领域的研究方法。对于离散时间来说，微分方程变成了差分方程，相应地需用一套方法来解决离散系统的稳定性问题和极点配置问题。在前面已经写出了一个机械臂运动的复杂动力学微分方程，但是等价的离散形式方程却无法得到。因为，在给定一组初始条件、输入和有限的时间间隔的情况下，求解一般机械臂运动的唯一方法是采用数值积分，当应用微分方程的级数解法或者近似解法时才能得到离散时间模型。然而，如果需要通过近似方法建立一个离散模型，很难有比采用连续模型进行连续时间近似更好的方法了。总之，机械臂的离散时间控制问题的分析是相当困难的，通常依赖于仿真来判断某一采样速率的性能效果。因此，在机械臂的控制系统中，假定计算速度足够快并且连续时间近似是有效的。

(2) 多关节机械臂的模型不精确，存在缺少某些信息参数的情况。

力矩控制算法的第二个潜在困难是难以得到精确的机械臂动力学模型，尤其是如摩擦效应等参数。此外，如果机械臂的某些动力学参数不具有重复性(例如，由于机器人的老化)，则难以得到任何时候都适用该动力学模型的参数值。

自然，大部分机器人总是要抓持各种工件和工具。当机器人抓握着工具时，工具的惯量和重量会改变机械臂的动力学特性。在工程应用中，工具的质量分布可能是已知的，这时，可以用它计算控制律中基于模型的部分。当使用抓持工具时，机械臂末端连杆的惯量矩阵、总质量以及质心可以按照末端连杆和工具合成后的值来重新修正。然而，在许多应用中，机械臂抓持物体的质量分布一般不是已知的，因此要保证动力学模型的精确性是很困难的。

对于一个最简单的非理想情况，假定模型是精确的，且以连续时间运行，只有外部噪声作用在系统上。图 6-4 所示为作用在关节上的干扰力矩矢量。包含这些未知干扰的系统误差方程为

$$\ddot{\boldsymbol{E}}+\boldsymbol{K}_{\mathrm{v}}\dot{\boldsymbol{E}}+\boldsymbol{K}_{\mathrm{p}}\boldsymbol{E}=\boldsymbol{M}^{-1}(\boldsymbol{\Theta})\tau_{\mathrm{d}} \tag{6-19}$$

式中，$\boldsymbol{\tau}_{\mathrm{d}}$ 是作用在关节上的关节矢量。式(6-17)的左边是解耦的，但是，从右边可以看出，在任意一个关节上的干扰力都会给其他关节造成位置误差，因为 $\boldsymbol{M}(\boldsymbol{\Theta})$ 一般不是对角矩阵。

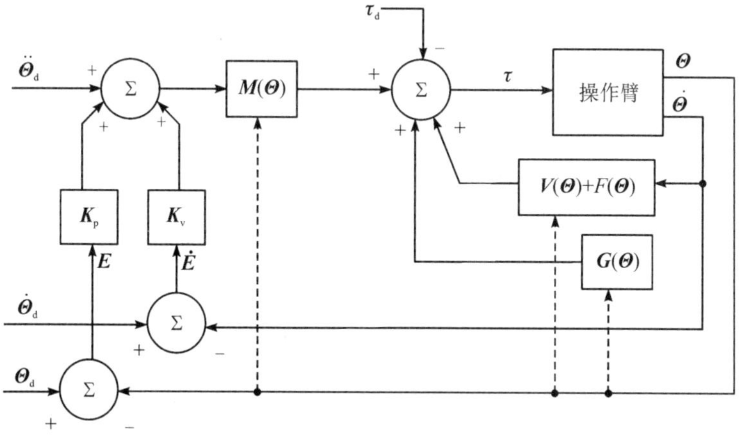

图 6-4 作用在关节上的干扰力矩矢量

基于式(6-19)可以做一些简单分析。例如，很容易计算出一个恒定干扰产生的稳态伺服误差为

$$\boldsymbol{E}=\boldsymbol{K}_{\mathrm{p}}^{-1}\boldsymbol{M}^{-1}(\boldsymbol{\Theta})\tau_{\mathrm{d}} \tag{6-20}$$

如果机械臂的动力学模型不完善，则对得到的闭环系统进行分析就变得更加困难。为此，定义符号如下：$\hat{\boldsymbol{M}}(\boldsymbol{\Theta})$ 是机械臂惯量矩阵 $\boldsymbol{M}(\boldsymbol{\Theta})$ 的模型参数。同样，$\hat{\boldsymbol{V}}(\boldsymbol{\Theta},\dot{\boldsymbol{\Theta}})$、$\hat{\boldsymbol{G}}(\boldsymbol{\Theta})$、$\hat{\boldsymbol{F}}(\boldsymbol{\Theta},\dot{\boldsymbol{\Theta}})$ 分别是实际机械臂系统中的速度项、重力项、摩擦力项的模型参数。完全精确的模型是指

$$\begin{cases}\hat{\boldsymbol{M}}(\boldsymbol{\Theta})=\boldsymbol{M}(\boldsymbol{\Theta})\\ \hat{\boldsymbol{V}}(\boldsymbol{\Theta},\dot{\boldsymbol{\Theta}})=\boldsymbol{V}(\boldsymbol{\Theta},\dot{\boldsymbol{\Theta}})\\ \hat{\boldsymbol{G}}(\boldsymbol{\Theta})=\boldsymbol{G}(\boldsymbol{\Theta})\\ \hat{\boldsymbol{F}}(\boldsymbol{\Theta},\dot{\boldsymbol{\Theta}})=\boldsymbol{F}(\boldsymbol{\Theta},\dot{\boldsymbol{\Theta}})\end{cases} \tag{6-21}$$

因而，虽然已知机械臂的动力学方程为

$$\boldsymbol{\tau}=\boldsymbol{M}(\boldsymbol{\Theta})\ddot{\boldsymbol{\Theta}}+\boldsymbol{V}(\boldsymbol{\Theta},\dot{\boldsymbol{\Theta}})+\boldsymbol{G}(\boldsymbol{\Theta})+\boldsymbol{F}(\boldsymbol{\Theta},\dot{\boldsymbol{\Theta}}) \tag{6-22}$$

而采用的控制律却是

$$\begin{cases}\boldsymbol{\tau}=\alpha\boldsymbol{\tau}'+\boldsymbol{\beta}\\ \boldsymbol{\alpha}=\hat{\boldsymbol{M}}(\boldsymbol{\Theta})\\ \boldsymbol{\beta}=\hat{\boldsymbol{V}}(\boldsymbol{\Theta},\dot{\boldsymbol{\Theta}})+\hat{\boldsymbol{G}}(\boldsymbol{\Theta})+\hat{\boldsymbol{F}}(\boldsymbol{\Theta},\dot{\boldsymbol{\Theta}})\end{cases} \tag{6-23}$$

因而，当已知参数不精确时，解耦和线性化就无法很好地完成。所得到的系统闭环方程为

$$\ddot{\boldsymbol{E}}+\boldsymbol{K}_{\mathrm{v}}\dot{\boldsymbol{E}}+\boldsymbol{K}_{\mathrm{p}}\boldsymbol{E}=\boldsymbol{M}^{-1}[(\boldsymbol{M}-\hat{\boldsymbol{M}})\ddot{\boldsymbol{\Theta}}+(\boldsymbol{V}-\hat{\boldsymbol{V}})+(\boldsymbol{G}-\hat{\boldsymbol{G}})+(\boldsymbol{F}-\hat{\boldsymbol{F}})] \tag{6-24}$$

为简明起见，式中没有写出动力学函数的自变量。

注意，如果模型是精确的，则式(6-21)成立，从而式(6-24)的右边为零，误差消失。当不能精确知道模型参数时，实际参数与模型参数不一致，将会引起伺服误差(甚至可能导致系统失稳)。关于非线性闭环系统的稳定性分析将在后面进行讨论。

当模型参数不准确时，快速计算机械臂模型可能不值得。工业机器人制造商认为，从经济角度来看，在控制器中使用完整的机械臂模型是不值得的。因此，目前大多数的机械臂都使用非常简单的控制律，一般只补偿误差。

1. 独立关节 PID 控制

据了解，当今大部分工业机器人的控制方式可描述如下：

$$\begin{aligned}\boldsymbol{\alpha}&=\boldsymbol{I}\\ \boldsymbol{\beta}&=\boldsymbol{0}\end{aligned} \tag{6-25}$$

式中，$\boldsymbol{I}$ 是 $n\times n$ 单位矩阵。伺服控制部分表示为

$$\boldsymbol{\tau}'=\ddot{\boldsymbol{\Theta}}_{\mathrm{d}}+\boldsymbol{K}_{\mathrm{v}}\dot{\boldsymbol{E}}+\boldsymbol{K}_{\mathrm{p}}\boldsymbol{E}+\boldsymbol{K}_{i}\int\boldsymbol{E}\,\mathrm{d}T \tag{6-26}$$

式中，$\boldsymbol{K}_{\mathrm{v}}$、$\boldsymbol{K}_{\mathrm{p}}$ 和 $\boldsymbol{K}_{i}$ 为常数对角阵。在许多情况下，$\ddot{\boldsymbol{\Theta}}_{\mathrm{d}}$ 未知，所以可把$\ddot{\boldsymbol{\Theta}}_{\mathrm{d}}$ 设为零。大多数简单的机器人控制器，在其控制律中都不使用基于模型的控制。每个关节控制作为一个独立的控制系统，这种类型的 PID 控制是简单的。因为独立关节的控制方法没有对关节之间进行解耦，用此控制方法的机械臂性能会较难描述，所以每个关节的运动都会对其他关节产生影响。通过误差补偿控制律可以有效地抑制因这种相互作用引起的误差。选择一个固定的增益是不可能的，是因为在任何配置下，机械臂对干扰的响应都是临界阻尼的。因此，为使机器人工作空间的中心接近临界阻尼的状态，我们通常选择“平均”增益。当机械臂处于各种极端配置时，系统会存在欠阻尼或过阻尼现象。根据机器人机械设计的具体情况，可使每个关节的运动对其他关节产生的影响相当小，此时控制效果较好。在这种系统中，重要的是要保证尽可能高的增益，这样可使无法避免的干扰很快得到抑制。

2. 附加重力补偿

由于重力项容易引起静态定位误差，所以有些机器人生产商在控制律中包含了一个重力项 $\boldsymbol{G}(\boldsymbol{\Theta})$（即 $\boldsymbol{\beta}=\boldsymbol{G}(\boldsymbol{\Theta})$）。总的控制律具有如下形式：

$$\boldsymbol{\tau}'=\ddot{\boldsymbol{\Theta}}_{\mathrm{d}}+\boldsymbol{K}_{\mathrm{v}}\dot{\boldsymbol{E}}+\boldsymbol{K}_{\mathrm{p}}\boldsymbol{E}+\boldsymbol{K}_{i}\int\boldsymbol{E}\,\mathrm{d}T+\hat{\boldsymbol{G}}(\boldsymbol{\Theta}) \tag{6-27}$$

这个控制律可能是基于模型的控制器中最简单的例子。由于在式(6-27)中不能再严格按照单关节控制的模式进行计算，所以控制器的结构必须具有在各关节控制器之间进行通讯的功能，或者只应用一个中央处理器代替各关节处理器。

6.2 机械臂的力控制

当机械臂在空间中跟踪轨迹运动时，可采用位置控制，但当末端执行器与机械臂工作环境发生碰撞时，纯粹的位置控制就不适用了。此时可考虑使用海绵擦窗的机械臂，利用海绵的柔性且通过控制末端执行器与玻璃之间的位置来调整施加在窗户上的力，如果海绵十分柔软，或者已知玻璃的精确位置，则机械臂可以工作得很好。但若末端执行器、工具或环境的刚性很高，机械臂压贴在平面上的操作将会非常困难。假设不选用海绵擦窗的机械臂，而是选用刚性刮削工具从玻璃表面刮漆，如果距离玻璃表面的位置存在任何不确定性，或者机械臂存在任何位置误差，则是不可能完成该项工作的。要么玻璃被碰碎，要么机械臂在玻璃上方摆动而不与玻璃接触。

大多数工业机器人应用场合都相对简单，例如，抓取、放置、装配零件、焊接、搬运等操作。力控制已经在一些场合中使用，例如，一些机器人已经能够进行如磨削和去毛刺等简单的力控制。很明显，工业机器人的下一个更广泛应用的领域将出现在装配线操作中。在此类装配任务中，接触力的监测是非常重要的。面对工作环境的不确定性，机器人在工业装配操作中可以使用的先决条件是机器人手臂的精确控制。为机器人手臂配备传感器以便提供有关操作任务状态的信息，以便机器人可以准确执行装配任务，这似乎是机器人应用中的一个重要进步。然而，目前机械臂的灵活性仍然很低，限制了其在自动化组装中的使用。

使用机械臂装配任务时，需要零件之间有非常高的位置精度。当前大部分工业机器人还无法执行如此高精度的任务。为提高机械臂的精度，要以尺寸和重量为代价。但是通过测量和控制机械臂手部所产生的接触力的方式提供了一种有效提高机械臂精度的方法。在相对测量方法中，机械臂和被操纵物体的绝对位置误差不像在纯位置控制系统中那样重要，但当中等刚度的零件相互作用时，相对位置的微小变化都会产生很大的接触力，因此了解和控制这些力可以大大提高有效位置精度。

6.2.1 机械臂的约束坐标系

本节提出的机械臂的约束坐标系的方法是基于控制工作环境的坐标系，其中机器人手臂的运动范围会受到接触面的约束。由于这种方法只需描述机械臂的接触和自由状态，只考虑系统中具有较大刚度的物体之间的接触力，描述部分约束的坐标系是基于简化的末端执行器和环境之间相互作用的关系表示。这相当于完成了对机械臂手部的接触和自由情况的静态分析，同时忽略了其他静态力，如摩擦力和重力等。

机械臂将执行的每项工作分解为多个子任务。机械臂的末端执行器(即工具)和工作环境之间的特定接触状态定义了这些子任务。自然约束是与对应子任务相关的约束，由操作配置的特定机械和几何特征形成。对于与环境交互模型中的每个子任务配置，可以定义具有垂直于根据机械臂的接触表面所定义的一个广义表面的位置约束和与该表面相切的力约束的广义表面。这两种约束最终以末端执行器的运动自由度分成两个正交集，对于有两种不同约束的控制，必须根据不同的规则进行控制。例如，与静态刚性表面接触的手臂不能自由通过该表面，此类属于自然位置约束；若表面是无摩擦的，手臂不能任意施加与表面相切的力，此类属于自然力约束。请注意，这个接触模型并不包括所有可能的接触情况。

图 6-5 描述了两个典型的与自然约束有关的任务。值得注意的是，在每个场景中，按照约束坐标系$\{C\}$描述任务，该坐标系位于与任务相关的位置上。约束坐标系$\{C\}$可以固定在环境中或与机械臂末端执行器一起移动。在图 6-5(a)中，约束坐标系固连在图中的手柄上并随手柄运动，并规定$\hat{x}$方向总是指向手柄的轴心。作用于指端的摩擦力确保其能够可靠地抓住把手，该把手在一个心轴上，且能够相对于手柄转动。在图 6-5(b)中，约束坐标系固连在螺丝刀的末端，工作时随螺丝刀一起转动。注意，在$\hat{y}$方向，力约束为零，因为螺钉上的槽允许螺丝刀在该方向滑动。在这些例子中，给定的约束集在整个任务中保持不变。对于更为复杂的情况，任务被分解成子任务，对于这些子任务，可以确定一个不变的自然约束集。

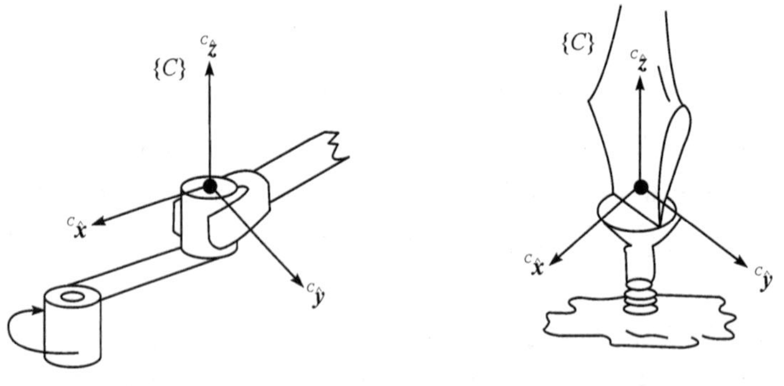

自然约束：$v_x=0, v_z=0, \omega_x=0, \omega_y=0, f_y=0, n_z=0$；
人工约束：$v_y=r\alpha_1, \omega_z=\alpha_1, f_x=0, f_z=0, n_x=0, n_y=0$。
(a)

自然约束：$v_x=0, \omega_x=0, \omega_y=0, v_z=0, f_y=0, n_z=0$；
人工约束：$v_y=0, \omega_z=\alpha_2, f_x=0, f_z=\alpha_3, n_x=0, n_y=0$。
(b)

图 6-5　两种任务的自然约束和人工约束

位置约束由图 6-5 的$\{C\}$坐标系中末端执行器的速度分量表示。通常，将位置描述为“速度为零”的约束可能更容易理解。类似地，施加在坐标系$\{C\}$中表示的末端执行器的力矩分量F可以定义力的约束。位置约束或姿态约束也称为位置近似，而力约束或力矩约束也称为力近似。自然约束是指在某些特定接触条件下自然形成的，与机械臂的期望运动或预先规定的运动无关。

附加约束，又称为人工约束，是根据自然约束确定的期望运动或施加的力来描述的。即，当指定一个位置或力的期望轨迹时，就可以定义一个人工约束。与自然约束不同的是，人工力约束被定义为沿广义曲面的法线方向，人工位置约束被定义为沿广义曲面的切线方向，以此确保自然约束的一致性。

图 6-5 显示了两个任务的自然约束和人工约束。注意，当一个给定的自然位置被约束到坐标系$\{C\}$中的特定自由度时，也应该给出一个人工力约束，反之亦然。在任何瞬间，约束坐标系中的给定自由度被控制以满足位置约束或力的约束。

6.2.2 力的控制原理

本节从非常简单的单一质量块控制问题开始研究位置控制问题。首先，控制整个机械臂的问题等价于控制 n 个独立的集中质量(对于具有 n 个关节的机械臂来说)。同样，通过控制施加到简单的单一自由度系统的力来研究力的控制。

如果考虑存在接触力的情况，则必须建立某种环境作用模型。为了建立这个概念，使用一种非常简单的受控物体与环境之间的交互模型。把与环境接触的模型看作是一个弹簧(即假设系统是刚性的)，环境的刚度为 b_e。

考虑质量-弹簧系统的控制问题，则同时需要考虑未知的干扰力 f_{dist}，它可能是未知模型的摩擦力，即机械臂传动齿轮的啮合损耗，如图 6-6 所示。要控制的变量为作用于环境的力 f_e，它是施加在弹簧上的力：

$$f_e = b_e x \tag{6-28}$$

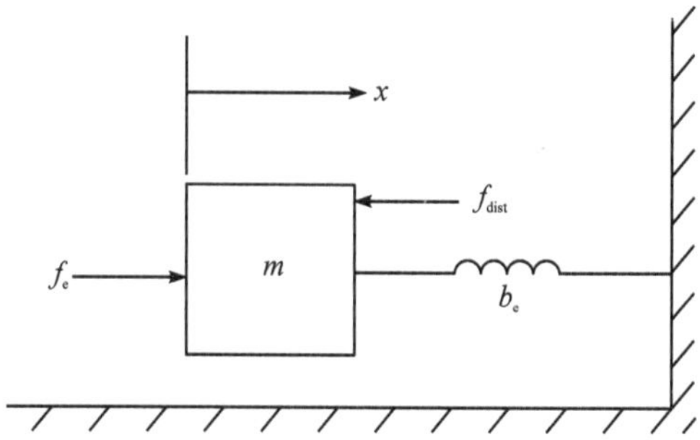

图 6-6　弹簧-质量系统

描述这个物理系统的方程为

$$f = m\ddot{x} + b_e x + f_{dist} \tag{6-29}$$

或者写成需要控制的变量 f_e 的形式

$$f = m b_e^{-1} \ddot{f}_e + f_e + f_{dist} \tag{6-30}$$

采用控制器分解方法，取

$$\alpha = m b_e^{-1}$$

$$\beta = f_e + f_{dist}$$

得到控制律

$$f = mb_e^{-1}(\ddot{f}_d + k_{vf}\dot{e}_F + k_{pf}e_F) + f_e + f_{dist} \tag{6-31}$$

式中，$e_f = f_d - f_e$，f_d 为期望力，f_e 为检测到的作用在环境上的力，e_f 就是两者之间的误差。通过计算(6－31)，则可得到闭环系统如下：

$$\ddot{e}_f + k_{vf}\dot{e}_f + k_{pf}e_f = 0 \tag{6-32}$$

然而，在控制律中 f_{dist} 是未知的，因此式(6－31)不可解。虽然可以在控制律中舍去这项，但是由稳态分析表明，还有更好的解决方法，尤其是当环境刚性 b_e 很高时(通常情况下)。

如果选择在控制律中舍去 f_{dist} 这一项，则令式(6－30)与式(6－31)相等，并且在稳态分析中令对时间的各阶导数为零，可得

$$e_f = \frac{f_{dist}}{\alpha} \tag{6-33}$$

式中，$\alpha = mb_e^{-1}k_{pf}$ 为有效力反馈增益。然而，在式(6－31)中用 f_d 代替 $f_d + f_{dist}$，则稳态误差为

$$e_f = \frac{f_{dist}}{1+\alpha} \tag{6-34}$$

一般情况下，环境是刚性的，α 可能很小，因此由式(6－34)计算稳态误差远优于式(6－33)。因此，推荐控制律如下

$$f = mb_e^{-1}(\ddot{f}_d + k_{vf}\dot{e}_f + k_{pf}e_f) + f_d \tag{6-35}$$

图 6－7 为采用控制律(6－35)的闭环示意图。

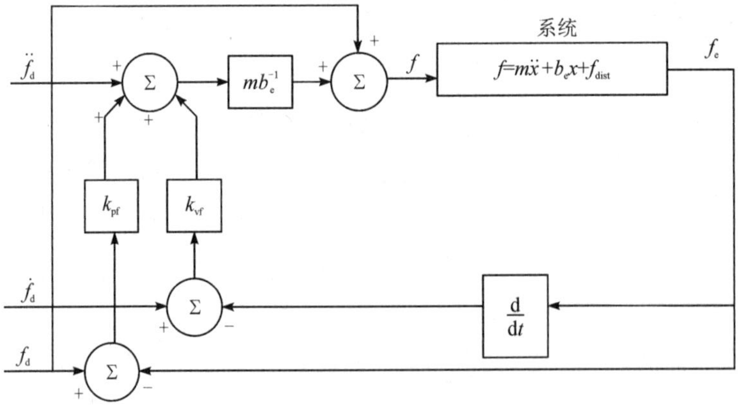

图 6－7　弹簧-质量系统的力控制系统

6.2.3　机械臂的力-位置混合控制方案

在本小节中，主要介绍机械臂的力-位置混合控制方案。

1. 直角坐标系中的机械臂

图 6－8 所示为接触状态的两个极端情况。在图 6－8(a)中，机械臂在自由空间移动。

在这种情况下，自然约束都是力约束——没有相互作用力，因此所有的约束力都为零。具有6自由度的机械臂可以在6个自由度方向上运动，但是不能在任何方向上施加力。图6-8(b)所示为机械臂末端执行器紧贴墙面运动的极端情况。在这种情况下，因为机械臂不能自由改变位置，所以它有6个自然位置约束。然而，机械臂可以在这6个自由度上对目标自由施加力和力矩。

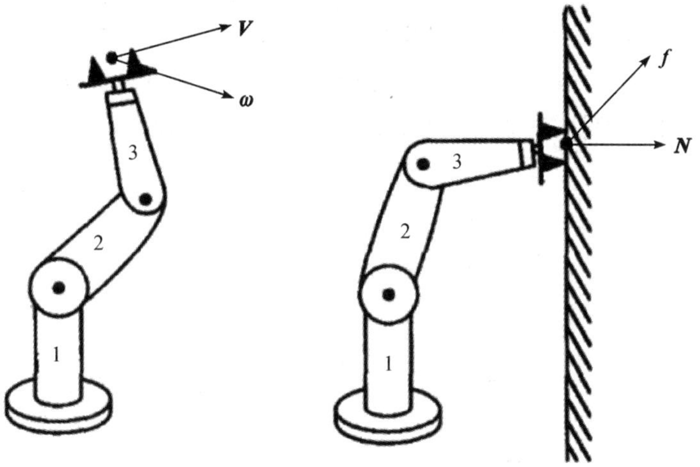

(a) 机械臂在自由空间中运动　　(b) 机械臂贴紧墙面运动的极端情况

图6-8　接触状态的两个极端情况

首先，考虑具有移动关节的3自由度机械臂的简单情况，关节轴线沿$\hat{z}$、$\hat{y}$和$\hat{x}$方向运动。为简单起见，假设每一连杆的质量为m，滑动摩擦力为零。假设关节运动方向与约束坐标系{C}的轴线方向完全一致。末端执行器与刚性为k_e的表面接触，接触表面垂直于$C_{\hat{y}}$。因此，在$C_{\hat{y}}$方向需要力控制，而在$C_{\hat{z}}$和$C_{\hat{x}}$方向进行位置控制(见图6-9)。

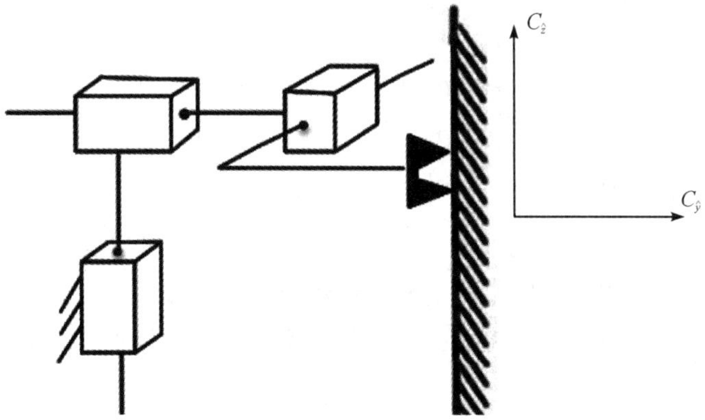

图6-9　与表面接触的3自由度机械

如果希望将约束表面的法线方向转变为沿$\hat{x}$方向或$\hat{y}$方向，则可以按如下方法对机械臂控制系统稍加扩展：构建这个控制系统，并使它可以确定3个自由度的全部位置轨迹，同时也可以确定3个自由度的力轨迹。当然，不能同时满足这6个约束的控制。因而，需要设定一些工作模式来指明在任意给定时刻应控制哪条轨迹的哪个分量。

在图 6-10 所示的控制器中，用一个位置控制器和一个力控制器，控制简单笛卡儿机械臂的 3 个关节。为了控制笛卡儿机械臂的每个关节，引入矩阵 $\boldsymbol{S}$ 和$\boldsymbol{S}'$来确定应采用的控制模式(位置模式或力模式)。$\boldsymbol{S}$ 矩阵是一个对角阵，对角线上有元素 1 和 0。在位置控制模式中，$\boldsymbol{S}$ 矩阵中元素为 1 的位置在$\boldsymbol{S}'$中对应的元素为 0；而在力控制模式中，$\boldsymbol{S}$ 矩阵中元素为 0 的位置在$\boldsymbol{S}'$中对应的元素为 1。因此，矩阵 $\boldsymbol{S}$ 和$\boldsymbol{S}'$可看作互锁开关，用于设定每个自由度的控制模式。按照 $\boldsymbol{S}$ 的规定，系统中总有 3 个轨迹分量受到控制，而位置控制和力控制之间的组合是任意的，另外 3 个期望轨迹分量和相应的伺服误差应被忽略。也就是说，当一个给定的自由度受到力控制时，那么这个自由度上的位置误差就应该被忽略。

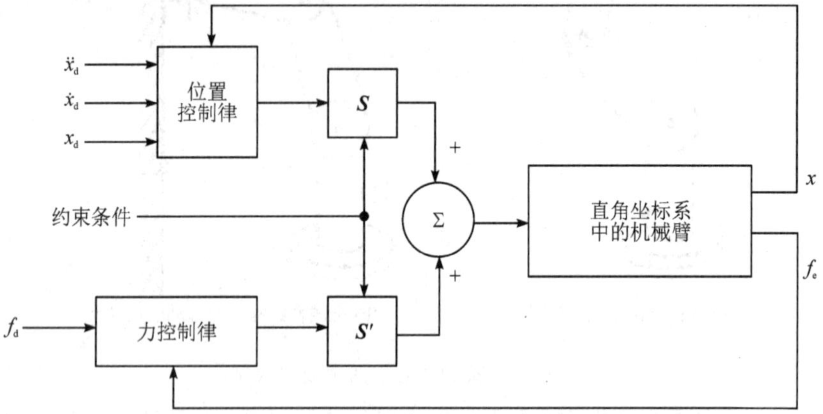

图 6-10　3 自由度的直角坐标系中的机械臂的混合控制

在图 6-9 中，由于$\hat{x}$ 和$\hat{y}$ 方向的分量受到位置控制，所以要在矩阵 $\boldsymbol{S}$ 对角线上对应于这两个分量的位置上输入 1。在这两个方向上具有位置伺服，可以跟踪输入轨迹。$\hat{\boldsymbol{y}}$ 方向输入的任何位置轨迹将被忽略。矩阵$\boldsymbol{S}'$对角线方向上的 0 和 1 元素与矩阵 $\boldsymbol{S}$ 相反。因此，有

$$\boldsymbol{S}=\begin{bmatrix}1&0&0\\0&0&0\\0&0&1\end{bmatrix},\quad \boldsymbol{S}'=\begin{bmatrix}0&0&0\\0&1&0\\0&0&0\end{bmatrix}$$

2. 一般机械臂的控制

将图 6-10 所示的混合控制器推广到一般机械臂，以便可以直接应用基于直角坐标系的控制方法。其基本思想是：把实际机械臂的组合系统以及计算模型等效为一组独立的、没有耦合的单位质量系统，一旦完成了解耦和线性化的工作，就可以运用前面介绍的简单的伺服系统。

由于已经设计了与约束坐标系一致的笛卡儿机械臂的混合控制器，并且因为用笛卡儿解耦方法建立的系统具有相同的输入——输出特性，因此只需要将这两个条件相结合，就可以生成一般的力位混合控制器。图 6-11 是一个一般机械臂的混合控制器框图。注意，动力学方程以及雅可比矩阵均在约束坐标系中描述。

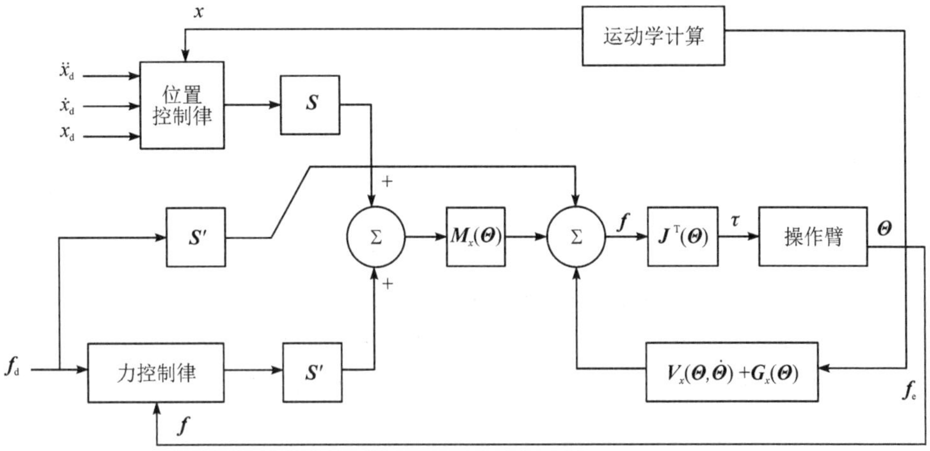

图 6-11　一般机械臂的力-位置混合控制器

6.3　李雅普诺夫稳定性理论

对于非线性系统，利用完备的基于模型的非线性控制器进行解耦和线性化，这种分析方法同样有效，因为最后得到的系统仍是线性的。但是，如果控制器没有解耦和线性化，或者解耦和线性化不完整、不精确的话，整个闭环系统将保持非线性。非线性系统的稳定性和性能分析要困难得多。本章将介绍一种对线性和非线性系统都适用的稳定性分析方法。

对于一个线型系统

$$\dot{\boldsymbol{x}}=-\boldsymbol{A}\boldsymbol{x} \tag{6-36}$$

式中，$\boldsymbol{A}$ 为 $m\times m$ 正定矩阵。可以定义一个能量函数，即李亚普洛夫函数为

$$v(\boldsymbol{x})=\frac{1}{2}\boldsymbol{x}^{\mathrm{T}}\boldsymbol{x} \tag{6-37}$$

该函数式是连续且非负的。对其求微分得

$$\dot{v}(\boldsymbol{x})=\boldsymbol{x}^{\mathrm{T}}\dot{\boldsymbol{x}}=\boldsymbol{x}^{\mathrm{T}}(-\boldsymbol{A}\boldsymbol{x})=-\boldsymbol{x}^{\mathrm{T}}\boldsymbol{A}\boldsymbol{x} \tag{6-38}$$

$\boldsymbol{A}$ 是正定矩阵，因此该函数是非正的。这说明系统的能量总是在耗散，因为$\dot{v}(\boldsymbol{x})$仅在 $x=0$ 处为零，而在其他位置 x 一定是减小的。因此，通过能量分析可知，式(6-36)所示的系统在任何初始条件下(即任何初始能量)，最终都将稳定在平衡点。这种基于能量分析的稳定性证明方法是以 19 世纪的俄国数学家李雅普诺夫名字命名，称为李雅普诺夫稳定性分析方法或第二类李雅普诺夫方法(或直接法)。

李雅普诺夫稳定性分析方法的显著特点是不需要求解控制系统的微分方程，但它却无法提供任何有关瞬时响应或系统性能的信息。注意，这种能量分析方法不能给出系统是过阻尼或欠阻尼的信息，也不能给出系统抑制干扰所需的时间。稳定性和动态性能的主要区别在于：虽然系统是稳定的，但在控制的过程中，它的动态性能指标可能并不令人满意。李雅普诺夫方法比前述的例子更具一般性，它是为数不多的几种能够直接应用到非线性系统上的稳定性分析方法之一。为了快速了解李雅普诺夫方法，本节将简单介绍一下这个理论，然后对机械臂的控制系统进行具体的分析。

李雅普诺夫方法用于判别下列微分方程的稳定性：

$$\dot{\boldsymbol{x}}=f(\boldsymbol{x}) \tag{6-39}$$

式中，$\boldsymbol{x}$ 为 $m\times1$ 矢量，$f(\cdot)$可以是非线性函数。

注意，高阶微分方程总是可以被写成一组形式为式(6－31)的一阶微分方程。为了用李雅普诺夫方法证明一个系统是否稳定，必须构造一个具有如下性质的广义能量函数 $\boldsymbol{v}(\boldsymbol{x})$：

(1) $\boldsymbol{v}(\boldsymbol{x})$具有连续的一阶偏导数，对于任意 $\boldsymbol{x}$ 有 $\boldsymbol{v}(\boldsymbol{x})>0$，且当 $v(0)=0$ 时除外。

(2) $\dot{\boldsymbol{v}}(\boldsymbol{x})\leqslant0$，$\dot{\boldsymbol{v}}(\boldsymbol{x})$指 $\boldsymbol{v}(\boldsymbol{x})$在系统所有轨迹上的变化率。

若这些性质仅在特定区域成立，则相应的系统为弱稳定；若这些性质在全局成立，则相应的系统为强稳定。一个正定的“能量形式”的状态函数，其值是一直减小的或保持为常数则系统是稳定的，即系统的状态矢量是有界的。若$\dot{\boldsymbol{v}}(\boldsymbol{x})$严格小于零，则系统的状态是渐近收敛于零矢量的。

已知某机械臂的动力学方程为

$$\boldsymbol{\tau}=\boldsymbol{M}(\boldsymbol{\Theta})\ddot{\boldsymbol{\Theta}}+\boldsymbol{V}(\boldsymbol{\Theta},\dot{\boldsymbol{\Theta}})+\boldsymbol{G}(\boldsymbol{\Theta}) \tag{6-40}$$

它的控制律为

$$\boldsymbol{\tau}=\boldsymbol{K}_{\mathrm{p}}\boldsymbol{E}-\boldsymbol{K}_{\mathrm{d}}\dot{\boldsymbol{\Theta}}+\boldsymbol{G}(\boldsymbol{\Theta}) \tag{6-41}$$

式中，$\boldsymbol{K}_{\mathrm{p}}$ 和 $\boldsymbol{K}_{\mathrm{d}}$ 是对角增益矩阵。该控制器不允许机械臂跟随轨迹运动，但可以沿机械臂动力学确定的路径到达目标点并调整目标位置。由式(6－40)和式(6－41)联立得到的闭环系统为

$$\boldsymbol{M}(\boldsymbol{\Theta})\ddot{\boldsymbol{\Theta}}+\boldsymbol{V}(\boldsymbol{\Theta},\dot{\boldsymbol{\Theta}})+\boldsymbol{K}_{\mathrm{d}}\dot{\boldsymbol{\Theta}}+\boldsymbol{K}_{\mathrm{p}}\boldsymbol{\Theta}=\boldsymbol{K}_{\mathrm{p}}\boldsymbol{\Theta}_{\mathrm{d}} \tag{6-42}$$

利用李雅普诺夫方法可以证明该系统是全局渐进稳定的，选取李雅普诺夫函数为

$$\boldsymbol{v}=\frac{1}{2}\dot{\boldsymbol{\Theta}}^{\mathrm{T}}\boldsymbol{M}(\boldsymbol{\Theta})\dot{\boldsymbol{\Theta}}+\frac{1}{2}\boldsymbol{E}^{\mathrm{T}}\boldsymbol{K}_{\mathrm{p}}\boldsymbol{E} \tag{6-43}$$

式(6－43)总为正或零，因为机械臂质量矩阵 $\boldsymbol{M}(\boldsymbol{\Theta})$和位置增益矩阵 $\boldsymbol{K}_{\mathrm{p}}$ 都是正定矩阵。对式(6－43)求导得

$$\begin{aligned}\dot{\boldsymbol{v}}&=\frac{1}{2}\dot{\boldsymbol{\Theta}}^{\mathrm{T}}\dot{\boldsymbol{M}}(\boldsymbol{\Theta})\dot{\boldsymbol{\Theta}}+\dot{\boldsymbol{\Theta}}^{\mathrm{T}}\dot{\boldsymbol{M}}(\boldsymbol{\Theta})\ddot{\boldsymbol{\Theta}}-\boldsymbol{E}^{\mathrm{T}}\boldsymbol{K}_{\mathrm{p}}\dot{\boldsymbol{\Theta}}\\&=\frac{1}{2}\dot{\boldsymbol{\Theta}}^{\mathrm{T}}\dot{\boldsymbol{M}}(\boldsymbol{\Theta})\dot{\boldsymbol{\Theta}}-\dot{\boldsymbol{\Theta}}^{\mathrm{T}}\boldsymbol{K}_{\mathrm{d}}\dot{\boldsymbol{\Theta}}-\dot{\boldsymbol{\Theta}}^{\mathrm{T}}\boldsymbol{V}(\boldsymbol{\Theta},\dot{\boldsymbol{\Theta}})\\&=-\dot{\boldsymbol{\Theta}}^{\mathrm{T}}\boldsymbol{K}_{\mathrm{d}}\dot{\boldsymbol{\Theta}}\end{aligned} \tag{6-44}$$

只要 $\boldsymbol{K}_{\mathrm{d}}$ 正定，则该式非正。在式(6－44)的结果中，利用恒等式可得

$$\frac{1}{2}\dot{\boldsymbol{\Theta}}^{\mathrm{T}}\dot{\boldsymbol{M}}(\boldsymbol{\Theta})\dot{\boldsymbol{\Theta}}=\dot{\boldsymbol{\Theta}}^{\mathrm{T}}\boldsymbol{V}(\boldsymbol{\Theta},\dot{\boldsymbol{\Theta}}) \tag{6-45}$$

下面研究系统是否会“黏结在”某个非零误差之处，因为$\dot{\boldsymbol{v}}$ 沿轨迹保持为零的必要条件是 $\dot{\boldsymbol{\Theta}}=\boldsymbol{0}$ 和 $\ddot{\boldsymbol{\Theta}}=\boldsymbol{0}$，在这种情况下，由式(6－45)可得

$$\boldsymbol{K}_{\mathrm{p}}\boldsymbol{E}=\boldsymbol{0} \tag{6-46}$$

又因为 $\boldsymbol{K}_{\mathrm{p}}$ 是非奇异的，则有

$$\boldsymbol{E}=\boldsymbol{0}$$

因此，将控制律式(6－41)应用到系统式(6－40)可以达到全局渐近稳定。这个结论之所以

重要，是因为它在某种程度上解释了为什么当前的工业机器人能够正常工作的原因。

6.4 机械臂的神经网络控制

本节将从神经网络技术的角度讨论各种在智能机器人技术应用中常见的神经网络算法。人工神经网络(ANN)是从信息处理的角度抽象出人脑的神经网络系统，建立简单的模型，根据不同的连接方式形成不同的网络。这是20世纪80年代以来人工智能领域的研究热点。在工程和学术界，它通常被直接称为神经网络。

神经网络是一种由大量相互连接节点(或神经元)组成的操作模型。每个节点称为激励函数(Activation Function)，代表一个特定的输出函数。两个节点之间的连接称为权重，表示通过连接信号的加权值。网络输出值将根据网络的连接方式、权重值和激励函数的不同而不同。网络是对一种逻辑策略的表达，一般是自然界某种算法或者函数的逼近。

人工神经网络是一种受人类大脑内部工作机制的启发而来的学习算法，是设计来模拟人类大脑神经元学习过程的产物。在人工神经网络中，基本上有三层：输入层、隐藏层和输出层。应用神经网络的目的是训练一组参数(权值)，这些参数(权值)可以反映从用户输入到发送给操作者的输出的映射。

在智能机器人领域中，神经网络的训练算法主要有两种，即在线训练方法和离线训练方法。而根据完成任务需求的不同以及方法的不同特性，这两种训练方法可以在特定的任务中逐步进行应用。离线型神经网络的训练相比于在线型的训练更为简单，这是因为应用于实际智能机器人中离线型神经网络的参数是不需要在线进行调整的。在离线型神经网络的训练过程中，网络会收到来自智能机器人的信号反馈，并将反馈信息与期望输出进行比较。神经网络最终将根据大量输入到系统中的样本信息，训练离线型神经网络。当期望输出和实际信号之间的差距达到最小时，所对应的神经网络权重将被保留并应用于实际智能机器人应用中。

然而，从实际的智能机器人或仿真模拟软件中所采集的训练样本可能并不能够完全地表达真实的智能机器人特性(如机械臂运动力学、视觉分类器等)。这是因为实际外部环境参数或者智能机器人内在参数等可能为不确定参数(如载荷或摩擦等约束)，可能会对离线理想状况下所采集或者仿真的数据所训练出来的神经网络产生影响，导致神经网络不准确，不能够完全应对实际任务。因此，要实现真正的动态，则需要进行连续的在线训练。而在在线训练中，神经网络不仅可以根据期望输出和实际输出的不同实时地调整其网络权重，而且同时可以对执行器进行操作。采用在线训练的智能机器人可以克服环境或者机器人自身参数不确定性所带来的影响，如针对机械臂系统，在线训练的方式就可以处理重力、摩擦力等影响机械臂性能的意外因素。

对于在线型神经网络的训练，需要有传感器负责测量智能机器人系统的真实输出，并将真实输出与任务目标的偏差传递给神经网络，进行在线参数修正。神经网络需要具备一个训练机制，可以修改其参数，直到网络参数符合实际任务需求。离线训练虽然不能完全达到实际操作中所需要的动态性，但配合在线训练去参数调整，也可以提高智能机器人的准确性和实用性。接下来的部分将介绍目前在智能机器人控制问题中所常用的几种前馈神经网络方法，并着重介绍这些方法的代表性研究。

前馈神经网络是指在神经网络内部没有循环或反馈信号的人工神经网络。这类神经网络已被广泛应用于智能机器人的动力学和运动学问题中。

6.4.1 基于反向传播的前馈神经网络

基于反向传播的前馈神经网络通常使用 Sigmoid 函数作为其激活函数。反向传播的主要思想是调整网络中神经元之间连接的权重等参数，使期望输出和实际输出之间的差异相关的损失函数达到最小化。采用梯度下降法对损失函数进行优化时，对神经网络内部的参数进行微调。虽然反向传播可以给出特定智能机器人动力学或运动学问题的解，但由于梯度下降的性质，该解可能并不是全局最优的，计算得到的解可能是局部最小值。同时，该方法的收敛速度相对较慢，如果需要相对准确的解，则学习率较低。这种结果显示，采用梯度下降方法对问题求解的过程中，收敛和学习速度之间的权衡也需要进行考虑。

有研究指出利用带修正项的反向传播方法训练了一种基于神经网络的非线性参数观测器，而其仿真结果也验证了该观测器的鲁棒性和稳定性。研究人员对平面机器人的设定值控制问题进行了研究，并采用一种类似于反向传播的学习算法来获得基于径向基函数的网络的权值，并且最终通过在二自由度的机械臂上的实验验证了该控制方法的有效性。

6.4.2 径向基函数前馈神经网络

基于反向传播的前馈神经网络可拥有多个隐藏层，但径向基函数神经网络的基本结构中只有一个隐藏层，即总共有输入层、隐藏层、输出层三层。径向基函数神经网络示意图如图 6-12 所示。

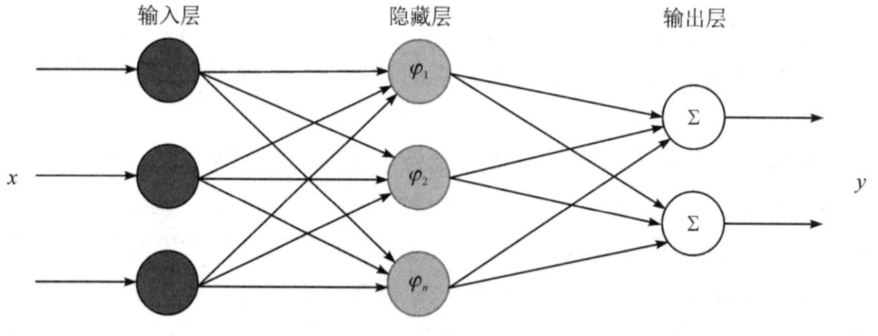

图 6-12　径向基函数神经网络示意图

径向基函数是一种单调函数，其参数 l 通常是到固定点的欧氏距离，是隐藏层的激活函数。当参数 $c>0$ 时，以下函数可用于构造基于径向基函数的前馈神经网络：

(1) 多二次函数：$\varphi(l)=\sqrt{l^2+c^2}$。

(2) 逆多二次函数：$\varphi(l)=\dfrac{1}{\sqrt{l^2+c^2}}$。

(3) 高斯函数：$\varphi(l)=\exp\left(-\dfrac{l^2}{2c^2}\right)$。

基于径向基函数的前馈神经网络的主要设计思想是通过非线性变换将线性不可分的样本映射到高维空间，使其被线性函数分离。输出层的组件是由隐藏层产生的值的线性组合。

由于径向基函数受到特定点(中心)的欧氏距离的影响，相应权值的变化对靠近中心的点影响更大，这被称为局部属性。这也是梯度下降等监督学习方法训练基于径向基函数的前馈网络收敛速度快于基于典型反向传播的前馈网络收敛速度的原因之一。除了梯度下降法训练之外，径向基函数前馈网络中的参数可以通过其他方法来获取：通过 K 均值分类等聚类方法获取不同径向基函数的中心；通过计算矩阵的伪逆(或计算当样本个数等于隐含层神经元个数时的逆)，可以得到隐含层与输出层之间的权值。

基于径向基函数的前馈神经网络同样也被证明可以用于解决智能机器人的动力学和运动学问题。有研究表明结合了鲁棒控制策略的基于径向基函数的前馈神经网络，可以对连续轨迹控制中的机器人执行器的非线性动力学进行补偿。这项工作也被进一步推广到双关节机械臂的摆臂控制中，采用径向基函数的前馈神经网络可以消除摩擦的负面影响。实验结果表明，基于径向基函数的前馈网络的模型得到了改进。

6.4.3 递归神经网络控制

不同于 6.4.2 节所提到的前馈神经网络，递归神经网络(RNN)具有双向的信息流，这意味着递归神经网络内部信息可以从其中一个连续信息流节点流向之前的节点(或称为反馈)或在单个节点处形成一个闭合循环。与前馈神经网络相同的是递归神经网络在智能机器人中同样取得了成功。深度学习算法之一是递归神经网络，它是一种具有树状层次结构的人工神经网络(ANN)，其节点按照连接的顺序递归到输入信息。递归神经网络的核心部分由分层的节点组成，高层次的节点是父节点，低层次的节点称为子节点，最末端的子节点通常作为输出节点，与树节点具有相同的属性，递归神经网络示意图如图 6-13 所示。

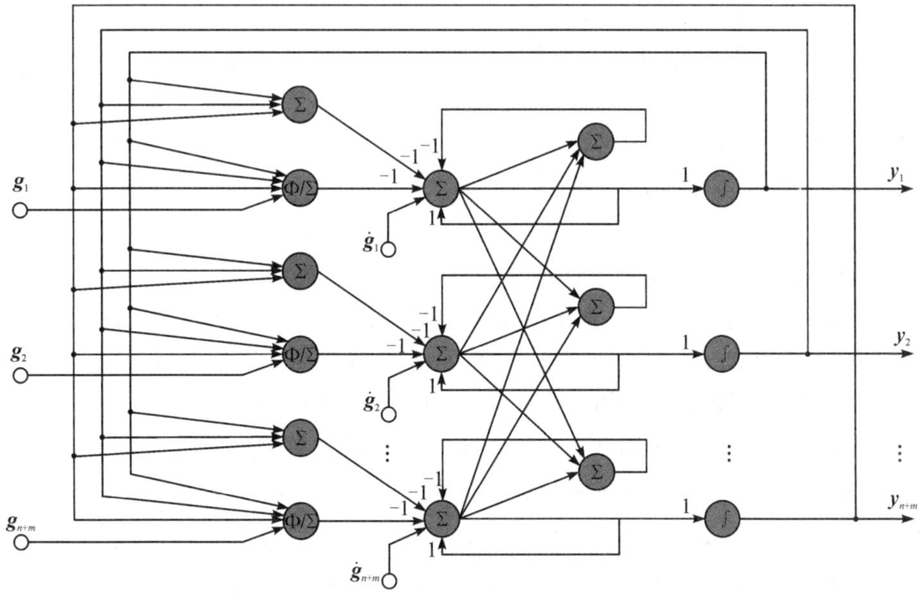

图 6-13 递归神经网络示意图

当递归神经网络的每个父节点仅连接一个子节点时，其结构等效于全连接递归神经网络。作为大多数智能机器人的执行机构，机器人手臂系统的研究是智能机器人控制中十分重要的一个研究领域。机器人手臂通常分为非冗余机器人手臂和冗余机器人手臂。因为有着更多的自由度(DOF)，冗余机器人手臂可以在完成末端执行器的主要工作外还能完成额外的工作，例如障碍躲避，关节极限躲避和奇异状态躲避等，所以它在现实生活中应用广泛。因此，冗余度机器人手臂的运动和控制有着更高的要求，但是在求解机器人手臂特定的位置和姿态任务时，由于关节变量的数量多于机器人运动学方程的数量，有很多组解存在。正运动学问题是通过关节向量和函数映射关系来求末端执行器的运动轨迹；逆运动学问题则是通过末端执行器已知的运动轨迹反过来求解关节向量。冗余度机器人手臂的逆运动学问题也称为冗余度解析问题。传统的逆运动学问题求解方法是用伪逆方程。但此法不能求解不等式问题，也不能求解奇异情况下的可行解，且计算复杂。在本章节中，主要介绍利用递归神经网络方法求解二次规划(QP)问题最终实现机器人手臂系统冗余度解析的方法。

图 6-13 中，$\boldsymbol{g}$ 为参数矩阵，$\boldsymbol{y}$ 为函数值的输出，$\boldsymbol{\Phi}$ 表示激活函数阵列，$\int$ 表示积分，$\sum$ 表示求和。 通过坐标变换理论，建立机器人手臂模型，则可以得到如下机器人手臂正运动学问题：

$$\boldsymbol{r}=\boldsymbol{f}(\boldsymbol{\theta}) \tag{6-47}$$

其中，$\boldsymbol{r}\in\mathbf{R}^m$ 和 $\boldsymbol{\theta}\in\mathbf{R}^n$ 分别是机器人手臂末端执行器的位置方向和关节空间矢量；m 是末端执行器的笛卡儿空间的维数；n 是机器人手臂的关节数。如果使用六自由度的机械臂，则 $n=6$，$m=3$。由于式(6-47)的非线性和冗余性，它通常很难直接求解。因此，需要在速度层上考虑，对等式两边同时求一阶导数：

$$\boldsymbol{J}(\boldsymbol{\theta})\dot{\boldsymbol{\theta}}=\dot{\boldsymbol{r}} \tag{6-48}$$

其中，$\dot{\boldsymbol{r}}\in\mathbf{R}^m$ 和 $\dot{\boldsymbol{\theta}}\in\mathbf{R}^n$ 分别定义为末端执行器位置的速度和关节速度矢量。矩阵 $\boldsymbol{J}(\boldsymbol{\theta})$ 定义为雅克比矩阵，$\boldsymbol{J}(\boldsymbol{\theta})=\partial f(\boldsymbol{\theta})/\partial\boldsymbol{\theta}\in\mathbf{R}^{m\times n}$。对于冗余机器人手臂，因为 $m<n$，式(6-47)和式(6-48)的解是不唯一的且有着无穷多组解的。另外，由于机器人手臂有六个自由度，并且工作在三维空间，因此雅克比矩阵为 $\boldsymbol{J}(\boldsymbol{\theta})\in\mathbf{R}^{3\times 6}$。为了求解冗余机械臂的多解问题，对于式(6-48)，传统基于伪逆的方法如下：

$$\dot{\boldsymbol{\theta}}=\boldsymbol{J}^{+}(\boldsymbol{\theta})\dot{\boldsymbol{r}}+(\boldsymbol{I}-\boldsymbol{J}^{+}(\boldsymbol{\theta})\boldsymbol{J}(\boldsymbol{\theta}))\boldsymbol{\zeta} \tag{6-49}$$

其中，$\boldsymbol{J}^{+}(\boldsymbol{\theta})\in\mathbf{R}^{m\times n}$ 定义为雅克比矩阵 $\boldsymbol{J}(\boldsymbol{\theta})$ 的伪逆，矢量 $\boldsymbol{\zeta}\in\mathbf{R}^n$ 定义为一种优化的性能指标(例如，障碍物躲避、奇点躲避等)。而传统伪逆的方法不能保证当冗余机器人手臂末端执行器完成一个闭合路径时是重复运动的。换句话说，当末端执行器完成一个闭合路径时，各关节可能不会回到它们的初始位置(也叫关节角偏移现象)。这样的关节偏移不益于重复运动控制。为了解决这个问题，一些关于重复运动规划的性能指标在文献中被提出。主要的思想是：机器人手臂当前状态和初始状态之间的关节位移最小化。这个最优化性能指标可以写成 $(\dot{\boldsymbol{\theta}}+\boldsymbol{c})^{\mathrm{T}}(\dot{\boldsymbol{\theta}}+\boldsymbol{c})/2$，其中，$\boldsymbol{c}=\boldsymbol{\lambda}(\boldsymbol{\theta}(t)-\boldsymbol{\theta}(0))$；上标 T 表示矩阵或矢量的转置，正数 $\boldsymbol{\lambda}\in\mathbf{R}$ 是机器人手臂对关节位移 $\boldsymbol{\theta}(t)-\boldsymbol{\theta}(0)$ 的响应系数，$\boldsymbol{\lambda}$ 越大，则机器人会越快速地调整关节位移。由于几乎所有机器人手臂都有物理极限，所以考虑这样的物理极限有着十分实际的意义。考虑关节物理极限，可以得到如下无偏移的运动规划的最小化公式：

$$\min.\quad (\dot{\boldsymbol{\theta}}+\boldsymbol{c})^{\mathrm{T}}(\dot{\boldsymbol{\theta}}+\boldsymbol{c})/2 \tag{6-50}$$

$$\text{s.t.} \quad \boldsymbol{J}(\boldsymbol{\theta})\dot{\boldsymbol{\theta}} = \dot{\boldsymbol{r}} \tag{6-51}$$

$$\boldsymbol{\theta}^- \leqslant \boldsymbol{\theta} \leqslant \boldsymbol{\theta}^+ \tag{6-52}$$

$$\dot{\boldsymbol{\theta}}^- \leqslant \dot{\boldsymbol{\theta}} \leqslant \dot{\boldsymbol{\theta}}^+ \tag{6-53}$$

其中，$\boldsymbol{c}=\boldsymbol{\lambda}(\boldsymbol{\theta}(t)-\boldsymbol{\theta}(0))$，上标＋和下标－分别定义为关节矢量的上下物理极限。

因为在速度层上考虑冗余度机器人手臂的重复运动规划问题，所以上述的范围约束都需要转化成关节速度 $\dot{\boldsymbol{\theta}}$ 的双端约束。根据设计经验，通过使用一个强度系数 $\boldsymbol{v}>\boldsymbol{0}$，可以开发出如下从 $\boldsymbol{\theta}$ 到 $\dot{\boldsymbol{\theta}}$ 的动态范围约束：

$$\boldsymbol{v}(\boldsymbol{\theta}^- - \boldsymbol{\theta}) \leqslant \dot{\boldsymbol{\theta}} \leqslant \boldsymbol{v}(\boldsymbol{\theta}^+ - \boldsymbol{\theta}) \tag{6-54}$$

强度系数 $\boldsymbol{v}$ 用于表示 $\dot{\boldsymbol{\theta}}$ 的可行域大小。为了保证关节速度极限式(6－53)和上述的动态范围约束式(6－54)可在新的 QP 问题式(6－55)～(6－57)中起作用，系数 $\boldsymbol{v}$ 应该满足使式(6－54)产生的 $\dot{\boldsymbol{\theta}}$ 可行域大于等于式(6－53)中的 $\dot{\boldsymbol{\theta}}$ 可行域。在数学上取 $\boldsymbol{v}\geqslant \max\limits_{1\leqslant i\leqslant n}\{(\dot{\boldsymbol{\theta}}_i^+ - \dot{\boldsymbol{\theta}}_i^-)/(\boldsymbol{\theta}_i^+ - \boldsymbol{\theta}_i^-)\}$。这种转化的物理意义在结论进行阐述：动态范围约束。

结论：动态范围约束式(6－54)是根据当前的关节角的值 $\boldsymbol{\theta}$ 和关节角的安全值(物理极限)$\boldsymbol{\theta}^-$ 和 $\boldsymbol{\theta}^+$ 来约束关节速度 $\dot{\boldsymbol{\theta}}$ 的。在执行工作任务时，当关节变量 $\boldsymbol{\theta}$ 增加(或减少)并趋向于它的上极限 $\boldsymbol{\theta}^+$(或它的下极限 $\boldsymbol{\theta}^-$)时，式(6－54)的上约束(或下约束)会趋向于 $\boldsymbol{0}$。也就是说此时关节速度 $\dot{\boldsymbol{\theta}}=\boldsymbol{0}$，即机器人手臂将不再移动。当 $\boldsymbol{\theta}$ 达到它的上极限 $\boldsymbol{\theta}^+$(或者下极限 $\boldsymbol{\theta}^-$)时，不等式约束会变成 $\dot{\boldsymbol{\theta}}\leqslant\boldsymbol{0}$(或者 $\dot{\boldsymbol{\theta}}\geqslant 0$)，这意味着关节变量将不能再增加(或者减少)了。因此关节变量 $\boldsymbol{\theta}$ 将永远不会跑出安全范围。

为了使关节速度极限式(6－53)和上面的转化后的关节速度动态范围约束式(6－54)在执行实际任务中起作用，将式(6－53)和式(6－54)合并为一种新的统一约束 $\boldsymbol{\zeta}^-\leqslant\dot{\boldsymbol{\theta}}\leqslant\boldsymbol{\zeta}^+$。在数学上，第 i 个约束 $\boldsymbol{\zeta}^-$ 和 $\boldsymbol{\zeta}^+$ 分别为

$$\boldsymbol{\zeta}_i^- = \max\{\dot{\boldsymbol{\theta}}_i^-,\ \boldsymbol{v}(\boldsymbol{\theta}_i^- - \boldsymbol{\theta}_i)\}, \quad \boldsymbol{\zeta}_i^+ = \min\{\dot{\boldsymbol{\theta}}_i^+,\ \boldsymbol{v}(\boldsymbol{\theta}_i^+ - \boldsymbol{\theta}_i)\}$$

冗余度机器人手臂重复运动方案，通过关节物理极限转化，最终可以转化成如下二次规划：

$$\min. \quad \dot{\boldsymbol{\theta}}^{\mathrm{T}}\boldsymbol{W}\dot{\boldsymbol{\theta}}/2 + \boldsymbol{c}^{\mathrm{T}}\dot{\boldsymbol{\theta}} \tag{6-55}$$

$$\text{s.t.} \quad \boldsymbol{J}(\theta)\dot{\boldsymbol{\theta}} = \boldsymbol{b} \tag{6-56}$$

$$\boldsymbol{\zeta}^- \leqslant \dot{\boldsymbol{\theta}} \leqslant \boldsymbol{\zeta}^+ \tag{6-57}$$

其中，系数矩阵 $\boldsymbol{W}:=\boldsymbol{I}$，$\boldsymbol{c}=\boldsymbol{\lambda}(\boldsymbol{\theta}(t)-\boldsymbol{\theta}(0))$，$\boldsymbol{b}:=\dot{\boldsymbol{r}}$，$\boldsymbol{\zeta}_i^- = \max\{\dot{\boldsymbol{\theta}}_i^-,\ \boldsymbol{v}(\boldsymbol{\theta}_i^- - \boldsymbol{\theta}_i)\}$，$\boldsymbol{\zeta}_i^+ = \min\{\dot{\boldsymbol{\theta}}_i^+,\ \boldsymbol{v}(\boldsymbol{\theta}_i^+ - \boldsymbol{\theta}_i)\}$。

6.4.4 零化递归神经网络

为了得到 QP 问题即式(6－55)～式(6－57)的最优解，需要将 QP 问题即式(6－55)～(6－57)转化为对应的拉格朗日形式：

$$L(\boldsymbol{x}(t),\boldsymbol{\lambda}(t),t)=\frac{\boldsymbol{x}^{\mathrm{T}}(t)\boldsymbol{P}(t)\boldsymbol{x}(t)}{2}+\boldsymbol{Q}^{\mathrm{T}}(t)\boldsymbol{x}(t)+$$
$$\boldsymbol{\lambda}^{\mathrm{T}}(t)(\boldsymbol{A}(t)\boldsymbol{x}(t)-\boldsymbol{b}(t))\quad(t\in[0,+\infty))$$

其中，$\boldsymbol{\lambda}^{\mathrm{T}}(t)\in\mathbf{R}^m$ 为拉格朗日系数。根据拉格朗日乘子法可知，如果$\partial \boldsymbol{L}(\boldsymbol{x}(t),\boldsymbol{\lambda}(t),t)/\partial\boldsymbol{x}(t)$和$\partial \boldsymbol{L}(\boldsymbol{x}(t),\boldsymbol{\lambda}(t),t)/\partial\boldsymbol{\lambda}(t)$存在且连续，该优化问题就可被描述为如下方程组：

$$\frac{\partial \boldsymbol{L}(\boldsymbol{x}(t),\boldsymbol{\lambda}(t),t)}{\partial \boldsymbol{x}(t)}=\boldsymbol{P}(t)\boldsymbol{x}(t)+\boldsymbol{Q}(t)+\boldsymbol{A}^{\mathrm{T}}(t)\boldsymbol{x}(t)=0 \tag{6-58}$$

$$\frac{\partial \boldsymbol{L}(\boldsymbol{x}(t),\boldsymbol{\lambda}(t),t)}{\partial \boldsymbol{\lambda}(t)}=\boldsymbol{A}(t)\boldsymbol{x}(t)-\boldsymbol{b}(t)=0 \tag{6-59}$$

这样一个等式可以被写为如下所示的一种向量形式：

$$\boldsymbol{W}(t)\boldsymbol{y}(t)=\boldsymbol{g}(t) \tag{6-60}$$

其中：

$$\boldsymbol{W}(t):=\begin{bmatrix}\boldsymbol{P}(T) & \boldsymbol{A}^{\mathrm{T}}(T)\\ \boldsymbol{A}(T) & \boldsymbol{0}_{m\times m}\end{bmatrix}\in\mathbf{R}^{(n+m)\times(n-m)}$$

$$\boldsymbol{y}(t):=\begin{bmatrix}\boldsymbol{x}(t)\\ \boldsymbol{\lambda}(t)\end{bmatrix}\in\mathbf{R}^{n+m},\quad \boldsymbol{g}(t):=\begin{bmatrix}-\boldsymbol{Q}(T)\\ \boldsymbol{b}(t)\end{bmatrix}\in\mathbf{R}^{n+m}$$

显然，因为系数矩阵$\boldsymbol{P}(T)$、$\boldsymbol{A}(T)$与系数向量$\boldsymbol{b}(t)$都是时变、连续且光滑的，所以$\boldsymbol{W}(t)$与$\boldsymbol{g}(t)$均为时变、光滑的系数矩阵。$\boldsymbol{y}(t)\in\mathbf{R}^{n+m}$ 为一个待解的未知且与时间 t 有关的系数向量。

求解时变二次规划问题(式(6-55)～式(6-57))等价于求解系数矩阵方程式(6-60)。为了进一步理解和比较这种时变理论求解方法，最优解可写为如下形式：

$$\boldsymbol{y}^*(t)=[\boldsymbol{x}^{*\mathrm{T}}(t),\boldsymbol{\lambda}^{*\mathrm{T}}(t)]^{\mathrm{T}}=\boldsymbol{W}^{-1}(t)\boldsymbol{g}(t)\in\mathbf{R}^{n+m}$$

为了得到矩阵方程的最优解，可以定义一种向量形式的偏差函数，其形式为：

$$\boldsymbol{\varepsilon}(t)=\boldsymbol{W}(t)\boldsymbol{y}(t)-\boldsymbol{g}(t)\in\mathbf{R}^{n+m} \tag{6-61}$$

根据神经动力学方法可知，为了使这样一个偏差函数$\varepsilon(t)$趋向于0，即使式(6-60)恒成立，则需要提出一个关于偏差函数$\varepsilon(t)$的负的时间导数，因此，零化神经动力学模型可以做如下描述：

$$\frac{\mathrm{d}\varepsilon(t)}{\mathrm{d}t}=-\gamma\boldsymbol{\phi}(\varepsilon(t)) \tag{6-62}$$

其中，$\gamma>0$ 为被设计用于提高方程收敛速率的常数。为了得到更快的收敛速度和更好的稳定性，常数 γ 应该在硬件条件允许或合适的仿真目的的情况下被设计得尽可能大。$\boldsymbol{\phi}(\cdot)\in\mathbf{R}^{n+m}$ 表示激活函数矩阵，其中共包括线性激活函数、S型激活函数、幂型激活函数、幂S型激活函数、双曲幂型激活函数、双曲正弦型激活函数等。一些广泛使用的激活函数如下：

1. 线性型激活函数

$$f(u)=u$$

其中，标量参数 $u\in\mathbf{R}$。

2. 双极S型激活函数

$$f(u)=\frac{1-\exp(-\xi)}{1+\exp(-\xi)}\cdot\frac{1-\exp(-\xi u)}{1+\exp(-\xi u)}$$

其中，标量参数 $\xi \geqslant 1$ 并且 $u \in \mathbf{R}$。

3. 幂函数型激活函数

$$f(u)=u^{\mu}$$

其中，奇数 $\mu \geqslant 3$ 并且 $u \in \mathbf{R}$。

4. 幂 S 型激活函数

$$f(u)=\begin{cases} u^{\mu} & (|u|>1) \\ \dfrac{1-\exp(-\xi)}{1+\exp(-\xi)} \cdot \dfrac{1-\exp(-\xi e_{ij}(t))}{1+\exp(-\xi e_{ij}(t))} & (\text{其他}) \end{cases}$$

其中，标量参数 $\xi \geqslant 1$，奇数 $\mu \geqslant 3$ 并且 $u \in \mathbf{R}$。

5. 双曲正弦型激活函数

$$f(u)=\frac{\exp(u)-\exp(-u)}{2}$$

其中，$u \in \mathbf{R}$。

6. Sign-bi-power 型激活函数

$$f(u)=\frac{1}{2}\operatorname{sig}^{r}(u)+\frac{1}{2}\operatorname{sig}^{\frac{1}{r}}(u)$$

其中，$u \in \mathbf{R}$ 以及标量参数 $r>0$。方程$\operatorname{sig}^{r}(u)$的定义如下：

$$\operatorname{sig}^{r}(u)=\begin{cases} |u|^{r} & (u>0) \\ 0 & (u=0) \\ -|u|^{r} & (u<0) \end{cases}$$

其中，$|u|$表示 $u \in \mathbf{R}$ 的绝对值。

为了得到式(6-62)的隐式动力学方程，可以将式(6-60)代入，得到

$$\dot{\boldsymbol{W}}(t)\boldsymbol{y}(t)=-\gamma\boldsymbol{\phi}(\boldsymbol{W}(t)\boldsymbol{y}(t)-\boldsymbol{g}(t))-\boldsymbol{W}(t)\dot{\boldsymbol{y}}(t)+\dot{\boldsymbol{g}}(t) \tag{6-63}$$

其中，$\dot{\boldsymbol{W}}(t)=\dfrac{\mathrm{d}W(t)}{\mathrm{d}t}$，$\dot{\boldsymbol{y}}(t)=\dfrac{\mathrm{d}y(t)}{\mathrm{d}t}$，$\dot{\boldsymbol{g}}(t)=\dfrac{\mathrm{d}g(t)}{\mathrm{d}t}$为时间导数。根据 $\boldsymbol{y}(t)$的定义，即

$$\boldsymbol{y}(t):=\begin{bmatrix} x(t) \\ \lambda(t) \end{bmatrix}=[x_1(t), x_2(t), \cdots, x_n(t), \lambda_1(t), \lambda_2(t), \cdots, \lambda_m(t)]^{\mathrm{T}} \in \mathbf{R}^{n+m}$$

其为与时间 t 相关的待求未知解。

除此之外，定义 $\boldsymbol{y}(0) \in \mathbf{R}^{n+m}$ 作为 $\boldsymbol{y}(t)$的初始值。值得一提的是，对方程 $\boldsymbol{W}(t)\boldsymbol{y}(t)=\boldsymbol{g}(t)$的求解可以进一步考虑为对更为一般化的希尔维斯特(Sylvester)方程的求解。

$$\boldsymbol{A}(t)\boldsymbol{x}(t)-\boldsymbol{B}(t)\boldsymbol{x}(t)+\boldsymbol{C}(t)=0 \tag{6-64}$$

则对应求解上述 SylvesTer 方程的零化神经网络偏差函数以及隐式动力学方程可以改写为

$$\boldsymbol{E}(t)=\boldsymbol{A}(t)\boldsymbol{X}(t)-\boldsymbol{X}(t)\boldsymbol{B}(t)+\boldsymbol{C}(t) \tag{6-65}$$

$$\begin{aligned} \boldsymbol{A}(t)\dot{\boldsymbol{X}}(t)-\dot{\boldsymbol{X}}(t)\boldsymbol{B}(t)=&-\dot{\boldsymbol{A}}(t)\boldsymbol{X}(t)+\boldsymbol{X}(t)\dot{\boldsymbol{B}}(t)-\dot{\boldsymbol{C}}(t)- \\ &\gamma\boldsymbol{F}(\boldsymbol{A}(t)\boldsymbol{X}(t)-\boldsymbol{X}(t)\boldsymbol{B}(t)+\boldsymbol{C}(t)) \end{aligned} \tag{6-66}$$

6.4.5 对偶递归神经网络

本小节将会介绍三种用于求解时变 QP 问题(即式(6-55)～式(6-57))的对偶递归神

经网络：对偶神经网络(DNN)、基于线性变分不等式(LVI)的原对偶神经网络(LVI-PDNN)和简化的基于线性变分不等式的原对偶神经网络(S-LVI-PDNN)。

1. 对偶神经网络

为了求解时变 QP 问题(即式(6-55)～(6-57))，可以设计对偶神经网络来处理有物理极限的机器人手臂的实时无偏移冗余度解析方案。首先定义 $\boldsymbol{E}=[\boldsymbol{J};\boldsymbol{I}]\in\mathbf{R}^{(n+m)\times n}$，其中 $\boldsymbol{I}$ 是一个单位矩阵，于是 QP 问题(式(6-55)～(6-57))可以重新写成如下：

$$\min.\quad \dot{\boldsymbol{\theta}}^{\mathrm{T}}\boldsymbol{W}\dot{\boldsymbol{\theta}}/2+\boldsymbol{c}^{\mathrm{T}}\dot{\boldsymbol{\theta}} \tag{6-67}$$

$$\text{s. t.}\quad \boldsymbol{\Upsilon}^{-}\leqslant\dot{\boldsymbol{\theta}}\leqslant\boldsymbol{\Upsilon}^{+} \tag{6-68}$$

其中，$\boldsymbol{\gamma}^{-}:=[\dot{\boldsymbol{r}}^{\mathrm{T}},(\boldsymbol{\varsigma}^{-})^{\mathrm{T}}]^{\mathrm{T}}$，$\boldsymbol{\gamma}^{+}:=[\dot{\boldsymbol{r}}^{\mathrm{T}},(\boldsymbol{\varsigma}^{+})^{\mathrm{T}}]^{\mathrm{T}}$。针对每个瞬时值 t，QP 问题(即式(6-55)～(6-57))可以被视为一个参数优化问题。根据库恩卡特条件(Karush-Kuhn-Tucker condition)，存在一个 $\boldsymbol{u}$ 满足当且仅当最优解 $\dot{\boldsymbol{\theta}}$ 满足 $\dot{\boldsymbol{\theta}}-\boldsymbol{E}^{\mathrm{T}}\boldsymbol{u}+\boldsymbol{c}=\boldsymbol{0}(\boldsymbol{W}=\boldsymbol{I}=\boldsymbol{W}^{-1})$时

$$\begin{cases}[\boldsymbol{E}\dot{\boldsymbol{\theta}}]_i=\Upsilon_i^{-} & (u_i>0)\\ \Upsilon_i^{-}\leqslant[\boldsymbol{E}\dot{\boldsymbol{\theta}}]_i\leqslant\Upsilon_i^{+} & (u_i=0)\\ [\boldsymbol{E}\dot{\boldsymbol{\theta}}]_i=\Upsilon_i^{+} & (u_i<0)\end{cases} \tag{6-69}$$

上述条件等价于分段线性方程：

$$\boldsymbol{E}\dot{\boldsymbol{\theta}}=\boldsymbol{P}_{\Omega}(\boldsymbol{E}\dot{\boldsymbol{\theta}}-\boldsymbol{u}) \tag{6-70}$$

$\boldsymbol{P}_{\Omega}(\cdot)$是从 $\mathbf{R}^{n+m}$ 到 $\boldsymbol{\Omega}:=\{\boldsymbol{u}|\boldsymbol{u}^{-}\leqslant\boldsymbol{u}\leqslant\boldsymbol{u}^{+}\}\in\mathbf{R}^{n+m}$ 的映射。第 i 个 $\boldsymbol{P}_{\Omega}(\boldsymbol{u})$的定义为

$$\boldsymbol{P}_{\Omega i}(u_i)=\begin{cases}\Upsilon_i^{-} & (u_i<\Upsilon_i^{-})\\ u_i & (\Upsilon_i^{-}\leqslant[\boldsymbol{E}\dot{\boldsymbol{\theta}}]_i\leqslant\Upsilon_i^{+})\\ \Upsilon_i^{+} & (u_i>\Upsilon_i^{+})\end{cases}$$

方程 $\dot{\boldsymbol{\theta}}-\boldsymbol{E}^{\mathrm{T}}\boldsymbol{u}+\boldsymbol{c}=\boldsymbol{0}$ 可以重新写作

$$\dot{\boldsymbol{\theta}}=\boldsymbol{E}^{\mathrm{T}}\boldsymbol{u}-\boldsymbol{c} \tag{6-71}$$

将式(6-71)代入式(6-70)中消去 $\dot{\boldsymbol{\theta}}$ 可以得到 $\boldsymbol{P}_{\Omega}(\boldsymbol{E}\boldsymbol{E}^{\mathrm{T}}\boldsymbol{u}-\boldsymbol{E}\boldsymbol{c}-\boldsymbol{u})=\boldsymbol{E}(\boldsymbol{E}^{\mathrm{T}}\boldsymbol{u}-\boldsymbol{c})$，进一步可以获得

$$\dot{\boldsymbol{u}}=\alpha[\boldsymbol{P}_{\Omega}(\boldsymbol{E}\boldsymbol{E}^{\mathrm{T}}\boldsymbol{u}-\boldsymbol{E}\boldsymbol{c}-\boldsymbol{u})-\boldsymbol{E}(\boldsymbol{E}^{\mathrm{T}}\boldsymbol{u}-\boldsymbol{c})] \tag{6-72}$$

$$\dot{\boldsymbol{\theta}}=\boldsymbol{E}^{\mathrm{T}}\boldsymbol{u}-\boldsymbol{c} \tag{6-73}$$

其中，设计参数 $\alpha>0$，用来表示递归神经网络的收敛速度。此外，有如下关于对偶神经网络收敛性的引理。

引理 1(DNN 全局指数收敛性) 如果存在一个严格凸 QP 问题(即式(6-55)～式(6-57)和式(6-21)～式(6-22))的最优解 $\dot{\boldsymbol{\theta}}^{*}$，则当初值 $\boldsymbol{u}(0)$给定时，DNN(即式(6-72)～式(6-73))将会收敛到一个平衡点 $\boldsymbol{u}^{*}$。DNN 中，$\dot{\boldsymbol{\theta}}^{*}=\boldsymbol{E}^{\mathrm{T}}\boldsymbol{u}^{*}-\boldsymbol{c}$ 的输出 $\boldsymbol{u}^{*}$ 也是 QP 的一个最优解。另外，如果存在一个常数 $k>0$ 且满足 $\|\boldsymbol{P}_{\Omega}(\boldsymbol{E}\boldsymbol{E}^{\mathrm{T}}\boldsymbol{u}-\boldsymbol{E}\boldsymbol{c}-\boldsymbol{u})\|_2^2\geqslant k\|\boldsymbol{u}-\boldsymbol{u}^{*}\|_2^2$，那么神经网络指数收敛将一定成立，并且收敛速度与 k 正相关。

2. 基于线性变分不等式的原对偶神经网络

基于线性变分不等式(LVI)的原对偶神经网络同样可以用来求解在线 QP 问题。不同于对偶神经网络的设计步骤，先将 QP 问题(即式(6-55)～式(6-57))转化成一系列线性变分不等式(LVI)，进而将线性变分不等式转化成分段线性投影方程(PLPE)，该神经网络的具体做法：QP 问题(即式(6-55)～式(6-57))等价于寻找一个原对偶平衡矢量 $\boldsymbol{u}^*$ 满足以下线性变分不等式$(\boldsymbol{u}-\boldsymbol{u}^*)^{\mathrm{T}}(\boldsymbol{M}\boldsymbol{u}^*+\boldsymbol{q})\geqslant\boldsymbol{0}$，$\forall\,\boldsymbol{u}\in\boldsymbol{\Omega}$。

参照神经网络动态设计经验，为了求解 QP 问题(即式(6-55)～式(6-57))，只需要采取如下基于 LVI 的原对偶神经网络(LVI-PDNN)来求解 PLPE 问题：

$$\dot{\boldsymbol{u}}=\beta(\boldsymbol{I}+\boldsymbol{M}^{\mathrm{T}})\{P_{\Omega}(\boldsymbol{u}-(\boldsymbol{M}\boldsymbol{u}+\boldsymbol{q}))-\boldsymbol{u}\}\tag{6-74}$$

式中，$\beta>0$ 用于约束神经网络的收敛速度，在硬件允许条件下，如果要求较高的在线处理性能，它可以取得尽可能大。此外，如下关于收敛性的引理 2 可以保证 LVI-PDNN 的收敛性。

引理 2(LVI-PDNN 全局指数收敛性) 如果存在一个严格凸 QP 问题(即式(6-55)～式(6-57))的最优解$\dot{\boldsymbol{\theta}}^*$，则当初值 $\boldsymbol{u}(0)$给定时，LVI-PDNN(即式(6-74))将会收敛到一个平衡点 $\boldsymbol{u}^*$。前 n 个 $\boldsymbol{u}^*$ 组成 QP 的最优解。另外，如果存在一个常数 $g>0$ 且满足$\|\boldsymbol{u}-\boldsymbol{P}_{\Omega}(\boldsymbol{u}-(\boldsymbol{M}\boldsymbol{u}+\boldsymbol{q}))\|_2^2\geqslant g\|\boldsymbol{u}-\boldsymbol{u}^*\|_2^2$，那么神经网络指数收敛将一定成立，并且收敛速度与 $g\beta$ 正相关。

3. 简化的基于 LVI 的原对偶神经网络

通过移除 LVI-PDNN 的缩放比例$(\boldsymbol{I}+\boldsymbol{M}^{\mathrm{T}})$因子，可以得到如下简化版的 LVI-PDNN (S-LVI-PDNN)：

$$\dot{\boldsymbol{u}}=\beta\{\boldsymbol{P}_{\Omega}(\boldsymbol{u}-(\boldsymbol{M}\boldsymbol{u}+\boldsymbol{q}))-\boldsymbol{u}\}\tag{6-75}$$

其中，β 的定义与 LVI-PDNN 中的一致。此外，关于 S-LVI-PDNN 的收敛性有如下引理。

引理 3(S-LVI-PDNN 全局指数收敛性) 假定存在一个严格凸 QP 问题(即式(6-55)～式(6-57))的最优解 $\dot{\boldsymbol{\theta}}^*$，存在前 n 个神经状态 $\boldsymbol{u}(T)$的元素，那么 S-LVI-PDNN(即式(6-75))的输出全局指数收敛到最优解 $\dot{\boldsymbol{\theta}}^*$。另外，收敛速度与 β 正相关。

6.4.6 变参收敛递归神经网络

在 6.4.3 节中已经简单介绍了零化递归神经网络方法。由于零化递归神经网络方法假定式(6-62)中的参数 γ 是时不变的，因此其设计显得合乎情理。然而实际上，在实际系统中的硬件参数通常都是时变的，这意味着式(6-62)中的参数 γ 也同样是时变的。受到经典的零化递归神经网络方法的设计思想的启发，以及考虑到硬件系统的时变特性，一种新型的神经网络被探索研究并发展。不同于具有固定收敛参数的零化递归神经网络方法，新型神经网络收敛性能的设计参数是时变的，因此这种新型的递归神经网络称为变参收敛递归神经网络(Varying-Parameter Convergent-Differential Neural-Network，VP-CDNN)，式(6-62)重新优化为

$$\dot{\boldsymbol{E}}(T)=-\Upsilon(T)\mathcal{F}(\boldsymbol{E}(T))\tag{6-76}$$

其中，偏差函数 $\boldsymbol{E}(T)=\boldsymbol{A}(T)\boldsymbol{x}(T)-\boldsymbol{x}(T)\boldsymbol{B}(T)+\boldsymbol{C}(T)$，$\boldsymbol{A}(T)$、$\boldsymbol{B}(T)$、$\boldsymbol{C}(T)$为时变系

数矩阵，设计一个参数方程$\gamma(T)$，$T\in[0, +\infty)$为时变函数。变参收敛递归神经网络能够用如下隐式动力学方程表达：

$$\begin{aligned}\boldsymbol{A}(T)\dot{\boldsymbol{x}}(T)-\dot{\boldsymbol{x}}(T)\boldsymbol{B}(T)=&-\dot{\boldsymbol{A}}(T)\boldsymbol{x}(T)+\boldsymbol{x}(T)\dot{\boldsymbol{B}}(T)-\dot{\boldsymbol{C}}(T)-\\&\gamma(T)\mathcal{F}[\boldsymbol{A}(T)\boldsymbol{x}(T)-\boldsymbol{x}(T)\boldsymbol{B}(T)+\boldsymbol{C}(T)]\end{aligned}\tag{6-77}$$

其中，$\boldsymbol{x}(T)$具有初始值$x(0)=x_0\in\mathbf{R}^{m\times n}$。更进一步地，变参收敛递归神经网络的隐式动力学方程(6－77)能够转化为如下的矢量形式：

$$\begin{aligned}\boldsymbol{M}(T)\dot{\boldsymbol{x}}(T)=&-\gamma(T)\mathcal{F}[\boldsymbol{M}(T)\boldsymbol{x}(T)+\mathrm{vec}(\boldsymbol{C}(T))]-\\&\dot{\boldsymbol{M}}(T)\boldsymbol{x}(T)-\mathrm{vec}(\dot{\boldsymbol{C}}(T))\end{aligned}\tag{6-78}$$

其中，矩阵$\boldsymbol{M}(T)\coloneqq\boldsymbol{I}_n\otimes\boldsymbol{A}(T)-\boldsymbol{B}^{\mathrm{T}}(T)\otimes\boldsymbol{I}_m$，矢量$\boldsymbol{x}(T)\coloneqq\mathrm{vec}(\boldsymbol{X}(T))$，激活函数阵列$\mathcal{F}(\cdot)=\mathbf{R}^{mn\times 1}\to\mathbf{R}^{mn\times 1}$，$\mathcal{F}(\cdot)$与式(6－62)中的激活函数相比，仅在维度上具有细微的差别，VP-CDNN能够通过使用电子元件来实现，并且框图能够促进并指导神经网络的物理实现的设计过程。在图6－14中，$\sum$表示累加器，$\int$表示积分器。左乘和右乘代表着矩阵的两种不同乘法运算。在式(6－78)以及图6－14中，$\gamma(T)=T^p+p$(其中$p>0$)是变参方程。不同参数p对应的曲线如图6－15所示。值得一提的是，当$T=0$时，实数域VP-CDNN会退化为零化神经网络。

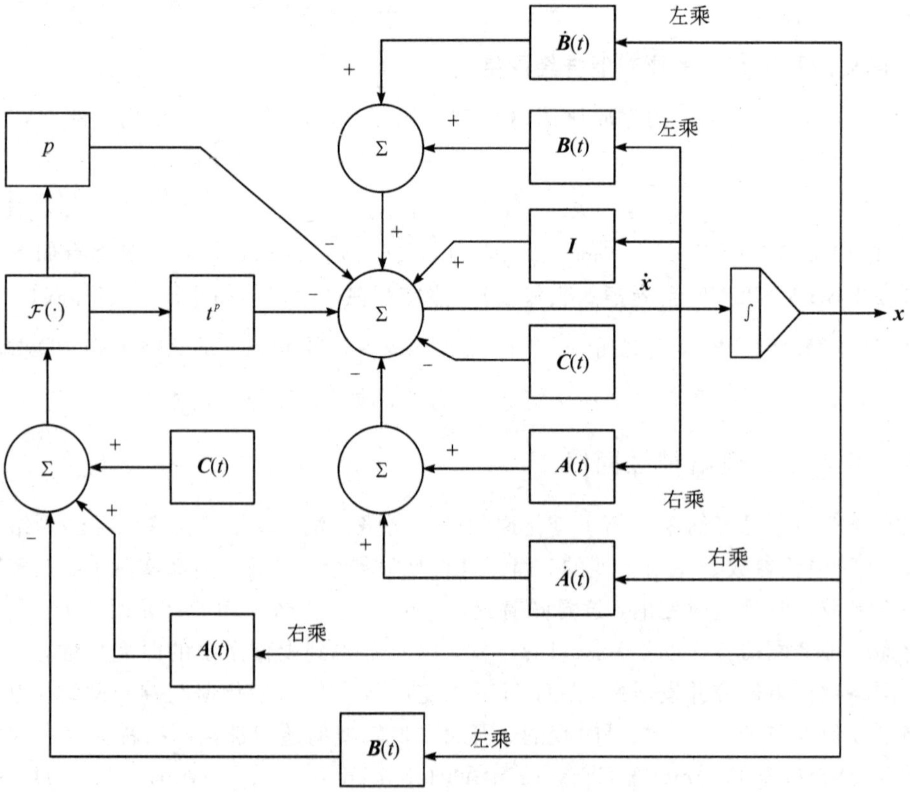

图6－14　神经网络的物理实现的设计过程

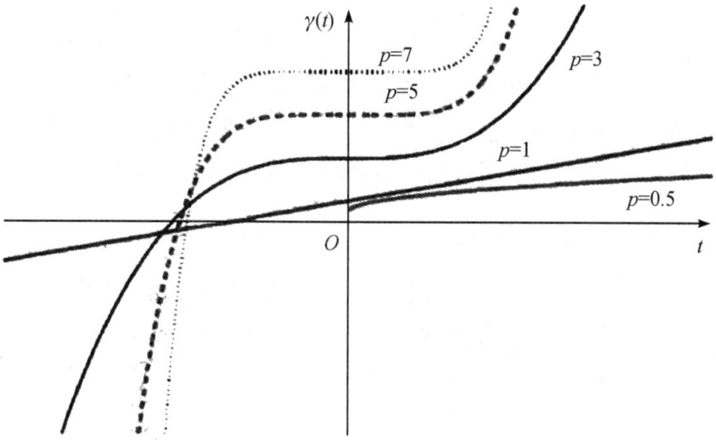

图 6-15　不同参数 p 对应的曲线

上述 VP-CDNN 具有如下性质：

引理 4(全局收敛性证明)　这里考虑时变 Sylvester 方程(式(6-64))的在线求解问题。给定时变矩阵，$\boldsymbol{A}(T)\in\mathbf{R}^{m\times m}$，$\boldsymbol{B}(T)\in\mathbf{R}^{n\times n}$ 以及 $\boldsymbol{C}(T)\in\mathbf{R}^{m\times n}$ 满足式(6-64)，如果正则条件能够被满足并且使用单调递增的奇激活函数 $\mathcal{F}(\cdot)$，那么起始于任意初始条件 $x_0\in\mathbf{R}^{m\times n}$ 的 VP-CDNN 系统(式(6-77))的状态矩阵 $\boldsymbol{x}(T)\in\mathbf{R}^{m\times n}$ 能够全局收敛到 Sylvester 方程(式(6-64))的时变理论解 $\boldsymbol{x}^*(T)$。

引理 5(不同激励函数下的收敛效果证明)　给定时变矩阵 $\mathbf{A}(T)\in\mathbf{R}^{m\times m}$，$\boldsymbol{B}(T)\in\mathbf{R}^{n\times n}$ 以及 $\mathbf{C}(T)\in\mathbf{R}^{m\times n}$ 满足式(6-64)，如果正则条件能够被满足并且使用单调递增的奇激活函数 $\mathcal{F}(\cdot)$，那么起始于任意初始条件 X_0 的实数域 VP-CDNN 系统(式(6-77))的状态矩阵 $\boldsymbol{x}(T)$ 能够收敛到时变理论解 $\boldsymbol{x}^*(T)$。此外，具体的实数域 VP-CDNN 系统(式(6-77))的收敛率如下：

(1) 当线性激活函数被使用时，具有比率为 $\dfrac{T^p}{p+1}+p$ 的超指数收敛性能。

(2) 当双极 S 型激活函数被使用时，在偏差域 $e_{ij}(T)\in\left(\dfrac{\ln 2}{\xi},+\infty\right)$(其中 $\xi\geqslant 1$)上，具有收敛率为 $\left(\dfrac{T^p}{p+1}+p\right)/2$ 的超指数收敛性能。

(3) 当幂函数型激活函数被使用时，在偏差域 $|e_{ij}(T)|>1$ 上具有超指数收敛性能。

引理 6(与零化神经网络上界对比)　给定矩阵 $\boldsymbol{A}(T)\in\mathbf{R}^{m\times m}$，$\boldsymbol{B}(T)\in\mathbf{R}^{n\times n}$ 以及 $\boldsymbol{C}(T)\in\mathbf{R}^{m\times n}$ 满足式(6-64)，如果正则条件能够被满足并且使用线型激活函数、双极 S 型激活函数以及幂函数型激活函数，那么使用 VP-CDNN 的误差上界会小于使用零化神经网络的误差上界。

来源于计算结果的截断舍入误差或者电路元件的高阶残余误差的微分误差和模型实现误差会比参数矩阵扰动更经常出现在神经网络的具体实现上。假设 $\boldsymbol{\Theta}(T)\in\mathbf{R}^{m\times m}$ 和 $\boldsymbol{\Psi}(T)\in\mathbf{R}^{n\times n}$ 分别是时间导数矩阵 $\dot{\boldsymbol{A}}(T)$ 和 $\dot{\boldsymbol{B}}(T)$ 的微分误差，$\boldsymbol{\Phi}(T)\in\mathbf{R}^{m\times n}$ 是模型实现误差。受到干扰的实数域 VP-CDNN 系统的隐式动力学方程能够被写成：

$$\boldsymbol{A}(T)\dot{\boldsymbol{x}}(T)-\dot{\boldsymbol{x}}(T)\boldsymbol{B}(T)=-(\dot{\boldsymbol{A}}(T)+\boldsymbol{\Theta}(T))\boldsymbol{x}(T)+\boldsymbol{x}(T)[\dot{\boldsymbol{B}}(T)+\boldsymbol{\Psi}(T)]+\boldsymbol{\Phi}(T)-\dot{\boldsymbol{C}}(T)-(T^p-p)\mathcal{F}[\boldsymbol{A}(T)\boldsymbol{x}(T)-\boldsymbol{x}(T)\boldsymbol{B}(T)+\boldsymbol{C}(T)] \tag{6-79}$$

引理 7 这里考虑具有未知光滑微分误差 $\boldsymbol{\Theta}(T)$、$\boldsymbol{\Psi}(T)$ 和模型实现误差 $\boldsymbol{\Phi}(T)$ 的 VP-CDNN 模型。如果 $\|\boldsymbol{\Theta}(T)\|_F\leqslant\varepsilon_1$，$\|\boldsymbol{\Psi}(T)\|_F\leqslant\varepsilon_2$，$\|\boldsymbol{\Phi}(T)\|_F\leqslant\varepsilon_3$，$\|\boldsymbol{M}^{-1}(T)\|_F<\varphi_1$ 以及 $\|\boldsymbol{x}^*(T)\|_F\leqslant\varphi_2$ 对任意的 $T\in[0,+\infty]$，那么计算误差 $\|\boldsymbol{x}(T)-\boldsymbol{x}^*(T)\|_F$ 将会被限定在界限 $\dfrac{\varphi_1(mn+\sqrt{mn})\zeta_2}{2[\chi\gamma(T)-\zeta_1\varphi_1]}$ 之内。其中，$\zeta_1=\sqrt{n}\varepsilon_1+\sqrt{m}\varepsilon_2$，$\zeta_2=\varepsilon_3+\zeta_1\varphi_2$，参数 $\chi>0$ 被定义在 $f[e_{ij}(0)]/e_{ij}(0)$ 与 $f'(0)$ 之间。考虑到设计参数的要求，要保证 $\gamma(T)>(\sqrt{n}\varepsilon_1+\sqrt{m}\varepsilon_2)\varphi_1/\chi$。此外，在使用指数型变参函数 $\gamma(T)=T^p+p$ 的情况下，当 $T\to+\infty$ 时，残余误差将收敛到零。

本章小结

本章研究机器人的控制问题。首先，研究了机器人的位置控制方案设计，针对单关节建立了二阶线性控制系统，对于多关节机械臂建立了多输入多输出(MIMO)的刚体动力学模型。其次，设计了控制方案并利用李雅普诺夫稳定性定理分析了该方案的有效性。但是位置控制仅适用于机械臂的末端执行器在空间中沿某一规定的路径运动。如果需要精准控制末端执行器与作业环境之间的接触力情况，就要求机械臂不但要有位置控制功能，还需要具有力控制功能。机械臂具备了力控制功能，就可以胜任更复杂的操作任务，如零件装配作业。本章建立了机械臂的力控制方案，并针对力一位置混合控制方案进行了分析。最后，从神经网络技术的角度出发，讨论了各种普遍的应用于智能机器人技术中的神经网络算法。本章提出了六种神经网络方案，用于机械臂的控制，并介绍了对应方案的设计方法。

习 题 6

1. 填空题

   (1) 在电流驱动系统中，由电机感抗 l_a 和电源电压的上限 u_a 控制电枢电流变化的速率，实际上相当于在工作电流和输出转矩之间存在一个__________。

   (2) 当参数不能精确知道时，__________与__________不一致，将会引起伺服误差。

   (3) 基于反向传播的前馈神经网络通常使用__________作为其激活函数。

2. 基于径向基函数的前馈神经网络的主要设计思想是什么？
3. 广泛使用的激活函数有哪些？
4. 零化神经网络动力学模型方程式的一般表示形式与各变量的含义是什么？
5. 简述李雅普诺夫稳定性理论。
6. 简述一般机械臂混合控制器的设计方式。
7. 简述递归神经网络。
8. 简述变参收敛递归神经网络。
9. 机器人控制系统主要控制哪些方面？

第7章 机器人感知与信息处理

7.1 机器人感知技术

在大数据时代，描述事物的数据样本不断增加。将数据样本结合不同的目标、场景、视角，可得出不同的感知结论。

7.1.1 机器人感知技术的逻辑

感知模块是支持着机器人系统的稳定运行，使机器人系统能够高效控制的关键、机器人系统的传感器主要分为内部传感器和外部传感器，如图 7-1 所示。内部传感器有位置传感器、速度传感器、加速度传感器、力和压力传感器、力矩传感器以及微动开关；外部传感器有接近觉传感器、测距仪、嗅觉传感器、视觉传感器、语音传感器、可见光和红外传感器以及接触和视觉传感器。

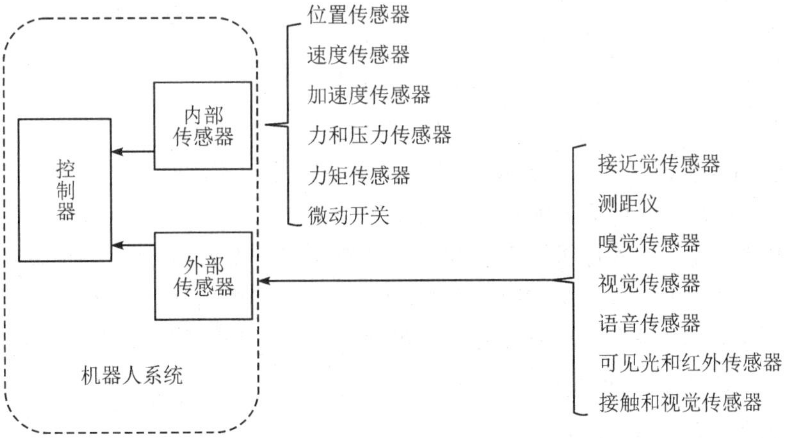

图 7-1　机器人系统的传感器

通常，机器人系统中的传感器只具备识别和处理单一信息的能力，使得机器人的感知能力受限，且缺乏逻辑性，这大大阻碍了机器人感知技术的发展。2016 年，美国特斯拉汽车公司在实验自动驾驶模式时发生了交通事故。这不是由汽车传感器的质量不过关导致的，而是因为传感器布局不合理导致的。由于自动驾驶模式未能充分利用测距仪和视觉传感器，因此特斯拉汽车在自动驾驶时的感知逻辑不缜密。由于多种感知技术结合的逻辑性不足，因此机器人系统当时只能应用在单一功能的机械操作中。总之，导致上述事故的原因是传感器具有复杂性。为了融合多种传感器的数据信息，让机器人系统对环境做出正确判断，需要从多个感知维度(如嗅觉、触觉、视觉、听觉、味觉等)配置传感器。机器人系统使用的传感器种类复杂，成本高，利用率低。市场上使用频率高的机器人系统一般都具备了语音传感器以及视觉传感器。这些传感器之间是互相独立的，在使用时各自负责语音识别和视觉识别，这导致机器人的信息集成有缺陷。机器人系统的感知技术逻辑在目前的水平上还有很长的路要走。

7.1.2　机器人感知技术的特点

为了更好地应用机器人，必须针对其技术特点进行分析，才能为未来的研究指引方向。机器人感知技术具有以下特点：

(1) 机器人感知技术存在"污染"的特性。由于机器人对周围环境的感知基于数据，因此为了使机器人系统适应复杂的环境感知技术，其使用的多模态的数据传感器在数据采集过程中会面临冗余内容、环境噪声等因素，这大大增加了机器人感知信息综合处理的难度。

(2) 机器人感知技术存在"动态"的特性。由于受周围环境影响，传感技术需不断搜集信息、整合信息、存储有效信息、更新新采集的数据，在调整机器人技术整合方式的同时使其稳定性降低了，对其综合辨别能力产生了影响。

(3) 机器人感知技术存在"失配"的特性。机器人对传感器的性能有不同的要求，如使用周期、工作频带等，这使得数据与感知能力很难完美匹配，导致机器人的服务质量有所下降。

由于机器人感知技术基于海量数据来生成控制指令，但是大量的数据会给机器人处理器带来负担，因此感知技术需要具备筛查信息的能力。具体来说，可对下面几个特性进行优化：

第一，在提升机器人感知技术的基础上重视实用性，针对不同领域的机器人配备不同的传感器。以元件的质检为例，技术人员经过信息扫描、参数输入、语音输入等途径，对机器人感知系统输入数据，使得机器人感知系统能够对元件的质量进行分析。之后，通过称重、元件扫描、测试等手段完成元件的质检过程。

第二，升级技术。为确保机器人感知技术紧跟前沿，需要给机器人感知系统添加技术自更新程序，在联网时让机器人自动更新感知技术，并将更新技术报告传输至技术人员的监控设备中。技术人员据此配置传感器，清空存储空间，进行软件升级，从而保障机器人感知系统中所使用技术的先进性。

7.1.3　机器人感知技术的融合

因为技术存在壁垒，所以当前的机器人感知技术服务领域还较单一，机器人服务功能性也比较单一，从而导致机器人系统更新换代速度较慢。这极大限制了机器人行业的发展，而且会耗费巨大的机器人系统的研发成本，使得机器人企业的营收水平受限。因此，必须在机器人感知逻辑完整的条件下，推进多模态机器人感知技术的研究进展，将视觉、触觉、嗅觉、味觉等感知技术结合到机器人感知系统中。例如，"触觉传感＋视觉传感"的结合，使机器人感知系统可以在看到目标物体的同时，能够通过触觉感知其轮廓、大小、位置等信息，进而更好地掌握目标物体的质地、质量、柔软度。通过触觉传感器，机器人感知系统可以更全面地得到环境的信息，并为机器人感知系统提供生成控制指令的依据。在当前发展水平下，单单凭借机器人感知技术还不能得出完善的机制分析结论。因此，增加数据驱动的方式，搭建结构化稀疏编码架构是实现机器人感知技术的多模态化和计算机系统多模态化的必要条件。触觉阵列的耦合、听觉情感的计算、触觉-视觉-听觉等感知方式的结合共同推进了机器人感知技术的发展，为机器人感知系统在人类生活中发挥更大的作用奠定了基础。

7.2 视觉系统

随着机器人感知技术的不断完善，机器人感知技术的研究重心转为在未知复杂的动态环境中机器人能够独立完成任务的研究。移动机器人具有借助自身的传感器系统实时感知和分析环境，并自主独立地给出路径规划和动作规划的能力，而实现这一功能的主要途径是通过视觉系统。

7.2.1 概述

由于应用场景的差异性，在设计自主移动机器人的视觉系统时也有许多不同的考虑因素。机器人的视觉系统按照视觉传感器的数量和特点大致可以分为单目视觉系统、双目立体视觉系统、多眼视觉系统以及全景视觉系统。

1. 单目视觉系统

单目视觉系统是单单使用一个视觉传感器的视觉系统。单目视觉系统对环境的理解能力完全表现在二维图像的亮度、纹理、表面轮廓、阴影以及运动等方面。单目视觉系统在对环境成像时无法捕捉成像目标与镜头的位置关系即深度信息，这是单目视觉系统的主要缺陷。此外，在大多数情况下，单目视觉系统的感知范围也是有限的，而扩大其感知视野又常常会导致成像图片失真。单目视觉系统只用了一个视觉传感器，所以其结构简单，算法成熟，而且计算量小。在移动机器人中搭载单目视觉系统的应用也十分广泛，如基于平面假设的目标跟踪系统、自适应运动估计和障碍物检测系统以及基于单目视觉的室内定位导航系统。此外，单目视觉系统是双目立体视觉系统、多眼视觉系统、结构光主动视觉系统、主动控制视觉系统等的基础。

2. 双目立体视觉系统

双目立体视觉系统具有两个视觉传感器，其主要目的是基于两目成像中某一点的位置以及两个视觉传感器之间的相对坐标关系，计算出成像范围内任一点相对于传感器的三维坐标，进而得到成像环境完整的三维信息。基于双目立体视觉系统可以得到成像环境的三维信息。目前该系统已经被广泛地应用于移动机器人的定位导航、避障、地图构建等任务中。双目立体视觉系统的技术壁垒主要在于双目的特定位置校正问题，这一难点的存在很大程度上限制了双目立体视觉系统在机器人领域的发展。同时，双目立体视觉系统还有视场窄、计算量大的缺点。

3. 多眼视觉系统

多眼视觉系统是具有两个以上视觉传感器的系统，每一视觉传感器都基于任务的不同灵活配置在机器人系统的不同区域，每个视觉传感都可以基于不同的原理成像。多眼视觉系统的模式多样，一般基于移动机器人的任务独立设计。仿人机器人视觉系统由左右两个眼构成，每个眼都具有两个视觉传感器：一个是窄角传感器，用于凝视；另一个是广角传感器，用于扩大视野。还有一种无人直升机使用了四眼视觉系统，它的两个视觉传感器朝前，组成双目视觉系统，用于感知环境的三维信息，另外两个鱼眼传感器朝向两侧，用于光流场的估计，以检测无人机的运动模式。通过在机器人系统的不同区域安装视觉传感器而组成的立体视觉系统，可以基于信息的融合和增强来提升视觉系统对周围环境的感知能力。在机器人系统上搭载 8 个视觉传感器，实现了伪全景视觉系统。该系统被用于移动机器人的位置同步以及地图实时搭建任务。多眼视觉系统是由单眼视觉以适应任务需求的方式组合而成的。它可以拓宽机器人的感知范围，提升系统对周围环境的感知能力和多样化视觉功能。多眼视觉系统的缺陷是大量视觉传感器给数据处理器带来了负荷，导致计算机的处理效率降低。所以，在多眼视觉系统中，一般需要优化硬件来进行计算机处理的加速。

4. 全景视觉系统

全景视觉系统的主要目的是扩大机器人系统的感知范围。目前，全景视觉系统已经广泛搭载于移动机器人上。全景视觉系统的优点是视野开阔，仅仅基于一张二维图像就可以提供周围环境的全局信息。全景视觉系统可以在机器人不旋转的情况下感知全局，这一特点降低了机器人的响应时间。目前，反射式全景视觉系统的应用最为广泛。该系统由一个 CCD 视觉传感器和一个置于视觉传感器前方的镜子构成。反射镜有抛物面镜和双曲面镜两种。全景视觉系统与单目视觉系统的相同之处是只使用一个视觉传感器，同样无法获得周围环境的三维信息。它的缺点还有得到的图像分辨率不高，失真严重，这会增加图像处理的难度。在对成像图片进行图像处理时，首先要针对成像模型的失真问题对图像进行校正。这种校正会影响视觉系统的处理效率，还会造成其他信息的缺失。另外，全景视觉系统对反射镜的精度要求高。如果曲镜面的精度无法满足需要，则使用理想模型理论进行成像校正会导致较大误差。使用全景视觉系统最成功的机器人系统是 RoboCup 足球比赛机器人系统。目前国内外还有研究正在尝试结合两个全向视觉构建立体视觉系统。

7.2.2 视觉传感器

视觉传感器的作用是感知周围环境，并将其解析为计算机能够使用的数字信息。常用的视觉传感器有 CCD 与 CMOS 两种视觉传感器，如图 7－2 所示。与 CCD 相比，CMOS 视觉传感器的响应性更好，电路更简单，集成更高，功耗更低，尺寸更小，但成像的分辨率和

图 7－2　CCD 和 CMOS 传感器

系统的灵活性较差。CCD 视觉传感器相比 CMOS 具有更广的动态范围，更好的一致性，能够得到更好的图像质量以及系统灵活性，但尺寸较大，搭载难度更高。

1. CCD 视觉传感器

CCD 视觉传感器是一种新型电荷耦合器件，是一种 MOS 集成电路。CCD 视觉传感器的内部结构如图 7－3 所示。作为一种新型光电转换传感器，它具有体积小、重量轻、功耗低、工作电压低、抗烧坏等特点，此外在成像分辨率、动态感知范围、灵敏度、实时传输等方面也有一定程度的优化。目前，CCD 视觉传感器在复印、传真、零件尺寸自动测量、文字识别、交通监控、空间遥感遥测、水下扫描成像、图像跟踪等应用中都扮演着重要角色。

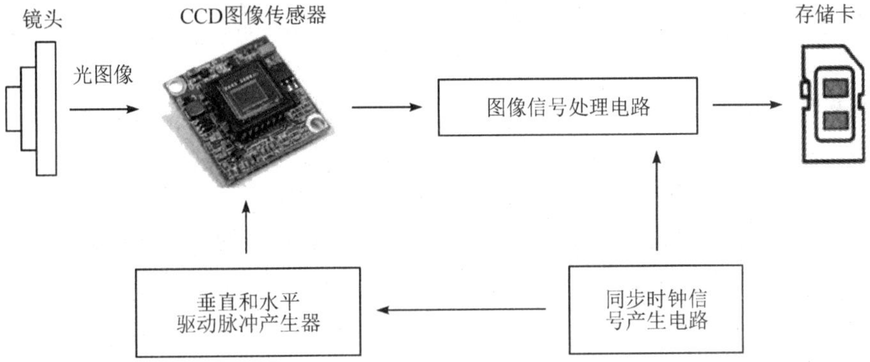

图 7－3　CCD 视觉传感器的内部结构

2. CMOS 视觉传感器

CMOS 视觉传感器是一种互补金属氧化物组成的半导体元件。计算机系统中的芯片主要使用 CMOS，它用于存储系统引导最基本的信息。CMOS 视觉传感器的生产与普通计算机芯片的生产过程相似。CMOS 是由硅和锗制成的半导体构成的，其与 CMOS 上的 N(带电)极和 P(带电＋带电)极共存。在 CMOS 半导体中，N 极与 P 极的互补效应产生的电流可用于处理芯片记录并生成图像。之后的研究发现，CMOS 也可以作为成像的视觉传感器。CMOS 视觉传感器还可以进一步划分为无源像素的传感器和有源像素的传感器。

目前，CMOS 视觉图像转换技术主要应用于传统的工业图像处理，又由于 CMOS 视觉传感器卓越的性能和灵活性，它逐渐成为新型消费电子产品的选择。此外，CMOS 视觉传感器可以为汽车驾驶提供高度安全性和舒适性。CMOS 视觉图像传感器最初广泛用于工业图像处理是为了提高工业生产力、质量和生产过程的经济性，在目前的全新自动化解决方案中，其仍然扮演着重要的角色。

7.2.3　机器人视觉识别

机器视觉识别定位是通过摄像头等图像采集设备将现实空间中的三维物体的图像转换成机器语言，并通过图像处理、图像分析、图像识别等过程，实现识别定位的目的。

机器视觉识别定位的主要步骤包括获取图片、图像处理、对获取的图像进行识别和视觉定位。机器人视觉识别过程如图 7－4 所示。

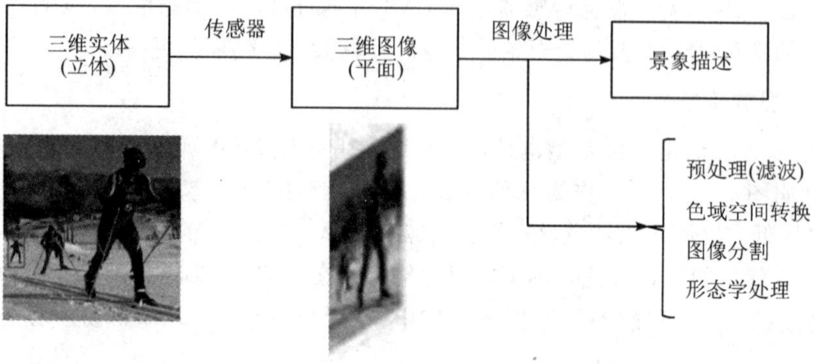

图 7-4　机器人视觉识别过程

1. 图像预处理

由于环境、设备等原因，相机采集到的实际图像往往与理想中相差甚远。如果直接对图像进行处理和分析，定位精度和识别效果会很差，因此对图像进行预处理是非常重要的。图像滤波是图像预处理的重要步骤。图像滤波是在尽可能保留图像细节的同时抑制目标图像的噪声。通过图像滤波抑制噪声，可以获得干净清晰的图像，但会导致边缘模糊。

一幅数字图像可以看成一个二维函数 $f(x, y)$，滤波过程就是将事先选定的滤波器在图像中逐点移动，使滤波器中心与点(x, y)重合。在每一点(x, y)处，滤波器的响应是根据滤波器的具体内容并通过预先定义的关系来计算的。若想实现不同的功能，可以通过选择不同的滤波器来实现。

2. 色域空间转换

RGB(Red，Green，Blue)是工业界常用的颜色标准，利用了物理学中通过叠加三原色可以产生各种颜色的原理。在 RGB 中，R、G、B 三个分量的属性是相互独立的，三个分量中数值越小表示亮度越低，数值越大表示亮度越高。例如，黑色的 RGB 表示为(0，0，0)，白色的 RGB 表示为(255，255，255)。

HSV(Hue，Saturation，Value)中颜色的参数分别是色调(H)、饱和度(S)、明度(V)。这种色域空间是 A. R. Smith 在 1978 年根据颜色的直观特性创建的。HSV 也称六角锥体模型。

在图像处理中，最常用的颜色空间是 RGB 模型。RGB 模型常用于颜色显示和图像处理。当 HSV 模型应用于指定的颜色分割时，它比 RGB 模型更容易操作。对于不同的颜色区域，混合 H 和 S 变量并划定阈值，就可以进行简单分割。因此，本章的实验在图像分割之前将图像从 RGB 模型转换为 HSV 模型，如图 7-5 所示。

RGB 与 HSV 通过以下公式相互转换：

$$V \leftarrow \max(R, G, B) \tag{7-1}$$

$$S \leftarrow \begin{cases} \dfrac{V - \min(R, G, B)}{V} & (V \neq 0) \\ 0 & (V = 0) \end{cases} \tag{7-2}$$

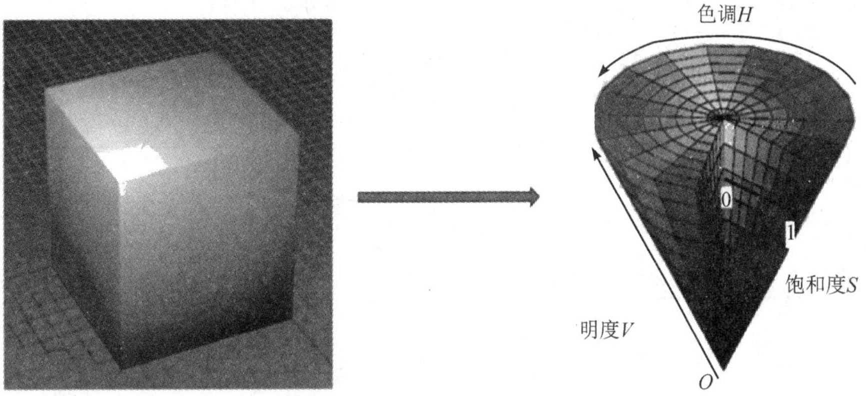

图 7-5　RGB 模型转换为 HSV 模型

$$H \leftarrow \begin{cases} 60[(G-B)/(V-\min(R, G, B))] & (V=R) \\ 120+60[(B-R)/(V-\min(R, G, B))] & (V=G) \\ 240+60[(R-G)/(V-\min(R, G, B))] & (V=B) \end{cases} \quad (7-3)$$

当 $H \leqslant 0$ 时，$H=H+360$。

通过色域空间转换，可以得到图像在 RGB 色域空间中 Red、Green、Blue 三个通道的值，以及在 HSV 色域空间在 Hue、Saturation、Value 三个通道的值。

3. 图像分割

在进行图像识别之前，将目标与背景分离，更有利于之后的识别。图像分割是将图像中的元素分割成多个特定区域使得提取目标的过程更加准确简易的技术。

目前的图像分割方法主要有：基于区域分割、基于阈值分割、基于边缘分割以及基于特定理论分割。

阈值分割方法是最常用的图像分割方法之一。阈值分割方法实现的变换如下：

$$g(i, j)=\begin{cases} 0 & (f(i, j) \geqslant T) \\ 1 & (f(i, j) < T) \end{cases} \quad (7-4)$$

式中，T 为阈值，对应目标的图像元素 $g(i, j)=1$，对于背景的图像元素 $g(i, j)=0$。

阈值分割方法的关键是如何确定合适的分割阈值。确定了合适的阈值，可以准确地分割目标与背景。阈值确定之后，将阈值与像素的灰度值进行比较，就能够直接得到需要的图像区域。

4. 形态学处理

形态学处理是图像处理中使用最广泛的技术之一。形态学处理的主要应用是利用特定形状的结构元素处理图像并得到结果，用于简化或优化识别工作，使其能够捕捉到最可区分的目标形状特征。形态学处理可以细化图像，修剪毛刺，去除图像中不连接的结构。

二值图像的形态变换是对集合的处理过程，是从集合的角度对图像进行的描述和分析。本节介绍了几种二值图像的基本形态学操作，包括腐蚀、膨胀和开闭运算。

1）腐蚀

二元形态学中的操作对象是二维图像中的一个集合。假设 A 为图像集合，B 为结构元素，用结构元素 B 来腐蚀 A。当 B 的原点在图像上移动，且 B 可以完全包含在图像 A 中时，B 的原点的集合是 B 腐蚀 A 的结果，如图 7-6 所示。

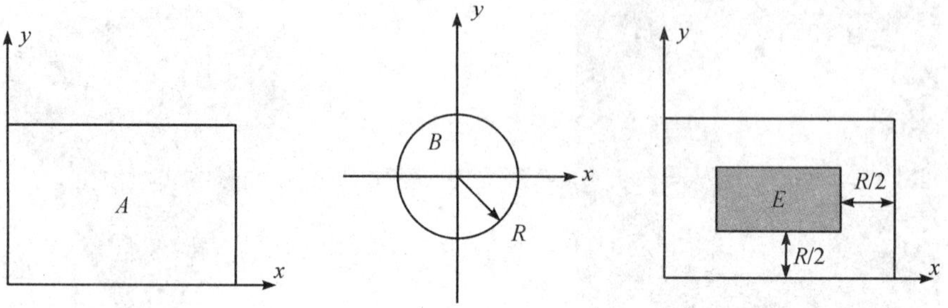

图 7-6　腐蚀运算示意图

腐蚀结果 E 的定义：

$$E=\{z \mid B(z) \subset A\} \tag{7-5}$$

腐蚀可以烧蚀物体的边界。具体的腐蚀结果取决于结构元素 B 的选择及其来源。如果物体整体上比结构元素大，则腐蚀的结构会使物体“变薄”，成为一个圆圈，这个圆圈的大小是由结构元素决定的；如果物体本身小于结构元件，则腐蚀的物体将在精细连接中被打破并分成两部分。

图 7-7 所示为腐蚀效果图。

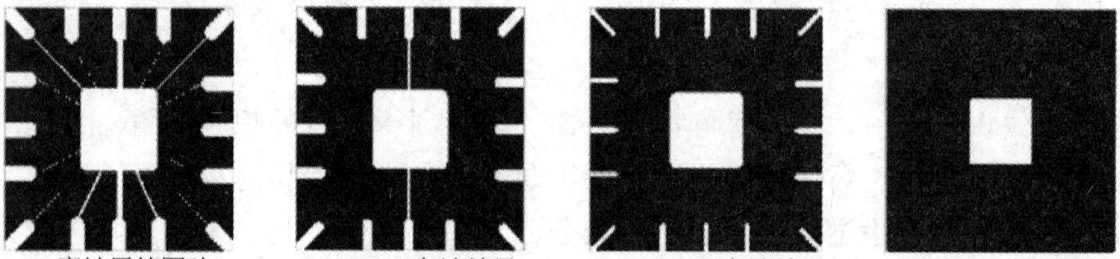

(a) 腐蚀原始图片　(b) disk(5)腐蚀效果　(c) disk(10)腐蚀效果　(d) disk(20)腐蚀效果

图 7-7　腐蚀效果图

2）膨胀

集合上的膨胀和腐蚀操作是对偶的，膨胀类似于腐蚀操作。假设图 7-8 中 A 为待处理的图像集合，B 为结构元素。图像 A 被结构元素 B 展开，使得原来位于图像原点中的结构元素 B 在整个图像内移动。当 B 的原点平移时，B 的图像相对于 B 的原点和 A 至少有一

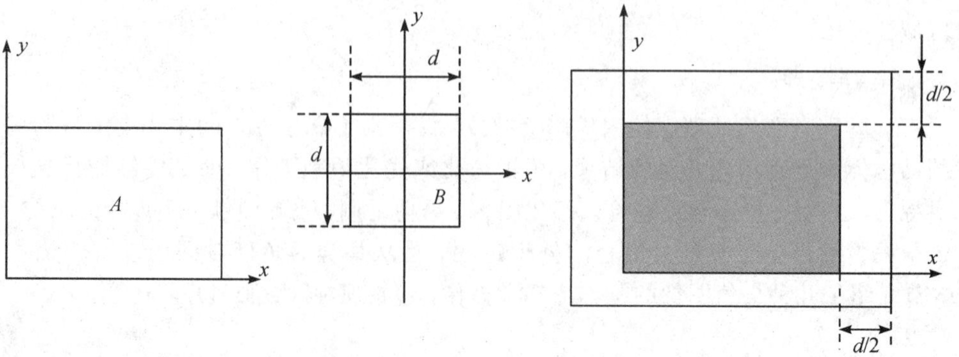

图 7-8　膨胀运算示意图

个共同的交点，那么所有这样的点集 E 是 B 对 A 的膨胀结果。膨胀运算的示意图如 7－8 所示。

膨胀结果 E 的定义：

$$E=\{z \mid B(z) \cap A \neq \varnothing\} \tag{7-6}$$

与腐蚀的作用相反，膨胀可以使物体边界变大。膨胀的结果与图像本身以及结构的形状相关。膨胀可以填补物体中的空洞。膨胀效果图如图 7－9 所示。

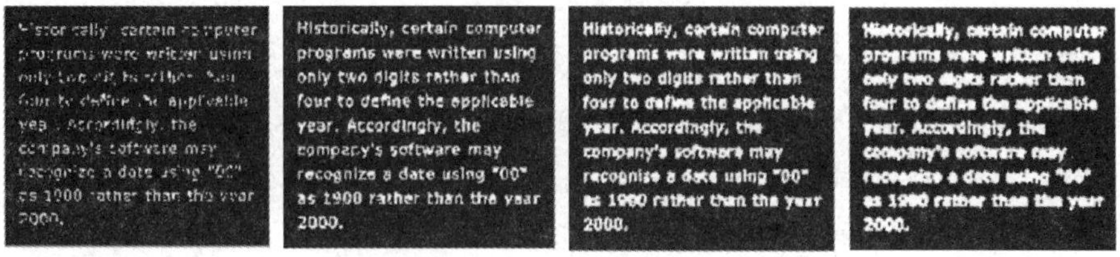

(a) 膨胀原始图　(b) 膨胀1次　(c) 膨胀2次　(d) 膨胀3次

图 7－9　膨胀效果图

3）开闭运算

打开操作和关闭操作都因腐蚀和膨胀而复杂化。先腐蚀后膨胀的过程称为开运算，先膨胀后腐蚀的过程称为闭运算。封闭操作可以融合狭窄的不连续性并填充对象中的小孔，可用于连接相邻对象并填充轮廓中的间隙，以平滑图像的轮廓；开操作可以平滑图像的轮廓，弱化狭窄的部分，去除细小的突起，可用于消除背景中的小物体并在细微处分离物体。

7.2.4　机器人视觉定位

以下通过一个双目立体视觉模型来进行视觉定位，如图 7－10 所示。图 7－10 中，O_L、O_R 分别为左右两个摄像头坐标系的坐标原点，I_1、I_2 分别为左右两个摄像头的成像平面。

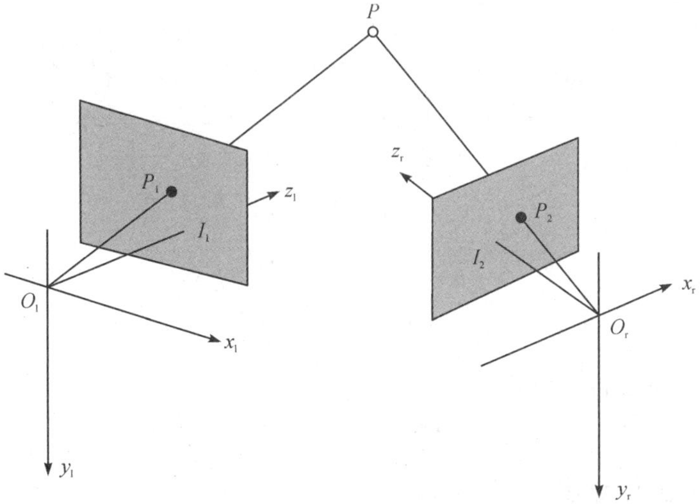

图 7－10　双目立体视觉定位原理图

假定通过摄像头标定和立体匹配已经确定了空间点 P 在左右两个摄像机成像平面上的图像坐标为 $P_1(u_1, v_1)$、$P_2(u_2, v_2)$，那么可以通过摄像机成像模型得到：

$$z_l \begin{bmatrix} u_1 \\ v_1 \\ 1 \end{bmatrix} = \boldsymbol{M}_1 \begin{bmatrix} x \\ y \\ z \\ 1 \end{bmatrix} = \begin{bmatrix} m_{l11} & m_{l12} & m_{l13} & m_{l14} \\ m_{l21} & m_{l22} & m_{l23} & m_{l24} \\ m_{l31} & m_{l32} & m_{l33} & m_{l34} \end{bmatrix} \begin{bmatrix} x \\ y \\ z \\ 1 \end{bmatrix} \tag{7-7}$$

$$z_r \begin{bmatrix} u_1 \\ v_1 \\ 1 \end{bmatrix} = \boldsymbol{M}_r \begin{bmatrix} x \\ y \\ z \\ 1 \end{bmatrix} = \begin{bmatrix} m_{r11} & m_{r12} & m_{r13} & m_{r14} \\ m_{r21} & m_{r22} & m_{r23} & m_{r24} \\ m_{r31} & m_{r32} & m_{r33} & m_{r34} \end{bmatrix} \begin{bmatrix} x \\ y \\ z \\ 1 \end{bmatrix} \tag{7-8}$$

式中，$\boldsymbol{M}_l = \boldsymbol{K}_l(R_l, T_l)$、$\boldsymbol{M}_r = \boldsymbol{K}_r(R_r, T_r)$分别为左右两个摄像头的投影矩阵，$\boldsymbol{K}_l$、$\boldsymbol{K}_r$ 分别为左右两个相机的内参矩阵；(x, y, z)为欲求点 P 的三维坐标。

当选取左摄像头坐标系作为整个系统的世界坐标系$\{W\}$时，有 $R_l = 1$，$T_l = 0$，而 $\boldsymbol{R}_r$、$\boldsymbol{T}_r$ 分别对应着右侧摄像头对于左侧摄像头的旋转矩阵和平移矩阵。

对式(7-7)、式(7-8)消去 z_l、z_r 得

$$\begin{cases} u_1 = \dfrac{m_{l11}x + m_{l12}y + m_{l13}z + m_{l14}}{m_{l31}x + m_{l32}y + m_{l33}z + m_{l34}} \\ v_1 = \dfrac{m_{l21}x + m_{l22}y + m_{l23}z + m_{l24}}{m_{l31}x + m_{l32}y + m_{l33}z + m_{l34}} \\ u_r = \dfrac{m_{r11}x + m_{r12}y + m_{r13}z + m_{r14}}{m_{r31}x + m_{r32}y + m_{r33}z + m_{r34}} \\ v_r = \dfrac{m_{r21}x + m_{r22}y + m_{r23}z + m_{r24}}{m_{r31}x + m_{r32}y + m_{r33}z + m_{r34}} \end{cases} \tag{7-9}$$

化成矩阵形式 $\boldsymbol{AP} = \boldsymbol{b}$，其中：

$$\boldsymbol{A} = \begin{bmatrix} m_{l31}u_1 - m_{l11} & m_{l32}u_1 - m_{l12} & m_{l33}u_1 - m_{l13} \\ m_{l31}u_1 - m_{l21} & m_{l32}u_1 - m_{l22} & m_{l33}u_1 - m_{l23} \\ m_{r31}u_r - m_{r11} & m_{r32}u_r - m_{r12} & m_{r33}u_r - m_{r13} \\ m_{r31}u_r - m_{r21} & m_{r32}u_r - m_{r22} & m_{r33}u_r - m_{r23} \end{bmatrix} \tag{7-10}$$

$$\boldsymbol{P} = [x, y, z]^{\mathrm{T}} \tag{7-11}$$

$$\boldsymbol{b} = \begin{bmatrix} m_{l14} - m_{l34}u_1 \\ m_{l24} - m_{l34}u_1 \\ m_{r14} - m_{r34}u_r \\ m_{r24} - m_{r34}u_r \end{bmatrix} \tag{7-12}$$

基于最小二乘法解得，点 P 的坐标为

$$\boldsymbol{P} = (\boldsymbol{A}'\boldsymbol{A})^{-1}\boldsymbol{A}^{\mathrm{T}}\boldsymbol{b} \tag{7-13}$$

7.2.5 机器人视觉伺服

机器人视觉伺服系统结合了控制理论以及机器视觉，是一个高度耦合的非线性复杂系统，其主要内容涉及图像处理领域、机器人运动学与动力学领域以及控制理论等研究领域。随着视觉感知技术和计算机技术的成熟，以及相关理论的不断精进、完善以及实践的不断

检验，目前视觉伺服已经能够在实践中应用。并且随着机器人领域的不断扩大，其重要性不断提升，相关技术问题已成为目前的研究热点。但是，机器人视觉伺服系统的控制实现难度大，它仍然是机器人研究领域的一个挑战性研究。

1. 机器人视觉伺服系统

视觉伺服通过视觉传感器来获得图像作为反馈，进而形成机器人位置的闭环反馈。不同于一般意义的机器人视觉，视觉伺服通过控制机器人实现图像的采集和分析，基于图像的反馈信息进行图像处理，并且实时地给出反馈，该反馈影响控制决策，并最终产生机器人位置的闭环控制系统。

2. 机器人伺服系统的主要分类

机器人伺服系统由于摄像头放置位置的差异可以分为全局摄像机系统以及手眼系统。

1）手眼系统

手眼系统可以通过视觉感受器获取目标的准确位置，进而实现精准地控制，但是手眼系统只能够观察目标，无法感受机器人的末端位置。所以，必须通过已知的运动学模型来求解目标物体与机器人末端的相对位置。手眼系统对于校准误差以及运动学误差比较敏感。

结合以下实例，对手眼伺服系统进行说明。在该示例中，机器人手臂依靠安装在其手臂末端的手眼摄像头的移动来完成操作任务，系统框图如图 7－11 所示。摄像头 C 安装在机械臂的 E 端，根据目标进行操作。

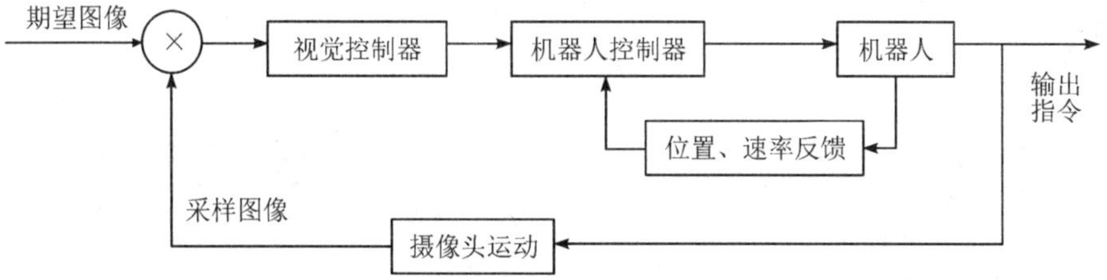

图 7－11 视觉伺服控制系统结构

根据操作前后靶标在基座下位姿不变可列出如下方程：

$$ {}^{O}_{B}\boldsymbol{T}^{\mathrm{old}} = {}^{O}_{E}\boldsymbol{T}^{\mathrm{old}}\,{}^{E}_{C}\boldsymbol{T}\,{}^{C}_{B}\boldsymbol{T}^{\mathrm{old}} \tag{7-14} $$

$$ {}^{O}_{B}\boldsymbol{T}^{\mathrm{new}} = {}^{O}_{E}\boldsymbol{T}^{\mathrm{new}}\,{}^{E}_{C}\boldsymbol{T}\,{}^{C}_{B}T^{\mathrm{new}} \tag{7-15} $$

由

$$ {}^{O}_{B}\boldsymbol{T}^{\mathrm{old}} = {}^{O}_{B}\boldsymbol{T}^{\mathrm{new}} \tag{7-16} $$

可得

$$ {}^{O}_{E}\boldsymbol{T}^{\mathrm{new}} = {}^{O}_{E}\boldsymbol{T}^{\mathrm{old}}\,{}^{E}_{C}\boldsymbol{T}\,{}^{C}_{B}\boldsymbol{T}^{\mathrm{old}}\,{}^{B}_{C}\boldsymbol{T}^{\mathrm{new}}\,{}^{C}_{E}\boldsymbol{T} = {}^{O}_{E}\boldsymbol{T}^{\mathrm{old}}\,{}^{E}_{C}\boldsymbol{T}\,{}^{C}_{B}\boldsymbol{T}^{\mathrm{old}}\,({}^{C}_{B}\boldsymbol{T}^{\mathrm{new}})^{-1}\,({}^{E}_{C}\boldsymbol{T})^{-1} \tag{7-17} $$

式中，${}^{O}_{E}\boldsymbol{T}^{\mathrm{old}}$ 为记录中末端坐标系相对于基座坐标系的表示，${}^{E}_{C}\boldsymbol{T}$ 为摄像头坐标系相对于末端坐标系的表示，${}^{C}_{B}\boldsymbol{T}^{\mathrm{old}}$ 为记录中靶标在摄像头坐标系下的表示，${}^{C}_{B}\boldsymbol{T}^{\mathrm{new}}$ 为实际测量时，靶标在摄像头坐标系下的表示。通过此方程可以实时计算期望的末端位姿，再通过逆运动学可以求得关节期望位置，从而进行手眼伺服，如图 7－12 所示。

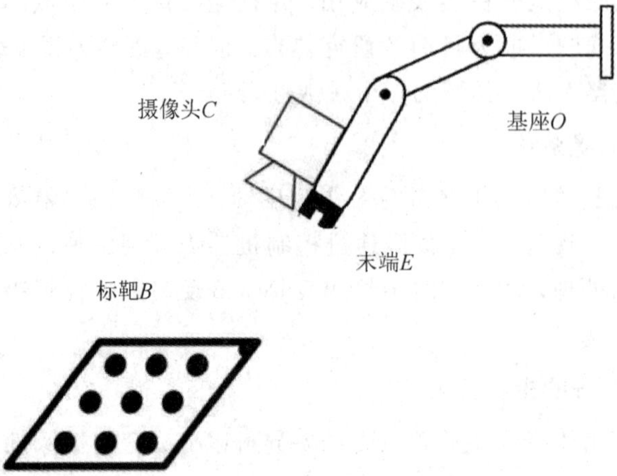

图 7-12　手眼伺服系统简图

2）全局摄像机系统

全局摄像机系统中，一般来说摄像头安装位置相对于目标与机器人基座的位姿是固定的。这种方式能够得到大工作场景图像，但机器人在运动过程中容易对目标造成遮挡，从而会影响目标的识别定位。

结合以下实例，对全局相机伺服系统进行说明。实例中机械臂依靠安装在固定位置的全局摄像头进行运动来完成操作任务。全局伺服系统简图如图 7-13 所示。摄像头 C 安装在固定位置处，机械臂依据靶标进行操作，摄像头 C 相对于基座 O 的位姿${}^{O}_{C}\boldsymbol{T}$ 可通过标定测量预先得知。

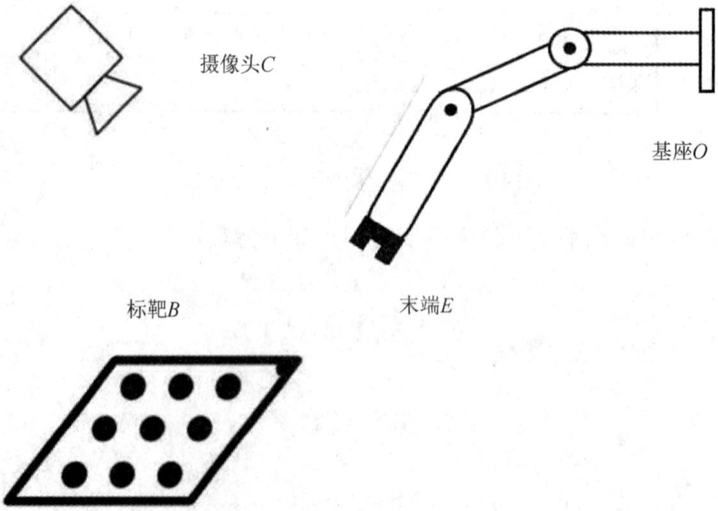

图 7-13　全局伺服系统简图

可以测量得到靶标 B 相对于摄像头 C 的位姿为${}^{C}_{B}\boldsymbol{T}$，则可以得到

$$ {}^{O}_{B}\boldsymbol{T} = {}^{O}_{C}\boldsymbol{T}{}^{C}_{B}\boldsymbol{T} \tag{7-18} $$

此时靶标 B 在基座 O 下的表示即为最终期望的末端 E 的位姿，依据轨迹规划可以从

当前位姿到最终期望位姿进行规划，从而控制机械臂的运动，实现对目标的抓取。

7.3 触觉系统

对环境和物体条件的感知是机器人智能最重要的特征之一。在机器人的各种感知功能中，触摸与视觉一样，是不可或缺的基本方式。

7.3.1 概述

根据研究，人类大脑功能的三分之二用于管理得到的触觉信息。人类的触觉信息来源于密布在身体皮肤组织下的触觉细胞、神经末梢、触角小体等基本感觉器。他们可以感觉到触觉、压力、疼痛和其他机械刺激以及皮肤各个部位的冷热等温度刺激。与视觉和听觉不同，人体的触觉并不存在于身体的某个部位，也没有集中的结构。相反，它与肌肉、肌腱和关节更深部位的受体形成复杂的综合信息。例如将压力、硬度、形状、大小、滑动、节奏、质地等，传递到神经系统进行处理。最后，学习物体的图案和特性，进而生成需要的控制指令，引导人体的组织做出反应。

机器人的触觉参考人类的触觉功能，由于触觉功能的特定部位，一般都将其设置在爪子和脚关节等主要操作部位上。机器人的触觉功能也主要是检测目标物体与这些操作部件的接触状态和相互的作用力，将获得的信息处理后传送给控制系统，产生能适应物体变化的操作目标状态。

一般认为，机器人的触觉应具有五种基本功能：接触觉、接近觉、压觉、滑觉和力觉，如图 7－14 所示。

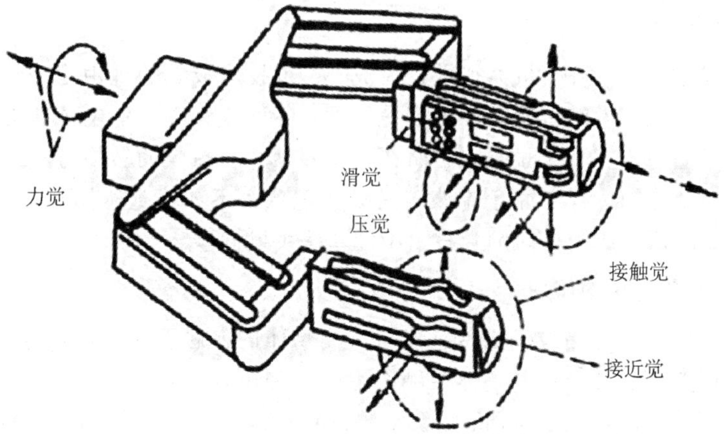

图 7－14　机器人触觉示意图

通过接触觉检测手爪与对象物之间有无接触。根据手爪触感点的输出，机器人可以感受、搜索对象物，感受手爪与对象物之间的相对位置或姿态，并修正手爪的操作状态。在触感点足够密的情况下，机器人还可通过接触觉判断对象物的形状、大小。

通过压觉检测手爪与对象物之间接触面上的法向力。根据手爪上压感点阵的输出，机器人可以对对象物采取不同的握取方式：硬握取——用最大的力夹紧对象物，以确保握牢；

软握取——用适当的力夹住对象物，以免对象损坏；零握取是一种临界握取方式，不用力夹对象物，目的只是确定对象物的存在或形状、大小。此外，压感点阵的输出还可同时给出对象物软硬质地的信息。通过滑觉检测手爪与对象物之间接触面上的切向力，以感受对象物在手爪中的滑移。滑移检测一般是间接进行的，或者检测目标物体与手爪之间由于发生了滑移而产生的振动(该振动与目标物体的表面粗糙程度有关)，或者检测目标物体与手爪之间在发生滑移时的位置变化。机器人的滑觉和压觉常常需要配合工作，在抓握、提取或移动目标物体时，通过滑觉信息可以得到目标物体的重量以及其表面摩擦系数的压力，计算出不滑落所需的最小握紧力。

力觉是机器人在动作时各自由度的力(力矩)感觉。机器人的基本动作是手爪的移动，而在移动过程中，手爪往往受到各种约束。例如，手爪抓住对象物在某一面上移动时要受到这个面的约束，手爪的移动轨迹也可能受到对象物的约束。机器人通过安装在关节上的力觉感受器，就可以检测外界对象物施加于手爪和臂的这类约束力(力矩)，从而产生满足约束的柔性动作。显然，力觉感受器也可以检测机器人操作时施加于对象物的力(力矩)。因此，力觉感受器具有双向传递力信息的性能。

因此，机器人触感指的是基于机器人与待测物体接触而产生的信息。机器人的触觉不受光线条件以及工作范围的影响，在部分情况下可以代替视觉传感器；而且机器人触觉感知可以在运行过程中准确且及时地得到信息，视觉信息的局限是只能在操作中出现，而在操作过程之外的时间，因为爪子在操作时经常会挡住机器人的视线，所以有时会无法获取全部视觉信息；此外，机器人的触觉所产生的各种扭矩的信息在视觉上是不可见的。总之，机器人触觉和视觉各有特点，相得益彰。在实际工作中，它们经常一起使用。例如，在装配过程中，视觉信息可用于控制爪的粗略位置，而触觉信息可用于准确确定位置和微调居中。

7.3.2 触觉传感器

在机器人的感知技术中，机器视觉较为成熟。该技术成熟的理由之一是把光的图像变成易于处理的信号。所需的转换工具很容易得到，各种效率较高的电视摄像头以及后来出现的固态成像装置都有了定型的产品。而在触觉技术中，高效的转换方法目前还处于研究之中，甚至在触觉感知过程中究竟应该转换哪些现象也不如视觉感知那样简单、明显。因此，触觉传感器的研究成为目前触觉技术中的一个关键问题。

1. 触觉传感器的结构原理

触觉感受到的信息是通过触觉传感器与待测物体的接触而得到的，所以，触觉传感器的输出信号一般为传感器和待测物体接触产生的力和位置偏移的函数。进而，通过信息处理器将信号解释为接触界面的性质、待测对象的特性以及接触状态。这些信息主要包括：

(1) 待测物体是否存在。

(2) 待测物体的位置、形状以及姿态。

(3) 接触面上的压力大小以及压力分布。

(4) 力的方向、大小以及作用点。

(5) 力矩的大小、方向和作用面。

此外，还可以包括静态和动态信息，以及目标物体的柔顺性、黏弹性等组合信息。

简单的触觉传感器一般只传送上述信息中的一种。例如，各种限位开关、接触开关，它们是最简单的触觉传感器，只感受目标物体存在与否。而比较复杂的触觉传感器则包含着数量众多的甚至具有复合传感作用的敏感单元，它们可以在不同的负载状况下提供各种类型的接触信息。而且，传感器还与专用的计算装置或微处理器相连，形成触觉传感系统，完整地实现信号获取及解释处理的功能。

触觉传感器主要由以下三个部分组成(见图7-15)：

接触界面：由多个按特定方式安置的传感器单元组成，能够直接地感知待测物体。

转换媒介：一种敏感材料或机构，它将从接触界面感受到的目标物体信息转换为输出信号。

检测控制：按预先设定的顺序采集触觉输出信号，进而传送到信息处理中心。

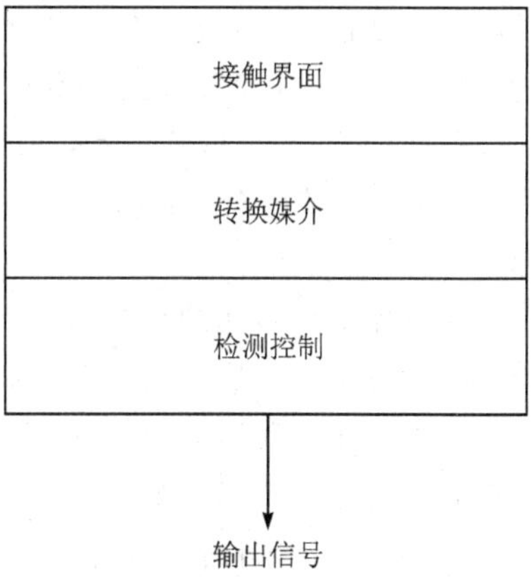

图7-15 触觉传感器的组成

几乎所有的触觉传感器都输出最方便处理的电信号，因此，它们的转换原理和性能评价都与非电量-电量的一般传感器相似。

触觉传感器采用的转换原理如下所述。

光电式：把接触界面的压力变为机械位移，再利用此机械位移改变光源与光敏检测器之间的距离，或遮挡光源形成阴影，从而使检测器的电信号发生变化。

压阻式：利用各种电阻率随所受压力大小而变化的材料，如硅导橡胶、可导纤维等压敏电阻材料，把接触界面的压力变为电信号。

电阻应变式：与压阻式原理类似，利用金属导体(或半导体材料)变形时电阻值也发生变化的电阻应变效应，常称应变计。

压电式：利用压电陶瓷、压电晶体等材料的压电效应，把接触面上的压力转换成电信号。

磁致弹性式：利用某些磁性材料在外力作用下磁场发生变化的效应，感受接触界面上的压力，磁场的变化而后又通过各种类型的磁路系统转换为电信号。

此外，还有利用力或位移转换为电容量变化的电容式等等。

触觉传感器的性能评价主要为如下几个方面：

(1) 感受范围：传感器检测接触界面上的空间位置或力的上、下限值。

(2) 灵敏度：传感器输出量的变化值与被感受量的变化值的比值。

(3) 分辨率：传感器可能感受的空间位置或力的最小变化值。

(4) 重复性：在相同工作条件之下、环境内的传感器多次连续地与待测物体接触，传感器能够连续正确读取数值的能力。

(5) 迟滞：被感受量先逐渐增加，后又逐渐减少，在规定的感受范围内的任意被感受量的最大差值。

(6) 响应速度：传感器感受转换、检测整个接触界面信息的时间。

(7) 温漂：抗干扰等受环境影响的性能变化情况。

由于需要将传感器应用于机器人系统，除了对性能的要求之外，触觉传感器的还需要具备轻巧、坚固、灵敏等特点。

下面具体介绍两类触觉传感器的一些实验研究成果。

2. 成像型触觉传感器

成像型触觉传感器着重于感受接触界面上目标物体的形状，再通过进一步地处理输出信号，最终可识别物体，判断它的位置和姿态。传感器一般都采用由几千个感受单元组成的阵列型结构，由于形状信息是将目标物体对接触界面的压力转换处理后得到的，所以这种传感器实际上同时体现了“接触觉”和“压觉”这两种功能。

传感器有 64 个敏感单元，每个单元都有一个突起的触头，它们排成 8×8 的阵列，形成接触界面。传感器包括检测电路、控制电路，相邻触头间的距离为 0.3 in，即该传感器的分辨率。

传感器敏感单元的转换原理：当弹性材料制成的触点受到常压时，接触杆向下伸出，挡住一部分发光二极管向光电二极管发出的光，因此光电二极管的信号输出间接跟随触点上压力的大小不断地变化，并提供灰度读数。接触杆的向下伸拉范围可达到 0.8 in，传感器的灵敏度约为 0.03 N。转换的一致性取决于触点的性能、接触棒以及二极管的特性。通常需要硬件调整和软件修订才能达到规定的指标。

传感器与一台微处理机相连，形成 LTS-100 传感系统。触感阵列的输出电流由多路模拟开关选通检测、放大后经 8 位模/数转换器变为灰度不同的触觉数字信号，送往微处理机解释处理。传感器的控制电路接收来自微处理机的选通信号并接着提供顺序检测地址及触发脉冲，然后扫描整个触感阵列，选通信号之间有一定的延迟，以保证放大器和转换器的可靠工作。

LTS-100 可配合机器人工作，手爪把工件放在传感器上，然后把经过微处理机处理、解释的形状、位置信息送往机器人控制器，控制器输出指令控制手爪以合适的姿态抓握工件进行装配操作。

无论采用哪种转换原理，成像触觉传感器都存在如何提高分辨率的问题。分辨率越高，每个触感单元的尺寸越受限制，而且，触感单元的引线也越多，多路模拟开关电路也越复杂，这就会使传感器的体积、重量和计算速度、通信难以满足机器人的实用要求。而集成电路技术的应用则为解决这些困难提供了可能的途径。

VLSI 触觉传感器的物理结构：作为接触界面的一种压阻橡胶放在一块特制的超大规模集成电路芯片上，两者之间夹有一块 SiO_2 隔离层，隔离层上刻有窗口，露出与电路相连的金属电极，可与橡胶直接接触。所有的电极形成一个阵列，而每个电极下面则是一个个的模拟数字计算单元。

当压阻橡胶在某处受压变形时，其中的导电粒子密度变大，电阻率变小，附近的相邻电极间的电压变小，从而得到与压力大小成比例的触感信号，传感器的电极面积仅约 1 mm^2，相应地，每个电极下面的计算单元集成电路面积也不超过 1 mm^2，其中含有一个阈值可调的模拟比较器，一个锁存器，一个简单的累加器以及一个指令寄存器。所有的计算单元与控制总线相连，接受一台微处理器的控制指令，并行地处理各自获取的信号。

3. 操作性触觉传感器

成像型触觉传感器主要感受的是接触界面上的法向力，传感器安装在机器人的手爪上，为了完成各种操作任务，传感器必须感受目标物体相对于手爪的滑动、扭转，这就要求传感器也能感受接触界面上的切向力和力矩。另外，手爪操作物体运动时，还要有感受各个自由度受到的力和力矩的传感器。着重于感受目标物体的动态情况的触觉传感器，可称为操作型触觉传感器。

磁阻式触觉传感器安装在机器人手爪的内侧。几千个面积为 2 mm×2 mm 的触感单元排成阵列形式，每个单元由三部分构成，一片厚约 25 μm 的永磁合金制成磁偶极子，它埋置于一种硅树脂弹性介质中，弹性介质厚约 1 mm，整体粘连在装有半导体磁阻检测器的衬底上。

传感器的转换原理比较简单。磁偶极子从原理上可看作是一个永磁小棒，当接触界面上的作用力使弹性介质变形时，它也随着相对于磁阻检测器发生位置偏移，于是，磁场发生变化，检测器根据磁阻效应产生电信号并输出。磁偶极子有五个自由度：沿 x、y、z 三轴上的平移及绕 x、z 轴的旋转。每个弹性单元下面放置五个磁阻检测器，就可测出相应的变化量。实际上，由于接触界面上法向应变分量很小，而且弹性单元的厚宽比率较大，传感器只能感受到切向力(x、y 轴上的平移)以及扭转力矩(绕 z 轴的旋转)。

机器人的腕力/力矩传感器主要用于装配操作中，提供从手爪到臂控制系统的广义力反馈信息：三个自由度的力及三个自由度的力矩。这类传感器一般都采用电阻应变式，在弹性结构上粘贴几千个应变片，把广义位移(直线位移和转角)转换为电信号，但应变片难免存在温度、时间稳定性的问题。于是这里的传感器采用了一种新的原理，它由敏感广义力的一个弹性单元和敏感广义位移的六个检测器组成。

刚性块与机器人的臂固连，作为可动端面与手爪相连，B1、B2 之间由三个均匀分布的弹性支柱 L1、L2、L3 连接在一起。六个位移检测器均匀地分布在 B1 下方，每个检测器以一个活动块与 B1 相连，其下有一个刚性小杆，杆端为一电磁感应线圈，刚性小杆处于一对通电线圈的缝隙中。

当 B1 受到广义力作用时，解耦装置使不同检测器的刚性小杆只对六个自由度之一的广义位移(平移或旋转)敏感，而且转换为小杆沿其轴的伸缩，于是，感应线圈切割通电线圈对的磁力线，输出电信号。

检测器的输出通过多路模拟开关经模/数变换后送往微处理机，根据弹性支柱的刚度特性，以及检测器坐标系统与参考坐标系统之间的坐标变换，计算出 B 所受的广义力。

整个传感器的分辨率为 0.1 N，感受范围达±20 N，与一般机器人的误差精度相一致，而且具有较好的线性度。

7.3.3 接近觉传感器

机器人触觉所提供的信息仅当它与对象物体发生实际接触时才能获得，视觉是在二者未接触并且相隔一定距离时就可获取物体的图像信息，而机器人在实际工作过程中，往往需要感知正在接近、即将接触的物体，以便作出降速躲避、跟踪等反应。这就要求具备一种“接近”的感觉，接近觉与触觉与之略有相关，内容简单，我们把它们附于本章，且对它们的传感器做扼要介绍。

接近觉传感器主要感知机器人手爪与对象物体的逼近程度，感受范围可小至几十毫米，甚至几毫米。大多数接近觉传感器只关心感知范围内是否存在物体，也有的可量测它们与物体之间的精确距离。

各种磁场式传感元件可制成性能优异的接近觉传感器。例如，涡流式传感器，它在一根探针端部产生交变磁场，磁场在灵敏区域内的导磁物体中感应出涡流，而涡流本身又产生出新磁场反抗传感器的磁场。于是，装在探针上的线圈感应出磁力线密度的变化，由此可判断物体的存在。这种传感器的接近觉精度可做到小于等于 1 mm。又如，在传感器端部安装一小块永久磁铁，当有导磁物体存在时，可构成一个闭合磁路，进而触发一种舌簧接点开关的导通，发出接近觉信号，这种传感器具有无功耗的特点。

接近觉传感器也可依据声学原理构造。例如，圆柱形空腔谐振器，一端敞口，另一封闭端发射驻波。当有物体接近敞口端时，谐振器有所阻塞，空腔内的驻波分布状况发生变化，空腔壁上的拾音器则能测出波形变动时所产生的声压变化，这种传感器可精确地量测出物体与传感器之间的距离。

利用光学原理制成的接近觉传感器一般都是量测物体的反射光，传感器的可靠性主要取决于光源的寿命及其经受振动的能力。此外，还有利用静电感应、接触电容射流等技术制成的各种接近觉传感器。

本章小结

本章整体介绍了机器人感知技术，并从视觉系统以及触觉系统两方面详细地介绍了机器人感知与信息处理模块。

机器人感知技术模块从机器人感知技术逻辑、机器人感知技术特点以及机器人感知技术融合三方面进行介绍。机器人的视觉系统主要介绍图像传感器、机器人视觉识别、机器人视觉定位以及机器人视觉伺服四个模块。其中，图像传感器主要介绍了 CCD 传感器与 CMOS 传感器；机器人视觉识别介绍了预处理、色域转换、图像分割以及形态学处理四个方面。此外，还介绍了不同种类的机器人触觉系统传感器以及其工作原理。

习 题 7

1. 填空题

(1) 机器人感应技术的特性有________、________、________。

(2) 机器人视觉系统按照视觉传感器的数量和特性可以分为________、________、________和________等。

(3) 常用的视觉传感器主要有________和________两种类型。

2. 简述 CCD 传感器的特点。
3. 简述 RGB 色域空间的原理。
4. 列出四种常用的形态学处理运算。
5. 简述触觉机器人的三个组成部分。

第8章 机器人学习与交互

8.1 模仿学习

在机器人领域，模仿学习(Imitation Learning)作为机器人任务轨迹计划的方法之一，20 世纪 80 年代在机器人领域受到关注，进入 21 世纪后迅速发展，现在成为机器人领域研究的焦点。机器人领域的一个重要目标就是让机器人更加适应人类生活环境，更便捷地与人类进行交互协作从而成为人类社会各个领域的重要助手。

8.1.1 概述

机器人模仿学习也称作示教学习，旨在通过人类示教者提供的示教动作，利用人类示教者演示过程中记录的状态和动作数据集，通过模仿学习的框架，将这些演示自动转换为动作规划，这一过程是机器人智能性的重要体现。利用示教演示采样的状态-动作数据集，机器人模仿学习将这些示教动作转换为动作控制策略，最终使机器人能够更加便捷、安全地完成工作，整个流程如图 8-1 所示。

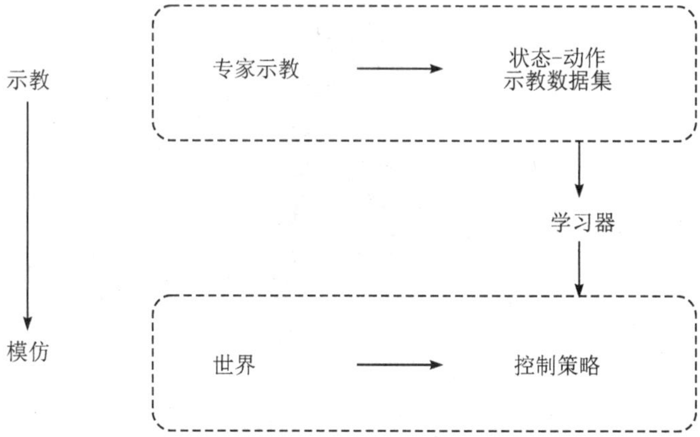

图 8-1　模仿学习流程示意图

8.1.2 模仿学习框架

由模仿学习产生的人机交互方式，其关键在于机器人在人机交互中的动作技能是从人在人机交互任务中的示范模仿学习得到的。例如，机器人能够在不同位置接到人递给他的扳手，在这一技能的学习过程中，人重复示范在不同位置递扳手这一动作，通过模仿学习，机器人能够模拟出递扳手这一任务所需要的动作轨迹。

模仿学习和以往的面向任务编程的方式相比较，具有的优点如下：

（1）模仿学习可以提高开发者的开发效率，一种简单的动作示范即可让机器人掌握一项技能。

（2）模仿学习过程简单，对于开发者来说技术要求比较友好。

（3）模仿学习具有高鲁棒性，能在一定程度上克服工作环境的扰动。

从人类演示中机器人学习的过程基本上分为两个步骤：人类教学和机器人学习。许多方法和技术，例如，基于力传感器的教学，基于视觉系统的教学和基于自然语言的教学，已在人类教学过程中得到开发和实施。以基于视觉系统的教学为例展开描述，具体步骤如下：

（1）人体运动捕捉。深度相机采集人体数据前需要对人体骨架进行捕捉。如图 8-2 所示，对人体进行骨架跟踪时，人需要在摄像头面前展示出希腊字母中 ω 的姿势。

（2）训练样本采集。当示范交互动作时，人和机器人的动作状态需要在各个时间戳上进行采集。本章需要 10～20 个训练样本来训练一个动作模型，通过对一个任务进行多次的示范，可以将感兴趣的数据记录下来作为该动作模型的训练样本，从而进行训练。

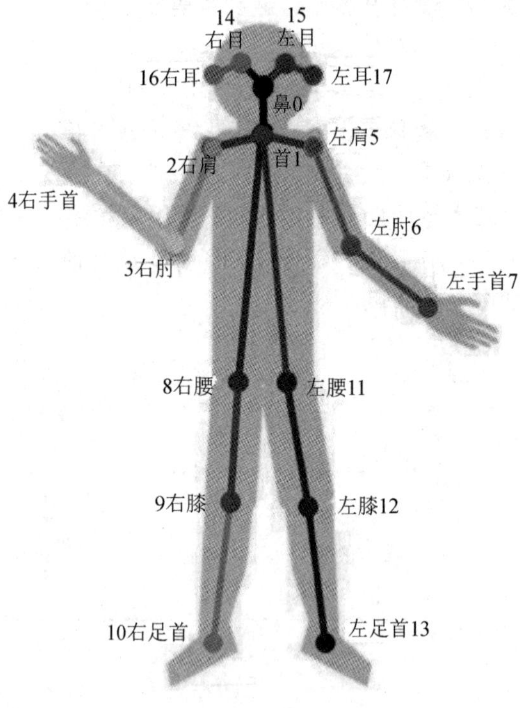

图 8-2　人体骨骼捕捉

（3）人体动作描述。由于同一动作在不同的训练样本中存在复杂的时空不确定性（如在空间上相同的操作的运动状态总是在一定范围内变化），所以相同操作的每次执行速度是快还是慢会造成每个操作样本的时间长度不同。因此，需要通过建立适当的模型对动作进行一般化地描述，使得同一个人机交互任务中的动作可以定义为同一动作。

（4）动作轨迹识别。一个任务通常由若干个连贯动作组成，利用每一个动作的若干训练样本，可以得到相应的动作模型，由此动作轨迹识别的问题就转化为求解若干动作模型组成的运动状态序列，如图 8－3 所示。

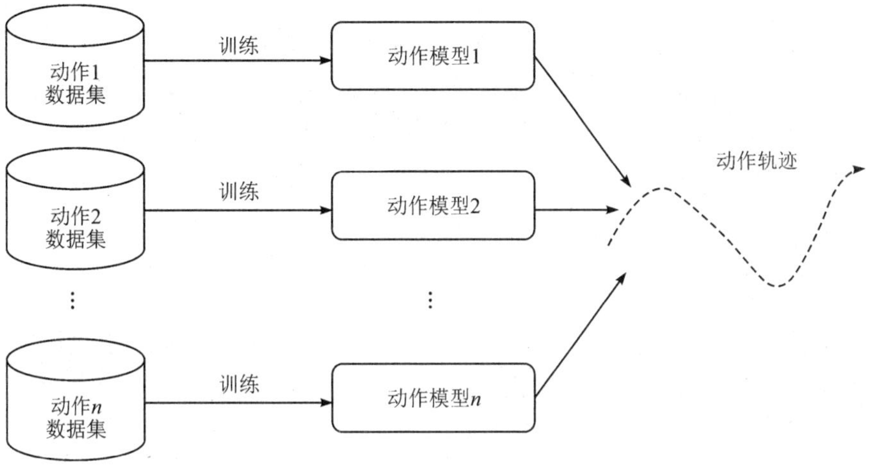

图 8－3　动作轨迹识别

（5）机器人运动生成。在任务识别完成后，可以推测出机器人的运动轨迹。由于该任务模型中包含了人状态的相关性的统计规律，即人体动作描述过程中观测得到的一系列训练样本，因此可以通过该任务模型推测得到机器人的运动轨迹。在推测过程中需要关注观测点的个数，对于只存在一个观测点的情况，虽然推测得到的机器人轨迹与真实轨迹拥有相似的形状，但实际由于观测点较少两者之间会存在比较大的偏差，当增加一定数量的观测点时，机器人轨迹的推测值会更加接近真实值，并且拥有较好的稳定性。然而，观测点越多，对人的状态观测的时间越长，进行推测的计算难度和时间也会增大，一定程度地影响机器人的反应速度，使人机交互过程变得不自然。

总的来说，首先制定需要完成的人机交互动作，然后在人示范的过程中，提取出每个动作产生的训练样本，通过对训练样本分析处理，最后保留动作特征，进而建立每个动作的动作模型。在人机交互过程中，通过已经得到的动作模型对人正在执行的任务进行观测识别，根据识别的结果得到机器人运动轨迹，机器人调整自身状态适应轨迹，完成人机交互。

8.2　迁移学习

我们可以利用大脑存储大量的知识，这些知识是从过去已经完成过的任务中得到的。当遇到新任务的时候，大脑对新任务会进行分析，找出哪些是和以前完成过的任务相关联的，进而从历史知识中提取出与新任务相关联的知识，利用这些知识来完成新任务。提取出的历史知识与新任务的关联性越高，新任务完成的效率和效果就越好。类似这样的学习过程，我们称之为迁移学习。

8.2.1　概述

当采用传统的机器学习方法学习模型时需要训练数据集满足一定条件，即数据样本足够多且与测试数据集呈现相同概率分布，但是当面对需要解决的实际问题时，很难找到满足此条件的数据。例如，对于网络数据，每天的网络数据是和当天的热点话题密切联系的，训练数据集包含过去的网页，测试数据集包含当前的网页，两个数据集很难满足相同的概率分布。针对这种问题，对机器学习时数据需要满足相同概率分布的要求适当降低是解决问题的一种思路，换句话说，不要仅仅依赖当前数据，而要扩展至其他相关数据。

迁移学习可以利用相关领域的可靠数据建立有效的分类模型，这是一种属于跨领域迁移知识学习的方法。此方法有效利用相关领域的可靠数据扩充自己的数据库，以此来实现对目标领域的数据进行识别和分类。图 8-4 比较了传统机器学习与迁移学习方法的过程。

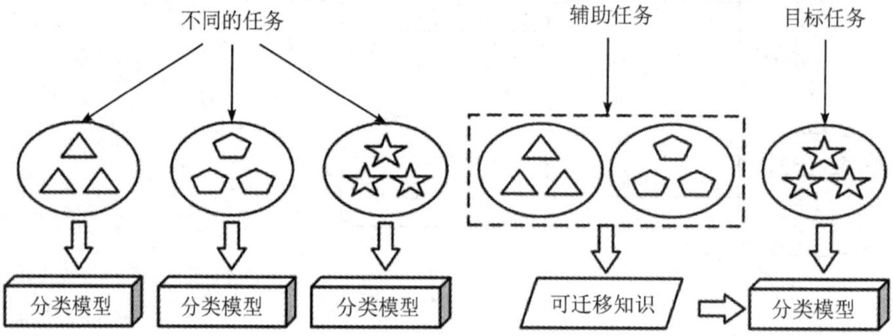

图 8-4 传统机器学习与迁移学习方法的过程比较

迁移学习的关键是对源领域学习任务过程中得到的数据进行整理归纳，将其与目标领域的学习任务相结合，发挥源领域数据的驱动性，增强目标领域学习任务的执行效果。

迁移学习算法的主旨是：分析解决当数据不满足独立同分布时如何训练高准确度分类器的问题。在迁移学习中，根据源领域和目标领域、源任务和目标任务之间的相似性，将迁移学习分为以下四种类型：基于特征表示、基于实例、基于参数以及基于关系的迁移学习，如表 8-1 所示。

表 8-1 迁移学习的方法分类

迁移学习的方法	详细描述
基于特征表示的迁移学习	找到一个“好”的特征表示，减少源域与目标域之间的差异，减少分类和回归模型的错误
基于实例的迁移学习	对辅助域中标记的部分数据通过重新分配权重的方式应用到目标域中
基于参数的迁移学习	找到源域和目标域之间的共享参数，这些参数对迁移学习有益
基于关系的迁移学习	在辅助域和目标域之间建立相关知识的映射，并且这两个域是相关联的

8.2.2 迁移学习框架

特征迁移法(Feature-representation Transfer)的基本思想是在源领域和目标领域之间找到共享特征，减少两个领域之间的差别，实现知识领域间的迁移和复用。该迁移方法又可以分为特征选择迁移学习法和特征映射迁移学习法，两者的区别在于是否以原有的特征进行选择。特征选择迁移学习法是利用源领域和目标领域之间的共享特征来进行两个领域之间的知识迁移。

实例迁移法(Instance Transfer)是基于相似度匹配原则实现的，其基本思想是：从源领域数据集中选择与目标领域数据集相类似的样本，将这些样本转移到目标领域中，以此提升目标领域的学习效果，由此来解决在目标领域中缺少或没有样本的模型学习问题。在目标领域学习过程中，源领域的标签样本所占有的训练权重是由两个领域之间的相似度来分配的，源领域标签样本和目标领域标签样本相似度大时，认为这是有利于目标领域数据学习的，那么提升其训练权重，否则降低其训练权重。

参数迁移法(Parameter Transfer)的基本思想是：寻找源领域和目标领域可用于共享的参数，将这些参数通过迁移的方式从源领域应用到目标领域。源领域和目标领域的表示方法可以是若干函数，需要的共享参数存在于这些函数之间。例如，在解决图像处理领域的问题时，事先把通过千万级的图片数据集训练好的模型参数应用到现有领域，依然可以获得很高的精度。该迁移方法的优点是在应用到目标领域时可以充分利用源领域模型的共享参数，其存在的缺点是模型参数在训练过程中难以收敛。

关系迁移法(Relational Knowledge Transfer)的基本思想是：假设源领域和目标领域具有一定相似性，其关系模型存在一定映射关系，进而对源领域和目标领域的关系模型进行迁移。该迁移方法运用类比原则建立源领域和目标领域之间的关系，它们之间的相似性使得目标领域能够高效地完成知识迁移。

8.3 强化学习

在训练海豚的过程中，海豚饲养员通过奖惩的方式让海豚明白自身行为是否达到预期。例如，当教海豚算术时，海豚在一道题目中给出了正确的答案，则奖励食物；如果给出了错误的答案，则给予轻微的打击作为惩罚，甚至可以根据正确或错误的程度进行不同程度的奖惩。海豚通过以上环境给出的信号调整自己的行为，以期望获得奖励，进而产生了正确的应激反应。以上的学习过程便是强化学习。

8.3.1 概述

强化学习由于其评价和激励的因素，又被称为评价学习或再励学习，目前在机器人领域得到了广泛应用，如轨迹控制以及行为预测等。如图 8-5 所示，在外界环境的影响下，智能体通过执行-评价的反馈机制来调整自己的动作以正确完成与外界环境的交互。

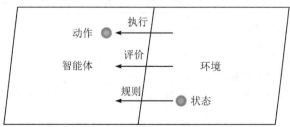

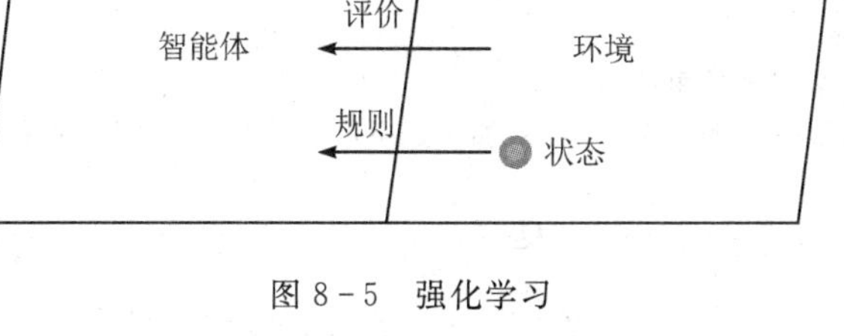

图 8-5 强化学习

学习者在不清楚自己应该做什么动作的情况下，通过不断尝试和反馈来判断其动作是否合适。由此看出，强化学习两个最典型的特点就是延迟回报和试错搜索。学习者在尝试动作的过程中会得到外界环境的评价反馈，学习者通过反馈信息来调整之后的动作状态，正确的动作对应好的评价，错误的动作对应差的评价。

为了适应外界环境，机器人通过不断试错来获取外界环境的评价，以此来调整自身的状态达到最优。这种试错学习的模式符合行为心理学的认知，同时也是强化学习的基础。强化学习的本质是如果机器人的某个动作导致环境所给的回报值越大，那么以后执行此动作的概率就会增大，反之则会减少。

8.3.2 强化学习框架

强化学习的学习过程有以下三个：学习者需要执行动作，这些动作根据环境到动作的映射好坏利用动作选择机制来制订；学习者通过动作行为对环境产生影响，环境对影响产生反应，从当前状态变换到下一状态，在这个过程中，环境的状态变化对应对动作的评价反馈，以此来评估动作对环境产生的影响；学习者根据评价反馈学习改变从环境到动作的映射关系。以上过程会反复进行，直到动作最优。

到目前为止，以 Q 学习算法为代表的强化学习算法的应用最为广泛，其他强化算法如 R 学习算法、TD 算法、H 学习算法和 Sarsa 算法也有较多应用。Q 学习算法是在 1989 年由 Watkins 提出的不需要模型干预的强化学习算法。由于其理论完善，因此它被认为是强化学习发展的标志算法，现有的强化学习算法大多是基于 Q 学习算法变化而来的。

基于奖惩模型的 Q 学习算法为了能够满足实际应用的需要，定义了 Q 函数来对评价进行转换，通过将对性能状态的评价转化为对动作状态的评价来实现值函数的收敛，其中作用于下一动作状态的奖励或惩罚的数值由设定的折扣因子作用于当前状态。Q 学习算法的迭代公式如下：

$$Q(s_t, a_t) \leftarrow Q(s_t, a_t) + \alpha\left[r_{t+1} + \gamma \max_a Q(s_{t+1}, a) - Q(s_t, a_t)\right]$$

Q 学习算法的基本思路是：首先初始化 Q 值函数；然后根据动作选择策略设定当前动作，此时当前所处的状态 s 会变换到下一状态 s'，由此动作产生的评价值 r 也会传递给学习者，学习者利用此值完成对 Q 值函数的更新。学习者通过迭代不断更新状态 s，直到达到设定值，表示完成迭代。

常见 Q 学习算法过程如表 8-2 所示。

表 8-2 常见 Q 学习算法过程

单步 Q 学习算法：
(1) 初始化 $Q(s, a)$为任意值。 (2) Repeat(对于每次学习)。 (3) 初始化状态 s。 (4) Repeat(对于每次学习中的每一步)。 (5) $a \leftarrow$ 根据状态 s 和 Q 按照一定的策略(如 ε-greedy 策略)选择动作，执行动作 a，获取奖惩 r 和转移到下一个状态 s'。 (6) $Q(s, a) \leftarrow Q(s, a) + \alpha[r + \gamma \cdot \max_{a'} Q(s', a') - Q(s, a)]$。 (7) $s \leftarrow s'$。 (8) 直到 s 达到最终状态。

Q 函数收敛后，可以通过以下公式得到最优策略：

$$\pi^{*}=\underset{a \in A(s)}{\operatorname{argmax}} Q(s, a)$$

8.4 人机交互

近年来，人机交互已经不仅仅停留于键盘、鼠标等传统方式，随之而来的是更加自然、人性化的交互方式，这些交互方式随着人工智能技术的发展，已经变得更加类人化。语音交互、动作交互、情感交互、脑机交互等多种方式浮出水面，且各具特点和优势，这些方式还可以组合使用，使人机交互更加自然、简便。

8.4.1 语音交互

声音实现沟通是人们之间最常用的一种沟通方式。人机交互中的语音交互可以理解为让机器听懂我们说的话，按照我们下达的语音指令完成对应的行为，语音识别技术在这个过程中发挥着重要作用。语音识别技术将人发出的声音转换为相应的词汇信息，这些词汇信息进一步加工转变成计算机可识别的指令，计算机完成指令任务，即完成当前语音交互。

语音交互中语音的两个性质需要被关注。一个是时变性，指在形成声音的过程中，语音信号容易受到声道、气流、气压等因素的影响，不同时间戳下信号会不同；另一个是非平稳性，指语音信号呈现的整体特性，根据这个特性语音信号需要进行分解处理。通常以 10 ms～30 ms 时段内的语音信号为一帧进行处理。

语音识别存在以下 4 个步骤：

(1) 语音信号的预处理。使用语音增强、分帧、加窗等技术对语音信号进行预处理，其中语音增强可以减少语音中由环境带来的噪声影响。

(2) 对处理后的数据做端点检测。由于语音信号中存在一些无效语音段，这些语音段会影响识别结果，因此，需要对语音段进行有效提取，以提高后续处理中语音信号的真实度。

(3) 对检测出的语音段提取特征参数。语音信号中包含若干特征参数，如短时平均能量或幅度、短时平均过零率、短时自相关函数、线性预测系数、倒谱、共振峰等，这些特征参数随时间变化，需要从去除冗余信息的有效时间段中提取。不同的特征参数适用于不同的语音识别场景。

(4) 利用提取出的特征序列与模板库做匹配。将从语音段中提取到的特征序列与生成的模板库中的特征序列进行一定程度的匹配，匹配度最高的结果即为语音识别结果。此外，识别结果也可以通过声学模型匹配的方式得到。

语音识别流程如图 8－6 所示。

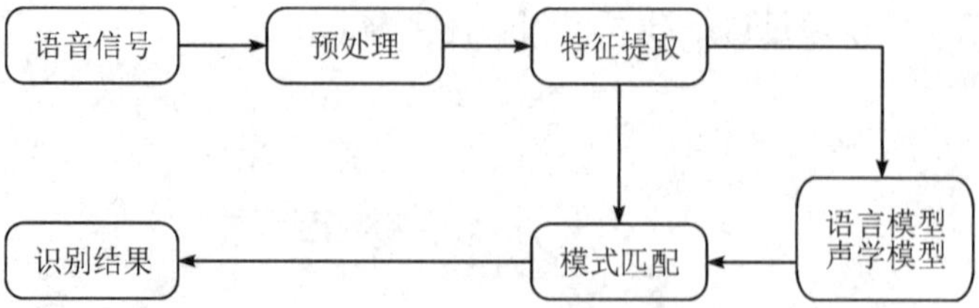

图 8-6　语音识别的基本流程

8.4.2　动作交互

在日常生活中，动作交互的例子有很多，如打招呼、指挥交通、手语等。人的动作丰富多样，所包含的语义更加直观明显，也可以将其应用于人机交互中。动作指的是人体各个关节协调活动展示出的状态。由于各个关节有差异性，因此通常要对身体各个部位进行运动特征归一化来减少差异。

人体动作识别的基本过程如下：

(1) 人体运动检测。在进行运动捕获时，提取人体运动部分数据作为人体动作识别的原始数据，这一过程称为人体动作检测。目前，此过程涉及的主要技术为图像分割技术。图像分割技术在图像识别领域有着广泛的应用，通常以灰度、颜色或形状等特征作为区分度将图像进行划分，划分出的区域具有同一区域相似、不同区域存异的特性。图像分割方法可以分为基于阈值、边缘、区域、图论、能量泛函的分割方法，不同方法应用于不同场景。

(2) 运动特征提取。人体动作的原始数据中存在冗余信息，需要对其进行特征提取，将有效特征(如轮廓、光流、梯度、时空、深度、骨骼等)用于动作识别。

(3) 人体动作识别。如图 8-7 所示，人体动作识别基于概率统计或模板匹配来实现，将前述特征经过人体动作识别转化为动作类别。基于概率统计的人体动作识别的典型是隐马尔科夫模型。由于此方法是基于姿势状态实现的，因此该法也叫作状态空间方法。一个动作序列是由很多个状态组合而成的(其中状态指的是人体的静态姿势)，状态之间具有一定的概率关系。通常将遍历各状态计算出的联合概率的最大值作为分类结果。基于模板匹配的人体动作识别的典型是动态时间规划。在模板库中存在大量的静态姿势模板。此方法首先将动作序列转化为连续的静态姿势，通过计算连续静态姿势与模板库中静态姿势模板的匹配程度，选择最接近的模板类别作为此动作序列的识别结果。

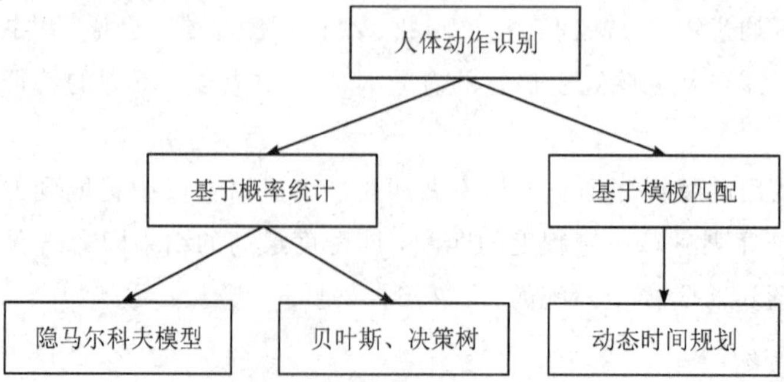

图 8-7　人体动作识别

8.4.3 脑机交互

脑机交互(Brain Computer Interaction, BCI)也称脑机接口(Brain Computer Interface, BCI)，是一种直接通过人脑与外界进行信息传递的交互方式。BCI的兴起为肢体残疾人(如瘫痪的患者、截肢者)和脑损伤的患者(如中风患者)打开了神经康复的新大门。

如图8-8所示，脑机接口的基本思路是：使用人脑产生的信号作为设备的控制指令。实现这个目的首先需要对人脑的信号进行采集。当受试者受到外部刺激时，受试者的大脑会产生和外界环境相关的思维活动，进而产生相关神经电信号。这些信号随着时间的变化而变化，大脑的不同位置产生的信号频率和幅度也会有所不同，因此，脑电信号具有一定的时空性。脑机接口的工作原理是：首先，通过脑电采集设备对具有时空性质的脑电信号进行采集和处理；然后，采用特征提取技术将时空特征提取出来，对这些特征进行模式识别，进而得到大脑意图；最后，将大脑意图翻译为外部设备控制指令，即可产生字符输入、电灯开关以及假肢运动等控制效果，从而实现受试者用户与外界环境间的无障碍交流。

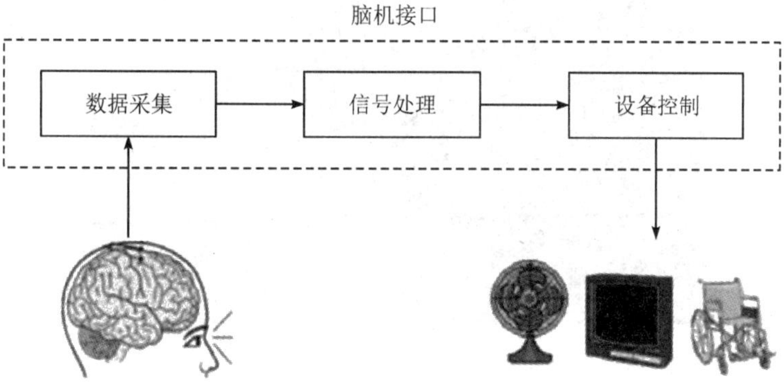

图8-8 脑机接口的基本工作原理

根据脑电信号的产生方式不同，研究人员将BCI系统分为诱发式和自发式。诱发式BCI系统的主要特性是通过外界刺激让受试者产生脑电信号。当存在外部干扰设备时，受试者的注意力集中在自己的感官上，被注意对象发生变化，受试者感官也会发生相应变化，这种刺激带来的变化呈现给大脑的就是脑电信号的波动，此时大脑皮层的相应区域会对刺激做出回应，将此回应捕获分析即可得到此时的大脑意图。此方式优点是识别准确率高，缺点在于需要借助外部辅助设备，并针对大脑某一特定信道进行监控采集，过程较为烦琐。自发式BCI系统的主要特性是无须借助外部辅助设备刺激即可获取脑电信号，系统结构简单，但这类系统不仅需要长时间的训练过程，而且识别准确率往往无法满足使用需求。

常见的诱发式BCI系统为基于稳态视觉诱发电位(Steady State Visual Evoked Potential, SSVEP)的BCI系统与基于P300的BCI系统，常见的自发式BCI系统为基于运动想象的BCI系统。

1. 基于稳态视觉诱发电位的BCI系统

在受到颜色、图形甚至闪光等视觉方面的刺激时，人的视觉神经系统会做出一定反应，在大脑头皮上的视觉通道检测得到的电位称为VEP。因此，可以结合外界视觉刺激和相关电位信号来对视觉刺激的源目标进行捕获，获取大脑意图。

暂态 VEP 和 SSVEP 统称为 VEP，它们之间的区别在于刺激频率。目前，SSVEP 在 BCI 系统中广泛应用。当受试者受到多次视觉刺激时，由于大脑的反应具有持续性，因此相邻刺激之间引起的反应具有叠加效应，在大脑中会产生稳定频率的 SSVEP。这种信号的特性和正弦波相似，具有周期性。基于叠加的关系，SSVEP 和刺激次数之间可以建立一定的联系，呈现出来的是：SSVEP 的刺激频率和刺激次数相等或互为整数倍。BCI 系统可以利用这个特性对脑电信号的频率进行检测，从而得到大脑意图。

如图 8－9 所示，由清华大学高上凯等人设计的快速电话拨号系统就利用了 SSVEP 信号来进行拨号。其基本原理是：受试者面前的屏幕中有带有数字的白色方块，当方块以不同频率闪烁时，大脑会产生不同频率信号，通过对这些特有的 SSVEP 信号频率进行特征提取和识别分类，即可得到受试者注视的方块编码，进而实现拨号。

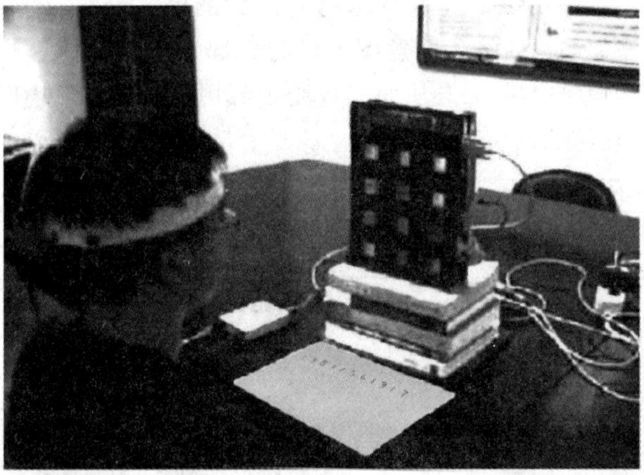

图 8－9　快速电话拨号系统

对于基于 SSVEP 的 BCI 系统，受试者可以在不进行任何训练的情况下使用，这表明其通用性较高；但该系统需要产生刺激反应的装置来加以辅助，这也给受试者带来不便，在长时间的受刺激反应下，受试者在实际观察中容易产生视觉性疲劳。

2. 基于 P300 的 BCI 系统

P300 是事件相关电位(Event-related Potential，ERP)的一种，指当受试者应对特定刺激时大脑产生的电位。P300 中的 300 指的是在大脑受到刺激后 300 ms 产生正向波峰，此信号是 1965 年 Sutton 发现的。P300 电位由两个部分组成，分别是靶刺激和非靶刺激。其中，靶刺激是诸如注视的字符闪烁这样的能够产生事件相关电位的刺激，其他为非靶刺激。靶刺激对应的 P300 信号幅值取决于刺激的程度以及出现的频率。利用靶刺激和非靶刺激在大脑信号产生的差异性，可以对 P300 波形进行分析处理，得到相应的指令意图。

如图 8－10 所示，由 Farewell 等人设计的 P300 拼写器是利用 P300 信号分析受试者意图比较成功的装置。图(a)是拼写器界面，闪烁刺激由界面上的行列字符产生。可以看到，界面由 6×6 的字符矩阵组成。实验开始时，界面上的行和列随机闪烁，受试者保持注意力在对应字符上，当对应字符所在行或列闪烁(即靶刺激产生)时，大脑会产生图 8－10(b)所示的 P300 信号。分析识别此信号即可得到字符所在行和列的编码，结合矩阵界面即可得到对应字符。

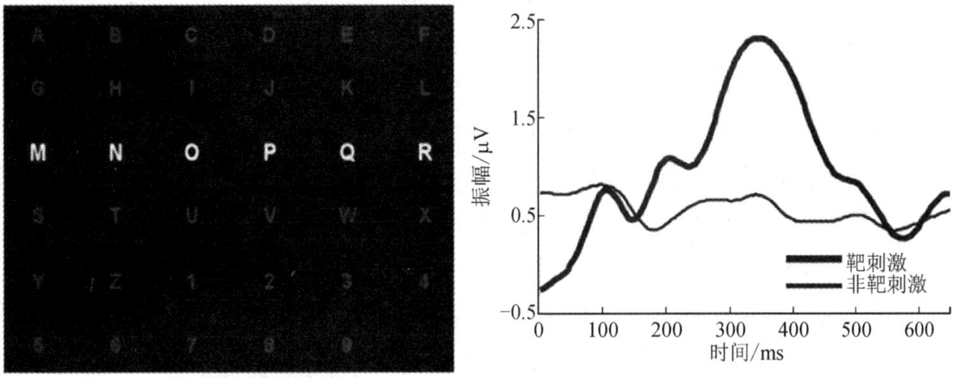

(a) P300拼写界面　　(b) 靶刺激(P300信号)与非靶刺激(非P300信号)

图 8-10　P300 拼写器

对于基于 P300 的 BCI 系统，受试者不参加训练即可得到相关特征数据，结合 P300 拼写界面，可以解决多分类问题(如多个字符识别)，这可以满足大部分系统需求。但此系统属于诱发式 BCI 系统，依然需要刺激辅助装置，且 P300 信号容易受受试者当前状态(如情绪、专注度等)的影响，其信噪比较低，会拉低系统的整体性能。

3. 基于运动想象的 BCI 系统

运动想象(MI)的主要特性是：受试者可以不做出任何实际的动作，仅仅通过想象动作发生的场景就可以获得脑电信号。这一现象称为 ERD/ERS 生理现象。具体来说，在想象某些肢体运动时，人脑会激活特定区域产生规律变化的脑电信号。其中，规律变化指的是某激活区域频带的能量存在衰减趋势，即 ERD 现象；与之相反的是 ERS 现象，能量呈现上升趋势。常用于运动想象的身体部位为手、脚以及舌头等部位。对不同部位的运动想象会产生不同的 ERD/ERS 空间分布特性。此外，受试者自身素质也会对其产生影响。

如图 8-11 所示，ERD/ERS 现象的空间分布对不同的身体部位想象展示出了不同的特性。在想象左、右手运动时，大脑对侧和同侧相关区域分别呈现 ERD 和 ERS 现象；在想

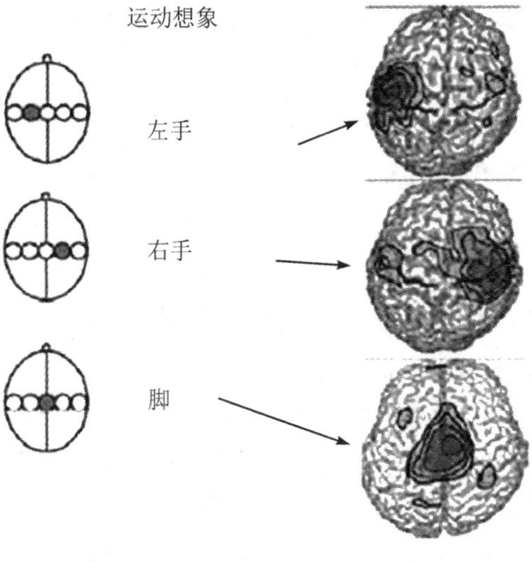

图 8-11　ERD/ERS 现象

象脚部运动时，ERD现象出现在与大脑、脚部运动相关的区域，与此同时，ERS现象则出现在上述区域的附近区域。利用大脑对不同运动想象呈现不同区域现象的特点，可以分析当前脑电信号空间的分布特性来得到用户正在想象的身体部位。

对于基于运动想象的BCI系统，受试者不依赖于任何刺激辅助装置和大脑感觉通道，仅对身体部位做出运动想象就可以满足识别要求，因此系统简单实用。但ERD/ERS现象容易受受试者注意力以及外界环境的干扰而变得不明显，导致信号模糊，识别受限。

4. 混合型BCI系统

单一模式BCI系统在特定场景下可以满足部分需求，但将大脑作为意识产生的整体来看时，多种脑电信号融合的优势就变得十分明显。多种脑电信号会形成优势互补，打破单一信号控制带来的局限性。这种BCI系统称为混合型脑机接口(Hybrid BCI)。其比单一脑电信号控制模式可以提取的信息更加丰富，更有利于适应复杂系统及场景。

以混合控制方式来对脑机接口进行区分的话，混合型脑机接口有串行方式和并行方式两种方式，如图8-12所示。

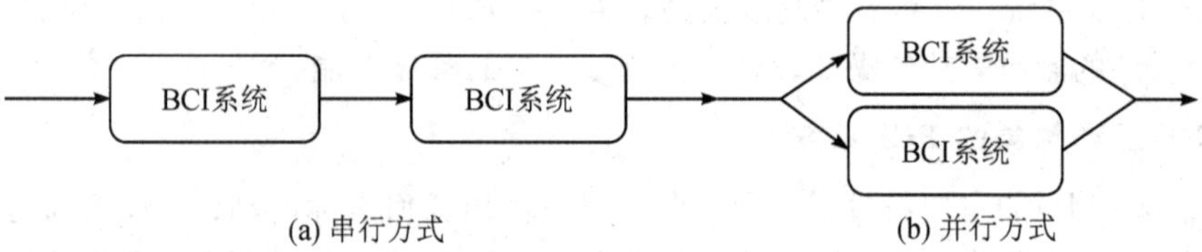

图8-12　混合型脑机接口的控制方式

对于串行方式来说，一种BCI模式为另一种BCI模式做准备，前一种模式可以当作整个系统的选择器或者开关等工具，后一种模式实现具体的控制。该方式可提高系统控制的准确率。对于并行方式来说，两种BCI模式互不干扰，各自进行模式下的内容控制，这种方式可以丰富整个系统的任务类型。

混合型BCI系统是对单一模式BCI系统在稳定的基础下的补充，弥补了单一模式BCI系统的不足。混合型BCI系统借助多模式信号融合的优势提高了系统的性能。比如，在系统控制执行准确率方面，混合型BCI系统获得融合增强的特征信息，使得识别分类的准确率提高，从而得到正确指令。在针对复杂场景问题处理方面，多模式信号融合降低了复杂环境对系统产生的影响，提升了系统的容错率。

8.4.4　多模式交互

当进行多模式交互时，系统允许用户使用两种或更多种协调组合的输入模式进行输入，如语音、笔触、触摸、手势、头部与躯体动作、视线等，并且系统也会产生相应的多媒体输出。多模式系统的优势在于它能够：① 保证人机交互的有效性，即让用户更自然、更方便地向系统传达信息，让系统更及时、更准确地理解用户意图；② 提高交互界面的健壮性，能够预防错误，也易于用户纠错(或从错误中恢复原状)；③ 可及性高，为各种用户及各种情景环境提供更多可选的交互方式。但在设计多模式交互系统时，应该考虑以下几方面的问题：① 避免产生冗余的操作，给操作者添加负担；② 在识别处理多模式信息时，尽量结合各模式自身的特点；③ 使多模式控制在多模式信息的融合下变得更加自然。

从用户输入的角度出发，多模式交互可分为序列式和并列式两类。例如，用户通过点击触摸屏启动语音助手程序，然后进行语音交互，这属于序列式；如果用户同时用语音和姿势进行输入，则为并列式。在设计多模式输入时，要让系统兼备主动输入和被动输入的优势，从而实现更高的透明度、更好的控制性以及更优越的使用体验。

从系统处理的角度出发，则可根据各个模式互相融合的时期对系统进行分类，有早期、末期及中间过渡三类。早期融合往往是特征层面上的信息整合，当系统对某一模式的输入信号的识别会影响到另一模式的识别时，尤其是几个输入具有时间同步性时，早期融合更为适用。例如，语音信息与嘴唇动作信息应采用早期融合。末期融合是在语义层面上整合信息，系统将分别对各模式输入信息进行识别、分析，再对来自不同输入源的分析结果进行整合，最终作出释义。此方法支持同步输入与异步输入。例如，身体姿势信息与语音信息通常在末期融合。中间过渡式融合兼备早期融合与末期融合的特性，能够通过概率推断出特征噪声、时间信息及缺失值。

三种融合方式各有优缺点。比如，对于两种模式的输入，如果两股输入信息在早期融合，那么系统只需对整合信息进行一次分类即可得出明确的判定结果，其分类复杂度为$O(N^2)$；若采用末期融合，则分类复杂度仅为$O(2N)$，但系统要先分别判定两模式的分类结果，之后才能整合出一个最终判定结果，这在一定程度上降低了判定的明确性。所以，我们应根据使用情境及功能需求选择合适的融合方法。

人机交互场景需要与下列各场景结合起来：数据处理和注解、多模态系统开发、与人融合系统、多模态信号处理。多模态人机交互需要在几种模态下同时工作，而这项工作顺利完成与上述场景密不可分。表 8-3 描述了多模态人机交互未来的工作需要。

表 8-3　多模态人机交互未来的工作需要

场　景	工作需要
从图形用户界面交互到多模态交互	模态描述、特征、自然倾向、关系、分类法扩展到味觉媒体和嗅觉媒体，新模态组合，可用性预测
从计算机到与人融合	为公共中央处理基线涂制从微观行为到中央处理的路线表，反之亦然
从人机交互到自发的人机交流	为完全自发的、自然的多模态交流行为建模
从宏观行为到微观行为	对所有层级的人的交流和动作建立一般的表述语言和编码方案；收集用于分析和进行组件训练的更多免费的公共域微观行为数据
从可用性方法应用到可用性数据处理	从方法选择到数据收集、处理、分析以及结果报告
重新确定标准的图形用户界面数据收集方法的优先顺序	分析带有新模态的模态组合下的数据使用顺序

续表

场　景	工 作 需 要
新的多模态可用性方法	使用微观行为进行编码、模态分析
用于人机交互的新型数据处理方法	更好的、专用的和一般的数据编码工具。用于更好地理解何时把特征增加到系统模型中或从系统模型中减去特征
途径、框架、理论、可用性	不同环境下不同模态发挥各自的优势，最大限度地发挥相应模态及其组合效果

8.4.5 机器人交互实例

重度残疾病人由于长期卧床，生活无法自理，给自己和家人带来了无尽的痛苦。目前大多数轮椅由人手遥控，只具备简单的行走功能，因此上肢残疾病人或者综合残疾病人一般无法使用轮椅。华南理工大学针对重度或者综合残疾病人的这一需求，研发出一款可以使用头部运动、面部表情、语音信号和脑电信号实现复合控制的轮椅机器人，如图 8-13、图 8-14 所示。这款机器人不但可以根据病人的需求运载病人到任意想去的地方，而且可以通过机械手帮助病人喝水、吃饭、与人交互等日常事务。这使得残疾人对生活更加充满信心和希望，而且在一定程度上解决了一些社会问题，同时降低了照顾他们的社会成本。

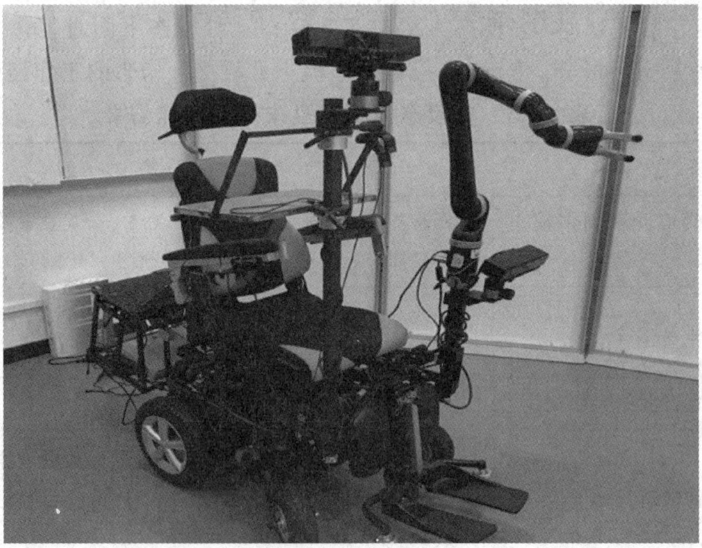

图 8-13　多模态康复辅助轮椅机器人实物图

如图 8-15 所示，该轮椅机器人系统的核心主要包含三个部分：信号采集部分、信号处理部分和指令控制部分。信号采集部分采集脑电信号、语音信号、头部动作信号和面部表情图像；信号处理部分实现对信号的理解与决策、对机械臂和轮椅的运动规划和驱动控制；指令控制部分实现轮椅位置控制和机械臂控制。

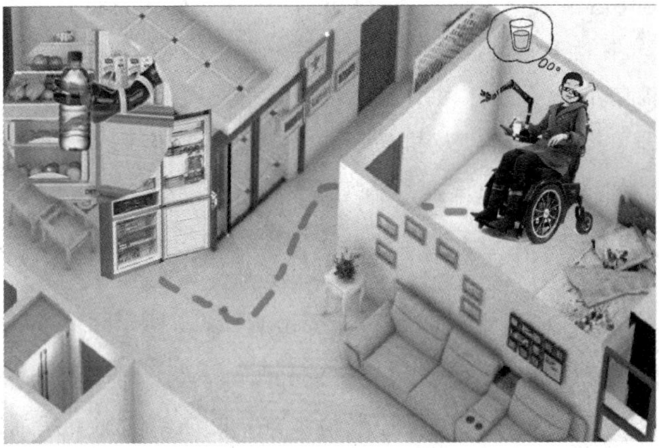

图 8-14　多模态康复辅助轮椅机器人示意图

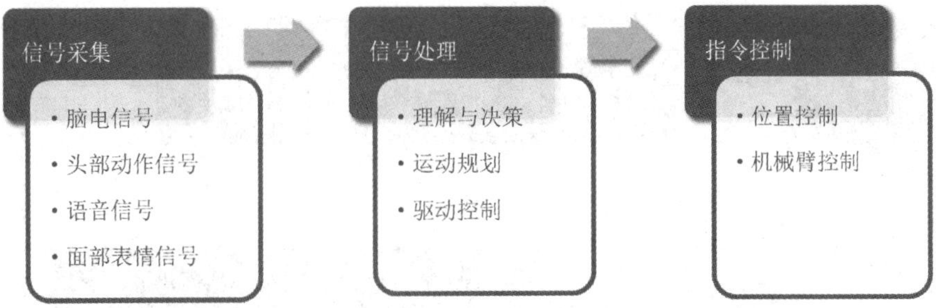

图 8-15　系统控制框图

如图 8-16 所示，在多模态康复辅助轮椅机器人系统中，可以通过头部俯仰动作控制轮椅移动到病人想去的地方，也可以通过人脸的表情(如笑、翘眉、扭鼻子、撇嘴、吐舌头、

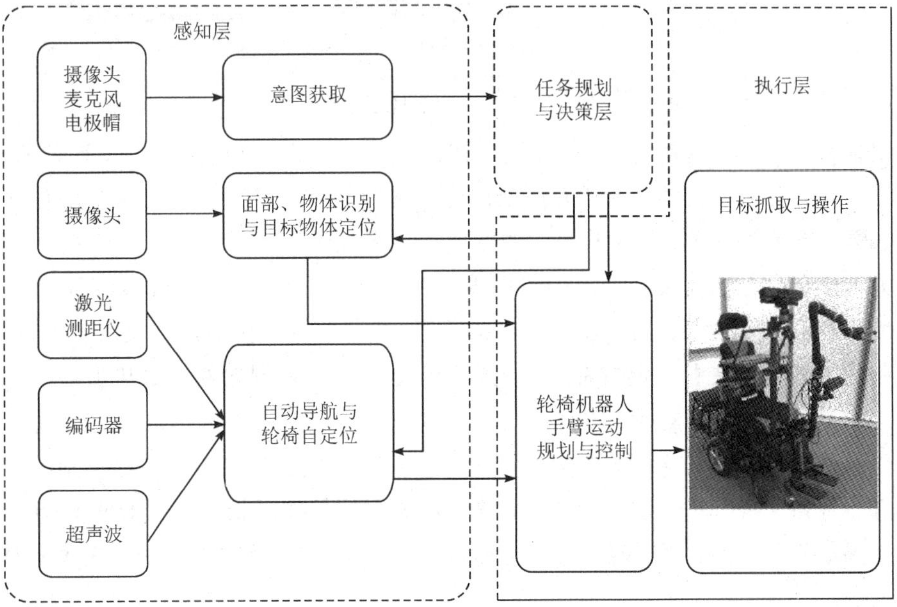

图 8-16　系统框图

鼓起双颊)控制轮椅到达预定的方向，还可以进行一系列机械臂操作。考虑到一些中风或者患有其他病痛的病人不能很好地控制脸部的肌肉，还有一些人的脸部表情不能很好地被识别，科研人员在轮椅中加入了语音识别控制功能。病人通过设定好的唤醒词唤醒语音系统后，说出控制指令即可操控轮椅以及机械臂。对于重度残疾病人(只能依靠大脑活动的病人)，可以通过轮椅上的脑机设备采集大脑需求信息，形成指令，进而控制轮椅。另外，除了能让轮椅移动，还可以实现升降和躺卧。这几种识别模式可以在轮椅系统上单独存在，也可以共存。

常见的脑电 EEG 信号处理流程如图 8-17 所示。通过脑电采集设备从头皮提取原始脑电信号，经过预处理、特征提取、模型分类识别等步骤，翻译成具体的控制命令，传达到各种控制器去执行。执行的效果通过操控者眼睛观察，反馈给大脑，从而形成了一个完整的控制回路。

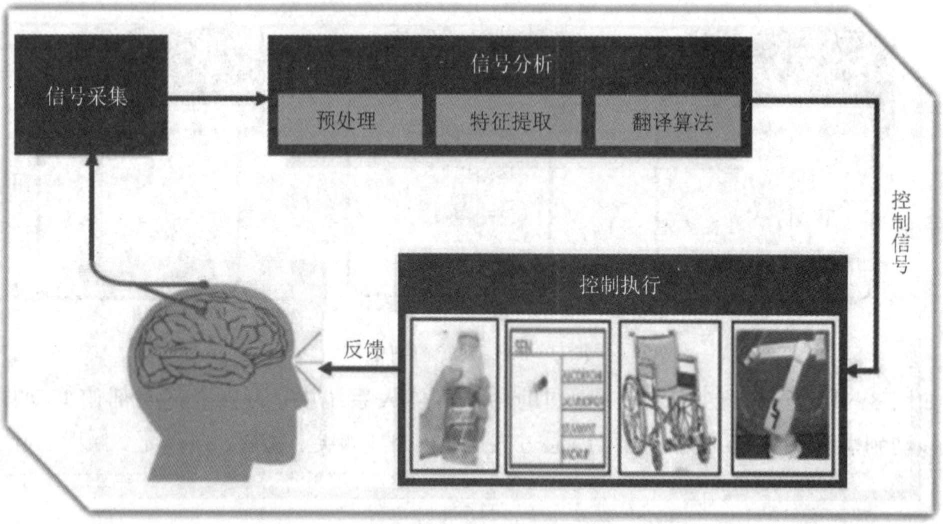

图 8-17　EEG 信号处理流程

脑电信号中会包含一些称为假象的非脑电信号，如与运动相关的电位，面部肌肉运动、眼球运动等，需要通过采样、滤波等预处理方式去除这些噪声干扰。由于脑电信号特征维度较大、样本数量较少，因此对其提取的特征作降维处理。

病人使用语音控制需要在一定的范围内，通过唤醒词去唤醒轮椅机器人，而后轮椅开始识别使用者的语音命令，如向前走、拿水等。轮椅可以自己自动识别使用者的语音命令，然后控制轮椅的前后左右行走或者进行定点行走，也可以控制轮椅上的机械臂沿空间的任一方向移动以及机械臂的抓取和松开。

对于一些病人常处的空间，如家里，系统可以生成一个离线地图，对一些固定的地点和事物进行标记。如图 8-18 所示，语音识别部分运用轮椅机器人上搭建的语音识别模块来获取外界的语音信息，而后对其语音信号记性特征处理以及模式匹配，获取相对应的语音控制指令。

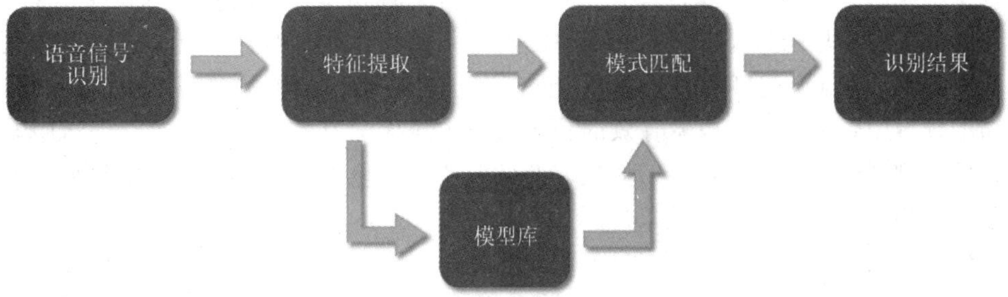

图 8－18 语音识别原理

表情和动作识别流程如图 8－19 所示。用户做出表情或动作，通过位于用户面前的深度摄像头来获取图像，生成图像数据后发送到处理器，对图像数据进行预处理、特征提取以及识别分类。

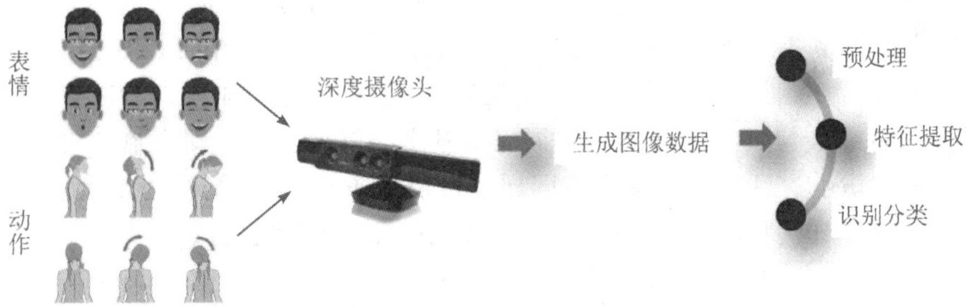

图 8－19 表情和动作识别流程图

如果用户选择用面部表情控制轮椅，则将图像放入表情识别模型中。然后识别用户的表情，如高兴、惊讶、悲伤或愤怒等，并转换成控制命令，发送到处理器。输入模型的图像由于诸如光照、抖动等外界环境的影响，往往会与真实图像存在偏差，可以通过对图像进行诸如去噪、增强一致性等预处理方式增强图像信息，从而提高识别精度。

如果用户选择用头部姿态控制轮椅，则需要将图像放入头部姿态估计模型中，可以获得头部姿势的三个角度。通过对这些角度的处理，输出信号可以转化为控制轮椅所需的控制命令。为了估计一个人的头部动作的姿态，通常使用欧拉旋转角来描述一个人的头部动作。欧拉旋转角包含了三个角度：平动角(Yaw)，转动角(Pitch)和滚动角(Roll)。根据角度的大小，我们可以定义一些控制轮椅的命令。

多模态控制使得智能轮椅在不同环境下灵活使用不同信号获取方式，例如，在声音嘈杂环境中采用表情和头部组合(表情负责选择目标，头部负责自由移动)，在光线昏暗环境中采用语音信号，在嘈杂、昏暗的环境中使用脑电信号。另外，针对使用者的习惯和环境的检测，为使用者推荐最适合的控制方式，以获取使用者稳定、有效的动作意图。

本章小结

机器人代替人工进行劳动和生产已经是当今时代的一大趋势，然而纯机械式的劳作有很大的限制，尝试学习人类或从环境中自主学习成为机器人行业发展的新趋势。

根据不同的学习目标，机器人学习方式可以分为模仿学习、迁移学习和强化学习。模仿学习的关键在于模仿人类或世界行为，使机器人的动作更加自然灵活。迁移学习又可以分为实例迁移、特征迁移和参数迁移，其重点在于将一个领域中的学习结果应用到另一个同分布的领域中，能够快速构建有效的分类模型。强化学习应用较为广泛，生活中宠物训练就是最典型的例子，其核心在于强化有效的过程，弱化无效的过程，不断调整学习参数使得强化模型能够达到最优的效果。

近年来大量的人机交互涌现，如本章介绍的语音交互、动作交互、脑机交互以及多模式交互。人类可以通过语音特征控制设备，将语言转化为指令，替代传统的接触式操作；同样地，人体动作也有不同的语义，如古代的旗语，现代的交警手势等都可以被当作人类表达方式，通过机器去识别这些人体动作可以应用于城市监控、情感表达等场景；脑机交互通过提取大脑受外界刺激所产生的信号来理解使用者的意图，大多用于重度残疾病人，使他们可以完成日常任务，如喝水吃饭、自由移动等。

以上几种模式虽然可以单独完成任务，但当涉及复杂使用场景时，单模式交互无法满足用户的需求，而多模式交互弥补了这一不足，在复杂使用场景中可以根据需要自由切换模式。此外，多模式交互也可以融合多种类型信号，使交互更加准确、可靠。

人机交互依靠人与机器的互动来共同完成任务，以组合模式呈现在工业或生活场景中。而以机器人仿生为目的的继承模式同样也可以带来很好的效益，发现大自然的神奇，以他们的生存模式作为机器人运动的机理，创新中蕴含着发展机会。

习　题　8

1. 相对于传统的编程方式，模仿学习有哪些优势？
2. 模仿学习类机器人的学习过程分为哪两个步骤？
3. 迁移学习方法的具体分类为________、________、________、________。
4. 迁移学习算法主要用来解决什么问题？
5. 实例迁移法(Instance Transfer)的主要思想是什么？
6. 请举一个现实生活中的例子来解释强化学习的含义。
7. 强化学习的学习过程以及常用算法有哪些？
8. 现代化的人机交互方式有哪些？
9. 语音识别的过程大致分为哪几个阶段？人体动作识别呢？
10. 常见的诱发式 BCI 系统和自发式 BCI 系统都有哪些？
11. 多模式交互系统的优势有哪些？

第9章 仿生机器人

9.1 仿生机器人概述

随着机器人行业的快速发展，人们希望机器人能够在日常生活中辅助和替代人类完成更多复杂烦琐的任务。其中，仿生机器人是当下研究的一个热点。仿生机器人能够在人们的生活中起到非常重要的作用，因为其具有像人一样的结构和外貌，相比传统工业机器人更能融入人类的生活环境中，如医疗机器人、迎宾机器人、娱乐机器人等。为了让仿生机器人能够完成更多、更复杂的任务，研究者们致力于设计更多自由度的机器人机械结构，并且搭载处理速度更快、开发框架更灵活的计算机硬件系统和操作系统。随着人工智能的不断发展，神经网络算法也被广泛用在仿生机器人系统上，由此可以让仿生机器人拥有更智能、更聪明的“大脑”。从技术的角度看，仿生机器人所涉及的范围非常广，其交叉融合了包括机械设计、智能控制、机电一体化、视觉技术等多个学科知识，因此具有非常好的研究价值。

9.2 仿生机器人的发展历史

仿生机器人一直是人类的热切追求。希望能够通过对人类的生理结构和思想意识的研究，制造出一个能够与人类匹敌甚至超越人类的机器人。因此，近代以来国内外有许多科学家投入到仿生机器人的研究中，也已经取得不少的成绩。相较于国内来说，国外的仿生机器人研究起步比较早，已经有科学家和工程师设计出了一些相对比较接近于人类的仿生机器人。不过，近几年来，随着国内科技水平的不断提升，也慢慢有了一些我们自己的研究成果。

9.2.1 国外仿生机器人的发展历史

仿生机器人是具有像人类一样的外貌、身体结构、动作特点、行为习惯的多功能机器人，是近年来机器人行业研究的一个热点。日本是最早开展仿生机器人研究的国家之一，在 1968 年，世界上第一台仿生机器人诞生于日本早稻田大学，他的名字是 WABOT-1，由加藤一郎等教授所创造。如图 9－1 所示，WABOT-1 体型巨大，搭载着具有多自由度的机械结构的身体躯干、听觉和视觉系统等。可以看出，其在结构上与人类相近，虽然外观上没有做到高度模仿人类，但是他打开了仿生机器人研究的大门，是一个具有里程碑意义的作品。而在 1985 年，随着工业技术和电子制造业的不断发展，加藤一郎团队研发了擅长艺术表演的第二代仿生机器人 WABOT-2，如图 9－2 所示。WABOT-2 机器人比 WABOT-1 机器人在外形上更像人类，并且，WABOT-2 搭载了具有 21 个自由度的手臂和手，足够多的自由度使得 WABOT-2 能够完成钢琴表演。加藤一郎团队也是最早研究冗余度机械臂在仿生机器人上应用的机器人团队之一，为仿生机器人的冗余度机械臂研究开了先河。

图 9－1　WABOT-1 机器人

图 9－2　WABOT-2 机器人

而同样受益于日本工业的崛起，本田公司从 1986 年也开始了仿生机器人的研发和制作，经过多年的产品迭代，终于在 1996 年推出了一款名叫“ASMIO”的仿生机器人，如图 9－3 所示。与 WABOT 系列机器人相比，ASMIO 机器人拥有和人类几乎相同尺寸的身体躯干，并且在样貌和手指等细节上更加像真实的人类，其整体看上去就像是一个穿着宇航服的“宇航员”。在功能的创新上，其第四代产品“P4”更是可以完成上下楼梯、肢体交互、舞蹈以及体育运动等复杂的工作。东京大学 JST 实验室研发的 HRP－2 在 2005 年问世，如图 9－4 所示。其手臂和双腿安装了具有更大扭矩的关节电机，因此，使得 HRP-2 机器人可以完成推箱子等任务。其下一代产品，在 2009 年发布的 HRP-4C 更可谓是早期仿生机器人的代表作，HRP-4C 是一个外形为女性的机器人，其身体各个尺寸已经设计得非常接近人类。并且，相对早期的仿生机器人，HRP-4C 拥有着逼真的皮肤和头发，这一重大的突破使得仿生机器人终于摆脱冷冰冰的机械感，而给人“有血有肉”一般的感觉，仿生机器人在“仿生”的意义上有了一个重大的飞跃。除了上述这些机器人以外，日本研发的仿生机器人中还有 QRIO 机器人、SONY 公司研发的 SDR-4 用于家庭娱乐的仿生机器人、JVC 公司推出的具有 26 个自由度的 J4 机器人、在 2006 年由 kondo 公司推出的 KHR－2HV 机器人等。在仿生机器人领域上，日本算是走在最前列的国家之一。除了日本，得益于工业革命的成功以及经济的飞速发展，美国也是最早开始仿生机器人研究的国家之一。由克莱姆森大学研发的SD系列机器人在20世纪80年代诞生，是美国最早诞生的仿生机器人之一。而美国最出名的仿生机器人，是由波士顿动力公司研发的阿特拉斯系列机器人，阿特拉斯身高1.5米，前后经历的三个大版本的迭代，从第一代能够直立行走，到第二代的能够在摔倒后通过工具站起来，再到第三代能够实现避障、单腿跳跃、摔倒后自主爬起。波士顿动力一次又一次地突破仿生机器人的技术屏障，使得仿生机器人技术不断提升。

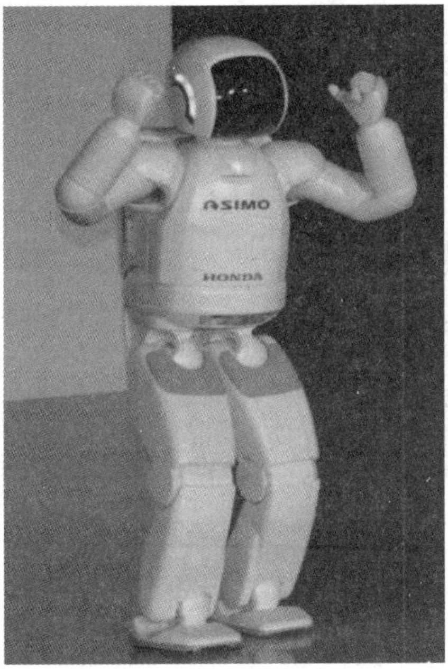

图 9-3　ASIMO 机器人

图 9-4　HPR-2 机器人

其他国家在21世纪也开始了仿生机器人的研究，并且也取得了不少的成果。2007年，法国公司 Aldebaran 公司开发了一款名叫 NAO 的仿生型机器人，值得注意的是，NAO 机器人的身高只有58 cm，但是其拥有着多自由度的身体关节、灵活的手指关节、视觉系统、音频系统，如图9-5所示，不仅如此，NAO 机器人还能做到双足平衡并且行走，能够在如此小的空间内拥有着这么完备的系统，NAO 机器人代表机器人行业的顶尖技术。同时，NAO 机器人也是为数不多能够做到对外销售的消费级别机器人，同时也被 RoboCup 比赛平台列为比赛机器人的标准，这也标志着仿生机器人正式进入大众，而不是限制在实验室内。新加坡南洋理工大学的 Nadia Thalmann 教授及其团队在2016年发布了一款仿生机器人，并且命名为 Nadine，如图9-6所示。Nadine 的外貌就是根据 Nadia 教授的外貌设计的，除此以外，Nadine 还拥有着基于神经网络的控制系统和规划系统，其在智能系统上有着很高的造诣。在欧洲，德国航天局联合那波利大学设计了一款名为“贾斯丁”的仿生机器人，“贾斯丁”机器人和其他仿生机器人不同的地方在于，它除了拥有和人类一样的外形和身体结构外，它还搭载了一个能够让机器人自由活动的四轮移动底盘。这样的设计能够使仿生机器人应用在一些需要灵活移动的情景下，如排爆工作、运输工作等。Atlas 是波士顿公司开发的最新一款人形机器人，控制系统协调手臂、身体和腿的运动，使之行走起来更像人的姿态，能够在有限的空间内完成较为复杂的工作，如图9-7所示。Spot 机器人也是由波士顿公司开发的机器狗，它可以像狗一样在各种地形上灵活运动，搬运东西，如图9-8所示。当然，波士顿动力还开发出了很多不同功能的机器人。在2020年，印度空间研究组织(ISRO)研制了一款女性外形的仿生机器人，名字叫Vyommitra，该机器人被研究出来的目的是用于执行太空任务。该公司表示将在不久的将来会把Vyommitra送到太空进行工作。

图9-5　NAO机器人

图9-6　Nadine机器人

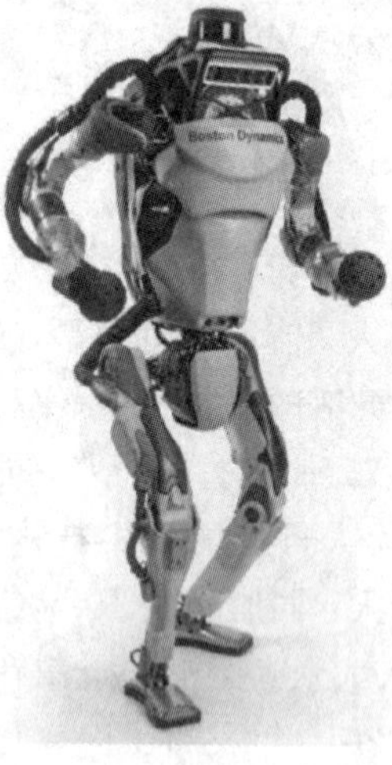

图9-7　波士顿动力Atlas机器

图9-8　波士顿动力Spot机器狗

9.2.2　国内仿生机器人的发展历史

虽然起步没有其他国家早，但是我国也是比较早开始仿生机器人研究的国家之一。在1988年，得益于国家基金、863计划的推动，由长沙国防科技大学研发的六自由度平面运动型双足步行机器人诞生，虽然其还不算严格意义上的仿生机器人，但是它的诞生为我国仿生机器人的研究奠定了坚实的基础。直到2000年的11月29日，长沙国防科技大学终于研制出我国第一台全自主研发的仿生机器人，并且命名为“先行者”，先行者高1.4 m，重

20 kg，“先行者”在外形外观上比较像一个卡通人物，其拟人属性并不是很突出。但是，“先行者”的诞生对我国仿生机器人的研究是具有里程碑意义的，它的诞生推动了我国仿生机器人行业的发展。清华大学 THBIP 系列仿生机器人的研究始于 2000 年初，经过了三个版本的迭代，在 2006 年推出的第三代样机 THBIP-Ⅲ已经能够完成挥手和上下台阶的工作。此后，由北京大学研发的 BHR 系列机器人、清华大学研制的 THBIP 系列仿人机器人等相继面世。BHR 机器人一共迭代了 3 个版本，2011 年开发的第三代作品 BHR－3 已经初步具有仿生机器人的基本形态，并且在肢体关节运动上已经可以完成高自由度的双足及双臂动作，如表演太极拳和刀剑等。而谈到比较有代表性意义的机器人，那就一定是“索菲亚”。“索菲亚”是一款由香港汉森机器人技术公司所开发的女性类人机器人，除了具有极度仿生的外貌和身体结构外，其还具备着优秀的智能系统，能够实现自由对话和记忆知识。值得一提的是，“索菲亚”在 2017 年被沙特阿拉伯授予正式的公民身份，是人类历史上首个获得公民身份的仿生机器人。除了上述几个具有代表性的仿生机器人外，上海交通大学、江南大学、大连理工大学、北京航空航天大学等高校也都相继开展了仿生机器人相关方面的研究，并且也都研发出了很不错的机器人实体。

9.2.3 仿生机器人行业的挑战

人形机器人的发明过程非常复杂，在这个过程中投入了大量的工作和研究。大多数时候，发明家和工程师都面临着一些挑战。作为基本部件的传感器和执行器非常重要，一个小错误就可能导致故障。仿人机器人通过传感器和执行器等的特定功能来移动、说话和执行操作。

人们认为仿人机器人是结构与人类相似的机器人。换句话说，它们有头部、躯干、手臂和腿。然而，情况并非总是如此，因为有些仿生生物与人类并不完全相似，有些只是模仿人体的某些部位(如人的头部)。

人形机器人通过某些模块来完成特定的功能。传感器可以帮助机器人感知环境。例如，摄像头让机器人看得见，电机可以驱动机器人移动和做一些动作。这些电机通常被称为执行配置。

制造这些人形机器人需要大量的工作、资金和研究。首先，对人体进行研究和检查，以便清楚地了解将要模仿的内容。然后，必须确定创建人形机器人的任务或目的。人形机器人的创建有多种用途。有些严格用于实验或研究目的，而有一些是为娱乐目的而创建的。科学家和发明家必须采取的下一步骤是在功能齐全的人形机器人准备就绪之前，设计和制造出类似于人体器官的功能部件。最后，他们需要完成编程，这是创建仿生机器人最重要的阶段之一。通过编程，使仿生机器人能够执行其功能并在被问到问题时给出相应的答案。

听起来不那么难，然而，真正操作起来却很有难度。虽然仿生机器人正在变得非常流行，但发明者在创造功能齐全且逼真的机器人时还会面临一些挑战。其中一些挑战包括：

(1) 执行器。执行器是有助于运动和做手势的电机。制作仿生机器人，需要强大、高效的执行器，可以在相同甚至更少的时间范围内灵活地模仿一些动作。执行器应足够高效，以便完成各种操作。

(2) 传感器。传感器有助于仿生机器人感知他们的环境，它们需要人类的所有或部分感官：触觉，嗅觉，视觉，听觉和味觉才能正常运作。

(3) 思维和学习能力。人与机器人目前最大的区别在于人类具备学习与思考的能力，现在仿生机器人系统的缺陷与不足在于缺乏思考与学习的能力。

(4) 与环境的交互。仿生机器人与环境互动的能力依赖于其富有表现力的交流能力，如肢体语言(包括面部表情)、思维和意识的交互。机器人对环境感知的场景如图 9-9 所示。

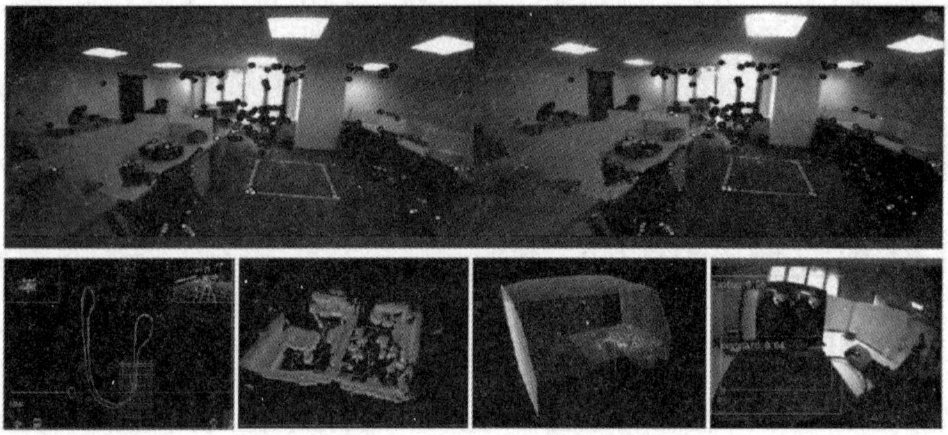

定位与追踪　　三维重建　　平面检出　　物体识别

图 9-9　机器人对环境感知的场景

(5) 躯体结构和四肢运动。为了应用在不同的场景和应对复杂的环境，仿生机器人行动的通用性，多样性和必要的柔性是实现“智能”的首要因素。

(6) 体系结构。仿生机器人的体系结构是机器人系统各组成部分之间的相互关系和功能分配，即确定一台或多台机器人系统之间的信息流通关系和逻辑计算结构。如果说仿生机器人的设计目标是实现机器人的自治能力，那么实现这一目标的重要手段就是体系结构的设计。

(7) 基于 AI 的交互。仿生机器人与人类交互的程度非常有限。AI 至关重要，它可以帮助破译命令，解决问题，陈述观点，甚至可以给出诙谐、讽刺的回复，并可以理解随意、模糊的人类语言。

9.3　仿生机器人的结构

仿生机器人的研究是当今机器人领域的热门研究之一。与传统的工业机器人相比，仿生机器人的显著特性就是它具有与人类相似的特点，即包括具有像人类一样的头部四肢等身体结构、仿生化的外观以及与人类相似的运动特点。因此，研究仿生机器人的机械结构，应该从人类的身体构造出发，设计机器人的各个关节、自由度、空间尺寸等。

人体是一个复杂的系统，包括有肌肉、骨骼、皮肤等不同的部分组成，数量繁多且结构可变。因此，机器人结构想要做到完全仿生几乎不可能实现。因此，本节旨在利用电机结构设计及制作一款模仿人体关键运动关节的仿生机器人，合理选用电机及设计关节结构，使得仿生机器人能够从体积大小、运动性能、外形外观等都尽可能地接近人类，如图 9－10 所示。

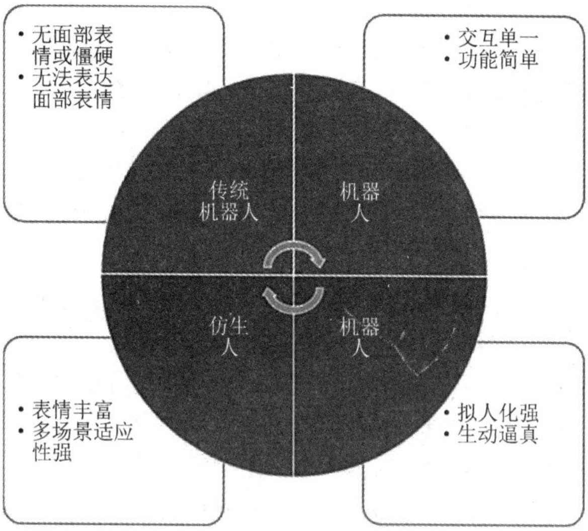

图 9－10 传统机器人与仿生机器人

9.3.1 人体结构的特点

关节和肌肉是人体运动系统的重要组成部分。人类之所以能够做出不同的动作，全靠关节及肌肉。因此，在研究仿生机器人的机械结构前，需要先对人体的关节和肌肉结构有一定的了解。

人类的关节是肢体之间的连接器，也是运动的枢纽。人体全身共有 78 个关节，根据《人体解剖学》所述，人类关节按照运动类型分为三类，不动关节、微动关节以及活动关节。不动关节是两骨之间以结缔组织相连接，中间没有任何缝隙的关节，一般来说其无关节运动功能。此类关节有颅骨关节、胸骨关节等。微动关节可进行小幅度的运动，其关节结构通过纤维连接或者依靠韧带和骨间膜连接，此类关节包括有椎间关节、骶髂关节、下胫腓关节等。最后的是活动关节，活动关节是构成人体大部分的关节，其连接方式为通过结缔组织构成的囊相连，且骨面之间有缝隙，并且缝隙有少量的滑液，此类关节有肩关节、掌指关节、膝关节等。在人体运动系统中，肌肉也是人体运动系统的重要组成部分。人体肌肉附着在人体骨骼上，在人体神经的支配下完成收缩和舒张，牵拉其附着的骨以产生运动，这是人体运动的动力源。人体肌肉约有 639 块，按照分类可分平滑肌、心肌和骨骼肌。心肌和平滑肌是存在并作用于内脏和心脏的，对于仿生机器人的机械结构研究而言很少涉及。在人体运动系统中，骨骼肌是主要的动力源。骨骼肌通过收缩产生拉力，拉力带动骨骼运动。

对于仿生机器人的机械结构设计，为了能够在占用尽可能少体积的情况下实现尽可能多的仿生机器人自由度，因此在模仿身体结构的时候，只针对可大幅度运动的、能够展现人类特性的关节进行模仿和设计。

9.3.2 仿生机器人的基本组成

在最基本的层面上，人体可分为以下四个主要组成部分：

（1）身体的结构肌肉系统，为其他身体结构提供动力。

（2）感官系统，用于获取有关身体和环境信息。

（3）能量源，为肌肉、感官等提供能量。

（4）大脑系统，其主要功能是指导肌肉运动和处理感觉信息。

当然，人类有一些无形的品质，如道德和智慧，但从纯粹的身体层面上来看，上面的内容是相对完整的。

机器人有多种定义，从用于工厂操作的工业机器人到用于家庭的小型清洁机器人。许多机器人技术（制造机器人的厂家）使用更精确的定义，他们认为机器人应该具备一个可重新编程的大脑（一台计算机）来控制其身体。

根据这个定义，机器人与其他移动机器（如汽车）的不同之处在于它们以计算机为要素。一些较新款的汽车也有车载电脑，但这仅用于微调，仍然是驾驶员通过各种机械装置直接控制车辆的大部分部件。另一方面，机器人在物理特性上与普通计算机不同，它们以普通计算机都没有的方式连接到其身体。

然而，大多数机器人都有一些共同的特征如下：

（1）移动底盘——一种使机器人能在空间中移动的机构。一些机器人只有几个电动轮，而另一些机器人则有大量的移动部件，移动部件通常由金属或塑料制成，如图 9－11 所示。

图 9－11　华南理工大学张智军教授团队开发的机器人移动底盘

（2）能量源，机器人都需要能量源来驱动内部传动装置。大部分机器人使用电池或通过电源插座来供电。此外，液压驱动型机器人还需要一个泵来进行加压，而气动型机器人则通过气体压缩机或压缩气罐提供动力源。

（3）驱动电路、执行装置及传动装置通常通过导线与电路部分相连接。机器人驱动系统的电路板如图 9－12 所示。机器人的计算机部分可以通过电路板连接并控制电路的所有部件。大多数机器人都是可重新编程的，如果我们想改变机器人的行为，只需在其计算机上编写一个新的程序即可。

（4）传感器系统，并不是所有机器人都具备传感系统，只有部分机器人具有某些视觉、听觉、嗅觉或味觉等感知功能。在标准设计中，一般会在机器人的关节处安装编码器。通过编码器计算机可以准确地得到关节已经旋转的距离。

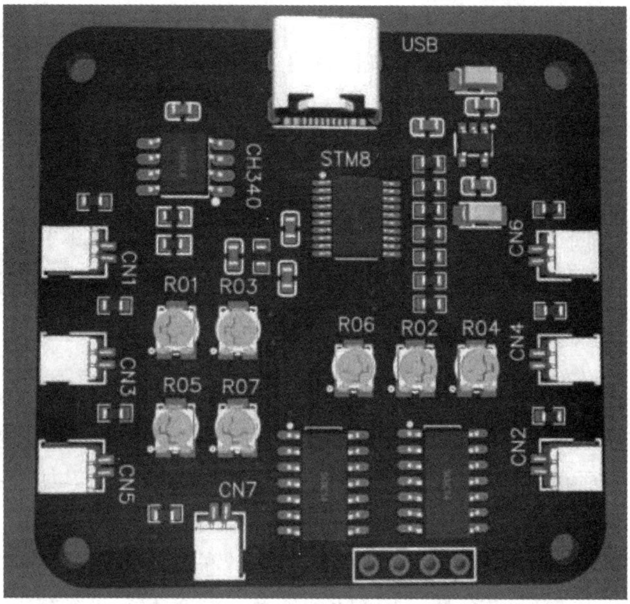

图 9－12　机器人驱动系统电路板

（5）人工智能算法，科学家对人工智能算法的研究就是希望机器人能够具备一定的学习和思考的能力，从而使其具备应对新的复杂环境的能力。科学家通过研究人类的学习和思考方式，设计和研究出一些算法，从而模仿人类的一些行为和思考方式。

以上是机器人的基本组成部分。机器人工程师可以通过不同的方式将其中的几个部分组合起来，从而设计并制造出多种复杂的机器人。

9.3.3　仿生机器人的自由度设计

人体的结构可以分为四个大部分，分别是头部、躯干、上肢和下肢。本节按照上述四个部分分别设计机械结构和自由度，以便更好地模仿人类的动作。图 9－13 是仿生机器人全身自由度分布图。

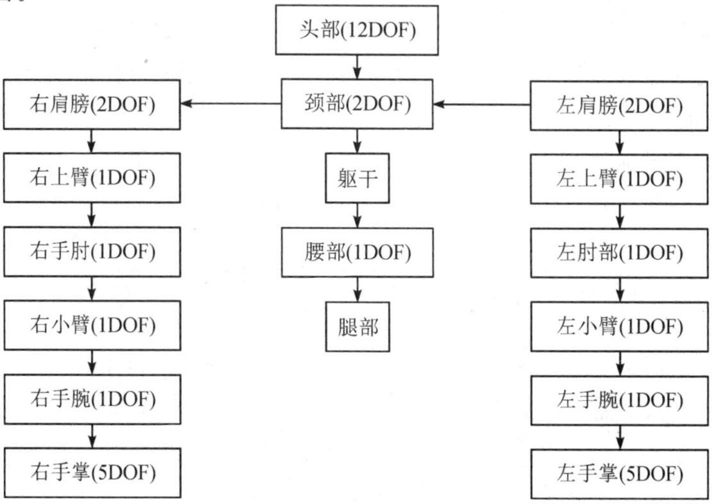

图 9－13　仿生机器人全身自由度分配

对于头部的运动机构的设计，点头、摇头是头部的基本运动，且符合人类的日常动作习惯，同时，为了能够使传感器的采集视野和范围更广，本仿生机器人将在颈部配置两个自由度，分别控制机器人头部的俯仰(Pitch)和转动(Roll)。头部除了颈部关节外，头部还具有眼睛、嘴巴、眼眉等器官。这些头部器官的运动能够很好地展现人类头部的基本特征，同时也是展现机器人“表情”的重要器官。因此，为了让仿生机器人能够做出各种各样的表情动作，加强仿生机器人的交互性能，本书还设计了除了颈部两个自由度外的十个头部器官自由度，其中包括眼睛上下转动自由度、眼睛左右转动自由度、左右眼睑开合自由度(两个)、左右眉毛运动自由度(四个)、左右脸颊苹果肌运动自由度(两个)。头部和颈部部分总计十二个自由度。

人类的上肢，即肩膀、双臂和手掌。手臂具有上臂、手腕、手腕、小臂等关节。上肢是人类身体结构的重要组成部分，属于人类日常生活工作必要的基础结构，如抓取物品、书写文字、使用工具等都需要使用上肢。上肢也可以用作表达感情，如握手、拥抱等。因此，一款高度仿生的机器人，应该具备高自由度的上肢结构。本章为机器人主体设计了两个多自由度的手臂，如图 9-13 所示。本书的仿生机器人的单个手臂具有肩膀关节(两个自由度)、上臂转动关节、手肘转动关节、小臂转动关节、手腕关节和手掌关节(五个自由度，分别对应五个手指)。单手臂有十一个自由度，双臂共二十二个自由度，其能够模拟人类双臂的基本的功能。

人类的躯干是除了头部和四肢的部分，其作用是连接身体各部分并且对人体内部器官进行容纳和保护。人体躯干包括有胸部、肚子、脊椎等。因为躯干能够自由活动的关节或肌肉不多，因此，本书对仿生机器人躯干部分只设计了腰部转动一个自由度，用作补偿头部转动角度的不足，以此来加大机器人整体转动的范围。对于其他部分，不设计额外的自由度。

下肢是人类实现行走的主要结构，其由髋关节、膝盖、踝关节、脚掌组成，也是人体重要组成部分之一。在机器人的研究中，双腿直立行走也是重要的研究课题之一。本书所设计的仿生机器人的上肢和头部部分具有大量自由度，同时本机器人的尺寸是根据真人所设计的，因此重量很大，如果需要实现机器人行走的功能，则需要选用大功率、大体积的电机，这样做会使得仿生机器人下肢的体积增大而失去人类的特点。到目前为止，本书还没有设计出能够同时兼顾双腿体积和力矩的方案，因此，本书所设计的仿生机器人不具有下肢自由度。仿生机器人的下肢设计将会作为未来的工作继续开展，初步的改善方案是：使用气动动力元件或者液压动力元件替代电动动力元件，在能够提供支撑仿生机器人上体部分重量的同时可以实现行走的功能，也满足空间的要求。

9.4 仿生机器人硬件系统设计案例

机器人硬件系统的设计是整个机器人底层最为至关重要的部分，它关系到了各个关节以及整体的运动效果，需要综合考虑驱动源和传动结构。我们需要根据各个关节的作用以及受力情况进行单独设计，以满足各个关节的运动需求。所有的上层控制都是建立在底层硬件能够稳定运行的基础之上。

9.4.1 仿生机器人的关节电机选型

对于仿生机器人的关节，需要有动力源及动力元件驱动才能够进行运动。关节驱动的动力源有很多种，常用的动力源一般有电能、气动能、液动能。电动动力源，即使用电能转化成机械能，一般形式为直流电和交流电，执行机构通常为电磁式的电机。气动是以压缩空气作为动力源，带动机械完成伸缩或旋转动作，一般的执行机构为气缸和气动阀。液动依靠液体介质的静压力，完成能量的积压、传递和放大，从而把液压能转化成机械能，一般的执行机构是液压缸和液压电机。表 9-1 中详细列举了三种动力源各自的优缺点。总结表中优缺点，液动和气动对于同样体积的执行器，其所能够提供的力比电动系统大，但是需要额外提供空气压缩机和油缸。同时，因为气体的可压缩性和液体的不可压缩性，所以气动和液动的可控制性比较差。为了能够制作体积小，并且能够精确控制的关节，同时兼顾成本，本书选择了电动动力源来构建驱动系统。

表 9-1　三种动力源的优缺点比较

动力源类型	优　点	缺　点
电动	不受温度影响，控制方便，体积小，转矩范围广	结构复杂，机械效率低，转速范围小，易受电源、频率干扰
气动	结构简单，开关速度快，同体积执行器提供的力矩比电动执行器大，成本低	需要外界气源，因为气体的压缩性，导致其速度不均匀，难以控制
液动	结构简单，输出力最大，具有自润滑和防锈性能	液压元件容易发生渗漏问题，配管和维修不方便，油温对执行器的影响大

电动动力源的执行机构一般为电机，电机的原理是：把电线圈产生的旋转磁场作用于转子上形成磁电动力旋转扭矩。按照运动类型可分为直线型和旋转型两种。从本章前面分析的人类身体结构可知，人类的大部分运动关节属于旋转关节，因此，旋转型电机更适合用于设计仿生机器人大部分的关节。而直线型电机则会用于一些需要限制体积的关节。在小型机器人设计中常用到的电机有直流电机、步进电机、舵机等。直流电机广的义定义是使用直流电供电的电机，而在一般情况下，直流电机也指最简单类型的，没有特殊控制元件的电机，即只有两个电源端，接上电就能转动的电机。其价格便宜，控制简单，但是控制精度比较差，适合用在无须精准控制的关节上或者外加传感器进行闭环控制的部位。一般地，直流电机会在输出端增加减速箱一起使用。减速箱是由齿轮组组成的安装在电机输出轴上的一个盒子，它可以通过改变齿轮的传动比从而增加电机输出的转矩，但是这会导致电机转速有所下降。过多引入齿轮也会带来转动间隙的问题，从而减低了控制的精度。舵机是一种由直流电机、减速箱、电位器组成的可以精确控制角度的电机。电位器的作用是对舵机转动的角度进行反馈，并通过 RC 电路进行脉宽调制，从而使舵机可以转动到相应的角度。相比直流电机而言，因为增加了 RC 电路、电位器等元件，虽然同体积的舵机提供的力矩小，但其优势是：能够做到闭环控制而无须额外增加编码器和控制系统，所以其能够在机器人领域得到广泛应用。还有一种是步进电机，步进电机与普通直流电机不同，其

结构为中心轴上安装着其他的磁体，线圈交替供电和断电来产生磁场，产生的磁场会排斥或吸引中心轴的磁体，使其一步一步地旋转，因此也被称为步进电机。相比直流电机，步进电机可以在开环的情况下进行相对精准的角度控制，但是遇到负载较大的情况下，其控制精度则无法保证。步进电机适合应用在一些负载不大但是需要相对精准的场合。

为了使仿生机器人所用关节都能够进行精确的角度控制，本书对仿生机器人设计选用的电机标准是：尽量能够精确控制角度的电机，若在一些关节上需要用到大力矩，则使用直流电机或步进电机加上编码器作闭环控制。本书把仿生机器人的关节分为小力矩关节和大力矩关节两大类。表 9-2 中列举了本书设计的仿生机器人的关节电机选型分类，并将在后续章节中描述各关节的具体设计方案。

表 9-2　仿生机器人的关节电机选型分类

关节类型	关 节 部 位
大力矩关节	脖子、肩膀、腰部、嘴巴
小力矩关节	眉骨、眼球、眼睑、苹果肌、上臂、手肘、小臂、手腕、手指

9.4.2　仿生机器人的头部设计方案

本节将介绍仿生机器人的头部设计方案。由前面章节中人体结构特点所分析得出的结论可知，在设计仿生机器人的身体机械结构时，应针对可大幅度运动的、能够展现人类特性的关节进行模仿和设计。图 9-14 是人类头部肌肉的分布图。人类头部肌肉包括控制脸部运动的眼轮匝肌、口轮匝肌、咬肌、颊肌等，也有只起支撑作用的耳肌等。

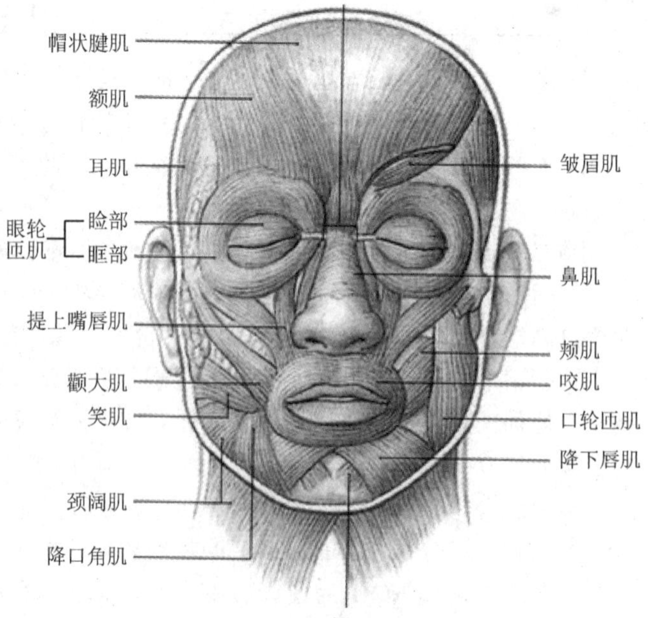

图 9-14　人类头部肌肉的分布图

图 9-15 是本书仿生机器人的头部设计方案的总览图。

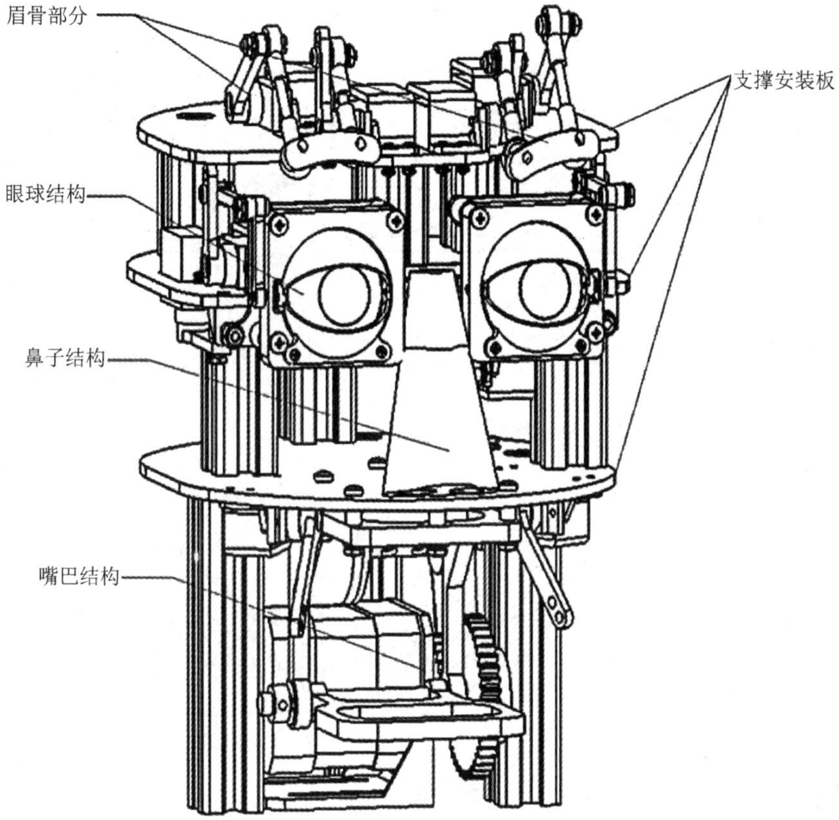

图 9-15 头部设计方案的总览图

本书所设计的仿生机器人由如下几大部分组成。

(1) 支撑安装板：为铝合金材料，设计成人类头围大小，上面有零部件安装孔，作为头部轮廓的支撑结构以及零部件的安装部件。

(2) 眉骨部分：左右两边眉骨可单独运动，用来模仿皱眉肌和降眉间肌，能够实现提眉、皱眉等动作。

(3) 眼睛结构：眼球分为眼睑和眼球两个结构，模仿人类眼轮匝肌的作用，能够实现眼球的左右上下转动和眼睑的闭合。

(4) 鼻子结构：无单独自由度，主要起支撑脸部轮廓的作用。

(5) 嘴巴结构：用于模仿嘴部肌群，能够实现嘴巴的张合、脸颊的拉伸等动作。

1. 仿生机器人眉骨的设计

图 9-16 所示是眉骨的总体结构图，其主要分为支撑安装板、眉骨驱动电机、眉骨三个部分。为了模仿人类的“扬眉”“皱眉”“斜挑”等动作，每根眉骨设计有两个驱动自由度。机器人头部的安装空间比较有限，所以选择了小型舵机作为眉骨结构的驱动电机。图 9-17 是单边眉骨驱动结构示意图。单边眉骨的驱动由两个驱动电机协作完成，驱动电机通过两个连杆与眉骨相连，在连接处使用球头扣相连，因此可以保证在运动时眉骨能够灵活转动，

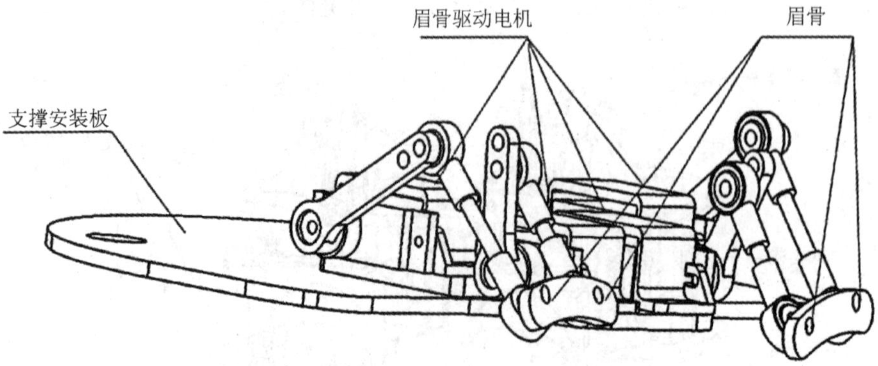

图 9-16　眉骨的总体结构图

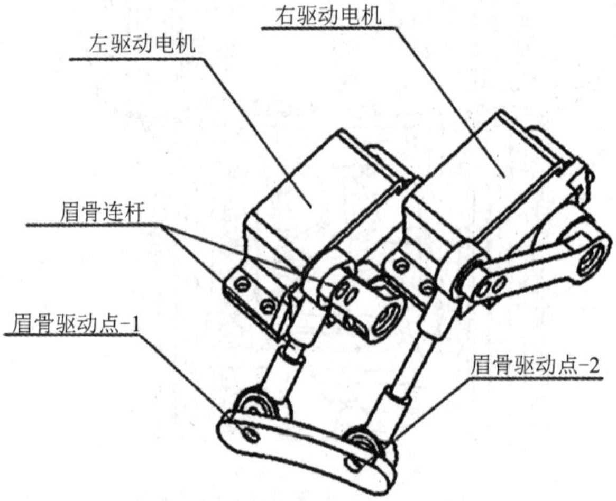

图 9-17　单边眉骨驱动结构示意图

眉骨驱动点和皮肤相连接。当驱动电机逆时针旋转时，眉骨驱动点向下运动；反之，眉骨驱动点向上运动。眉毛驱动点与仿生机器人的硅胶皮肤连接，当驱动点运动时，带动皮肤上的点运动。两个驱动电机配合运动即可控制眉毛做出不同的动作。图 9-18 是在 Solidworks 三维设计软件下眉骨结构在不同状态时的动作展示。

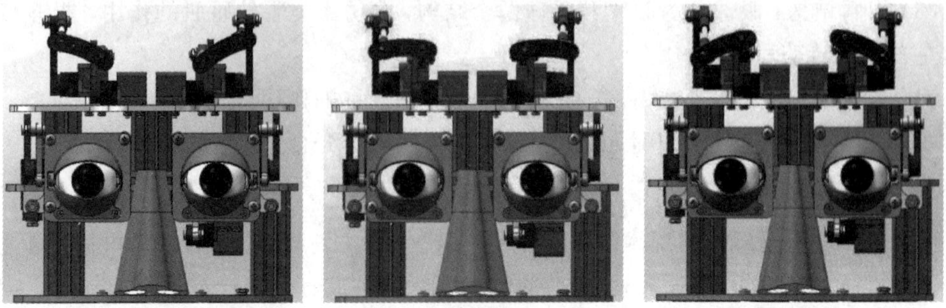

(a) 扬眉状态　(b) 皱眉状态　(c) 舒眉状态

图 9-18　眉骨运动状态图

2. 仿生机器人眼睛的设计

图 9－19 是眼睛的总体结构图，其主要部分如下：

(1) 支撑安装板：头部一共有三块支撑安装板，每块支撑安装板之间用铝型材进行连接。

(2) 驱动电机：与眉骨设计一样，选用舵机作为眼球结构的驱动电机，能够节省头部设计空间。

(3) 眼球：主要由眼球支撑框架和可转动的眼球组成。

(4) 眼睑：左右眼睛分别有能够独立运动的眼睑。

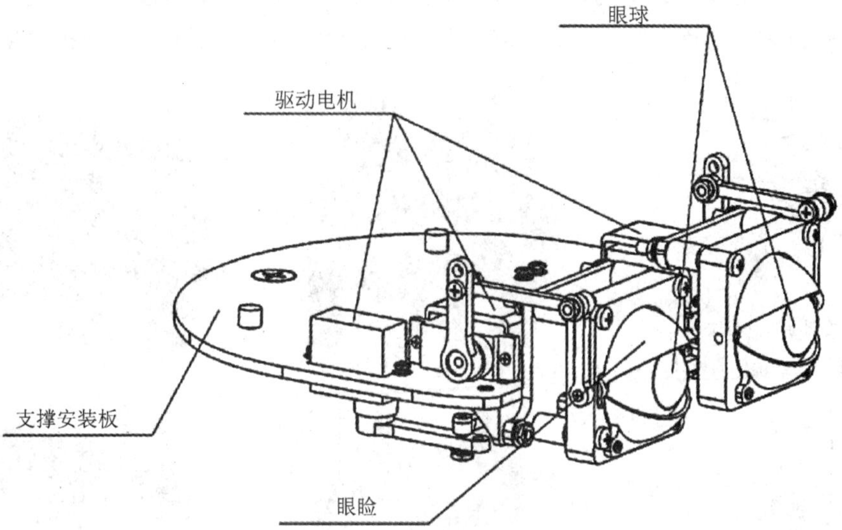

图 9－19 眼睛的总体结构图

因为人类的眼球在转动时在大部分时间都是朝向同一个方向的，所以眼球的单维度转动是联动的，即只用一个电机就能同时控制两个眼球的转动。这样做的目的是可以减少两个驱动电机(左右、上下两个维度各减少一个)，节省设计和安装的空间。受限于安装位置，电机的转动轴和眼球的转动轴很难设计成同轴，因此需要设计传动结构去解决这个问题。常用的传动结构有齿轮传动结构、曲柄摇杆机构等。齿轮结构具有精度高、传动效率高、结构紧凑的特点，但是设计起来比较复杂，且多级传动下需要保证加工精度，在成本控制和设计难度把控上都不容易实现。曲柄摇杆机构是具有曲柄和摇杆的传动结构。其中，双曲柄机构的平行四边形机构是常用的传动结构，其特点是两个曲柄的长度相等，连杆和机架长度也相等，形成一个平行四边形，当一边曲柄转动时，另外一边曲柄也以相同的速度旋转，从而达到传动的目的。图 9－20 是平行四边形机构的示意图。其中，边 1、3 为长度相等的曲柄，边 2、4 为连杆，电机安装在点 C，点 B 和 A 是关节的转动轴，当 C 转动时，带动点 A 和 B 以相同的角速度转动，实现了由 C 点到 A、B 点的传动。本书仿生机器人关节的设计中大量用到了该设计。

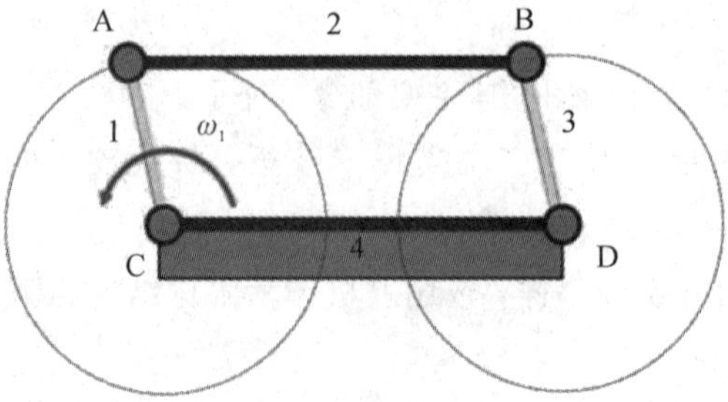

图 9-20　平行四边形机构的示意图

图 9-21(a)是眼球转动的设计方案图，当驱动电机转动时，通过平行四边形机构可以带动转动轴以相同的角度转动，从而带动眼球的左右转动。眼球上下转动机构使用的是同样的方法，在此不再另外描述。图 9-21(b)和(c)是眼球转动结构进行上下转动和左右转动时的状态。图 9-21(d)是单边眼睑转动结构的设计方案。图 9-21(e)和(f)是眼睑打开和闭合的状态。连杆的转动轴和眼睑的转动轴同轴，当驱动电机转动时，通过平行四边形结构可以带动转动轴转动，从而带动眼睑进行闭合和打开动作。人类的日常行为习惯上，有很多情况下需要闭合单边眼睑，因此本书在设计时对左右眼睛的眼睑进行了单独自由度的设计，左右眼睑能够分别进行控制运动。

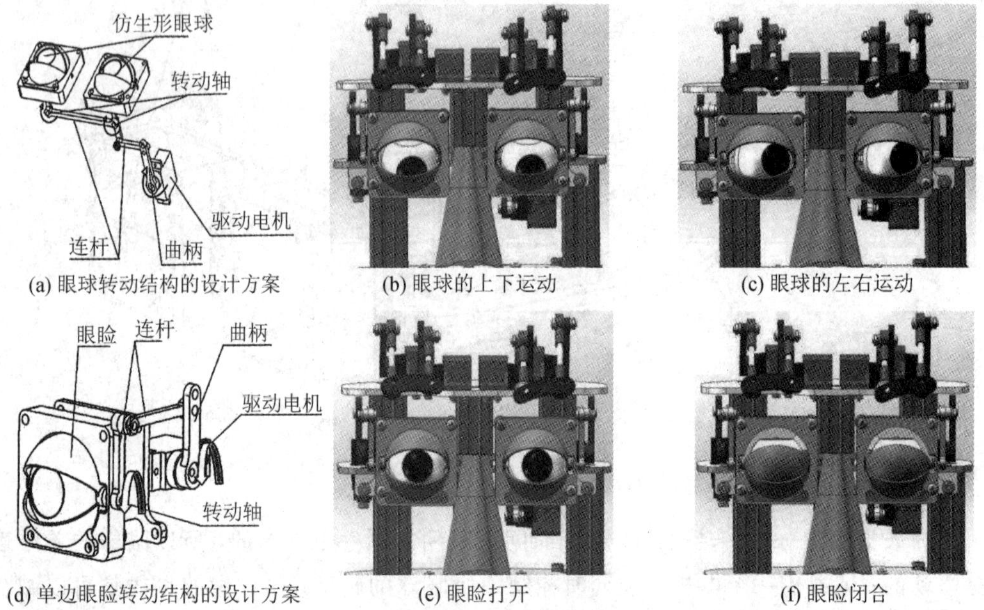

图 9-21　眼睛结构的设计方案图和运动状态图

3. 仿生机器人嘴巴的机械结构设计

图 9-22 为本书仿生机器人的嘴巴设计方案。与眉骨、眼睛等不同，嘴巴结构体积较大，并且在实现嘴巴张合动作时，需要带动整个下巴机械结构及硅胶皮肤一起转动，因此，嘴巴结构需要更大的转动力矩来驱动。在前面电机选型的章节中提到，当一些关节上需要

用到大力矩时应该使用直流电机或步进电机配合编码器的方案。在嘴巴电机的选型中，就选用步进电机加编码器的方案作为驱动方案。与其他关节的设计一样，因为电机的安装问题，嘴巴机构的转动轴和电机转动轴很难做到同轴，因此需要设计传动结构来解决这个问题。同时，编码器的轴需要与步进电机的轴转动同样的角度才能把角度信息反馈到控制器上作闭环控制。综上考虑，仿生机器人嘴巴的设计需要用到齿轮和同步带的传动结构。

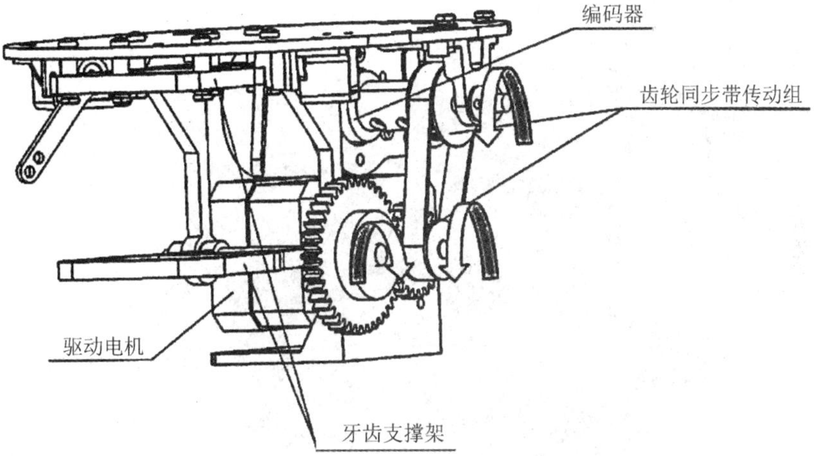

图 9-22　仿生机器人嘴巴的设计方案

图 9-23 是本书设计的仿生机器人嘴巴的传动方案，其中包括三个转轴，转轴 1 是步进电机的输出轴，转轴 2 是编码器的转动轴，转轴 3 是牙齿支撑架的转轴。转轴 1 和转轴 2 通过同步轮和同步带进行连接传动，转轴 1 和转轴 3 通过齿轮咬合的方式进行传动。为了放大步进电机输出的力，转轴 1 和转轴 3 要设置合适的传动比，才能带动整个嘴巴的结构。

图 9-23　仿生机器人嘴巴的传动方案

需要注意的是，齿轮转动结构中主动轮和从动轮的转动关系是相反的，因此在编写控制算法时，电机的转动方向应该取反。

图 9-24 是仿生机器人嘴巴设计方案的详细机构图。传动机构主要包括步进电机、角度编码器、固定平台、上颚框架、下颚框架、下颚轴、第一齿轮、第二齿轮、第一同步带轮、第二同步带轮、同步带。步进电机、角度编码器是固定的，步进电机的转动效果一部分通过第一、第二齿轮传动副转化为下颚的上下摆动；另一部分通过第一、第二同步带轮和同步带传动副转化为角度编码器的电信号。

图 9-24 仿生机器人嘴巴设计方案的详细机构图

图 9-25 为仿生机器人肌肉驱动结构的安装及工作示意图。第一舵机、第二舵机固定于固定平台上，带动两侧嘴部表情连杆运动，两侧连杆端点与硅胶外表皮连接，舵机运动转化为连接点的上下运动，这样就实现了硅胶表皮的表情动作。

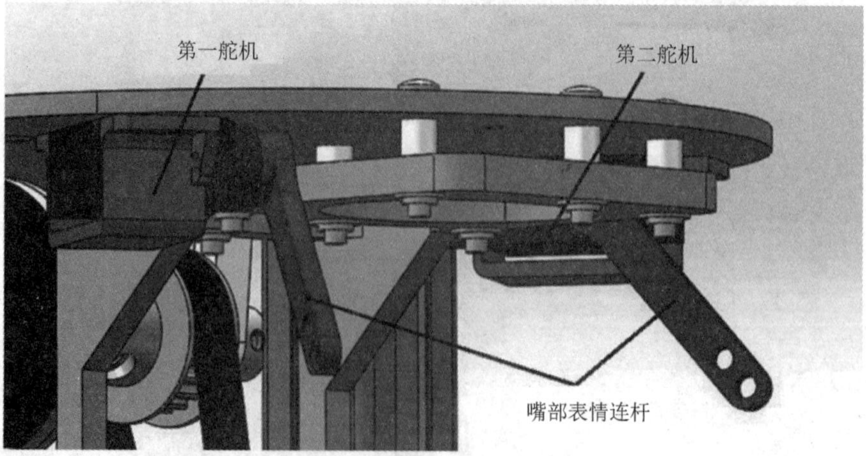

图 9-25 仿生机器人肌肉驱动结构的安装及工作示意图

4. 仿生机器人脖子的结构设计

本书设计的仿生机器人的脖子结构有两个自由度，能够支撑并控制头部结构完成转动和上下点头的动作。图 9-26 是仿生机器人脖子机械结构设计图。仿生机器人脖子结构包括以下几部分：

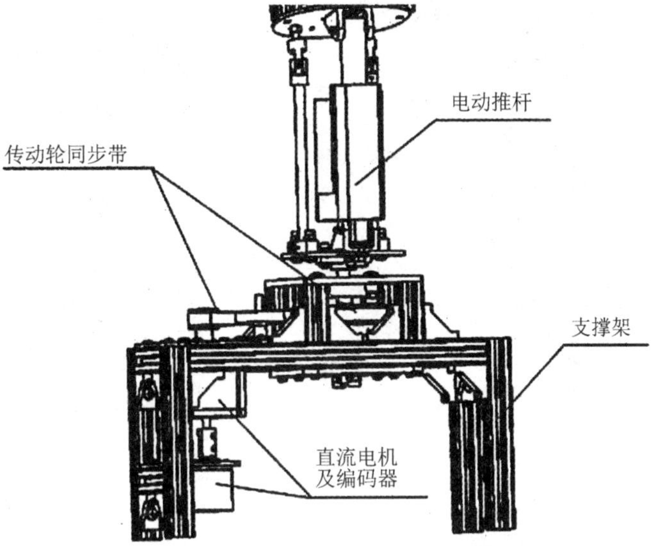

图 9-26　仿生机器人脖子机械设计结构

(1) 支撑架：其作用是支撑整个脖子和头部结构。

(2) 电动推杆：属于直线电机的一种，装有一个变速箱，能把电机的转动输出转变成直线输出。电动推杆的作用是实现仿生机器人点头、仰头的动作。选用电动推杆的原因是：机器人脖子的安装空间比较小，若选用转动电机，则需要把电机水平安装，但这样做会加大脖子的尺寸而使得仿生机器人脖子尺寸失衡。选择电动推杆能够很好地解决这个问题。同样地，为了实现推杆电机的闭环控制，在仿生机器人的头部安装了一个陀螺仪，陀螺仪可以采集仿生机器人头部的俯仰角度，并反馈到控制器上，实现电动推杆的闭环控制。

(3) 直流电机及编码器：同传动轮同步带一起，属于仿生机器人脖子的左右转动结构。

(4) 传动轮同步带：其作用是使驱动电机做一个偏置安装，实现了电机的力矩放大，保证了头部结构下方的安装空间可以不受干涉并且加大了电机的输出转矩，保证了仿生机器人头部能够顺利实现左右转动。

对于电机的选型，因为要保证力矩足够大，所以选择直流电机作为驱动电机，加入了编码器作为闭环控制的反馈传感器。图 9-27 展示了仿生机器人在低头和仰头时的状态。

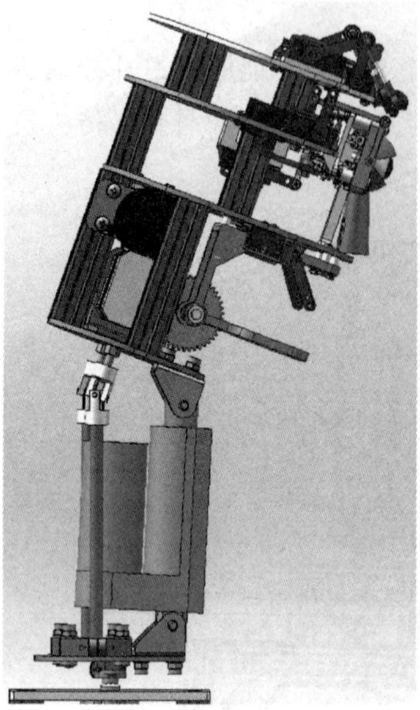

(a) 低头状态

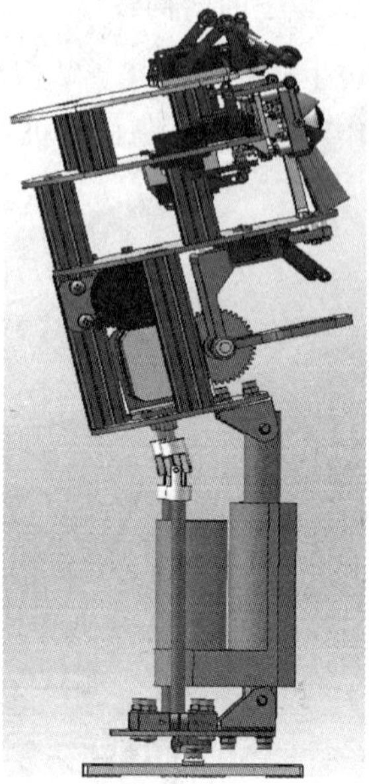

(b) 仰头状态

图 9-27　仿生机器人低头仰头动作展示

9.4.3　仿生机器人的双臂设计

本节将介绍本书所设计的仿生机器人的双冗余度机械臂设计方案。通过本章前面内容的介绍得知，仿生机器人的单个手臂具有肩膀关节(两个自由度)、上臂转动关节、手肘转动关节、小臂转动关节、手腕关节和手掌关节(五个自由度，分别对应五个手指)，单手臂共有十一个自由度，双臂共二十二个自由度。如图 9-28 所示，图中展示的是本书设计的仿生机器人单个手臂的结构图及各个轴的转动关系。在电机的选择上，由于臂长整体达 75 cm，肩膀关节在抬起时所需要的力矩变得很大，普通的电机很难提供足够的力矩。因此，本书选用专门用于机器人一体化关节的大功率无刷伺服行星减速电机作为肩膀关节的驱动电机，该电机是高度集成了伺服电机，伺服驱动器，减速器和编码器的集成伺服电机，能够在

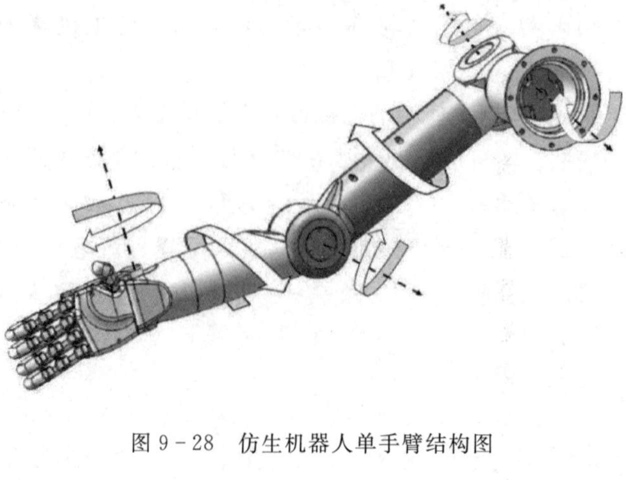

图 9-28　仿生机器人单手臂结构图

体积和力矩上同时满足机器人关节的驱动需求。所采用的行星减速箱结构也能够大幅度地减少次轮的缝隙，提高控制精度。但由于这种电机的价格比较昂贵，因此本书所设计的仿生机器人只在肩膀前两节关节上采用该电机，其他关节部位因为所需力矩不大，则采用舵机去驱动，以便节省成本。

9.4.4 仿生机器人其他部分的设计

前几节介绍了本书仿生机器人头部、手臂的设计。头部和手臂是仿生机器人机械结构重要的组成部分，也是展现仿生特性最好的部位。但是，一个完整的仿生机器人，还需要由各个部分组成，其中包括身体、腿部、外壳、皮肤等。本节将介绍仿生机器人其余部分的设计。

1. 身体及腿部的设计

图 9-29 是仿生机器人的身体躯干及双腿结构图。本书所设计的仿生机器人下半身采用铝型材和铝板搭建，其中包括以下几个部分：

(1) 腰部机构：为了增加仿生机器人整体的转动范围，设计了一个腰部的自由度。腰部的旋转自由度设计方案与脖子转动结构类似，因此不再另外介绍和展示。

(2) 腿部结构：主要通过铝型材和铝板搭建，铝型材和铝板的结构能够减少仿生机器人的重量。

(3) 支撑椅：用作固定仿生机器人的整个身体机械结构。因为腿部没有自由度，所以仿生机器人需要设计成坐姿结构。支撑椅与腰部和腿部机械结构采用螺钉螺母的形式固定，这样能够保证机器人的整体稳定性。

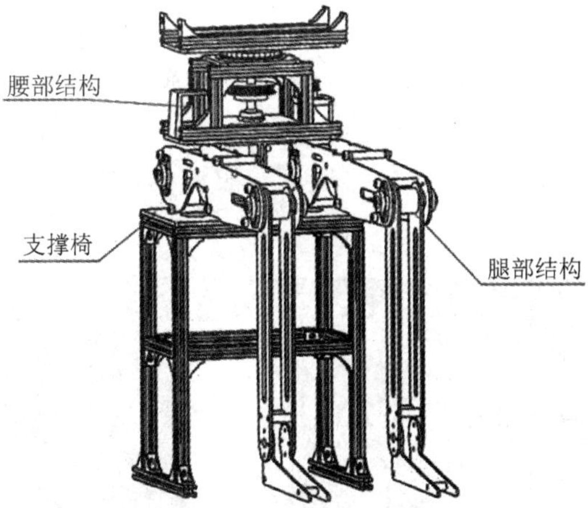

图 9-29　仿生机器人的身体结构

2. 外壳的设计

机械结构是主体部分，也是实现运动结构和身体支撑的主要部分。为了加工方便和运行稳定，一般机械结构的设计都比较平面化，而人类的外观具有许多的细节。因此，为了让仿生机器人外观看起来更具有人类的特性，需要设计具有人类外表特点的硬质外壳来包裹机械结构，使机器人外表看起来更具有人的特点。图 9-30 是本书设计的仿生机器人的脸部硬质外壳。从图中看出，外壳在关节部位如眼睛、眉毛留有孔位，其目的是：把具有自由度的关节部位外露，使关节部位上的驱动点能够与硅胶外皮连接。而对于无须运动的部分，则按照人类面部特点来设计。除了面部外壳外，身体其他部分包括手臂、胸腔等也都设计了相应的外壳。

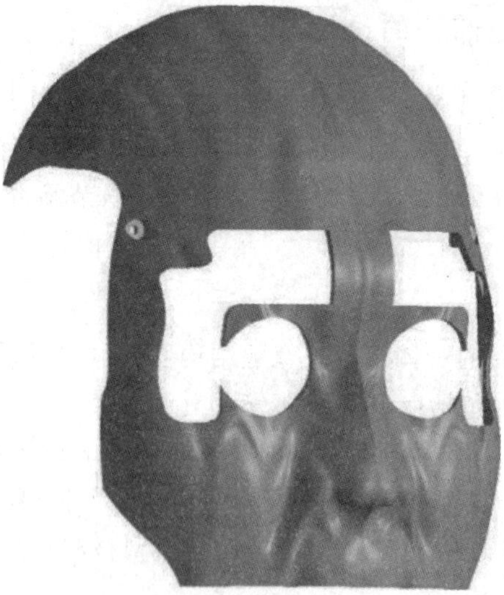

图 9-30　仿生机器人的脸部硬质外壳

3. 皮肤的设计

为了让机器人具有更逼真的外貌特征，做到真正意义上的仿生，本书在硬质外壳的基础上，设计了一款硅胶材质的软性仿生机器人外皮。硅胶具有很好地伸展特性和机械特性，其用在仿生机器人上能够保证机械结构多次推拉不变形，在材质、触感等方面也比较接近人类的皮肤，因此是非常好的皮肤材料。图 9-31(a)是本书所设计的机器人硅胶外皮的软件效果图，其根据真人样貌设计、开模并进行硅胶灌制，图 9-31(b)是制作后的硅胶实物体。

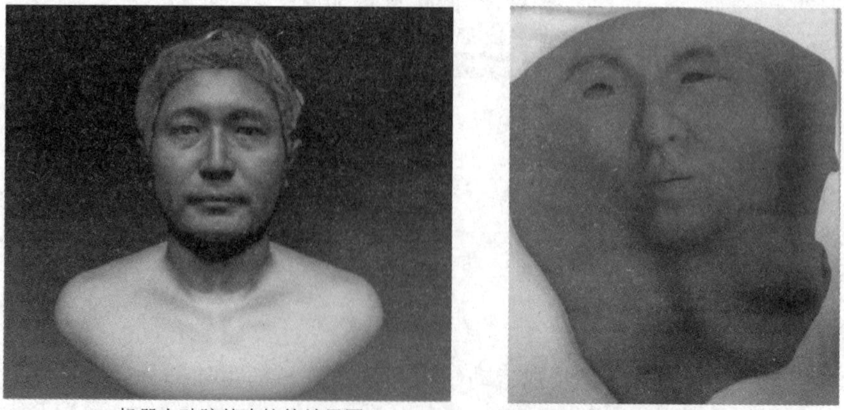

(a) 机器人硅胶外皮软件效果图　(b) 机器人硅胶外皮实物图

图 9-31　机器人软性外皮设计

9.4.5 仿生机器人的加工及组装

本章前面内容介绍了仿生机器人的机械设计结构，本节将介绍仿生机器人的加工及组装。对于加工材料的选型，机械结构部分采用铝合金作为主要的加工材料，铝合金的机械特点是：密度小，同体积下比其他金属要轻，强度也相对较高。选取铝合金的主要优点是：减轻仿生机器人整体的重量，同时也可以保证机械关节的硬度。对于成本的考虑，平面结构的零件只需要用到线切割等工艺，三维结构的零件则需要用到 CNC 的工艺，相比之下，平面结构零件的加工成本要低得多。因此，为了能够尽量地节省成本，在设计关节零件的时候，需要尽量把零件设计成平面的结构。若是三维结构的零件，则先尽量拆分成不同的平面零件，然后再通过连接件的方式把平面结构连接成三维的零件。

在加工工艺方面，对于一些不能通过平面连接形成三维结构且受力不大的零件，例如，眼眶结构、眉骨连杆、手臂外壳等，则采用 3D 打印的工艺进行加工。同样采用 3D 打印工艺的还有仿生机器人的外壳，外壳只起支撑作用，并且具有很多曲面结构，因此采用 3D 打印技术加工能够节省时间和金钱成本。

图 9－32(a)是本书所设计的仿生机器人头部的机械结构图，为了增加仿生特性，在嘴巴结构上加上了仿生牙齿。图 9－32(b)是本书设计的仿生机器人安装脸部外壳后的效果图，在实物效果图中可以看出，安装好的外壳能够很好地包裹机械结构并且不影响关键关节结构的运动。图 9－32(c)是本书设计的仿生机器人硅胶皮肤安装后的效果图，外壳结构采用螺丝螺母结构安装在机械结构上。其中，机械结构需要带动皮肤运动从而完成人类表情动作的模仿，因此在安装时，需要用特殊的胶水把机械结构和皮肤结构的驱动点粘连，这样才能够更好地使机械结构带动硅胶皮肤运动，而皮肤的其他部分自然附着在硬质外壳上即可。

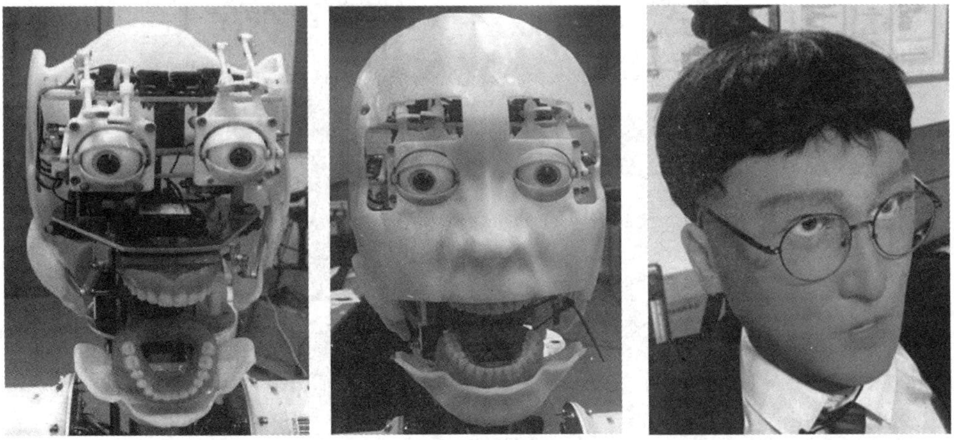

(a) 仿生机器人头部的机械结构组装图　(b) 仿生机器人安装脸部外壳后的效果图　(c) 仿生机器人硅胶皮肤安装后的效果图

图 9－32　仿生机器人头的部机械结构实物图

图 9－33 是仿生机器人的机械结构与皮肤的驱动点示意图，其中，圈出位置是需要粘连的驱动点，包括眉毛的四个驱动点和颊肌的驱动点。而对于脸部其他关节，如眼睑、眼球本身具有人体特征，因此无须和皮肤相连。嘴巴则可以直接拉动整个下颚部分皮肤运动，

因此也无须与皮肤相连。

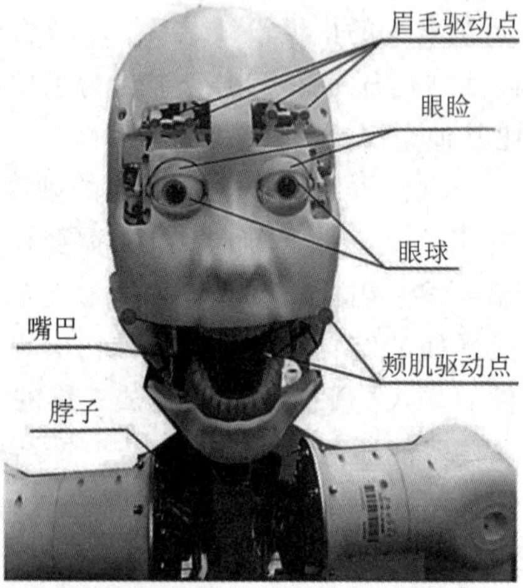

图 9-33　仿生机器人的机械结构与皮肤运动驱动点示意图

图 9-34(a)是本书设计的仿生机器人双臂及其他部分的安装实物图。仿生机器人双臂部分的加工采用的是轻质的 PLA 材料，其能够减轻手臂各关节电机的负载。而身体其他部分则采用了铝合金作为加工材料，因为身体和手臂部分有衣服等的覆盖，因此身体和双臂的部分不再采用硅胶皮肤的设计和制作。为了使外表更加的美观和更具有仿生特性，身体部分加装了仿生的衣服，头部部分也安装有假发。图 9-34(b)是本仿生机器人整体安装完成后的效果图。

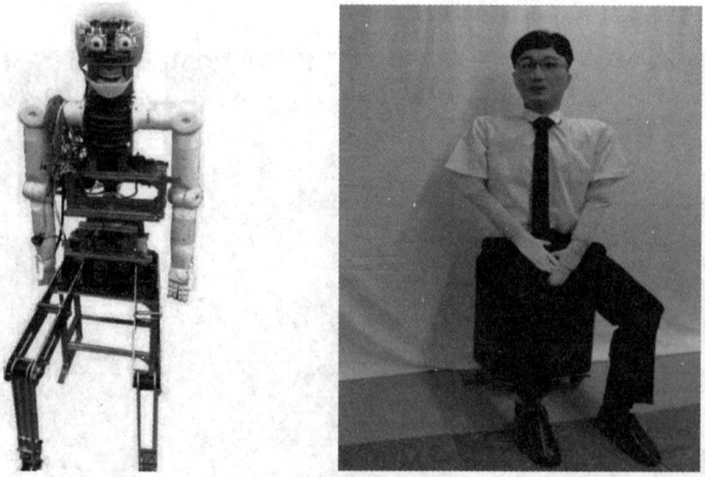

(a) 仿生机器人双臂及身体机械安装实物图　(b) 仿生机器人整机安装完成后的效果图

图 9-34　仿生机器人全身效果图

9.5　仿生机器人控制系统设计案例

9.4 节详细介绍了仿生机器人各部分机械结构的设计与加工，而一个完整的仿生机器人，除了有能够自由活动的机械结构外，还需要有能够控制整个机器人的控制系统。本节将介绍仿生机器人的控制系统，仿生机器人的控制系统包括硬件驱动系统、操作系统和交互系统。硬件驱动系统主要和硬件底层相关，负责驱动和控制关节电机等。操作系统是管理计算机硬件与软件资源的计算机程序，它是硬件基础上的第一层软件，即硬件和其他软件沟通的桥梁，负责各个功能软件的实现。交互系统是负责实现人机交互部分的系统，能够使仿生机器人准确接收来自用户的操作指令并且实施相应的功能。图 9－35 是控制系统的整体框图以及数据流向。

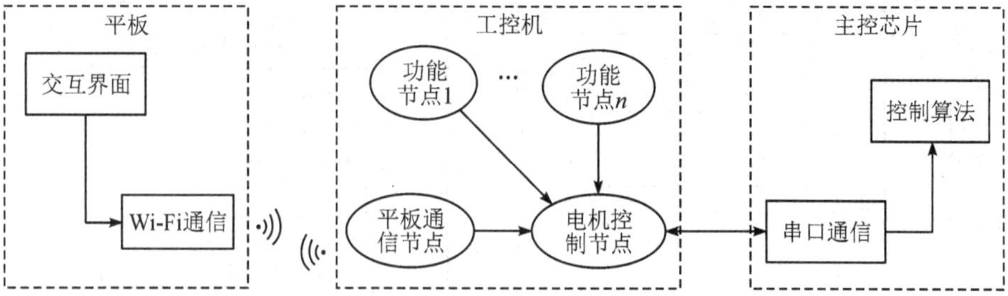

图 9－35　仿生机器人控制系统整体框图

9.5.1　硬件驱动系统设计

1. 硬件驱动系统的组成

硬件驱动系统的主要任务是：驱动各个关节电机，并且接收关节电机的位置传感器信息，运行闭环算法，提供控制接口到操作系统层，其主要部分包括微控制单元(Microcontroller Unit，MCU)、驱动电路、传感器以及通信单元。其中，MCU 是硬件驱动系统的主要核心元件，MCU 又称单片微型计算机，是简化了的中央处理器(Central Process Unit，CPU)。与 CPU 相比，MCU 在处理频率上要比 CPU 低很多，并且将内存、计数器、A/D 转换等接口都集成到一块芯片上，因此在体积和价格上要远远优于 CPU，并且不需要搭建过多的外围电路，但它只能运行一些计算速度要求不高的单线程任务。MCU 被广泛用于嵌入式设备上。在本节设计的仿生机器人系统中，使用意法半导体公司生产的 STM32 系列微控制单元作为硬件驱动系统的核心处理器，STM32 片上的资源包括多路 IO 口、定时器、A/D 转换器、硬件串口、IIC 协议等，该芯片能够进行电机驱动信号的发送，各种传感器信息的采集。

图 9－36 是仿生机器人驱动系统的整体结构图。图中，仿生机器人本体为安装在仿生机器人上的各个部件，其中包括驱动脸部关节运动的各个舵机、驱动脖子运动的步进电机和电动推杆、各个传感器等。图中 MCU 部分是整个微控制单元的程序逻辑框架，MCU 运行的是单核单线程的前后台系统，无法实现多核多进程的程序，因此在步进电机和电动推杆的闭环算法中，需要用到定时器中断来实现闭环 PID(比例(Proportion)，积分(Integral)，微分(Differential Coefficient))控制。PID 控制算法是结合了比例环节、积分环节、微分环节的控制算法，它是连续系统中最为成熟、应用最广的一种控制算法。PID 算法的实质是根据输入的偏差值，按照比例、积分、微分的函数关系进行运算，运算结果用以控

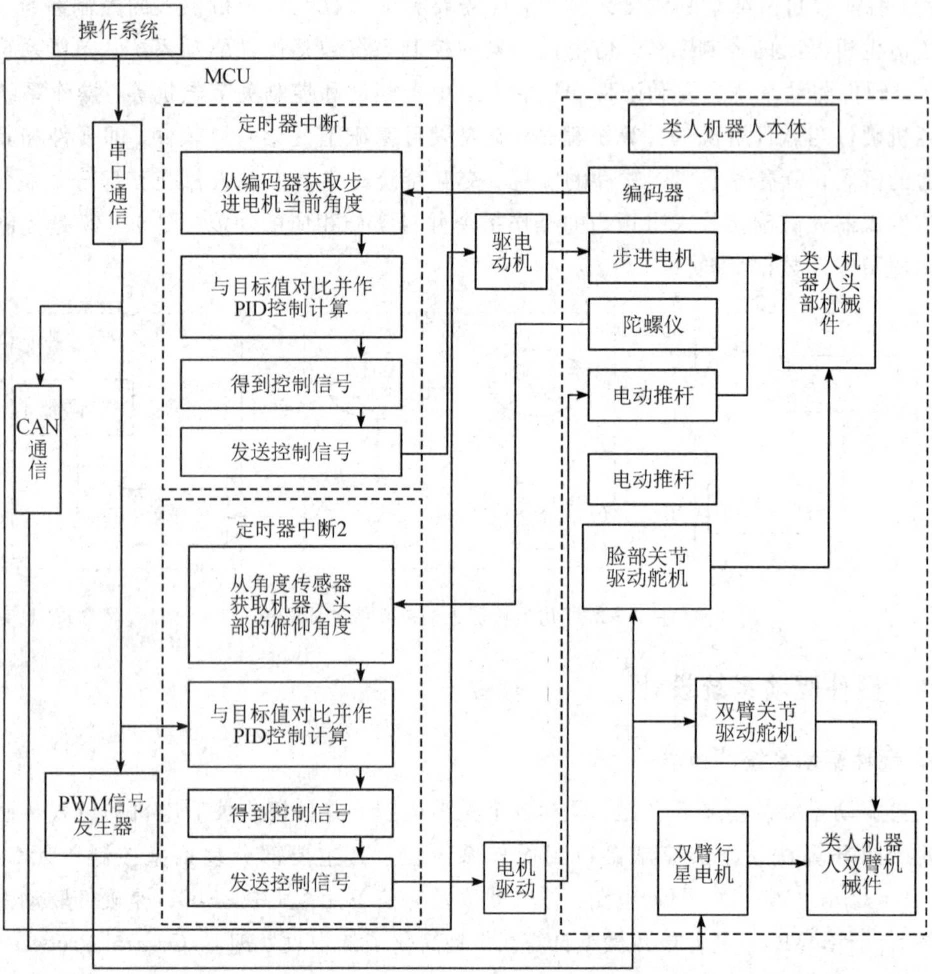

图 9-36　仿生机器人驱动系统的整体结构图

制输出。在本系统中，其主要流程是：设定定时中断时间，当定时中断发生时，从反馈传感器获取当前的实际输出值，然后与所设定的目标值作比较，所设定的目标值由操作系统发送信号修改，得到偏差值后再按照 PID 的函数关系进行计算，最后把计算结果发送到具体的电机驱动器上去控制相应的电机完成闭环控制。其中，步进电机负责控制的是脖子左右转动的角度，其对应的反馈传感器是编码器，编码器反馈的是电机旋转的绝对角度。电动推杆负责控制脖子的上下运动，其对应的反馈传感器是陀螺仪，陀螺仪是采集水平、垂直、俯仰、航向和角速度的传感器，在本系统中，陀螺仪主要采集仿生机器人头部的俯仰角度并反馈到系统中。目标值的修改主要通过接收从操作系统层发送下来的命令去实现。

2. 舵机

舵机是本系统大部分关节的驱动电机，在硬件驱动系统中，舵机控制是比较重要的部分。相比电动推杆、步进电机来说，舵机具有自闭环的特点，因此在控制舵机转动时，无须添加过多的反馈传感器和控制算法即可完成角度的控制。MCU 只需要发送脉冲宽度调制(Pulse Width Modulation，PWM)信号到舵机上即可完成控制。STM32 微控制单元中含有多路 PWM 信号发生器，因此无须额外添加 PWM 信号发生电路。肩膀部位所使用的驱动电机是带行星减速器的直流电机，其为工业一体化电机，电机自带有驱动器、闭环传感器、减速箱等，无需外加闭环设备即可实现控制。电机使用的是控制器局域网络(Controller Area Network，CAN)通信协议进行控制，MCU 只需要通过片内 CAN 硬件设备发送标准协议指令到电机上即可完成控制。

3. 通信部分

通信部分也是硬件驱动系统的重要部分，本驱动系统的通信主要包括与操作系统的通信、与行星减速电机的通信、与传感器的通信等。其主要的通信过程为首先通过串口中断接收来自控制系统发送来的指令，指令中有数据标识符，通过识别标识符进行相应的操作或者进行指令的分发。

9.5.2 操作系统设计

1. 操作系统的组成结构

9.5.1 节介绍了仿生机器人控制系统的硬件驱动系统，硬件驱动系统的上一层是整个控制系统最核心的部分——操作系统，它是管理软硬件资源的程序，其中包括文件管理、进程管理、设备管理等功能。在本节设计的仿生机器人操作系统主要负责运行仿生机器人的所有功能程序，包括通信、算法运行、信号采集、功能实现等，它们是本系统的内核和基石。一般地，操作系统所运行的程序都比较复杂，因此操作系统需要运行在计算速度比较快的计算机硬件上。本系统所选用的计算机硬件配置是搭载 Intel Core I5 的中央处理器的工业主机，其主频达 2.5 GHz，有 4 个物理核心，能够同时运行 8 个线程，在处理和计算速度上保证了仿生机器人的多个节点程序可以同时运行。

有了硬件系统，同时也需要软件系统，为了更好地运行仿生机器人的功能程序，这里选用了 Linux 和 ROS(Robot Operating System)的操作系统架构去运行。Linux 是免费、开源、可靠、可多平台的操作系统，并且非常适合嵌入式设备。而 ROS 系统则是近几年非常火爆的一款用于编写机器人软件程序的操作系统，虽然它的名字是操作系统，但实际上它是一款具有高灵活性的软件框架。它提供了操作系统应有的服务，包括硬件抽象、底层设备控制、常用函数的实现、进程间消息传递以及包管理。图 9-37 是一个 ROS 系统的框架图，其中，每个节点就是一个程序运行进程，能够独立运行功能程序，如图像采集、语音对话等。每个功能节点可以有独立的编程环境，其解耦性非常好。在 ROS 系统中，节点与节

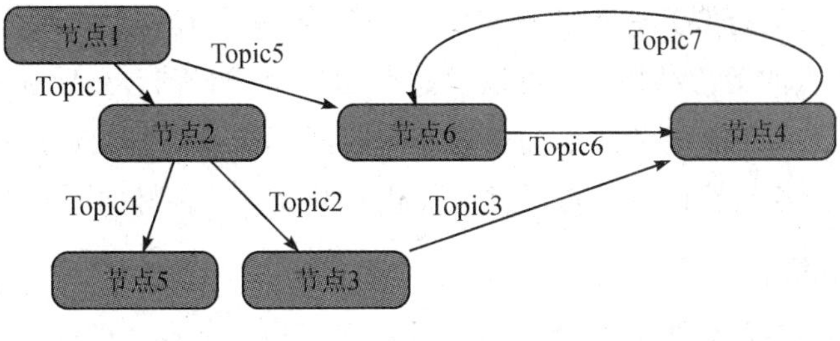

图 9-37　ROS 系统的框架图

点之间的通信采用话题的形式，每个话题都是一个传输的信息，信息的类型可以定义成字符串、数字类型、图片格式等，能够方便地实现不同信息的传输。

图 9 - 38 是本节设计的仿生机器人操作系统的整体框架。Linux 系统是整个框架的外部载体，Linux 上的字符设备驱动能够实现与 USB 的摄像头和麦克风设备之间的通信，获取图像和音频信息，Linux 系统同时也是 ROS 框架的载体。图中，ROS 系统框架中展示了仿生机器人控制系统的操作系统层的功能节点框架以及通信流向。操作系统中运行有多个功能节点，包括图像处理节点、双机械臂算法运行节点、音频处理节点以及用于通信的上位机通信节点和 MCU 通信节点。

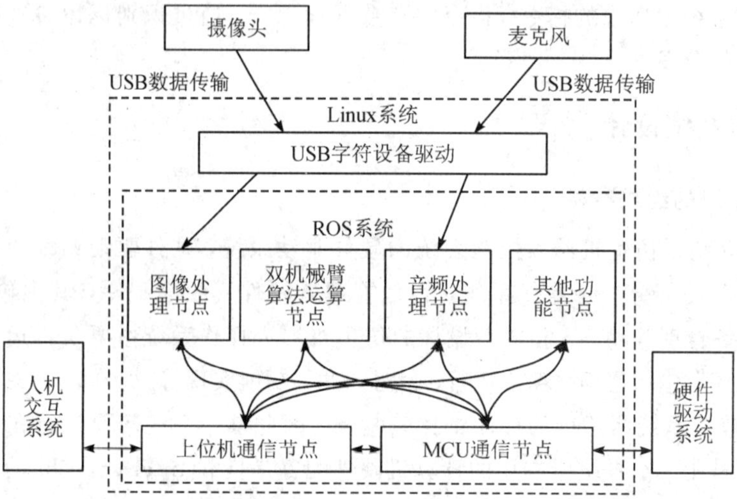

图 9 - 38　仿生机器人操作系统的整体框架

上位机通信节点和 MCU 通信节点负责信息的打包和解包。上位机通信节点接收来自人机交互系统的指令信息，然后把指令分发到其他的功能节点，节点处理后的数据，如图像数据，需要显示在人机交互系统上的，也需要把消息发送至该节点进行打包和发送。MCU 通信节点和硬件驱动相关，底层硬件传感器信息通过串口协议传送至 MCU 通信节点，MCU 通信节点解包发送至各个功能节点或直接传送至上位机通信节点。当功能节点有需要驱动硬件(具体为机器人关节)的指令，则发送具体指令到 MCU 通信节点，MCU 通信节点再通过串口协议发送指令到硬件驱动系统进行控制。其他功能节点则负责独立运行各个功能，图像处理节点主要实现图像识别的功能、音频处理节点实现语音交互功能、双机械臂算法运行主要是运行双冗余度机械臂相互避碰算法。所有功能节点的运行相互独立，若需要获取其他节点的运行结果，则可以通过话题的形式订阅，在后续开发中，若想加入其他的功能节点，只需把新的节点添加进框架中即可。ROS 系统的使用能够使功能节点之间很好地解耦，并且模块化的设计对后期的优化和升级都有很好的便利性。

2. 功能节点设计

功能节点主要包括图像处理功能节点、语音交互功能节点、双臂运动规划等，图像处理节点的主要功能是在仿生机器人交互时，通过人脸识别获取用户的当前位置，然后通过驱动仿生机器人的脖子转动，使机器人一直面向用户。该功能的作用是能够让仿生机器人在交互时保持“注意力”。语音交互功能节点主要功能是实现人机对话。图 9-39(a)是本系统的图像处理节点流程图，其主要使用了 OpenCV 的人脸识别库进行人脸识别，实时获取识别用户的坐标，然后通过计算获取脖子电机的转动角度，再发送控制信号到硬件控制系统控制相应的电机转动。

图 9-39(b)为本系统的语音交互功能节点流程图。各交互节点通过科大讯飞语音转文字接口来实现，通过麦克风不断地采集语音数据，把语音数据上传至科大讯飞的语音唤醒接口；当检测到语音数据有设定的唤醒词后，则把语音数据上传至语音转文字接口，把语音识别成文本，然后通过关键字匹配查找，查找预设的关键字是否在识别到的文本中；若关键字存在，则从本地答案库中获取答案并通过科大讯飞接口转换成语音文件，最后通过喇叭播放；若关键字不存在，则通过图灵机器人接口进行答案获取。

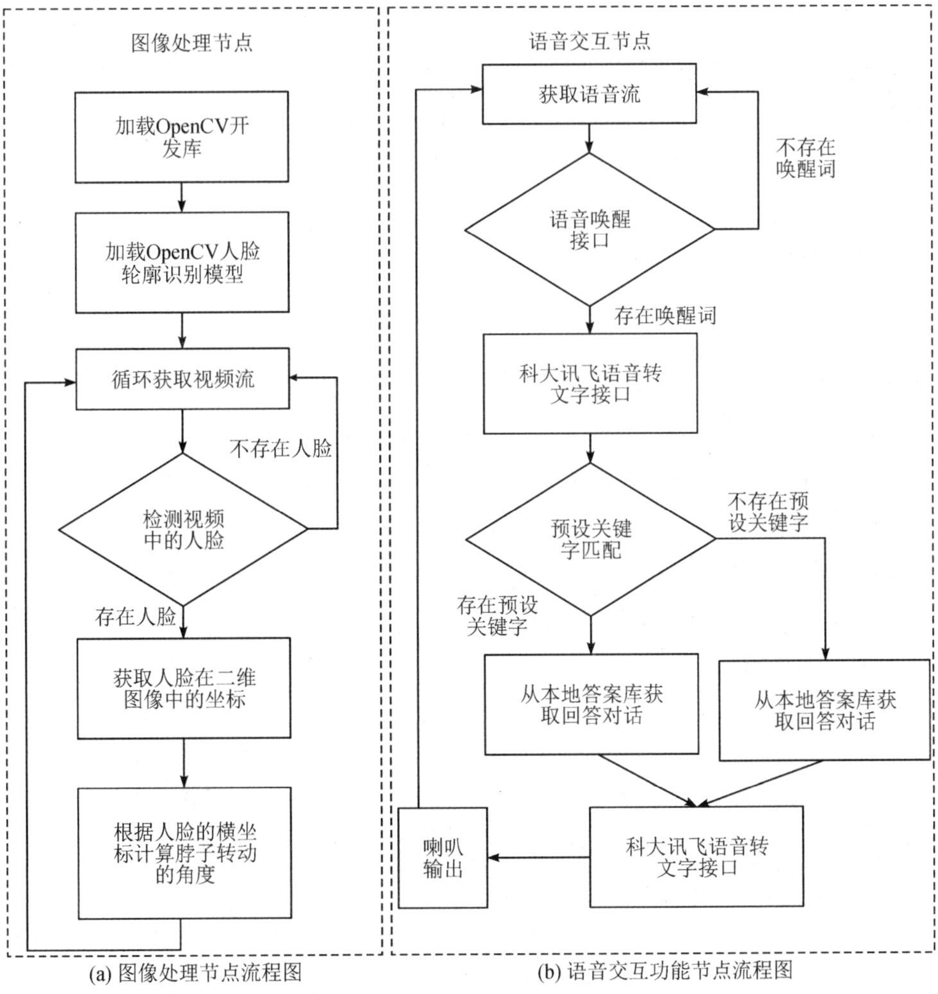

图 9-39　仿生机器人各功能节点流程图

3. ROS 系统安装

ROS 系统通过节点之间的通信来实现模块化编程，具有独特的优势，因此被广泛应用在各种类型的机器人上。本书所介绍的机器人采用的就是 ROS 系统的框架，由此来实现对机器人各个部分的联合控制，以下介绍 ROS 系统的安装方法。

ROS 系统主要安装在 ubuntu 系统上，不同的 Ubuntu 系统对应着不同的 ROS 版本，主要常见的版本有 ubuntu14.04 对应的 Indigo，ubuntu16.06 对应的 Kinetic，ubuntu18.04 对应的 Melodic。接下来将以 ubuntu16.04 所对应的 Kinetic 为例介绍 ROS 系统在 ubuntu 系统中的安装流程。

整个过程都在系统终端上进行。

（1）设置 sources.list。

sudo sh -c 'echo "deb http://packages.ros.org/ros/ubuntu $(lsb_release -sc) main" > /etc/apt/sources.list.d/ros-latest.list'

（2）设置 key(公钥已更新)。

sudo apt-key adv --keyserver 'hkp://keyserver.ubuntu.com:80' --recv-key C1CF6E31E6BADE8868B172B4F42ED6FBAB17C654

（3）更新 package。

sudo apt-get update

（4）安装 ROS kinetic 完整版。

sudo apt-get install ros-kinetic-desktop-full

（5）配置 ROS 环境。

echo "source /opt/ros/kinetic/setup.bash" >> ~/.bashrc

source ~/.bashrc

（6）安装依赖项。

sudo apt-get install python-rosinstall python-rosinstall-generator python-wstool build-essential

（7）初始化 rosdep。

sudo rosdep init

rosdep update

执行完整个流程后，基本就已经安装完 ROS 比较核心的功能包了。再运行 roscore 就能测试 ROS 系统是否安装成功，成功安装完 ROS 系统后运行 roscore 的界面如图 9－40 所示。

安装完 ROS 系统后就能进行 ROS 系统的开发了，当然在开发过程也可以根据需要安装不同功能的包。

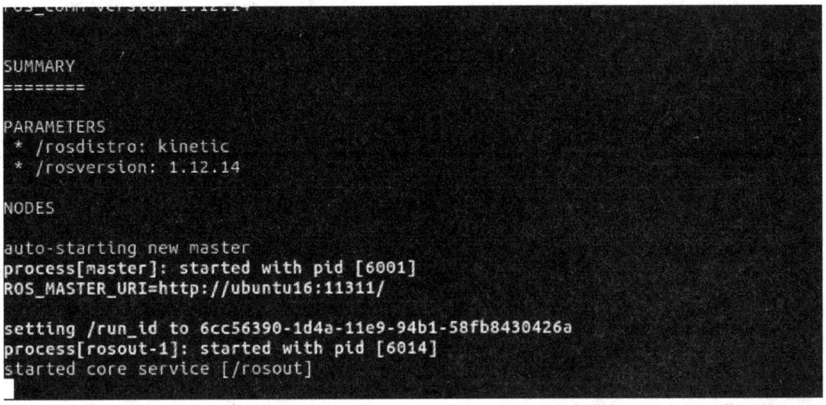

图 9-40　成功安装 ROS 系统后的界面

9.5.3　交互系统设计

为了用户能够方便地对仿生机器人进行操作和对数据进行观测，还设计了一个人机交互系统。人机交互系统的硬件系统是基于安卓系统的平板电脑，安装系统是属于 Linux 系统的一种，能够进行无线连接、触屏控制等，其对于人机交互软件的开发是非常方便的。人机交互系统通过 Wi-Fi 连接的方式与上述的工业主机进行通信。人机交互系统通过设置各个功能交互界面与用户进行交互，并且将操作指令发送至操作系统层。

图 9-41 是本交互系统的各个界面的按键分布图，其中，图 9-41(a)中所示为连接界面，其作用是：通过所设定 IP 地址连接到仿生机器人的操作系统。图 9-41(b)中所示为主功能界面，主功能界面具有语音交互、视觉识别功能的开关以及结果显示，用户能够通过该页面对仿生机器人的主要功能进行操作和观察。图 9-41(c)是关节功能的测试界面，该界面作用是提供各个关节的单独控制按钮，能够方便用户或维修人员单独控制不同的关节运动，以便维修和展示。

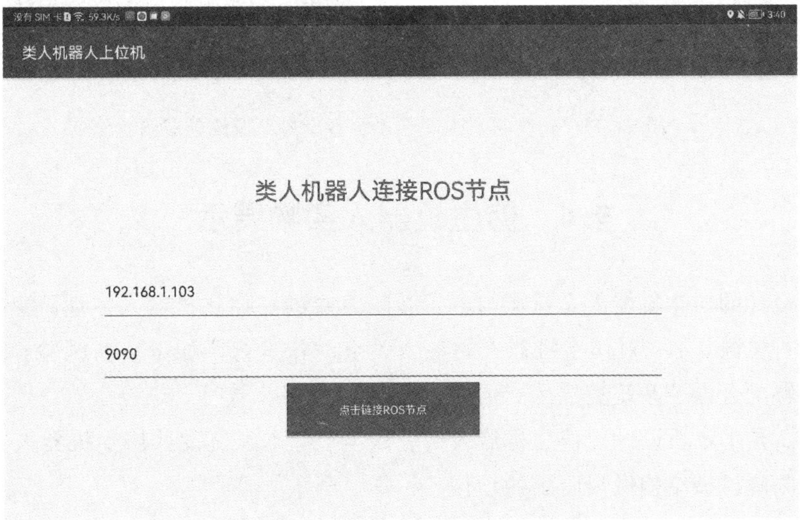

(a) 仿生机器人交互系统连接界面

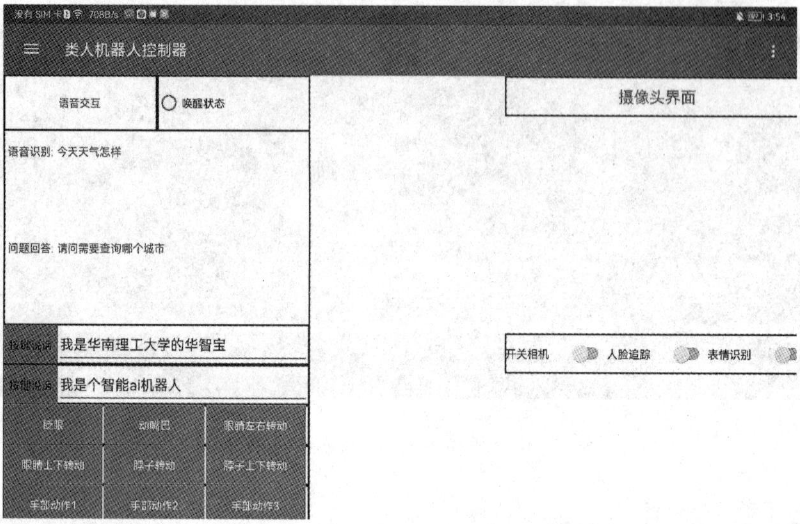

(b) 仿生机器人交互系统主功能界面

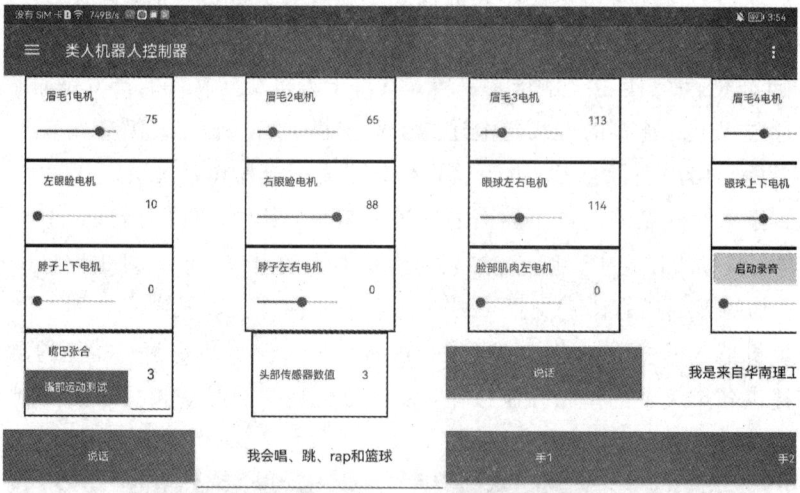

(c) 仿生机器人交互系统关节功能的测试界面

图 9-41　仿生机器人交互系统各个界面按键分布图

9.6　仿生机器人实物展示

本章所设计的仿生机器人是机械与电控系统集成的一体化机器人。为了验证仿生机器人整机的运行情况，本节对仿生机器人的各个关节动作进行了如下一些试验，验证各机械关节是否能够配合电控系统完成特定的功能。

图 9-42 是本章所设计的仿生机器人的眨眼实验，本章所设计仿生机器人在控制系统的控制下使眼睑机械结构做出眨眼的动作。

(a) 眨眼动作1　　(b) 眨眼动作2　　(c) 眨眼动作3

图 9－42　仿生机器人的眨眼实验

图 9－43 是本章所设计的仿生机器人在配合控制系统下的眼球转动实验，所设计仿生机器人在控制系统的控制下能够模仿人类做出眼球左右转动、上下转动的动作。

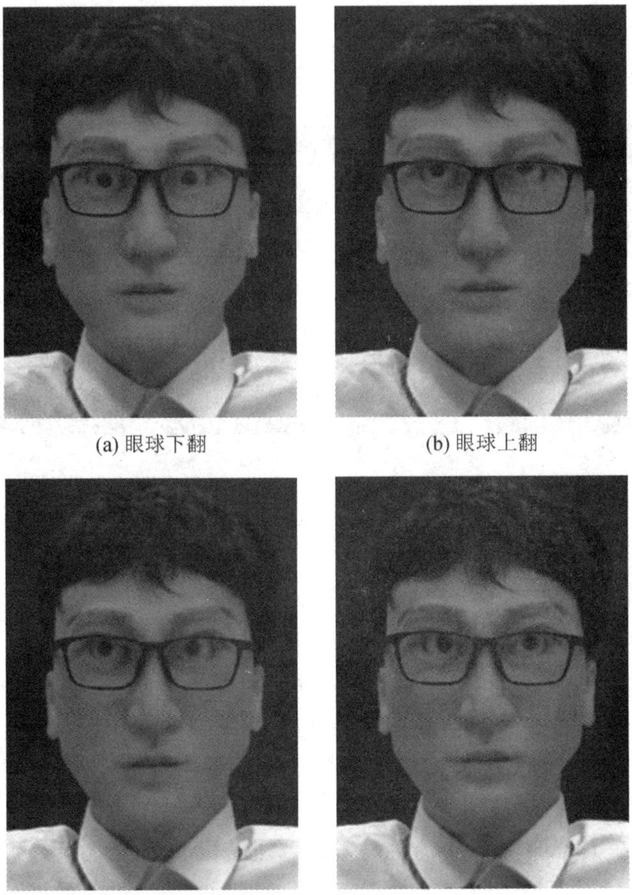

(a) 眼球下翻　　(b) 眼球上翻

(c) 眼球左转　　(d) 眼球右转

图 9－43　仿生机器人的眼球转动实验

图 9－44 是本章所设计的仿生机器人在配合控制系统下的嘴巴张合实验，所设计仿生机器人可以在机械结构和硅胶外皮的配合下完成嘴巴张合的动作。

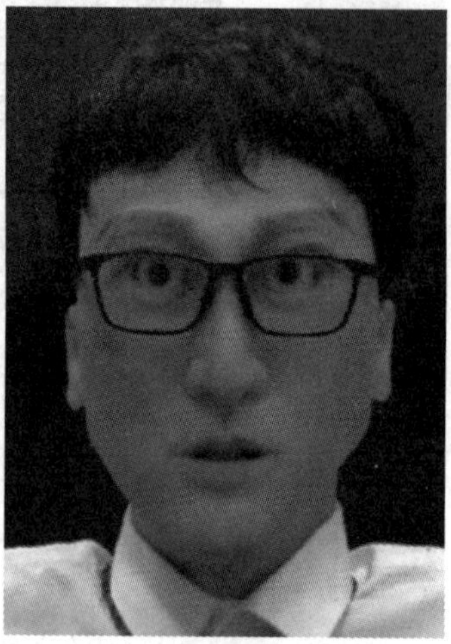

(a) 张嘴动作

(b) 合嘴动作

图 9-44　仿生机器人的嘴巴张合实验

图 9-45 是本章所设计的仿生机器人在配合控制系统下的双臂运动实验，所设计仿生机器人可以在控制系统的控制下实现挥手、摆手等动作。

(a) 双臂动作1

(b) 双臂动作2

(c) 双臂动作3

图 9-45　仿生机器人的双臂运动实验

本章小结

本章主要对仿生机器人进行介绍。首先对国内外仿生机器人的历史进行了梳理和介绍；然后对仿生机器人的内部结构和内部原理作了详细的介绍。对仿生机器人各个部分，包括头部、手臂、腿部等部分的机械结构进行剖析；同时，机器人还需要有硬件电路和软件控制才能正常运转；本章最后还给出一个仿生机器人实物的展示。智能仿生机器人一直是人类热切的希望，我们希望能够对通过人类的生理结构和思想意识的研究，制造出一个能够与人类匹敌甚至超越人类的机器人。要完成一款智能仿生机器人的设计，需要多方面的技术支持，例如机械结构设计、硬件电路设计、软件系统设计、智能算法等。近几年科学家们在这些方面都取得了不少突破，并且能够设计出越来越多接近于人类的机器人。但是也有不少关键的技术一直困扰着机器人工程师。相信随着这些难题一个个被攻克，未来将会有千千万万的机器人走上街头，进入我们的生活。

习　题　9

1. 从最基本的层面上来看，人体包括哪几个组成部分？
2. 大多数机器人拥有哪些共同的特性？
3. 人体的结构可以分为哪四个大部分？
4. 关节以气动能作为动力源有什么优缺点？
5. 人体全身共有多少个关节？
6. 仿生机器人常用的动力源有哪些？
7. ROS 系统各节点之间通过什么进行通信？
8. ROS 系统的主要优势是什么？
9. 硬件驱动系统的主要任务是什么，其主要包括几个部分？
10. 仿生机器人的控制系统包括哪些方面？

参考文献

[1] CRAIG J J. 机器人学导论[M]. 负超，等译. 北京：机械工业出版社，2006.

[2] 熊有伦，丁汉，刘恩沧. 机器人学[M]. 机械工业出版社，1993.

[3] 张春林. 高等机构学[M]. 2 版. 北京：北京理工大学出版社，2006.

[4] 马香峰. 机器人机构学[M]. 北京：机械工业出版社，1991.

[5] 蔡自兴. 机器人学[M]. 北京：清华大学出版社，2000.

[6] 付京逊. 机器人学 控制＋传感技术＋视觉＋智能[M]. 北京：中国科学技术出版社，1989.

[7] 尚冰，程林. 塔罗斯：历史上最早的机器人：古希腊传说与史诗中的塔罗斯形象一瞥科普创作[M/OL]. 科普创作，2020. https://kpcswa. org. cn/web/authorandworks/works/112J5252020. html.

[8] 阮一峰. 世界第一个机器人[M/OL]，2016. http：//www. ruanyifeng. com/blog/2016/01/first-robot. html.

[9] OFweek 机器人网. 机器人发展简史[M/OL]，2018. https：//www. sohu. com/a/218454417_505811.

[10] 山海报哥. 被遗忘的德国科学之父：一个你可能从来没有听说过的科学巨人[M/OL]，2019. https：//baijiahao. baidu. com/s? id＝1644827367574057021&wfr＝spider&for＝pc.

[11] 陈学莲. 计算机人工智能技术应用分析和研究[J]. 大众标准化，2021(18)：241－243.

[12] FESSLER R. US Department Of Energy Workshop On Industrial Research Needs For Reducing Friction And Wear[M]. Argonne National Laboratory，1999.

[13] ZHANG Z J，LIN Y J，LI S，et al. Tricriteria Optimization-Coordination Motion of Dual-Redundant-Robot Manipulators For Complex Path Planning[J]. IEEE Transactions on Control Systems Technology，2018，26(4)：1345－1357.

[14] ZHANG Z J，BECK A，MAGNENAT T N. Human-Like Behavior Generation Based on Head-Arms Model For Robot Tracking External Targets And Body Parts[J]. IEEE Transactions On Cybernetics，2015，45(8)：1390－1400.

[15] ZHANG Z J，CHEN S Y，XIE J H，et al. Two Hybrid Multiobjective Motion Planning Schemes Synthesized by Recurrent Neural Networks for Wheeled Mobile Robot Manipulators[J]. IEEE Transactions on Systems，Man，And Cybernetics：Systems，2019，(99)：1－12.

[16] ZHANG Z J，YAN Z Y. A Varying Parameter Recurrent Neural Network For Solving Nonrepetitive Motion Problems Of Redundant Robot Manipulators[J]. IEEE Transactions On Control Systems Technology，2019，27(6)：2680－2687.

[17] ZHANG Z J，ZHENG L N，YU J M，et al. Three Recurrent Neural Networks And Three Numerical Methods For Solving A Repetitive Motion Planning Scheme Of Redundant Robot Manipulators[J]. IEEE/ASME Transactions On Mechatronics，2017，22(3)：1423－1434.

[18] ZHANG Z J，CHEN S Y，ZHU X P，et al. Two Hybrid End-Effector Posture-Maintaining and Obstacle-Limits Avoidance Schemes For Redundant Robot Manipulators[J]. IEEE Transactions On Industrial Informatics，2020，16(2)：754－763.

[19] CAI B H，ZHANG Y N. Different-Level Redundancy-Resolution and Its Equivalent Relationship Analysis for Robot Manipulators Using Gradient-Descent and Zhang'S Neural-Dynamic Methods

[M]. IEEE Transactions on Industrial Electronics, 2012, 59(8): 3146 - 3155.

[20] CHOI H B, LEE S, LEE J H. Minimum Infinity-Norm Joint Velocity Solutions for Singularity-Robust Inverse Kinematics[J]. International Journal of Precision Engineering and Manufacturing, 2011, 12(3): 469 - 474.

[21] GUO D S, ZHANG Y N. Acceleration-Level Inequality-Based Man Scheme for Obstacle Avoidance of Redundant Robot Manipulatcors[J]. IEEE Transactions on Industrial Electronics, 2014, 61(12): 6903 - 6914.

[22] ZHANG Y N, YIN J P, CAI B H. Infinity-Norm Acceleration Minimization of Robotic Redundant Manipulatcors Using the Lvi-Based Primalcdual Neural Network [J]. Robotics and Computer Integrated Manufacturing, 2009, 25(2): 358 - 365.

[23] ZHANG Y N, CAI B H, ZHANG L, et al. Bi-Criteria Velocity Minimization of Robot Manipulatcors Using a Linear Variational Inequalities-Based Primal-Dual Neural Network and Puma560 Example[J]. Advanced Robotics, 2008, 22(13 - 14): 1479 - 1496.

[24] XIAO L, ZHANG Y S, LIAO B L, et al. A Velocity-Level Bi-Criteria Optimization Scheme for Coordinated Path Tracking Of Dual Robot Manipulators Using Recurrent Neural Network [J]. Frontiers In Neurorobotics, 2017, 11(SEP): 1 - 47.

[25] MALYSZ P, SIROUSPOU S. Dual-Master Teleoperation Control of Kinematically Redundant Robotic Slave Manipulators[C]//In 2009 IEEE/RSJ International Conference on Intelligent Robots and Systems, 2009.

[26] LI S, ZHANG Y, JIN L. Kinematic Control of Redundant Manipulators Using Neural Networks[J]. IEEE Transactions on Neural Networks and Learning Systems, 2017, 28(10): 2243 - 2254.

[27] ZHANG Y N, YIN J P. Bi-Criteria Acceleration Minimization of Redundant Robot Manipulators Using New Problem Formulation and Lvibased Primal-Dual Neural Network [C]// In 2007 International Conference on Machine Learning and Cybernetics, 2007.

[28] ZHANG Z, YAN Z. A Varying Parameter Recurrent Neural Network for Solving Nonrepetitive Motion Problems of Redundant Robot Manipulators [J]. IEEE Transactions on Control Systems Technology, 2018(99): 1 - 8.

[29] ZHANG Z, YAN Z, FU T. Varying-Parameter Rnn Activated by Finite-Time Functions for Solving Joint-Drift Problems Of Redundant Robot Manipulators [J]. IEEE Transactions on Industrial Informatics, 2018, 14(12): 5359 - 5367.

[30] ABDOLLAHI F, TALEBI H A, PATEL R V. A Stable Neural Network-Based Observer With Application To Flexible-Joint Manipulators[J]. IEEE Transactions On Neural Networks, 2006, 17(1): 118 - 129.

[31] GARRIDO R. Stable Neurovisual Servoing for Robot Manipulators[J]. IEEE Transactions on Neural Networks, 2006, 17(4): 953 - 965.

[32] GE S S, HANG C C, WOON L C. Adaptive Neural Network Control of Robot Manipulators in Task Space[J]. IEEE Transactions on Industrial Electronics, 2002, 44(6): 746 - 752.

[33] WANG L, CHAI T, YANG C. Neural-Network-Based Contouring Control for Robotic Manipulators in Operational Space[J]. IEEE Transactions on Control Systems Technology, 2012, 20(4): 1073 - 1080.

[34] XIA D, WANG L, CHAI T. Neural-Network-Friction Compensation-Based Energy Swing-Up Control of Pendubot[J]. IEEE Transactions on Industrial Electronics, 2014, 61(3): 1411 - 1423.

[35] LI X, CHEAH C C. Adaptive Neural Network Control of Robot Based on A Unified Objective Bound [J]. IEEE Transactions on Control Systems Technology, 2014, 22(3): 1032 - 1043.
[36] WANG L, CHAI T, ZHAI L. Neural-Network-Based Terminal Sliding-Mode Control of Robotic Manipulators Including Actuator Dynamics[J]. IEEE Transactions on Industrial Electronics, 2009, 56(9): 3296 - 3304.
[37] CHENG L, HOU Z G, LIN Y, et al. Recurrent Neural Network for Non-Smooth Convex Optimization Problems with Application to The Identification of Genetic Regulatory Networks[J]. IEEE Transactions on Neural Networks, 2011, 22(5): 714 - 726.
[38] TIAN L, WANG J, MAO Z. Constrained Motion Control of Flexible Robot Manipulators Based on Recurrent Neural Networks[J]. IEEE Trans Syst Man Cybern B Cybern, 2004, 34(3): 1541 - 1552.
[39] KÖKER R. Design and Performance Of An Intelligent Predictive Controller For A Six-Degree-Of-Freedom Robot Using The Elman Network[J]. Information Sciences, 2006, 176(12): 1781 - 1799.
[40] GUO D, ZHANG Y. Li-Function Activated ZNN With Finite-Time Convergence Applied to Redundant-Manipulator Kinematic Control Via Time-Varying Jacobian Matrix Pseudoinversion[J]. Applied Soft Computing, 2014, 24: 158 - 168.
[41] JIN L, LI S. Nonconvex Function Activated Zeroing Neural Network Models for Dynamic Quadratic Programming Subject to Equality And Inequality Constraints[J]. Neurocomputing, 2017, 267: 107 - 113.
[42] WANG Y, CHENG L, HOU Z G, et al. Optimal Formation of Multirobot Systems Based on A Recurrent Neural Network[J]. IEEE Transactions on Neural Networks & Learning Systems, 2016, 27(2): 322 - 333.
[43] ZHANG Y, ZHANG Z. Design and Experimentation of Acceleration-Level Drift-Free Scheme Aided by Two Recurrent Neural Networks[J]. IET Control Theory & Applications, 2013, 7(1): 25 - 42.
[44] GUO D, ZHANG Y. Zhang Neural Network, Getz-Marsden Dynamic System, And Discrete-Time Algorithms for Time-Varying Matrix Inversion with Application to Robots Kinematic Control[J]. Neurocomputing, 2012, 97: 22 - 32.
[45] WANG J, HU Q, JIANG D. A Lagrangian Network for Kinematic Control of Redundant Robot Manipulators[J]. IEEE Transactions on Neural Networks, 1999, 10(5): 1123 - 1132.
[46] CHYAN G S, PONNAMBALAM S G. Obstacle Avoidance Control Of Redundant Robots Using Variants Of Particle Swarm Optimization[J]. Robotics And Computer-Integrated Manufacturing, 2012, 28(2): 147 - 153.
[47] SHIMIZU M, KAKUYA H, YOON W K, et al. Analytical Inverse Kinematic Computation For 7 - DOF Redundant Manipulators with Joint Limits and Its Application to Redundancy Resolution[J]. IEEE Transactions on Robotics, 2008, 24(5): 1131 - 1142.
[48] MCCARTHY J M, BODDULURI R M. Avoiding Singular Configurations in Finite Position Synthesis of Spherical 4R Linkages[J]. Mechanism & Machine Theory, 2000, 35(3): 451 - 462.
[49] KHATIBO, BOWLING A. Optimization of The Inertial and Acceleration Characteristics of Manipulators[C]//IEEE International Conference on Robotics and Automation, 1999, 4: 2883 - 2889.
[50] KLEIN C A, HUANG C H. Review of Pseudoinverse Control for Use with Kinematically Redundant Manipulators [J]. IEEE Transactions on Systems Man & Cybernetics, 1983, SMC - 13 (2): 245 - 250.
[51] HUSSAIN R, QURESHI A, MUGHAL R A, et al. Inverse Kinematics Control of Redundant

Planar Manipulator with Joint Constraints Using Numerical Method[C]// 2015 15Th International Conference on Control Automation and Systems (ICCAS), 2015: 806－810.

[52] ZHANG Z J, ZHANG Y N. Equivalence of Different-Level Schemes for Repetitive Motion Planning of Redundant Robots[J]. Acta Automatica Sinica, 2013, 39(1): 88－91.

[53] ZHANG Y, XIE L, ZHANG Z, et al. Real-Time Joystick Control and Experiments of Redundant Manipulators Using Cosine-Based Velocity Mapping[C]// 2011 IEEE International Conference on Automation and Logistics (ICAL), 2011: 345－350.

[54] TANG W S, WANG J. A Recurrent Neural Network for Minimum Infinity-Norm Kinematic Control of Redundant Manipulators with An Improved Problem Formulation and Reduced Architecture Complexity[J]. IEEE Transactions on Cybernetics, 2001, 31(1): 98－105.

[55] XIA Y. A New Neural Network for Solving Linear Programming Problems and Its Application[J]. IEEE Transactions on Neural Networks, 1996, 7(2): 525－529.

[56] ZHANG Y, TAN Z, YANG Z, et al. A Dual Neural Network Applied to Drift-Free Resolution of Five-Link Planar Robot Arm[C]//International Conference on Information and Automation, 2008.

[57] ZHANG Y, LV X, LI Z, et al. Repetitive Motion Planning of PA10 Robot Arm Subject to Joint Physical Limits and Using LVI-Based Primal－Dual Neural Network[J]. Mechatronics, 2008, 18 (9): 475－485.

[58] ZHANG Y, LI J, MAO M, et al. Complete Theory for E47 And 94LVI Algorithms Solving Inequality-And-Bound Constrained Quadratic Program Efficiently [C]// Chinese Automation Congress, 2015.

[59] ZHANG Y, ZHU H, LV X, et al. Joint Angle Drift Problem of PUMA560 Robot Arm Solved by A Simplified LVI-Based Primal-Dual Neural Network[C]// IEEE International Conference on Industrial Technology, 2008.

[60] ZHANG Y, ZHANG Z. Repetitive Motion Planning and Control of Redundant Robot Manipulators [M]. Springer Berlin Heidelberg, 2013.

[61] XIAO L, ZHANG Y. Acceleration-Level Repetitive Motion Planning and Its Experimental Verification on A Six-Link Planar Robot Manipulator[J]. IEEE Transactions on Control Systems Technology, 2013, 21(3): 906－914.

[62] ZHANG Z J, ZHENG L N. A Complex Varying-Parameter Convergent-Differential Neural-Network for Solving Online Time-Varying Complex Sylvester Equation [J]. IEEE Transactions on Cybernetics, 2018: 1－13.

[63] ZHANG Z, ZHENG L, WENG J, et al. A New Varying-Parameter Recurrent Neural-Network for Online Solution of Time-Varying Sylvester Equation[J]. IEEE Transactions on Cybernetics, 2018, 48(11): 3135－3148.

[64] YE J J, ZHANG J. Enhanced Karush-Kuhn-Tucker Condition and Weaker Constraint Qualifications [J]. Mathematical Programming, 2013, 139(1－2): 353－381.

[65] ZHANG Y, WANG J. A Dual Neural Network for Convex Quadratic Programming Subject to Linear Equality and Inequality Constraints[J]. Physics Letters A, 2002, 298(4): 271－278.

[66] ZHANG Y, GE S S, LEE T H. A Unified Quadratic-Programming-Based Dynamical System Approach to Joint Torque Optimization of Physically Constrained Redundant Manipulators[J]. IEEE Transactions on Cybernetics, 2004, 34(5): 2126－2132.

[67] 杜铭浩. 机器人感知技术及其简单应用[J]. 数字通信世界, 2019(2): 176 - 177.
[68] 卢建青. 工业机器人的技术发展与运用研究[J]. 科学技术创新, 2019(6): 87 - 88.
[69] ROWE A, ROSENBERG C, NOURBAKHSH I. A Second-Generation Low-Cost Embedded Color Vision System[J]. IEEE Conference on Computer Vision And Pattern Recognition, 2005: 136 - 136.
[70] CAMPBELL J, SUKTHANKAR R, NOURBAKHSH I, et al. A Robust Visual Odometry and Precipice Detection System Using Consumer-Grade Monocular Vision [J]. IEEE International Conference On Robotics And Automation, 2005: 3421 - 3427.
[71] GUILHERME N D, AVINASH C K. Vision for Mobile Robot Navigation: A Survey[J]. IEEE Trans On Pattern Analysis and Machine Intelligence, 2002, 24(2): 237 - 267.
[72] 马颂德, 张正友. 计算机视觉[M]. 北京: 科学出版社, 1998.
[73] UDE A, GASKETT C, CHENG G. Foveated Vision System with Two Cameras Per Eye[J]. International Conference on Robotics and Automation, 2006: 3457 - 3462.
[74] KUHNLENZ K, BACHMAYER M, BUSS M. A Multi-Focal High-Per-Formance Vision System [C]//International Conference on Robotics and Automation, 2006.
[75] HRABAR S, SUKHATME G S, CORKE P, et al. Combined Optic-Flow and Stereo-Based Navigation of Urban Canyons For A UAV[C]//International Conference on Intelligent Robots And Systems, 2005: 3309 - 3316.
[76] 贾云德, 徐一华, 刘万春, 等. 微型实时多目立体视觉机设计与实现[J]. 电子学报, 2003, 31(9): 1334 - 1336.
[77] DELLAERT F, KAESS M. Square Root SAM: Simultaneous Localization and Mapping Via Square Root Information Smoothing[J]. Intl. J. Of Robotics Research, 2006, 25(2): 1181 - 1203.
[78] SUGURU I, JUN M. 3D Indoor Environment Modeling by A Mobile Robot with Omnidirectional Stereo And Laser Range Finder [C]//International Conference on Intelligent Robots And Systems, 2006.
[79] MALAMAS E N M, PETRAKIS E G M, ZERVAKIS M, et al. A Survey on Industrial Vision Systems[J], Applications And Tools. Image And Vision Computing, 2003, 21(2): 171 - 188.
[80] 蔡毅. 非制冷热成像在夜视技术中的作用和地位[J]. 红外与激光工程, 2001, 30(3): 214 - 217.
[81] NAKASA M. Engine Friction Overview. Proceedings Of International Tribology Conference[M]. Yokohama, Japan, 1995.
[82] SPEAROT J A. Friction, Wear, Health, and Environmental Impacts-Tribology In The New Millennium[C]//Akeynote Lecture at The STLE Annual Meeting, Nashville, Tennessee, 2000.
[83] HISAKADO T, TSUKIZOE T, YOSHIKAWA A H. Lubrication Mechanism of Solid Lubricants in Oils[J]. J. Lubr. Tech., 1983, 105(2): 245 - 253.
[84] GUPTA B K, BHUAHAN B. Fullerene Particles as An Additive to Liquid Lubricants And Greases For Low Friction And Wear[J]. Lubriction Engineering, 1994, 50(7): 524 - 528.
[85] 吕君英, 龚凡, 郭亚平. 纳米粒子改善润滑油摩擦磨损性能机理的评述[J]. 应用科技, 2004, 31(11): 51 - 53.
[86] 姜秉新, 陈波水, 董浚修. 铜型添加剂摩擦修复作用的可行性研究[J]. 机械科学与技术, 1999, 18(3): 475 - 477.
[87] 刘维民, 薛群基, 周静芳, 等. 纳米颗粒的抗磨作用及其作为磨损修复添加剂的应用研究[J]. 中国表面工程, 2001, 3: 21 - 23.

[88] 郭延宝，许一，徐滨士，等. 纳米铜作为润滑添加剂时的负磨损现象研究[J]. 中国表面工程，2004，2：15－17.

[89] 柳学权，方建锋，黄乃红，等. 修复型润滑添加剂的开发及应用[J]. 粉末冶工业，2003，13(4)：20－22.

[90] 陈国需，李华峰. 油润滑下金属摩擦副磨损表面在线自修复研究[C]//中国工程院工程科技论坛：摩擦学工程科技论坛：润滑应用技术论文集，2004.

[91] WU Y Y，TSUI W C，LIU T C. Experimental Analysis of Tribological Properties Of Lubricating Oils With Nanoparticle Additives[J]. Wear，2007，262：819－825.

[92] RYLANDER H G. A Theory of Liquid-Solid Hydrodynamic Film Lubrication [J]，ASLE Transactions，1966，9：264－271.

[93] WAN Y GT，SPIKES H A. The Behavior of Suspended Solid Particles In Rolling And Sliding Elastohydrodynamic Contacts[J]. STLE Transactions，1987，31(1)：12－21.

[94] HISAKADO T，TSUKIZOE T. Lubrication Mechanism of Solid Lubricants in Oils[J]. ASME Jour. of Lubr. Tech，1983，105：245－253.

[95] CUSANO C，SLINEY H E. Dynamics of Solid Dispersions in Oil During the Lubrication of Point Contacts：Part II-Molybdenum Disulfide[M]. Tribology Transactions，1981：190－197.

[96] HAMER J C，SAYLES R S，LOANNIDES E. Particle Deformation and Counterface Damage When Relatively Soft Particles Are Squashed Between Hard Anvils[J]. STLE Tribology Trans.，1989，32：281－288.

[97] DAI F，KHONSARI M M. A Continuum Theory of A Lubrication Problem With Solid Particles[J]. Appl. Mech. Of ASME，1993，60：48－57.

[98] TOMIMOTO M，MIZUHARA K，YAMAMOTO T. Effect of Particles on Lubricated Theoretical Analysis Of Friction Caused By Particles In Journal Bearing[J]. Tribology Transaction，2002，45(1)：47－54.

[99] YOUSIF E Y，NACY S M. The Lubrication of Conical Journal Bearings with Bi-Phase (Liquid-Solid) Lubricants[J]. Wear，1994，172：23－28.

[100] TOMIMO M. Experimental Verification of A Particle Induced Friction Model In Journal Bearings [J]. Wear，2003，254：749－762.

[101] MIZUHARA K，TOMIMOTO M，YAMAMOTO T. Effect of Particles on Lubricated Friction [J]. Tribology Transactions，2000，43(1)：51－56.

[102] JOYCE D R S. The Effect of Lubricant Contamination on Rolling Bearing Performance[J]. Tribology Section London，U K，1994：57－59.

[103] BARTZ W J，OPPEL J. Lubricating Effectiveness of Oil-Soluble Additives and Molybdenum Disulfide Dispersed in Mineral Oil[J]. Lubrication Engineering，1980，36：579－585.

[104] 周志华. 机器学习[M]. 北京：清华大学出版社，2016.

[105] 张亮. 基于 Kinect 的人体动作识别算法研究与系统设计[D]. 徐州：中国矿业大学，2019.

[106] 董建明，傅利民，饶培伦，等. 人机交互：以用户为中心的设计和评估[M]. 4 版. 北京：清华大学出版社，2013.

[107] 雷廷升. 虚拟环境下的人体动作识别与交互技术研究[D]. 北京：北方工业大学，2019.

[108] 强文义，谢涛，徐建峰，等. 仿人机器人的研究历史、现状及展望[J]. 机器人，2002，24(4)：367－374.

[109] TARANOVICH S. RP-VITA: Telemedicine in The 21st Century[J]. RP-VITA, Telemedicine, Intouch Health, 2012.
[110] LAROCHE C. Sensor Fusion for Automatic Control of a Bestic Robot (Automatic Control)[J]. Electrical Engineering Electronic Engineering Information Engineering, 2014.
[111] IIO T, SATAKE S, KANDA T, et al. Human-Like Guide Robot That Proactively Explains Exhibits[J]. International Journal of Social Robotics, 2019(4).
[112] MORRIS K J, SAMONIN V, BALTES J, et al. A Robust Interactive Entertainment Robot for Robot Magic Performances[J]. Applied Intelligence, 2019, 49(11): 3834 - 3844.
[113] QUIGLEY M, CONLEY K, GERKEY B P, et al. ROS: An Open-Source Robot Operating SysTem[A]. In: ICRA Workshop on Open-Source Software, 2009.
[114] 王煦法，王东生. 神经网络与神经计算机：第八讲神经网络在机器人控制中的应用[J]. 电子技术应用，1990，000(11)：38 - 42.
[115] ZHANG J, LIU W, YANG X, et al. Research and Implementation of Humanoid Robot Soccer Platform Based on Global Vision with Distributed Intelligence [A]. In: 2011 International Conference on Computer Science and Service System (CSSS), 2011: 2436 - 2439.
[116] 谭昶. 基于视觉的仿人机器人智能交互方法研究[D]. 广州：华南理工大学，2010.
[117] KATO I. The 'WABOT-1' An Information-Powered Machine with Senses and Limbs[J]. Bulletin Of Science & Engineering Research Laboratory, 1973, 62.
[118] SUGANO S, TANAKA Y, OHOKA T, et al. Autonomic Limb Control of The Information Processing Robot -Movement Control System of Robot Musician WABOT-2 [J]. Journal Of the Robotics Society of Japan, 1985, 3(4): 339 - 353.
[119] TAKENAKA T. Honda Debuts New Humanoid Robot ASIMO[J]. The Industrial Robot, 2001, 28(2): 2 - 2.
[120] KANEKO K. The Humanoid Robot HRP2 [J]. Proc. Of IEEE Int. Conf. On Robotics & Au-Tomation, 2004.
[121] KAJITA S, KANEKO K, KANEIRO F, et al. Cybernetic Human HRP-4C: A Humanoid Robot with Human-Like Proportions[J]. Springer Berlin Heidelberg, 2011.
[122] SAWADA T, TAKAGI T, FUJITA M. Behavior Selection and Motion Modulation In Emo-Tionally Grounded Architecture For QRIO SDR-4XII[A]. In: IEEE/RSJ International Conference on Intelligent Robots & Systems, 2004.
[123] 郭煜. 索尼小型双足娱乐型机器人 SDR-4X 问世[J]. 电子世界，2002，05：80 - 80.
[124] SHAMSUDDIN S, YUSSOF H, ISMAIL L I, et al. Initial Response In HRI-A Case Study on Evaluation of Child with Autism Spectrum Disorders Interacting with A Humanoid Robot NAO[J]. Procedia Engineering, 2012, 41(None): 1448 - 1455.
[125] THALMANN N M, LI T, YAO F. Nadine: A Social Robot That Can Localize Objects and Grasp Them In A Human Way[M]. Institute For Media Innovation (IMI), 2017.
[126] WIMBCK T, NENCHEV D, ALBU S A, et al. Experimental Study on Dynamic Re-Actionless Motions with DLR's Humanoid Robot Justin[A]. In: IEEE/RSJ International Conference on Intelligent Robots & Systems[C], 2009.
[127] 满翠华，范迅，张华，等. 类人机器人研究现状和展望[J]. 农业机械学报，2006，37(009)：204 - 207，210.

[128] YU Z G, MA G, ZHANG W M, et al. Design And Development Of The Humanoid Robot BHR-5 [J]. Advances In Mechanical Engineering, 2014.

[129] 伊强，陈恳，刘莉，等. 小型仿人机器人 THBIP-II 的研制与开发[J]. 机器人，2009，31(6)：586 - 586.

[130] 叶军，段星光，陈学超. BHR-3 型仿人机器人设计[J]. 机器人技术与应用，2011，000(002)：18 - 22.

[131] QIANG H, PENG Z, ZHANG W, et al. Design of Humanoid Complicated Dynamic Motion Based on Human Motion Capture[A]. 2005 IEEE/RSJ International Conference On, 2005.

[132] 刘媛. Sophia Becomes First Robot To Get Citizenship[J]. 高中生之友，2018，000(005)：41 - 43.

[133] 张朝佑. 人体解剖学：上册[M]. 3 版. 北京：人民卫生出版社，1998.

[134] 张立彬，杨庆华，胥芳，等. 机器人多指灵巧手及其驱动系统研究的现状[J]. 农业工程学报，2004，20(003)：271 - 275.

[135] 彭鸿才. 电机原理及拖动[M]. 北京：机械工业出版社，2002.

[136] 范超毅，范巍. 步进电机的选型与计算[J]. 机床与液压，2008(5)：320 - 334.

[137] 张策. 机械原理与机械设计：下册[M]. 2 版. 北京：机械工业出版社，2011.

[138] 严静茹. 浅谈计算机操作系统及其发展[J]. 计算机光盘软件与应用，2012，000(010)：80 - 80.

[139] 王蕾，宋文忠. PID 控制[J]. 自动化仪表，2004，25(004)：1 - 6.